基坑工程实例 **6**

《基坑工程实例》编辑委员会

龚晓南　主　编

宋二祥　郭红仙　徐　明　副主编

U0288137

中国建筑工业出版社

图书在版编目（CIP）数据

基坑工程实例6/龚晓南主编. —北京：中国建筑工业出版社，2016.8

ISBN 978-7-112-19763-7

Ⅰ.①基… Ⅱ.①龚… Ⅲ.①基坑工程 Ⅳ.①TU46

中国版本图书馆 CIP 数据核字（2016）第 213447 号

本书收集国内近期建成的 42 个基坑工程实例，遍及全国各地城市。按基坑支护形式分类，有地下连续墙、桩和土钉支护等。每个基坑工程实例包括：工程简介及特点、地质条件、周边环境、平面及剖面图、简要实测资料和点评等。本书资料翔实，技术先进，图文并茂，可供建筑结构、地基基础和基坑工程设计施工人员、大专院校师生阅读。

* * *

责任编辑：蒋协炳
责任设计：李志立
责任校对：王宇枢　李欣慰

基坑工程实例 6

《基坑工程实例》编辑委员会

龚晓南　主　编

宋二祥　郭红仙　徐　明　副主编

*

中国建筑工业出版社出版、发行（北京西郊百万庄）

各地新华书店、建筑书店经销

北京红光制版公司制版

北京富生印刷厂印刷

*

开本：787×1092 毫米　1/16　印张：27¼　字数：679 千字

2016 年 10 月第一版　2016 年 10 月第一次印刷

定价：**80.00** 元

ISBN 978-7-112-19763-7

（29270）

《基坑工程实例》编辑委员会

前　言

为了更好地交流基坑工程领域的新鲜经验，2006年起配合中国建筑学会建筑施工分会基坑工程专业委员会两年一次召开学术年会之际，组织全国各地专家编写基坑工程实例，出版《基坑工程实例》系列丛书，至今已出版5册。每个工程实例一般包括以下7个方面内容：工程简介及特点；工程地质条件（含土层物理力学指标表和一典型工程地质剖面）；基坑周边环境情况（应含建筑物基础简况，管线、道路情况等），根据需要附平面图；基坑围护平面图；基坑围护典型剖面图（1～2个）；简要实测资料和点评。今结合第九届全国基坑工程学术讨论会（郑州，2016）出版《基坑工程实例6》。《基坑工程实例6》共收集42个工程实例。在出版《基坑工程实例6》之际，笔者就基坑工程特点、基坑围护体系设计原则及有关设计的几点讨论、基坑工程地下水控制、基坑工程环境效应及对策、基坑工程事故原因分析、基坑工程应重视的几个问题等几个问题谈谈笔者的意见，望能得到广大同行指正。

1. 基坑工程特点

近年来笔者常谈到岩土工程的研究对象"土"（包括岩和土）的工程特性对岩土工程学科特性有着深远且决定性的影响。基坑工程是典型的岩土工程，在讨论基坑工程的特点之前应首先讨论土的特殊性。土与其他土木工程材料的不同之处在于，土是自然、历史的产物。土体的形成年代、形成环境和形成条件的不同都可能使土体的矿物成分和土体结构产生很大的差异，而土体的矿物成分和结构等因素对土体工程性质有很大的影响。土的特殊性主要表现在下述几个方面：

土是自然、历史的产物。这决定了土体性质不仅区域性强，而且即使在同一场地、同一层土，土体的性质沿深度方向和水平方向也会存在差异，有时甚至差异很大。

沉积条件、应力历史和土体性质等对天然地基中的初始应力场的形成均有较大影响，因此地基中的初始应力场分布也很复杂。一般情况下，地基土体中的初始应力随着深度增加不断变大。天然地基中的初始应力场对土的抗剪强度和变形特性有很大影响。地基中的初始应力场分布不仅复杂，而且难以精确测定。

土是一种多相体，一般由固相、液相和气相三相组成。土体中的三相有时很难区分，土中水的存在形态很复杂。以粘性土中的水为例，土中水有自由水、弱结合水、强结合水、结晶水等不同形态。粘性土中这些不同形态的水很难严格区分和定量测定，而且随着条件的变化土中不同形态的水之间可以相互转化。土中固相一般为无机物，但有的还含有有机质。土中有机质的种类、成分和含量对土的工程性质也有较大影响。土的形态各异，有的呈散粒状，有的呈连续固体状，也有的呈流塑状。有干土、饱和状态的土、非饱和状态的土，而且处于不同状态的土因周围环境条件的变化，相互之间还可以发生转化。例如当荷载、渗流、排水条件、温度等环境条件发生变化时，干土、饱和状态的土和非饱和状态的土可以相互转化。

4

天然地基中的土体具有结构性，其强弱与土的矿物成分、形成历史、应力历史和环境条件等因素有较大关系，对土体性状有较大影响。

土体的强度特性、变形特性和渗透特性需要通过试验测定。在进行室内土工试验时，原状土样的代表性、取样和制样过程中对土样的扰动、室内试验边界条件与现场边界条件的不同等客观因素，会使测定的土性指标与地基中土体的实际性状产生差异，而且这种差异难以定量估计。在原位测试中，现场测点的代表性、埋设测试元件过程中对土体的扰动以及测试方法的可靠性等因素所带来的误差也难以定量估计。

各类土体的应力应变关系都很复杂，而且相互之间差异也很大。同一土体的应力应变关系与土体中的应力水平、边界排水条件、应力路径等都有关系。大部分土的应力应变关系曲线基本上不存在线性弹性阶段。土体的应力应变关系与线弹性体、弹塑性体、粘弹塑性体等都有很大的差距。土体的结构性强弱对土的应力应变关系也有很大影响。

土的上述特性对基坑工程特性有重要影响。笔者认为基坑工程特点可从下述八个方面来分析：

（1）基坑围护体系是临时结构，设计标准考虑的安全储备较小，因此风险性较大

除少数基坑围护结构同时用作地下结构的"二墙合一"围护结构外，基坑围护结构一般是临时结构。临时结构与永久性结构相比，设计标准考虑的安全储备较小，因此基坑工程与一般结构工程相比具有较大的风险性。因此，对基坑工程设计、施工和管理等各个环节应提出更高的要求。

（2）岩土工程条件区域性强

场地工程地质条件和水文地质条件对基坑工程性状具有极大影响。软粘土、砂性土、黄土等地基中的基坑工程性状差别很大。同是软粘土地基，天津、上海、杭州、宁波、温州、福州、湛江、昆明等各地软粘土地基的性状也有较大差异。地下水，特别是承压水对基坑工程性状影响很大。笔者曾调查分析武汉、上海、杭州、天津、北京等地的承压水性状，发现区域性差异很大。因此，基坑工程设计、施工一定要因地制宜，重视区域性特点。

（3）环境条件影响大

基坑工程不仅与场地工程地质条件和水文地质条件有关，还与周围环境条件有关。周围环境条件较复杂时（例如要保护周围的地下建（构）筑物），需要较严格控制围护结构体系的变形，此时基坑工程应按变形控制设计。若基坑处在空旷区，围护结构体系的变形不会对周围环境产生不良影响，则基坑工程可按稳定控制设计。几乎每个基坑工程的周围环境条件都有差异，因此应重视对基坑周围环境条件的调查分析，既要重视周围环境对基坑工程性状的影响，也要重视基坑工程对周围环境的影响。

（4）时空效应强

基坑工程的空间大小和形状对围护体系的工作性状具有较大影响。在其他条件相同的情况下，面积大，风险大；形状变化大，风险大；面积相同时，正方形比圆形风险大。基坑周边凸角处比凹角处风险大。基坑土方的开挖顺序对基坑围护体系的工作性状也具有较大影响。这些经验表明，基坑工程的空间效应很强。

另外，土具有蠕变性，随着土体蠕变的发展，土体的变形增大，抗剪强度降低，因此基坑工程具有时间效应。在基坑围护结构设计和土方开挖中要重视和利用基坑工程的时空

效应。

（5）设计计算理论不完善，基坑工程设计应重视概念设计理念

作用在围护结构上的主要荷载是土水压力。其中，土压力大小与土的抗剪强度、围护结构的位移、作用时间等因素有关，其精确计算很困难。另外，土水压力计算是采用土水合算还是土水分算也很复杂。基坑围护体系是一个很复杂的体系，其设计计算理论虽然在不断发展与进步，但不可能完善。作用在围护结构上的荷载需要设计人员认真分析、合理选用。为此，基坑围护结构设计中应重视地区经验，采用概念设计的理念进行设计。

（6）学科综合性强

基坑工程涉及岩土工程和结构工程两个学科，要求基坑工程设计和施工人员较好掌握岩土工程和结构工程知识。人们常说岩土工程主要有稳定、变形和渗流三个基本课题。基坑工程涉及岩土工程中的稳定、变形和渗流三个基本课题。可以说，基坑工程是最典型的岩土工程之一。

（7）系统性强

基坑围护体系设计、围护体系施工、土方开挖、地下结构施工是一个系统工程。围护体系设计应考虑施工条件的许可性，尽量利于施工。围护体系设计应对基坑工程施工组织提出要求，对基坑工程监测和基坑围护体系变形允许值提出要求。基坑工程需要加强监测，实行信息化施工。

（8）环境效应强

基坑围护体系的变形和地下水位变化都可能对基坑周围的道路、地下管线和建筑物产生不良影响，严重的可能导致破坏。然而，对基坑围护体系变形和地下水位变化大小的预估和控制是比较困难的，特别是在深厚软土地区。基坑工程的环境效应强，其设计和施工一定要重视环境效应。通过精心设计、认真监测，实行信息化施工，合理控制围护体系的变形和地下水位变化，必要时还需采取工程保护措施，减少基坑工程施工对周围环境的影响。

不断加深对基坑工程上述特点的认识，提高风险意识十分重要。通过基坑工程事故分析，人们不难发现：绝大多数基坑工程事故都与设计、施工和管理人员对上述基坑工程特点缺乏深刻认识，未能采取有效措施有关。

2. 基坑围护体系设计原则及有关基坑围护体系设计的讨论

基坑围护体系设计要坚持安全、经济、环境友好、方便施工的原则。

影响基坑性状的因素很多，主要有场地的工程地质和水文地质条件，周边环境条件，基坑的开挖深度、平面形状和面积大小等影响因素。基坑围护设计一定要学会抓住主要矛盾。例如，要认真分析基坑围护的主要矛盾是围护体系的稳定问题，还是需要控制围护体系的变形问题？基坑围护体系产生稳定和变形问题的主要原因是土压力问题，还是地下水控制问题？以杭州城区为例，工程地质分区主要有两类：一类是深厚软粘土地基，另一类是砂性土地基。两类地基中的地下水位都很高，但由于土的渗透系数相差很大，土中水的性状截然不同。深厚软粘土地基中的基坑围护体系主要解决土压力引起的稳定和变形问题，该条件下的基坑工程事故往往是工程技术人员对作用在挡墙上的土压力估计不足造成的；而砂性土（粉性土）地基中的基坑围护体系主要要解决问题是地下水控制问题，此时基坑工程事故往往是工程技术人员未能有效控制地下水造成的。

在设计基坑工程围护体系时，要重视由于围护体系失败或土方开挖产生的周边地基变形对周围环境和工程施工造成的影响。当场地开阔、周边没有建（构）筑物和市政设施时，基坑围护体系的主要要求是自身的稳定性，此时可以允许围护结构及周边地基发生较大的变形。在这种情况下，可按围护体系的稳定性要求进行设计。当基坑周边有建（构）筑物和市政设施时，应评估其重要性，分析其对地基变形的适应能力，并提出基坑围护结构变形和地面沉降的允许值。在这种情况下，围护体系设计不仅要满足稳定性要求，还要满足变形控制要求。围护体系往往按变形控制要求进行设计。

按稳定控制设计只要求基坑围护体系满足稳定性要求，允许产生较大的变形；而按变形控制设计不仅要求围护体系满足稳定性要求，还要求围护体系变形小于某一控制值。由于作用在围护结构上的土压力值与位移有关，在按稳定控制设计或按变形控制设计时，作为荷载的土压力设计取值是不同的。在选用基坑围护型式时应明确是按稳定控制设计，还是按变形控制设计。当可以按稳定控制设计时，采用按变形控制设计的方案会增加较多的工程投资，造成浪费；当需要按变形控制设计时，采用按稳定控制设计的方案则可能对环境造成不良影响，甚至酿成事故。

基坑围护体系按变形控制设计时，基坑围护变形控制量不是愈小愈好，也不宜统一规定。设计人员应以基坑变形对周围市政道路、地下管线、建（构）筑物不会产生不良影响，不会影响其正常使用为标准，由设计人员合理确定变形控制量。

根据基坑周边环境条件，首先要确定采用按稳定控制设计，还是按变形控制设计。该设计理念至今尚未引起充分重视，或者说尚未提到理论的高度。现有的规程规范、手册，以及设计软件均未能从理论高度给予区分，多数有经验的设计师是通过综合判断调整设计标准来区分的。笔者认为我国已有条件推广根据基坑周边环境条件采用按稳定控制设计还是按变形控制设计的设计理念，从而进一步提高我国的基坑围护设计水平。

基坑围护体系设计应进行优化设计。基坑围护体系优化设计主要分两个层面：一是通过多方案比较分析，选用合理的基坑围护结构类型；二是确定合理的围护结构类型后，对具体的结构体系进行优化。

岩土工程的研究对象"土"，其工程特性决定了岩土工程设计应具有概念设计的特点。基坑工程围护体系很复杂，不确定因素很多。土压力的合理选用，计算模型的选择，计算参数的确定等都需要岩土工程师综合判断，因此基坑围护体系设计的概念设计特性更为明显。太沙基作出的"岩土工程与其说是一门科学，不如说是一门艺术（Geotechnology is an art rather than a science.）"的论述对基坑工程更为适用。岩土工程分析在很大程度上取决于工程师的判断，具有很强的艺术性。这些原则在指导基坑围护体系设计更为重要。

基坑围护体系设计要求详细了解场地工程地质和水文地质条件，了解土层形成年代和成因，掌握土的工程性质；详细掌握基坑周围环境条件，包括道路、地下管线分布、周围建筑物以及基础情况；待建建筑物地下室结构和基础情况。根据上述情况，结合工程经验，进行综合分析，确定是按稳定控制设计还是按变形控制设计。根据综合分析，合理选用基坑围护型式，确定地下水控制方法。在设计计算分析中合理选用土压力值，强调定性分析和定量分析相结合，抓住主要矛盾。在计算分析的基础上进行工程判断，在工程判断时强调综合判断，在此基础上完成基坑围护体系设计。

在基坑围护结构设计中，土压力值的合理选用是首先要解决的关键问题。影响土压力值合理选用的因素主要有下述几个方面：

在设计基坑围护结构时，人们通常采用库伦土压力理论或朗肯土压力理论计算土压力值。根据库伦或朗肯土压力理论计算得到的主动土压力值和被动土压力值都是指挡墙达到一定位移值时的土压力值。实际工程中挡墙往往达不到理论计算要求的位移值。当位移偏小时，计算得到的主动土压力值比实际发生的土压力值要小，而计算得到的被动土压力值比实际发生的土压力值要大。挡墙实际位移值对作用在挡墙上的土压力值的影响应予以重视。

库伦土压力理论和朗肯土压力理论的建立都先于有效应力原理。在太沙基提出有效应力原理之后，关于在土压力计算中采用水土分算和水土合算的合理性问题才开始讨论，到目前为止该问题在理论上已有很多讨论分析。目前在设计计算中，土压力计算通常采用下述原则：对粘性土采用水土合算，对砂性土采用水土分算。然而，实际工程中遇到的土层是比较复杂的，考虑到采用水土分算与采用水土合算的计算结果是不一样的，因此在复杂土层中如何合理选用计算值，这也是应该重视的问题。

不论是采用库伦土压力理论还是朗肯土压力理论，都需要应用土的抗剪强度指标，而土的抗剪强度指标值与采用的土工试验测定方法有关。如何合理选用土的抗剪强度指标值，这是土压力计算中又一个重要的问题。

基坑工程中影响土压力值的因素还有很多，如土的蠕变、基坑降水引起地下水位的变化、基坑工程的空间效应等。有的影响因素是不利的，有的影响因素是有利的，这些都需要设计人员合理把握。

从土压力的影响因素之多、之复杂，可见合理选用土压力值的难度和重要性。任何"本本"都很难对土压力值的合理选用作出具体的规定，在基坑围护结构设计中土压力值能否合理选用很大程度取决于该地区工程经验的积累，取决于设计工程师的综合判断能力。

如何应用基坑围护设计软件？如何评价基坑围护设计软件的作用？这也是一个重要的问题。笔者曾在一论文中指出：基坑围护设计离开设计软件不行，但只依靠设计软件进行设计也不行。前半句的意思是计算机在土木工程中的应用发展到今天，总应该采用电算取代繁琐的手工计算。在这里笔者要强调的是后半句，只依靠设计软件进行设计也不行。

目前基坑围护设计商业软件很多，读者会发现采用不同的软件进行计算，得到的计算结果往往不同。某大学一位教授曾对同一基坑工程采用7个设计软件进行设计，发现相互差别很大，有的弯矩差一倍以上。这也说明不能只依靠设计软件进行设计。基坑工程的区域性、个性很强，时空效应强，鉴于此编制基坑围护设计软件都要作些简化和假设，不可能反映各种情况。影响基坑工程的稳定性和变形的因素很多、很复杂，设计软件也难以全面反映。而目前大部分设计软件是按稳定控制设计编制的，当需要按变形控制设计时，采用按稳定控制设计编制的软件进行设计可能出现许多不确定因素。

在岩土工程分析中要重视工程经验，并重视各种分析方法的适用条件。岩土工程的许多分析方法都是来自工程经验的积累和案例分析，而不是来自精确的理论推导。因此，具体问题具体分析在基坑工程中更为重要。在应用计算机软件进行设计计算分析时，应结合工程师的综合判断，只有这样才能搞好基坑围护设计。

基坑工程设计管理也很重要。基坑围护设计管理主要包括建立和完善审查制度和招投标制度。审查制度包括设计资格审查制度和设计图审查制度。各地应结合本地具体情况建立基坑围护设计图专项审查和管理制度。设计图审查专家组应由从事设计、施工、教学科研以及管理工作的专家组成。实行基坑工程设计招投标制度可引进竞争制度，促进技术进步，优化设计方案，从而使社会效益和经济效益最大化。

3. 基坑工程地下水控制

笔者曾多次指出，基坑工程地下水控制和基坑工程环境影响控制是基坑工程的两个关键技术难题，要给予充分重视。当基坑工程影响范围内存在承压水层，或地基土体渗透性好且地下水位高的情况下，地下水控制往往是基坑围护设计中的主要矛盾。对已有基坑工程事故原因的调查分析表明，由于未处理好地下水的控制问题而造成的工程事故在基坑工程事故中占有很大比例。

在进行地下水控制体系设计之前应详细掌握工程地质和水文地质条件，掌握地基中各层土体的渗透性、地下水分布情况，若有承压水层应掌握其水位、流量和补给情况。通过对土层成因、地貌单元的调查，掌握地基中地下水分布特性。详细掌握工程地质和水文地质条件是合理进行基坑工程地下水控制的基础。

控制地下水主要有两种思路：止水和降水。有时也可以采用止水和降水相结合的方式。在控制地下水时采用止水还是降水需要综合分析，有条件降水的就尽量不用止水，一定要采用止水措施时要尽量降低基坑内外的水头差。形成完全不透水的止水帷幕的施工成本较高，而且较难做到。特别当止水帷幕两侧水位差较大时，止水帷幕的止水效果往往难以保证。坑内外高水头差可能造成止水帷幕局部渗水、漏水，处理不当往往会酿成大事故。止水帷幕两侧保持较低的水头差，既可减小渗水、漏水发生的可能性，也有利于在发生局部渗水、漏水现象后进行堵漏补救。当基坑深度在18m以上，地下水又比较丰富时，可通过坑外降水措施使基坑内外的水头差尽量降低，这点十分重要。

基坑止水帷幕外侧降水既有有利的一面也有不利的一面，有利的是可以有效减小作用在围护体系上的水压力和土压力，不利的是水位下降会引起地面沉降，产生不良环境效应。因此，在降水设计时需要合理评估地下水位下降对周围环境的影响。场地条件不同，降水引起的地面沉降量可能有较大的差别。在新填方区降水可能引起较大的地面沉降量，而在老城区降水引起的地面沉降量就要小得多。特别是当降水深度在历史上大旱之年枯水位以上时，降水引起的地面沉降量较小。当基坑外降水可能产生不良环境效应时，也可通过回灌以减小对周围环境的影响。

当基坑较深时，经常会遇到承压水，使地下水控制问题更加复杂。控制承压水有两种思路：止水帷幕隔断和抽水降压。具体采用止水帷幕隔断还是抽水降压需要综合分析确定。在分析中应综合考虑承压水层的特性，如土层特性、承压水头、水量及补给情况，还应考虑承压水层上覆不透水土层的厚度及特性，分析止水帷幕隔断的可能性和抽水降压可能产生的环境效应。

另外，基坑周围地下水管的漏水也会酿成工程事故。为了避免该类事故发生，需要详细了解地下管线分布，认真分析基坑变形对地下管线的影响，以及做好监测工作。

在冻土地区，要充分重视冻融对边坡稳定的影响。冻前挖土形成的稳定边坡，在冻土期表现稳定，而在冻融后发生失稳，此类事故已见多处报道，应予重视。

总之，要重视基坑工程中地下水控制，尽量减少由于未处理好土中水的问题而造成的工程事故。

　　4. 基坑工程环境效应及对策

　　基坑工程施工对环境产生的不良影响可能发生在基坑工程施工的三个阶段：一是基坑围护结构施工阶段，二是基坑土方开挖阶段，三是基坑土方开挖结束并完成坑底底板浇筑后。基坑工程施工对环境产生的不良影响主要发生在基坑土方开挖阶段，但绝不能轻视一、三两个阶段可能产生的不良影响，特别是对处于深厚软土地基中的基坑而言。

　　围护桩施工、地下连续墙施工、高压旋喷桩施工、深层搅拌桩施工、注浆法施工等都会对周边环境产生不良影响，有的在施工过程中会对周围土体产生挤压引起地面隆起，有的在施工过程中会对周围土体产生减压造成地面沉降。深厚软粘土地基中邻近既有建筑物近的基坑，要特别重视基坑围护结构施工阶段对环境产生的不良影响。某一案例表明，地下连续墙施工阶段引起的邻近既有建筑物的沉降远比土方开挖阶段引起的沉降要大。

　　基坑土方开挖阶段对周边环境产生不良影响的原因主要来自下述几个方面：一是降排水引起地下水位改变造成地面沉降；二是挖土卸载引起坑侧土体向坑内方向位移；三是挖土卸载造成坑底土体向上位移，并引起坑侧深层土体向坑内方向位移。为减小基坑工程施工过程中降排水对环境产生的不良影响，应合理控制地下水位变化，具体可采用止水帷幕使坑外地下水位不会产生过大变化，必要时在坑外采用回灌措施合理控制地下水位，可减小基坑工程施工过程中降排水对环境产生的不良影响。通过选用合理的基坑围护结构体系可有效控制由挖土卸载引起的坑侧土体向坑内方向的位移，其中内撑式墙式围护结构体系对较好地减小挖土卸载对环境产生的不良影响的效果较好。合理控制围护墙和支撑体系的刚度、围护墙的插入深度等措施，设计人员能有效减少挖土卸载对基坑周边环境产生的不良影响。若基坑底部土层为软弱土，则加固坑底土体对减小挖土卸载对环境产生的不良影响也有较好的效果。

　　下面讨论基坑工程环境效应的主要对策，即减小基坑工程施工对环境产生的不良影响的有效措施。

　　为了有效减小基坑工程施工对环境的不良影响，精心设计是最重要的。首先根据场地工程地质和水文地质条件，基坑形状、深度和面积大小，周边环境，选择合理的基坑围护方案，并决定采用按变形控制设计还是采用按稳定控制设计。

　　基坑工程应实行"边观察、边施工"的原则，实行信息化施工。在基坑土方开挖中运用基坑时空原理，分层、分块、均匀、对称开挖，能有效减小基坑土方开挖对环境的不良影响。采用内支撑方案时，尽量减少基坑无支撑的暴露时间，严禁超挖，基坑见底应及时浇筑垫层和底板，减少基坑变形量。

　　在编写基坑工程施工组织设计时，要重视地下水控制方案的合理性、可行性的分析，选择适宜的降水工艺和隔水措施。在基坑工程施工过程中，杜绝渗、漏水现象，有效、合理地控制地下水。

　　加强基坑工程监测工作，制定完整的基坑监测方案，委托第三方进行监测，及时通报监测数据，根据监测数据分析调整施工参数，实行信息化施工。

　　基坑工程施工对环境的不良影响只能减小，不可能完全消除。经认真研究认为有必要时，也可对周围被保护的建（构）筑物在基坑工程施工前事先采取保护措施（比如地基加固，隔离保护，管线架空等）。

基坑工程不可预见因素很多，除采取以上措施外，还应制定应急预案和准备应急物资。对基坑工程施工有关人员进行应急培训也很重要。

5. 基坑工程事故及原因分析

基坑工程事故可以分为两大类：一是围护体系失稳产生破坏，二是围护体系变形过大，致使周围管线、建（构）筑物等产生破坏。若基坑周围没有管线、建（构）筑物等，围护体系变形大一点应是允许的，单纯的大变形不是事故，但一定要重视。因为随着围护体系变形的发展，围护体系中的结构内力将不断重分布。因此，一定要保证围护体系在发生较大变形时围护体系是安全的。笔者认为：杭州"11. 15"坍塌事故就是由于超挖等原因引起地连墙靠近开挖面附近向内变形较大，导致上下几道支撑的内力产生重分布，有的增大，有的减小，其中最上一道支撑轴力可能产生拉应力。不合理的钢管支撑发生了破坏，进而导致地连墙产生大位移和折断，酿成失稳破坏。

引发基坑工程事故的原因可以分为两大类：一是来自土，二是来自水。前一类工程事故的原因主要是低估了作用在围护体系上的土压力或高估了土的抗剪强度。后一类工程事故的原因是未能控制好地下水。至于哪一类是主要原因，主要取决于工程地质条件。以杭州城区为例，按其工程地质条件可分为两大类：深厚软粘土地基和砂性土地基。深厚软粘土地基中发生的基坑工程事故主要是前一类工程事故，而砂性土地基中发生的工程事故主要是后一类工程事故。引发基坑工程事故的原因也可以分为四类：

（1）计算模式不合适

具体的基坑工程往往是一个形状很复杂的三维问题，有土、有水、还有结构，多数坑中有坑，基坑工程性状非常复杂。在基坑工程事故中，由于基坑围护体系计算模式选用不当造成的工程事故占有一定的比例。如："坑中坑"距离大坑的围护墙较近时，由于设计者不能合理评估作用在大坑围护墙上被动土压力的降低，或不能合理评估作用在坑中坑围护墙上主动土压力的增加，均会导致事故的发生；又如：设计者未能抓住最不利工况进行设计，或未在最不利工况时采取必要加强措施，导致事故的发生；又如：设计者低估坑边既有建筑物、堆载、交通荷载的影响，导致事故的发生等。

（2）未能有效控制地下水

在基坑工程事故中，未能有效控制地下水造成的工程事故占有较大的比例。未能有效控制地下水的情况有以下几种：1）独立的止水帷幕漏水。有的由高压旋喷法、单轴或多轴深层搅拌法、注浆法形成的止水帷幕会漏水。例如采取注浆法很难形成连续的水泥土止水帷幕，尤其是当地质条件复杂，或施工机械不能保证垂直度要求时，往往很难形成连续的水泥土止水帷幕。止水帷幕漏水的后果很严重，往往造成工程事故。为形成连续的水泥土止水帷幕，可采用 TRD 施工技术进行施工。2）咬合桩墙、地下钢筋混凝土连续墙、通过在排桩间布置水泥土桩（采用高压旋喷法或深层搅拌法施工）形成的连续排桩墙，这些围护结构理论上既可挡土又可阻水，但在用于阻水时往往会产生漏水现象。如咬合桩墙施工过程中，当遇到不良地质时，很难咬合无缝，故咬合桩墙漏水事故不少。采用高压旋喷法或深层搅拌法在排桩间布置水泥土桩形成的连续排桩墙与咬合桩墙一样，当遇到不良地质时，很难搭接无缝。而且当围护墙变形较大时，由于钢筋混凝土桩和水泥土桩在搭接处刚度相差较大，容易产生新的裂缝。地下钢筋混凝土连续墙墙体的阻水效果较好，但若在两段连续墙的连接处处理不好，也容易漏水。3）场地存在承压水时，处理不好会产生漏水，引发工程事故。4）基坑周围地下管线漏水也会引发工程事故。当场地地下水位较深时，基坑围护常采用简易围护型式，此时周围地下管线漏水很容易造成边坡失稳，酿成工程事故。关于未能有效控制地下水的原因，有的来自设计方面，也有的来自施工方面，还有的来自工程勘察方面。基坑工程的地下水控制设计理论有待进一步发展完善。有的设计人员缺乏工程概念，设计的止水帷幕施工质量难以保证。基坑工程地下水控制体系的施工中也存在诸如施工能力、责任和管理方面的问题。缺乏对场地工程地质和水文地质条件的详细了解也是未能有效控制地下水的原因之一。对场地工程地质和水文地质条件详细了解的缺乏有的源自勘察工作的失误，有的源自场地异常复杂的工程地质和水文地质条件。

（3）采用的围护型式超过适用范围

采用的围护型式超过适用范围也是发生工程事故的原因之一。放坡开挖及简易支护、加固边坡土体形成自立式围护、悬臂排桩式围护等围护型式都有各自的极限围护深度。当超过极限围护深度时边坡将发生失稳破坏。采用放坡开挖、土钉墙围护、重力式水泥土墙围护等围护体系时一定要重视基坑开挖深度不能超过采用的围护型式相应的极限围护深度。

（4）施工组织不当

另外，施工组织不当也是发生基坑工程事故的主要原因。基坑工程没有坚持"边观察、边施工"的信息化施工原则，没有按照施工组织设计的要求进行开挖施工，"超挖"引发的基坑工程事故常有发生。这些都应当引起充分重视。

基坑工程事故影响较大，往往造成很大的经济损失，并可能破坏市政设施，造成恶劣的社会影响。基坑工程事故重在防治，除对围护体系进行精心设计外，实行信息化施工、加强监测和动态管理也非常重要。施工中应做到发现隐患，及时处理，把事故消除在萌芽阶段。

6. 基坑工程应重视的几个问题

基坑工程是一门综合性、系统性很强的工程学科，涉及岩土工程、结构工程和环境工程等方面。改革开放以来，在基坑工程建设中已累积了许多宝贵的经验，基坑工程理论和技术得到长足的发展，有了很大进步。但与工程建设发展的需要，仍不能满足目前对基坑工程的技术要求。近几年，基坑工程事故仍常有发生，人民的生命财产受到损失。据笔者观察，目前我国基坑工程建设中，不重视安全和不重视节省工程投资的两种倾向同时存在。不重视安全导致基坑工程事故常有发生，不少基坑工程事故源自设计的缺陷；不重视节省工程投资造成资源浪费。目前我国基坑工程建设中如何控制对周围环境的影响，或者说在基坑工程施工过程中，如何保护基坑周围既有建（构）筑物和地下管线的安全尚不能满足工程建设和社会发展的要求，有待进一步提高技术水平。

为了进一步提高基坑工程技术水平，满足工程建设和社会发展的要求，下述几方面的工作要给予充分重视。

（1）进一步提高基坑工程设计队伍的素质，提高基坑工程设计水平

基坑工程设计人员需要具有岩土工程、结构工程和环境工程等领域的知识结构，需要具有一定的工程经验。目前我国基坑工程设计队伍的设计能力非常参差不齐，不少工程事故源自设计时概念的错误。有的设计过于保守，浪费严重。有的工程人员甚至认为只要买个基坑工程设计软件就可以做基坑工程设计了。为此，必须进一步加强对基坑工程设计的

管理、进一步加强对基坑工程设计人员的技术培训，这有利于进一步提高基坑工程的设计水平。基坑围护设计人员在设计中一定要学会抓主要矛盾，要认真分析被设计基坑的主要矛盾是围护体系的稳定问题，还是变形问题？该基坑围护体系产生稳定或变形问题的主要原因是土压力问题，还是地下水问题？通过不断学习和实践，提高基坑工程的设计水平。

（2）坚持信息化施工

坚持"边观察、边施工"的信息化施工原则非常重要。在施工组织设计、施工人员培训、施工管理、施工实践等环节都要坚持信息化施工原则。岩土工程对自然条件的依赖性和条件的不确知性、设计计算条件的模糊性和信息的不完全性、设计计算参数的不确定性以及测试方法的多样性，这些岩土工程的特殊性造成岩土工程施工不同于结构工程施工，需要坚持"边观察、边施工"的信息化施工原则。

（3）提高地下水控制水平

对基坑工程事故原因的分析表明，未能有效控制地下水是基坑工程事故的主要原因之一。基坑工程渗水漏水处理不好，往往会酿成大的工程事故。要重视发展地下水控制设计计算理论和地下水控制技术，重视对地下水控制原则的研究。笔者认为在基坑工程中，能降水就尽量不用止水帷幕堵断水，若必须采用止水措施时也要尽量降低坑内外的水头差。止水帷幕的设计容易，但施工形成不漏水的止水帷幕比较困难，或成本较高。目前只有采用 TRD 技术施工才能确保止水帷幕不漏水。

（4）加强监测工作

做好监测工作是坚持信息化施工的前提，只有做好监测工作才能做到安全生产。要重视发展基坑工程监测新仪器、新技术，实行全过程监测和远程监测控制。基坑工程技术标准不应统一规定具体的监测报警值，监测报警值应由设计单位在设计文件中提出，并应根据实际情况动态控制。监测工作除因施工需要由施工单位进行监测外，还要实行第三方监测制度，由业主委托第三方单位负责基坑工程的监测工作。

（5）加强基坑工程施工环境效应及对策研究

提高环境保护水平，基坑工程施工环境效应主要指围护结构施工、土方开挖，以及基坑工程施工期间地下水位变化对周边环境造成的影响，其性状十分复杂。基坑工程环境效应主要与场地工程地质和水文地质条件、周边环境、基坑规模及围护结构型式、施工组织等因素有关。许多问题值得进一步研究，特别是当场地具有复杂工程地质和水文地质条件的同时又遇到复杂的周边环境时，这类课题要认真研究，如考虑深厚软粘土地基中深大基坑的施工引起的周边土体位移对既有古建筑的影响。在进一步研究基坑工程施工环境效应的同时，还要加强关于既有建（构）筑物、市政设施对地基土体变形的适应能力，特别是对不均匀沉降的抵御能力的研究。在基坑工程施工环境效应对策研究中，既要重视研究如何减少基坑工程施工环境效应，也要重视研究既有建（构）筑物和市政设施的保护技术。努力做到精心设计、加强监测、坚持信息化施工，不断提高基坑工程的环境保护水平。

（6）发展按变形控制设计理论

现有的基坑工程围护设计基本上基于按稳定控制设计的理论，被动地进行变形控制。目前基坑工程变形控制设计逐步从概念走向理论，进而到设计规程。发展按变形控制设计的理论非常重要，有助于基坑工程能主动进行变形控制，进一步提高基坑工程的环境保护水平。现在发展按变形控制设计理论已有较好的基础，在理论研究和工程实践两方面已有较多较好的积累。发展基坑工程按变形控制设计的理论要重点加强对变形控制值、土压力计算、围护体系变形计算、围护体系与地基－围护结构、地基－建（构）筑物共同作用分析等理论和方法的研究，坚持理论与工程实践相结合，不断总结经验。通过发展按变形控制设计的理论，进一步提高基坑工程围护设计水平，满足工程建设需要。

（7）发展新型基坑围护体系和围护新技术

我国基坑工程的发展促进了一批有中国特色的新型基坑围护体系和围护新技术的出现，如多种型式的复合土钉围护体系、多种组合型围护结构等。我国不少基坑围护新技术处于国际领先地位，引领着基坑工程的发展。近些年许多新技术在基坑工程中得到应用，如 TRD 技术、锚索回收技术、浆囊袋技术等。未来大量基坑工程的建设还会催生新的围护体系和新技术的发展。如何根据工程建设的实际需要发展新型基坑围护体系和围护新技术，将是基坑工程围护技术的重要发展方向。

（8）加强基坑工程基础理论研究

前面已经谈到基坑工程涉及岩土工程和结构工程两个学科，与岩土工程中的稳定、变形和渗流三个基本课题都密切相关。可以说，基坑工程涉及的基础理论比较广。在基坑工程基础理论研究中既要重视相关领域的基础理论研究，更要重视学科交叉的基础理论研究。下述领域的基础理论研究应给予重视，如：土压力理论，特别是土压力与变形的关系，以及土压力、水压力，及其与土的工程性质之间的关系；地基、围护结构共同作用分析理论；基坑工程围护体系优化设计理论；按变形控制设计理论；基坑工程施工环境效应及对策研究有关的基础理论等等。加强基坑工程相关的基础理论研究，有助于不断提高基坑工程的理论和技术水平。

龚晓南

浙江大学滨海和城市岩土工程研究中心

2016 年 7 月

目　　录

一、地下连续墙(墙—撑)支护

上海后世博会央企总部集聚区基坑群工程

张中杰[1]　王建华[2]　陈加核[1]

（1　上海市城市建设设计研究总院，上海　200125；
2　上海交通大学，上海　200240）

一、基坑工程概况

后世博会央企总部集聚区（B片区）位于上海世博园区一轴四馆西侧，规划用地面积 18.72 万 m²，其中地上总建筑面积约 60 万 m²，分属 15 家企业的 28 栋建筑（如图1）。

图1　基地概况图

本项目基坑呈平行四边形，东西向长 335m，南北向长 494m，总面积达 13.9 万 m²，整个 B 片区由南北向规划一路与东西向的博城路及规划二路划分为 6 大地块区域，同时考虑道路及公共绿地下空间基坑，整个后世博会央企总部集聚区基坑根据开挖深度不同可划分为 10 个区域（如图2），各区域基坑基本信息汇总如表1。

基坑群基本信息汇总表　　　　　　　　　　　　　　　　　表1

序号	1	2	3	4	5	6	7	8	9		10
各区域基坑	B02-A	B02-B	B03-A	B03-B	B03-C	B03-D	A区	B区	C区		D区
									C1	C2	
开挖深度（m）	11.2	15.4	15.4	19.7	15.4	19.7	14.5	18.1	14.5	18.1	18.1
基坑面积（m²）	22250	20877	18695	17577	20260	19320	2994	2230	5550	4177	5287

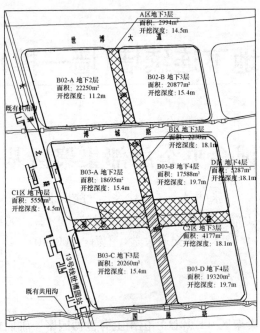

图 2　基坑各区域平面示意图

二、周边环境概况

基坑西侧长清北路道路下设有地铁 13 号线世博园站，车站为地下两层车站，标准段底板埋深约为 16.5m，其支护结构为 800 厚地下墙，墙深 31.5～34.5m。车站距基坑最近距离约 10.98m，区间盾构隧道距基坑最近距离约 13.5m。

基坑北侧世博大道下管线众多，其中 $\phi800$ 污水管距基坑最近距离约 10.9m；基坑南侧国展路下敷设有共同沟，截面 3.3m×3.8m（外径），埋深约 6m，底板、侧墙及顶板厚 300mm，采用钢板桩支护（已拔除），无桩基础；场地中的博城路下共同沟距基坑最近距离约 5.8m，共同沟截面 3.3m×3.8m（外径），埋深约 6.25m；基坑东侧为世博主题馆。

三、工程地质条件

1. 工程地质

上海地质土层主要由饱和黏性土、粉性土以及砂土组成，一般具有成层分布特点。场地中土层根据其成因、结构及物理力学性质差异可划分为 7 个主要层次，如表 2 所示，其中第③、⑤及⑨层又分为若干亚层、次亚层及夹层，具体为①填土、②粉质黏土、③粉质黏土、④淤泥质黏土、⑤2-1粘质粉土、⑤2-2粘质粉土、⑤2-3粉砂、⑤3粉质黏土、⑤4砂质粉土、⑦2粉细砂、⑨1粉砂、⑨2细砂层，淤泥质土、黏土及粉质黏土具有高含水率、高孔隙比、高灵敏度、低强度、高压缩性等不良地质特点。

基坑支护设计参数　　　　表 2

项目	层序	②	③	③夹	④	⑤2-1	⑤2-2	⑤2-3	⑤2-3t	⑤3	⑤3夹
重度	γ_0(kN/m³)	18.2	17.2	17.6	16.7	18.2	18.1	18.4	18.1	18.2	18.2

续表

项目	层序	②	③	③夹	④	⑤$_{2\text{-}1}$	⑤$_{2\text{-}2}$	⑤$_{2\text{-}3}$	⑤$_{2\text{-}3t}$	⑤$_3$	⑤$_3$夹
直剪固快	c(kPa)	17	11	8	11	2	8	1	18	16	3
	φ(°)	14.5	14.0	19.0	9.5	27.5	20.0	29.0	17.0	16.5	25.0
静止土压力系数	K_0建议值	0.49	0.51	0.45	0.56	0.40	0.44	0.37	0.45	0.45	0.40
垂直基床系数	K_v(kN/m³)	6000	5000	8000	5000	20000	18000	22000	16000	15000	20000
水平基床系数	K_H(kN/m³)	8000	5500	10000	5000	35000	30000	40000	25000	20000	35000
比例系数	M(kN/m⁴)	3000	1800	3000	1500	5500	4500	6000	4000	3500	5500
渗透系数	k(cm/s)	5.0E-06	5.0E-06	2.0E-04	1.0E-06	5.0E-04	1.0E-04	6.0E-04	5.0E-05	2.0E-05	1.0E-04

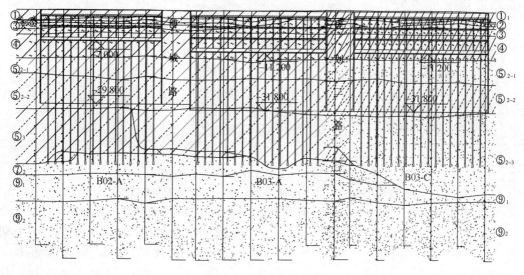

图 3 典型地质剖面图

2. 水文地质

场地内浅层地下水属潜水类型，水位埋深一般为地表下 0.5～1.5m。典型地质剖面图如图 3 所示。场地中部分布有第⑤$_{2\text{-}1}$层粉砂夹粉质黏土、第⑤$_{2\text{-}2}$层粘质粉土夹粉质黏土及第⑤$_{2\text{-}3}$层粉砂夹粉质黏土相连，属微承压水含水层。场地东部及南部第⑤$_2$层中承压水与第⑦层第Ⅰ承压含水层和第⑨层第Ⅱ承压含水层直接连通。微承压水水头埋深一般约为地面以下 3～11m。场地内分布第⑦、⑨层砂土层，赋存地下水水量丰富，为上海地区第Ⅰ、Ⅱ承压含水层，承压水水头埋深一般约为地面以下 3～12m。

四、基坑特点

本工程基坑占地面积巨大、地块业主数量众多、周边环境复杂，因此，在基坑实施方案制定与支护结构设计时应重点考虑以下几个因素：a. 巨型基坑的分区与实施；b. 各相邻基坑同步施工的互相影响与制约；c. 基坑群同步实施的场地问题；d. 周边环境的保护等，上述因素直接决定了本巨型基坑的分区与整体实施方案。

五、基坑群总体实施方案

根据本工程的特点，基坑支护方案总体设计前应先进行占地面积近 14 万 m² 巨型深基坑的分区方案研究。分区比选方案有：（a）考虑地铁保护的整体开挖方案，（b）单封堵墙分区方案，（c）双封堵墙分区方案（如图 4）。上述方案在技术上均具有可实施性，但经综合比选确定后世博会央企总部集聚区（B 片区）基坑采用分区方案（c），即西侧 3 个地块基坑划出宽约 50m 的小基坑以保护轨道交通设施，同时，市政道路两侧设置双封堵墙，将道路及公共绿地范围的基坑作为独立基坑开挖。

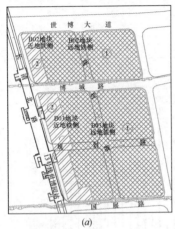 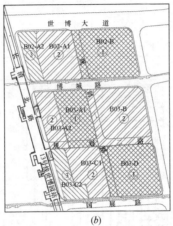 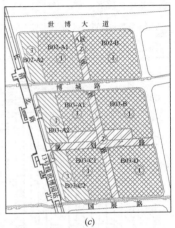

图 4　基坑分区方案及其施工步序示意图

（a）整体开挖方案；（b）单封堵墙分区方案；（c）双封堵墙分区方案

本工程实际实施工程中，由于各地块审批时间及施工许可证办理的进度不同，共分为五阶段完成（如图 5），具体为：a. 先期实施 B03-A1 区基坑；b. 同步实施 B03-C1、B03-B、B03-D、规划一路 A 区，其中规划一路 A 区采用逆筑法实施、其余基坑采用明挖顺筑法实施；c. 同步实施 B03-A2、B03-C2、B02-B、规划路 B 区及 D 区基坑，均采用明挖顺筑法；d. 同步实施 B02-A1、规划道路 C1、C2 区基坑，其中规划道路及公共绿地下基坑采用逆筑法、其余基坑采用明挖顺筑法实施；e. 实施 B02-A2 基坑，采用明挖顺筑法实施。

双封堵墙方案具有以下优点：

a. 本方案综合考虑了片区内各家业主的塔楼布置及相关实施条件，并能较好地实现对周边建构筑物的保护。

b. 方案紧紧围绕 6 大地块地下空间及塔楼建设工期优先的要求，在相邻地块基

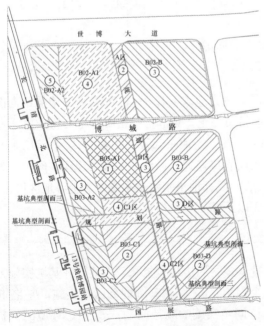

图 5　后世博会 B 片区基坑分区及实施步序图

坑间设置一定宽度土体分隔坝体使各地块基坑的开挖开始时间、实施工期、场地使用及运输线路等都得到了最大限度的"机动性"。

c. 因地制宜地部分基坑采用逆筑法实施满足了工程整体需求，如规划一路 A 区基坑采用逆筑法以最短时间完成顶板结构作为场地范围内的土方及物资运输通道。

六、基坑群的支护结构设计

1. 基坑等级

本工程邻近轨道交通和共同沟，周边环境复杂，基坑环境保护等级均为一级，支护墙最大水平位移 $\leqslant 0.18\% H$，地面最大沉降 $\leqslant 0.15\% H$，H 为基坑开挖深度。

本工程 B02-A 基坑开挖深度小于 12m，基坑安全等级为二级，其余基坑安全等级均为一级。

2. 支护结构设计

(1) 支护墙长度的确定

本工程水文地质条件复杂，主要有以下特点：*a*. 拟建场地内⑥、⑧层土全部缺失；*b*. 本场地内除博城路以北、规划一路以西的 B02-A 地块含⑤$_3$层，其余区域⑤$_3$缺失；*c*. 规划二路以南⑦$_2$层厚度逐渐降低，至国展路⑦$_2$层完全缺失。国展路侧⑤$_{2-3}$和⑨层土连通；*d*. 规划一路以东⑦$_2$层厚度逐渐降低，至世博馆路处⑦$_2$层完全缺失，世博馆路侧⑤$_{2-3}$和⑨层土连通。同时，由于基坑开挖深度大，⑤$_2$层埋深较浅（最浅处仅为 17m），微承压水稳定性普遍不足，详见表 3。

各基坑微承压水层稳定性验算结果汇总表　　　　　　　表 3

	B02-A	B02-B	B03-A	B03-B	B03-C	B03-D
开挖深度（m）	11.2	15.4	15.4	19.7	15.4	19.7
底板土层	④	④	④	⑤$_2$	④	⑤$_2$
稳定性分析	0.67	0.32	0.28	底板已进入⑤$_2$	0.33	底板已进入⑤$_2$

由于工程范围内若干承压水层的连通现象普遍，且承压水层深厚，因此采用悬挂式隔水措施。根据各基坑的开挖深度，将整个场地分为Ⅰ、Ⅱ、Ⅲ、Ⅳ四个降压区，其中 B02-A 与规划道路 A 区基坑为Ⅰ降压区、B02-B 基坑为Ⅱ降压区、B03-A、B03-C 与规划道路 B、C1、C2 区基坑为Ⅲ降压区、B03-B、B03-D 与规划道路 D 区基坑为Ⅳ降压区。支护墙长度根据各基坑开挖深度及承压水稳定性确定，经与申通集团相关部门沟通，对每个降压区地下墙的插入深度按以下原则确定：*a*. 近地铁侧地下墙插入比不小于 1:1.3，且墙底在降压井滤管以下不小于 10m；*b*. 远地铁侧地下墙插入比不小于 1:1.2，且墙底在降压井滤管以下不小于 7m。如表 4 所示。

基坑支护墙设计参数　　　　　　　表 4

基坑编号	开挖深度（m）	地下墙厚(m)/墙深(素混凝土长度)(m)/插入比				竖向支撑
		东侧	西侧	南侧	北侧	
B02-A1	11.2	0.8/25/1.2	0.6/25/1.2	0.8/33(8)/1.2	0.8/33(8)/1.2	2 道钢筋混凝土
B02-A2	11.2	0.6/25/1.2	0.8/36(10)/1.3	0.8/36(10)/1.3	0.8/36(10)/1.3	2 道钢筋混凝土
B02-B	15.4	0.8/34/1.2	0.8/34/1.2	0.8/34/1.2	0.8/34/1.2	3 道钢筋混凝土
B03-A1	15.4	0.8/34/1.2	0.8/34/1.2	0.8/34/1.2	0.8/34/1.2	3 道钢筋混凝土

基坑编号	开挖深度(m)	地下墙厚(m)/墙深(素混凝土长度)(m)/插入比				竖向支撑
		东侧	西侧	南侧	北侧	
B03-A2	15.4	0.8/34/1.2	1/36/1.3	0.8/34/1.2	1/36/1.3	4道钢筋混凝土
B03-B	19.7	1/43/1.2	1/43/1.2	1/43/1.2	1/43/1.2	4道钢筋混凝土
B03-C1	15.4	0.8/34/1.2	0.8/34/1.2	0.8/34/1.2	0.8/34/1.2	3道钢筋混凝土
B03-C2	15.4	0.8/34/1.2	1/36/1.3	1/36/1.3	0.8/34/1.2	4道钢筋混凝土
B03-D	19.7	1/43/1.2	1/43/1.2	1/43/1.2	1/43/1.2	4道钢筋混凝土

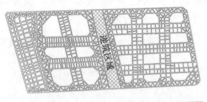

图 6　各基坑支撑体系示意图

（2）支撑体系

经与申通相关部门沟通，确定地铁保护区范围内的狭长基坑采用支刚度大、传力直接、受力清晰的相互正交的对撑布置形式，而对于远离轨道交通的基坑则采用受力合理、出土效率高、施工组织方便的边桁架结合对撑型式（如图 6），基坑工程典型剖面详见图 8～图 10，各剖面的剖切位置见前文图 5。

（3）地基加固

为控制基坑开挖对 13 号线世博园站及共同沟的影响，沿地铁车站及共同沟纵向均设置了 $\phi850$ 三轴水泥搅拌桩抽条加固，加固深度为底板下 4m，其余基坑采用搅拌桩墩式或裙边加固。

3. 同步开挖基坑群支护结构的设计与优化

（1）支护墙配筋的设计与优化

根据有限元模拟计算得到的同步开挖与独立开挖条件下的支护墙变形图，受相邻基坑

图 7　基坑现场实景

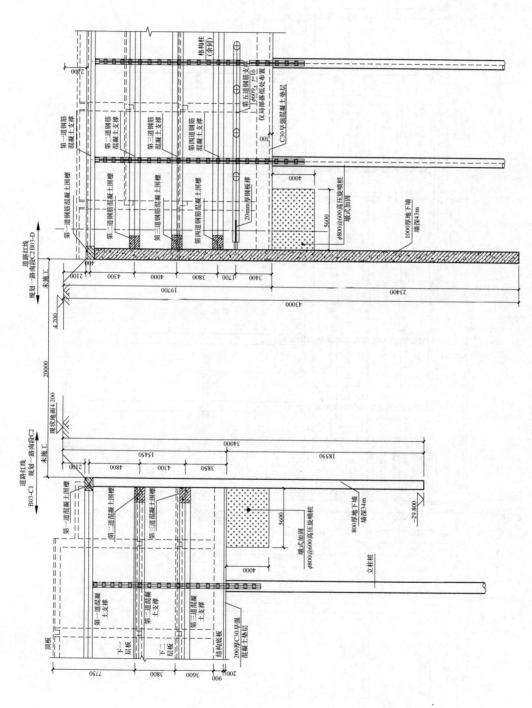

图 8 基坑典型剖面一：B03-C1 与 B03-D 基坑同步开挖

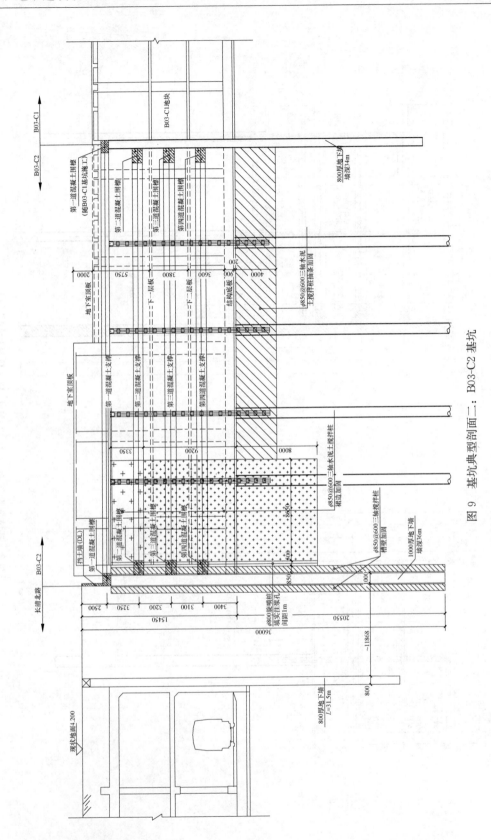

图 9　基坑典型剖面二: B03-C2 基坑

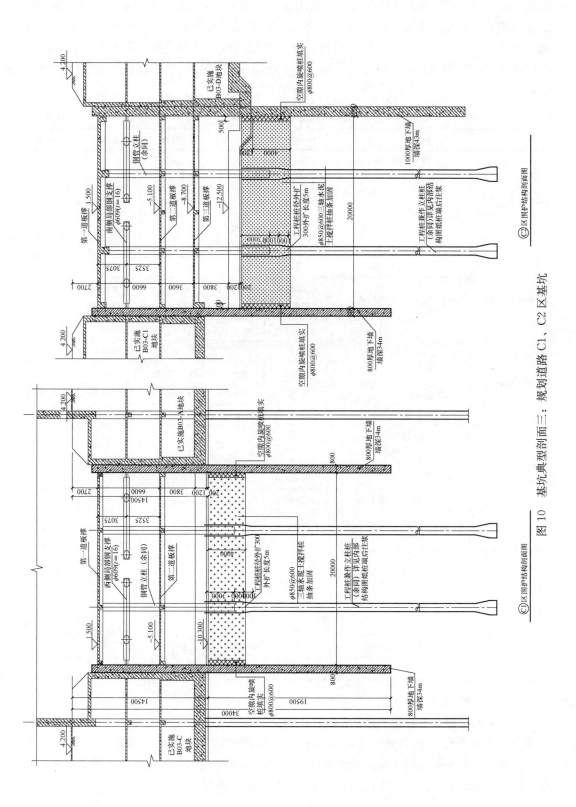

图 10 基坑典型剖面三：规划道路 C1、C2 区基坑

影响，同步开挖群坑各基坑边的最大变形出现明显的不对称，即远离同步开挖基坑侧的最大变形相对独立开挖基坑发生了19％的增大，而临近同步开挖基坑侧的支护墙最大变形则有约14％的减小。根据上述研究成果，支护墙配筋可按是否受群坑同步开挖影响进行针对性设计，相邻同步开挖侧的地下墙计算配筋减少约10％。本工程各支护墙的配筋汇总如表5。

支护墙竖向配筋汇总表　　　　　　　　　　　　　　　　　　　　表5

			东侧	西侧	南侧	北侧	分隔墙
B02-A 基坑	地下墙厚（m）		0.8	0.8	0.8	0.8	0.6
	竖向钢筋	开挖侧	φ25@150 +φ28@150	φ25@150 +φ28@150	φ25@150 +φ28@150	φ25@150 +φ28@150	φ28@150 +φ28@300
		迎土侧	φ25@150	φ25@300 +φ28@300	φ28@150	φ28@150	+φ28@150
B02-B 基坑	地下墙厚（m）		0.8	0.8	0.8	0.8	/
	竖向钢筋	开挖侧	φ28@150 +φ28@150	φ28@150 +φ28@150	φ28@150 +φ28@150	φ28@150 +φ28@150	/
		迎土侧	φ28@150	φ28@150	φ28@150	φ28@150	/
B03-A 基坑	地下墙厚（m）		0.8	1.0	0.8	0.8	0.8
	竖向钢筋	开挖侧	φ28@150 +φ28@150	φ28@150 +φ28@150	φ28@150 +φ28@150	φ28@150 +φ28@150	φ28@150 +φ28@150
		迎土侧	φ28@150	φ28@150	φ28@150	φ28@150	φ28@150
B03—B 基坑	地下墙厚（m）		1.0	1.0	1.0	1.0	/
	竖向钢筋	开挖侧	φ28@150 +φ32@150	φ28@150 +φ32@150	φ28@150 +φ32@150	φ28@150 +φ32@150	/
		迎土侧	φ32@150	φ32@150	φ32@150	φ32@150	/
B03—C 基坑	地下墙厚（m）		0.8	1.0	0.8	0.8	0.8
	竖向钢筋	开挖侧	φ28@150 +φ28@150	φ28@150 +φ28@150	φ28@150 +φ28@150	φ28@150 +φ28@150	φ28@150 +φ28@150
		迎土侧	φ28@150	φ28@150	φ28@150	φ28@150	φ28@150
B03—D 基坑	地下墙厚（m）		1.0	1.0	1.0	1.0	/
	竖向钢筋	开挖侧	φ28@150 +φ32@150	φ28@150 +φ32@150	φ28@150 +φ32@150	φ28@150 +φ32@150	/
		迎土侧	φ32@150	φ32@150	φ32@150	φ32@150	/

（2）支撑断面设计与优化

根据有限元模拟计算得到的同步开挖与独立开挖条件下的支撑轴力云图，同步开挖与单独基坑开挖条件下轴力分布规律基本一致，但群坑同步开挖时支撑最大轴力减少约15％。因此，在钢筋混凝土支撑断面设计时，可将相邻基坑同步开挖方向上的主撑断面减小100～200mm。本工程钢筋混凝土支撑截面尺寸汇总如表6。

钢筋混凝土支撑截面尺寸汇总表 表6

			第一道支撑	第二道支撑	第三道支撑	第四道支撑
B02-A1 基坑	围檩		1200×800	1400×1000	/	/
	主撑	南北向	1200×700	1300×900	/	/
		东西向	1200×700	1300×900	/	/
B02-A2 基坑	围檩		1200×800	1400×1000	/	/
	主撑	南北向	1200×700	1300×900	/	/
		东西向	1200×700	1300×900	/	/
B02-B 基坑	围檩		1200×800	1400×1000	1300×1000	/
	主撑	南北向	1200×700	1300×900	1200×900	/
		东西向	1200×700	1300×900	1200×900	/
B03-A1 基坑	围檩		1200×800	1400×1100	1300×1100	/
	主撑	南北向	1200×700	1300×1000	1200×1000	/
		东西向	1200×700	1300×1000	1200×1000	/
B03-A2 基坑	围檩		1200×800	1300×1000	1400×1000	1300×1000
	主撑	南北向	1100×700	1100×900	1200×900	1200×900
		东西向	1200×700	1200×900	1300×900	1300×900
B03-B 基坑	围檩		1200×800	1300×1000	1400×1000	1300×1000
	主撑	南北向	1100×700	1100×900	1200×900	1100×900
		东西向	1200×700	1200×900	1300×900	1200×900
B03-C1 基坑	围檩		1200×800	1400×1000	1300×1000	/
	主撑	南北向	1200×700	1300×900	1200×900	/
		东西向	1200×700	1300×900	1200×900	/
B03-C2 基坑	围檩		1200×800	1300×1000	1400×1000	1300×1100
	主撑	南北向	1100×700	1100×900	1200×900	1100×1000
		东西向	1200×700	1200×900	1300×900	1200×1000
B03-D 基坑	围檩		1200×800	1300×1000	1300×1100	1300×1000
	主撑	南北向	1100×700	1100×900	1100×1000	1100×900
		东西向	1200×700	1200×900	1200×1000	1200×900
B区 基坑	围檩		1200×1000	钢围檩	钢围檩	钢围檩
	主撑	南北向	/	/	/	/
		东西向	1000×900	φ609 钢支撑	φ609 钢支撑	φ609 钢支撑
D区 基坑	围檩		1200×800	1200×1000	1300×1000	1300×1000
	主撑	南北向	1200×700	1100×900	1200×900	1200×900
		东西向	1200×700	1100×900	1200×900	1200×900

七、基坑信息化施工及监测监控

图11为B03-D基坑代表性监测点的平面布置示意图，其中CX04、CX12为近同步开

11

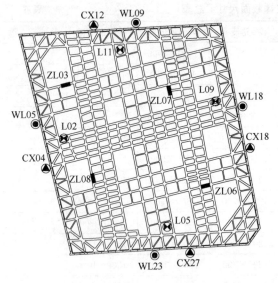

图 11 基坑监测布置示意图

挖侧的支护墙测斜测点，CX18、CX27 为远同步开挖侧的测斜测点；ZL03、ZL06 为东西向支撑轴力测点，ZL07、ZL08 为南北向支撑轴力测点；LZ02、LZ11 为近同步开挖侧的立柱桩竖向位移测点，LZ09、LZ05 为远同步开挖侧的测点。

B03-D 基坑于 2013 年 11 月底开始土方开挖，第二、三、四道支撑的形成时间分别为 2013 年 12 月中旬、2014 年 2 月中旬及 2014 年 3 月上旬，并于 2014 年 5 月初完成基坑开挖。

1. 支护墙侧向位移的监测

根据图 12 (a) 的支护墙变形曲线，各测斜点的侧移曲线均类似于一般独立基坑，中间大、两端小，呈鱼腹状，其中 CX04、CX12 由于相邻基坑的同步开挖导致地

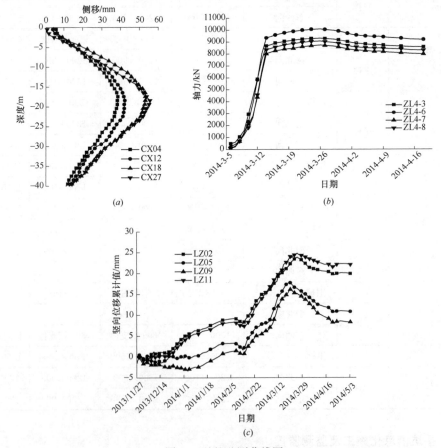

图 12 基坑监测曲线图

(a) 地下墙侧向位移曲线；(b) 第四道支撑轴力发展曲线图；(c) 立柱竖向位移发展曲线图

下墙外侧主动土压力降低，故支护墙变形有所减小。

2. 支撑轴力的监测

根据图 12（b）第四道支撑轴力随时间的变化曲线，比较 4 组测点的轴力值可以发现，基坑 B03-D 东西向支撑轴力大于南北向支撑轴力，其主要是因为基坑西侧 B03-C1 基坑（开挖深 15.4m）土体应力的释放程度大于北侧 B03-B 基坑（挖深 19.7m）。

3. 立柱桩竖向位移的监测

根据图 12（c）立柱桩竖向位移的变形曲线，从基坑土方开挖伊始各测点立柱即开始发生隆起变形，而群坑耦合效应导致坑底隆起值明显加大，LZ02 和 LZ11 的隆起值一直大于 LZ05 和 LZ09。

八、点评

上海后世博会央企总部集聚区基坑群作为软土地区超大规模深基坑工程，根据项目各地块业主的建设工期要求，综合考虑了周边建构筑的保护等因素，经多轮方案研究比选最终确定了双封堵墙的巨型基坑分区方案，通过相邻基坑间设置土体分隔坝体实现了行政审批进度完全不同步的各大地块基坑按需实施且互不影响的目的。通过深入的计算分析与全过程监测信息化施工反馈，证明设置了坑间土体分隔坝的相邻基坑同步开挖存在明显的耦合效应。

本项目的总体实施方案满足了基坑群各业主的进度要求与既定目标，取得了较好的效益，对类似工程具有一定的借鉴意义。

上海地铁某中间风井基坑

卫 彬

（中铁二院工程集团有限公司，上海 200023）

一、工程简介及特点

上海地铁某中间风井为地下 3 层结构，外包尺寸为 39.9m×21.5m，基坑开挖深度为 25.072m。该中间风井东南角约 30.3m、南侧约 33.88m 处有高压线塔；风井西侧约 19.94m 有河浜；风井西北角约 25.94m 有小桥；风井北侧约 1.5m 处有 25 孔电缆箱涵，且该电缆箱涵外南侧有三根直排电缆。基坑工程安全等级为一级，环境保护等级为二级。基坑总图及现场图见图 1。

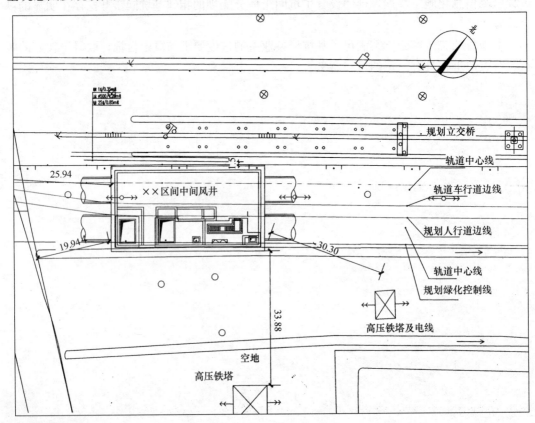

图 1（a）基坑总图

图 1 (b) 基坑施工现场　　　　　　　　图 1 (c) 基坑施工现场

该中间风井深基坑工程在设计、施工中突出的特点主要有：

(1) 基坑开挖深度大且开挖范围内主要为较深厚的淤泥质粉质黏土，土质条件差。

(2) 基坑采取"半逆作"法施工、基坑有较长的暴露期。

(3) 经计算承压水位不满足规范要求、须对承压水层进行减压降水。

二、工程地质条件

根据现场勘察报告，拟建场地地势较平坦，场地地貌形态属于滨海平原相。

本区间地基土在勘察深度范围内均为第四纪松散沉积物，主要由饱和黏性土、粉性土及砂土组成，一般具有成层分布的特点。拟建场地为正常沉积区，所揭示的土层共分 8 个主要工程地质层，13 个地质亚层，由上至下发育土层主要为：①₁ 杂填土、①₂ 浜填土、②褐黄～灰黄色粉质黏土、③灰色淤泥质粉质黏土夹粉性土、③t 灰色粘质粉土夹淤泥质粉质黏土、④灰色淤泥质黏土、⑤₁₋₁ 灰色黏土、⑤₁₋₂ 灰色粉质黏土、⑥暗绿～草黄色粉质黏土、⑦₁₋₁ 草黄～灰色粘质粉土夹粉质黏土、⑦₁₋₂ 草黄～灰色砂质粉土、⑦₂ 灰黄～灰色粉砂、⑨灰色粉砂。其中②、③、④、⑤、⑥层土为 Q4 沉积物，⑦、⑨层土为 Q3 沉积物。典型的地质剖面图见图 2，土层主要物理力学参数见表 1。

土层主要物理力学参数　　　　　　　　　　　　　　　　表 1

层号	土层名称	层厚 (m)	重度 (kN/m^3)	直剪固快试验		静止侧压力系数 K_0	渗透系数		水平基床系数 $m(kN/m^4)$
				c(°)	ϕ(°)		K_v (cm/s)	K_h (cm/s)	
①₁	填土	1.7	18	8	10	0.5	3E-03	3E-03	1500
②	粉质黏土	1.1	18.5	19	19	0.44	5E-06	5E-06	3000
③₁	淤泥质粉质黏土	3.5	17.4	12	15	0.55	2E-05	2E-05	1500
③t	粘质粉土	1.6	18.4	8	27	0.4	2E-04	2E-04	3000
④	淤泥质黏土	7.5	16.7	13	11.5	0.57	4E-07	4E-07	1400
⑤₁₋₁	黏土	3.9	17.2	14	12	0.54	5E-06	5E-06	2500
⑤₁₋₂	粉质黏土	3.1	17.9	16	15	0.51	3E-07	3E-07	3000
⑥	粉质黏土	5.4	19.5	43	17	0.39	3E-07	3E-07	5500
⑦₁₋₁	砂质粉土	7.7	18.9	5	32	0.35	5E-04	5E-04	7000
⑦₁₋₂	砂质粉土	7.4	18.9	5	32	0.35	8E-04	8E-04	7000
⑦₂	粉砂 1	19.8	18.8	3	33	0.34	1E-03	1E-03	8000
⑨	粉砂 2		19	2	34.4				

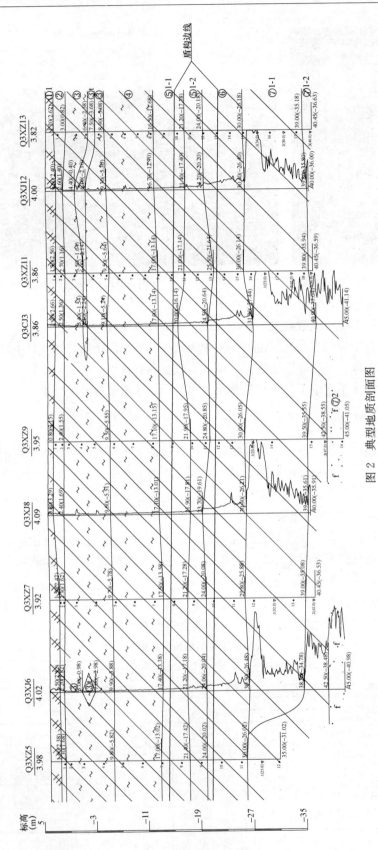

图 2　典型地质剖面图

16

根据水文地质资料，拟建场地的地下潜水一般受降雨、地表径流和沿线河流补给。潜水位随季节、气候、湖汐等因素而有所变化。浅部土层中的潜水位埋深，离地表面 0.3～1.5m，年平均地下水位埋深在 0.5～0.7m，设计高水位 0.3m，低水位 1.5m。第⑦和⑨层为深部承压水位，承压水位一般均低于潜水位，承压水头一般呈周期性变化，随季节、气候、湖汐等因素而有所变化；⑦层为第一承压水含水层，其承压水水位埋深在 3～12m 之间。承压水位呈年周期性变化，设计时承压水水位应按最不利情况考虑。

三、基坑支护结构设计

1. 围护结构

本中间风井主体工程设计使用寿命为 100 年、安全等级为一级。风井主体围护结构采用地下连续墙结构，厚度为 1m，深度为 44m，风井采用地下连续墙与内衬墙的叠合结构，地下连续墙既作为风井的围护结构，又作为风井主体结构的一部分。

2. 支撑体系

本工程支撑体系采用"钢筋混凝土支撑＋地下二层中板框架梁＋钢管支撑"形式，共 7 道支撑，钢支撑平面布置见图 3。其中，第 1 道支撑为钢筋混凝土支撑，第 5 道结合地下二层中板框架梁逆作，其余 5 道为钢管支撑，各道支撑设计参数见表 2。

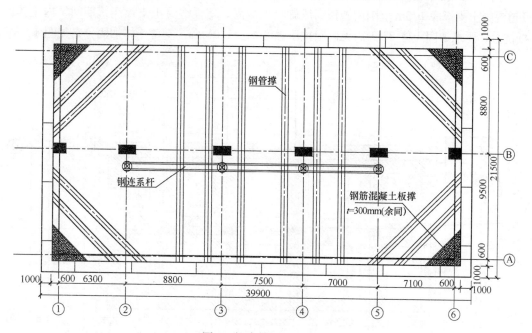

图 3　钢支撑平面布置图

各道支撑设计参数　　　　　　　　　　　　　　　　　　　表 2

编号	支撑名称	平均间距/ m	截面尺寸/ mm	轴线深度/ m	设计轴力/ kN	预加轴力/ kN
1	钢筋混凝土支撑	7.50	800×900	1	2411（2922）	—
2	钢管支撑	3	ϕ609×16	5	2189（2653）	1100（1300）
3	钢管支撑	3	ϕ609×16	8.30	2143（2598）	1100（1300）

编号	支撑名称	平均间距/m	截面尺寸/mm	轴线深度/m	设计轴力/kN	预加轴力/kN
4	钢管支撑	3	$\phi609\times16$	11.60	2100（2546）	1100（1300）
5	地下2层框架梁	7.50	800×800	15.06	5378	—
6	双拼钢管支撑	3	$\phi609\times16$	18.37	4832（5856）	2500（3000）
7	钢管支撑	3	$\phi609\times16$	21.67	2957（3584）	1500（1800）

注：括号内数值为斜支撑设计参数。

3. 基坑降水

对于潜水，本工程采用真空深井泵降水，每200m² 设一口井。施工中必须确保降水效果，根据开挖工况地下水位必须降至开挖面以下1.0m，降水必须待底板混凝土浇筑完毕且达到设计强度，得到设计单位认可后方可拆除。本工程围护结构未隔断⑦层承压含水层，根据基坑抗突涌稳定性验算，本基坑开挖至深度为15.42m时，需要开始进行⑦层减压降水，在保障基坑稳定性和施工安全的前提下，做到"按需抽水"，尽量减小对周围环境的影响。

4. 土体加固

由于坑底位于⑤$_{1-2}$粉质黏土层，土层性质较好，且基坑平面面积较小，故本基坑仅在第5道混凝土支撑底下3m范围内施作高压旋喷桩加固，增强混凝土支撑浇筑期间坑内土体的抵抗力，要求加固土体28天后无侧限抗压强度 $q_u \geqslant 1.0$MPa。基坑土体加固分布见图4。

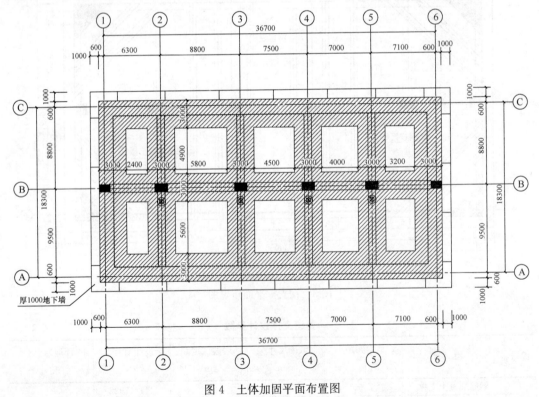

图4 土体加固平面布置图

沿纵向的基坑支护结构剖面图见图5。

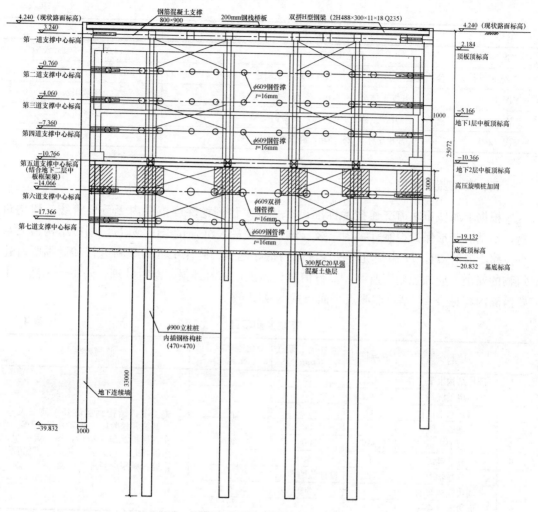

图5 基坑支护结构剖面图

四、基坑开挖工况

本基坑采取明挖顺作结合地下2层框架逆作，具体开挖顺序如下表3所示。

基坑施工工况 表3

编号	工况描述	备 注
工况1	场地平整、围护结构施工	2013.12.1—2014.4.14
工况2	桩基施工，土体加固	2014.4.14—2014.5.12
工况3	开挖土体至1m，浇筑混凝土支撑1	2014.5.12—2014.5.26
工况4	养护混凝土支撑1，基坑降水	2014.5.26—2014.7.6
工况5	开挖土体至5m，安装钢支撑2	2014.7.6—2014.7.11
工况6	开挖土体至8.30m，安装钢支撑3	2014.7.11—2014.7.21
工况7	开挖土体至11.60m，安装钢支撑4	2014.7.21—2014.7.26

续表

编号	工况描述	备注
工况 8	开挖土体至 15.06m	2014.7.26—2014.7.31
工况 9	浇筑、养护混凝土支撑 5(本道撑结合地下二层中板结构框架梁逆作)	2014.7.31—2014.8.25
工况 10	开挖土体至 18.37m,安装双拼钢支撑 6	降承压水
工况 11	开挖土体至 21.67m,安装钢支撑 7	降承压水
工况 12	开挖土体至 25.07m,浇筑混凝土底板	降承压水

五、基坑监测项目

根据上海城市轨道交通技术标准,本基坑 1 倍开挖深度范围内无重要管线、建构筑物,本基坑变形保护控制等级为二级,坑外地表最大沉降量≤0.2%H,围护结构最大水平位移≤0.3%H,H 为基坑开挖深度。为指导施工、确保工程的顺利进行和周围既有建筑物的安全,应加强施工监测,实行信息化施工,随时预报,及时处理,防患于未然,主要监测内容见表 4,基坑监测点平面布置图见图 6。

基坑监测项目　　　　　　　　　　　　　　　　　　　　　　　表 4

序号	监测项目	测点符号	累计量报警值 (mm)	变化速率报警值 (mm/d)	监测频率
1	围护结构水平位移	CX	75	3	施工围护结构到基坑开挖前三天一次;基坑开挖阶段,所有测点每天至少一次;底板浇筑完毕后,每三天一次,支撑拆除时,每天至少一次;特殊情况下,监测频率应当适当提高
2	墙顶沉降	Q	50	3	
3	墙顶水平位移	Q	50	2	
4	地表沉降	D	50	3	
5	地下水位	SW	1000	300	
6	立柱隆沉	L	40	2	
7	支撑轴力	Z	设计值的80%	—	
8	周边建构筑物		30	2	
9	周边地下管线		10	2	

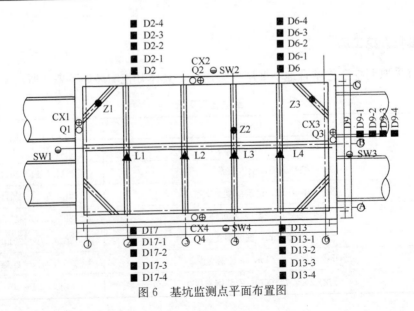

图 6　基坑监测点平面布置图

六、监测数据分析

1. 地表沉降

图 7 为典型的地表沉降曲线。可以看到，随时间和开挖深度的增长，地表沉降逐渐增大，各沉降监测点的地表沉降发展趋势相似，但邻近基坑的测点的地表沉降值明显大于远离基坑的测点。

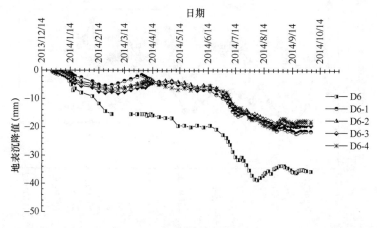

图 7　地表沉降时程曲线

2. 围护结构侧向位移

图 8 为围护结构侧向位移曲线，CX1 为基坑短边测点，CX2 为基坑长边测点。随基坑开挖深度的增大，围护结构侧向位移逐步增大，且围护结构最大侧移深度逐渐下移，两测点的围护结构变形趋势相同，均呈中间大、两端小的"胀肚型变形"。开挖至坑底时，CX1 测点最大侧移为 61.2mm，略小于 CX2 测点的最大侧移 67.5mm，这表明基坑围护结构变形存在一定的空间效应。其余两测点的最大侧移分别为 59.6mm、60.3mm，均小于 0.3％H 的变形控制要求。

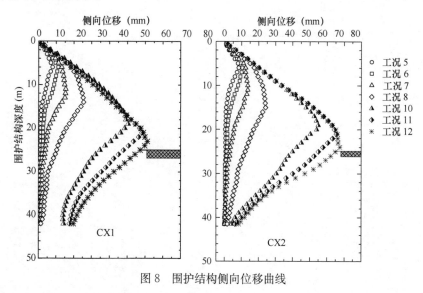

图 8　围护结构侧向位移曲线

3. 坑外水位变化

图 9 为坑外地下水位变化曲线。可以看到,基坑降水导致坑外地下水位有一定的下降,在基坑开挖过程中,坑外水位保持相对稳定、略有波动,最大水位下降值为 32cm,远小于监测报警值,这表明本基坑地下连续墙的止水效果良好,且坑内降承压水措施未对坑外地下水位造成严重的影响,保障了周围环境的安全。

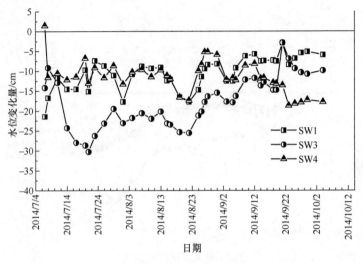

图 9   坑外水位变化曲线

七、点评

本基坑作为典型的地铁中间风井基坑,具有开挖平面尺寸小、开挖深度大的特点,采用"地下连续墙+内支撑"的支护结构形式,较好的控制了围护结构变形和地表沉降的发展,坑内降承压水措施确保了基坑的抗隆起稳定性,且未对坑外地下水位造成严重影响、保障了周边环境的安全。

苏州中心广场项目基坑工程

金国龙　汪贵平　周　竝　王　鑫

（中船第九设计研究院工程有限公司，上海　200063）

一、工程简介及特点

苏州中心广场项目位于苏州工业园区湖西CBD核心区域东端部，北临苏绣路、南到苏惠路、西起星阳街、东至星港街，地块东侧面向金鸡湖畔城市广场。地块面积约20.9公顷，净地面积约13.9公顷，地上总建筑面积73万m^2，地下总建筑面积39万m^2。整个项目划分为A、B、C、D、E、F、G、H八个地块，内部含7幢不同高度的超高层建筑。

基坑总面积约132111m^2，其中地下3层区域面积约106183m^2，开挖深度约14.35～16.85m；地下四层区域面积22208m^2，开挖深度约18.85～20.55m；地铁连接通道及共同沟区域面积3720m^2，开挖深度约2.50～7.30m。坑内局部深坑开挖深度达到4～6m。基坑形态呈现南北对称已建地铁一号线金鸡湖站和区间布置，与车站和区间结构平行的一侧基坑边长超过200m，基坑边距离地铁最近处仅10m。基坑东侧呈三面环抱之状与已建"东方之门"高楼隔路相望。在周边的星港路、苏绣路、苏惠路、星阳街等道路下有众多的地下管线。

本工程基坑采用顺作法施工，由于基坑规模巨大，最终基坑平面上分为15个分区。基坑平面分区及各个分区的信息如图1、图2和表1所示。各分区开挖工序设计如图3。

图1　苏州中心广场

基坑分区尺度表   表1

基坑分区		基坑分区面积（m²）	开挖深度（m）
顺作一期区域	A-1 区	30722	14.65～20.55
	B-1 区	29193	14.65～15.75
	A-2 区	6795	15.15～15.55
	B-2 区	6356	15.15～15.55
	A-2a 区	1854	14.95～16.25
	B-2a 区	1854	14.95～16.85
	A-2b 区	1651	14.95～16.25
	B-2b 区	1560	14.95～16.85
顺作二期区域	A-4 区	19685	15.05～15.35
	B-4 区	22905	14.95～15.65
	A-3 区	3767	17.45～19.35
	A-3a 区	946	17.55
	A-3b 区	1103	17.55
地铁连通道	C1 区	1140	2.50～7.30
	C2 区	1400	7.30
共同沟跨越轨道段	工井区	188×2	4.70
	埋管区	804	2.875～3.1

汇总：基坑总面积132111m²，周边围护墙体长度2448m，中间分隔墙长度1441m（其中：地墙740m，钻孔桩701m），土方开挖量约220万m³。

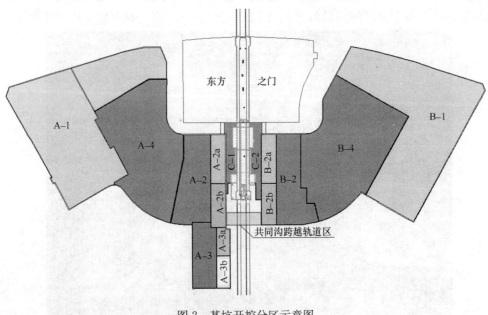

图2 基坑开挖分区示意图

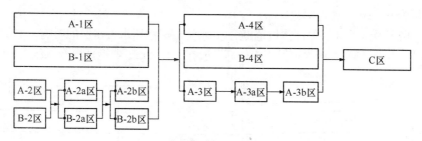

图 3　各分区开挖工序设计图

该基坑工程规模空前，周边环境非常复杂，开挖深度大，其对设计与施工都提出了很多新的挑战：

（1）基坑占地面积达到 13 万 m²，开挖深度 16～22m，开挖土方量达到 220 万 m³，是目前国内规模最大的城市建筑基坑工程。

（2）项目周边环境复杂，整个基坑变形控制要求高。且地块中部与苏州轨道交通一号线地铁车站共墙布置，并局部需要跨越运行中的轨道交通区间隧道，基坑部分敏感区段对于变形控制要求更为严格。

（3）整个基坑内部含七幢超高层建筑群，工期要求高，基坑设计上需要统筹考虑整个项目的工期关键路线。

（4）南、北区之间埋设大量市政管线，管线横跨两条地铁隧道，为保证地铁运营安全，施工要求相当严格。

（5）项目涉及大面积抽降承压水问题，需要采取多种措施控制降水沉降问题。

二、工程地质条件

本项目 60m 深范围内主要为粉质黏土，局部夹粉土，坑底范围为⑥-1 层粉质黏土层，为相对较为软弱的土层，孔隙率大，含水量高，压缩性大，地质信息如表 2 所示。

各土层主要物理力学指标综合建议值　　　　表 2

土层代号及名称	重度 γ (kN/m³)	直剪（固快） c (kPa)	直剪（固快） ϕ (°)	含水量 w (%)	孔隙率 n	渗透系数 K (cm/s)	透水性评价
①₁素填土	19.3	15.00	8.00	28.6	0.449		
④₁黏土	19.9	56.78	14.28	26.2	0.426	5.0×10^{-7}	极微透水
④₂粉质黏土	19.5	30.26	15.78	28.7	0.443	4.0×10^{-5}	弱透水
④₃粉质黏土	19.2	26.04	15.45	31.3	0.461	5.0×10^{-5}	弱透水
⑤粉土夹粉粘	19.3	7.76	29.07	29.3	0.446	2.0×10^{-3}	中等透水
⑥₁粉粘夹粉土	19.3	22.43	17.25	30.9	0.457	1.0×10^{-4}	弱透水
⑥₂粉质黏土	19.3	26.42	14.94	30.1	0.454	1.5×10^{-5}	弱透水
⑧₁黏土	20.3	55.09	14.28	23.9	0.401	5.0×10^{-7}	极微透水
⑧₂粉粘夹粉土	19.4	31.90	15.55	29.1	0.448	3.0×10^{-5}	弱透水
⑨₁粉粘夹粉土	19.2	19.08	18.49	29.2	0.452	2.0×10^{-5}	弱透水
⑨₂粉土夹粉砂	19.4	7.57	29.73	27.3	0.437	3.3×10^{-3}	中等透水
⑩₁粉质黏土	19.5	36.05	15.56	29.2	0.444	5.0×10^{-5}	弱透水
⑩₂粉土夹粉粘	19.4	13.79	26.26	27.0	0.434	4.0×10^{-4}	中等透水
⑩₃粉质黏土	19.4	31.51	15.35	28.6	0.445	2.0×10^{-5}	弱透水

孔隙潜水主要赋存于浅部土层中，潜水位埋深约 1m。微承压水主要赋存于⑤层粉土夹粉质黏土，富水性一般，透水性较好，苏州市历史最高微承压水水位为 1.74m，最低微

承压水水位为 0.62m(场地标高 2.0~3.1m)。

地下 4 层区及地下 3 层局部深坑范围会收到苏州第I承压水含水层的影响,主要为⑨₂ 粉土夹粉砂层。本地区第I承压水上段水头标高一般在 −1.00m。典型地层及承压水如图 4。

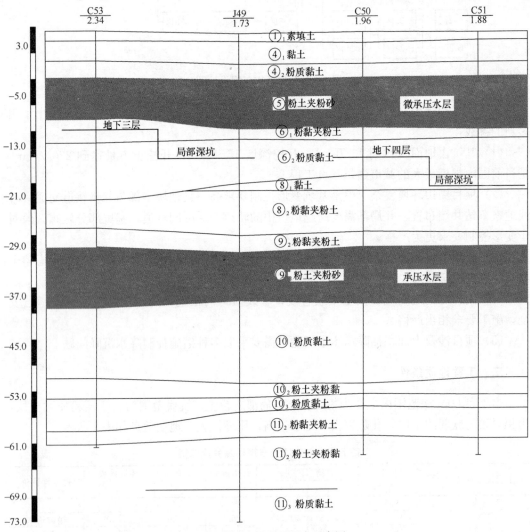

图 4 典型地层及承压水示意图

三、基坑周边环境情况

场地基坑北临苏绣路、南到苏惠路、西起星阳街、东至星港街。周边市政管线密布。本项目所在的车站为苏州轨道一号线星港街站,其东西向横穿整个项目。基坑东侧呈三面环抱已建"东方之门"。基坑周边环境及管线平面布置见图 5。

四、基坑围护及支撑体系设计

基坑周边区域、地下 4 层区域临时分隔墙以及地铁侧条形基坑区域临时分隔墙采用地下连续墙。基坑内部其他临时分隔墙采用钻孔灌注桩+三轴水泥土搅拌桩止水帷幕。围护平面布置见图 6。

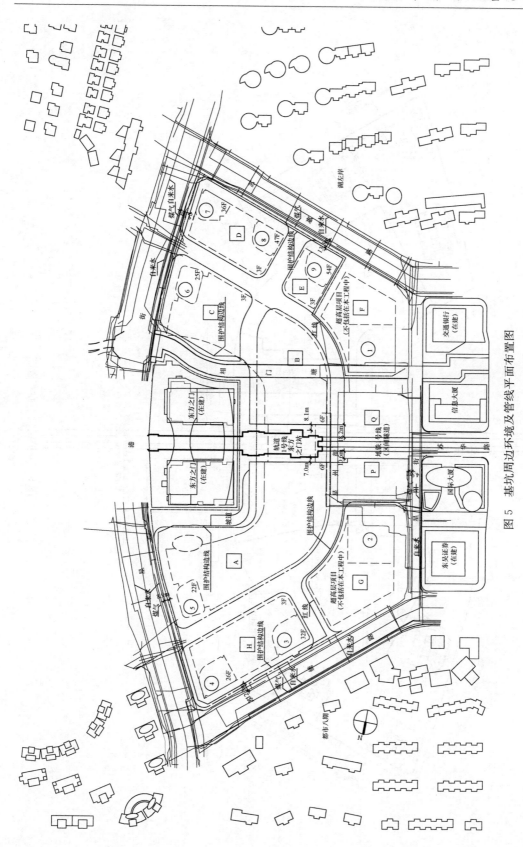

图 5　基坑周边环境及管线平面布置图

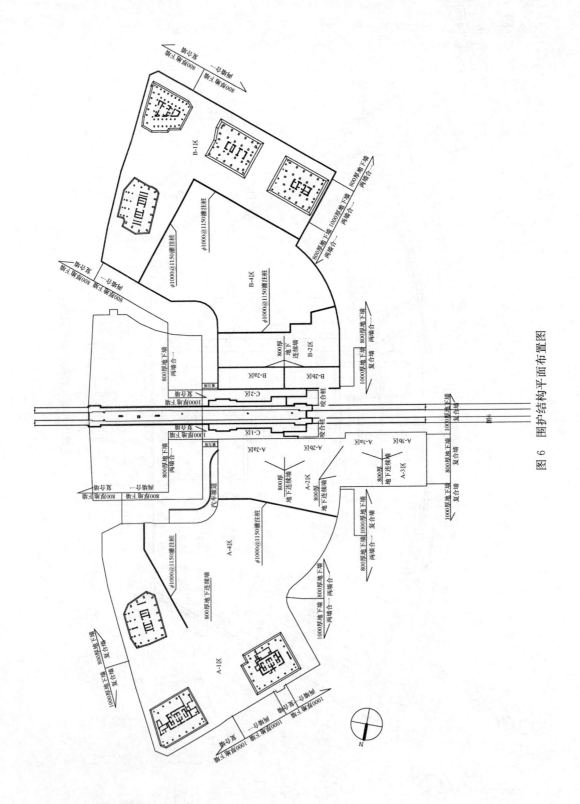

图 6　围护结构平面布置图

地下 3 层区域采用 800mm 厚地下连续墙（两墙合一），设置 3 道钢筋混凝土内支撑，地下连续墙插入深度根据稳定性计算确定；地下 4 层区域采用 1000mm 厚地下连续墙（两墙合一），设置 4 道钢筋混凝土内支撑，地下连续墙墙底进入⑩₁粉质黏土弱透水层不少于 2m。地下 3 层区及 4 层区的典型围护剖面如图 7、图 8 所示。

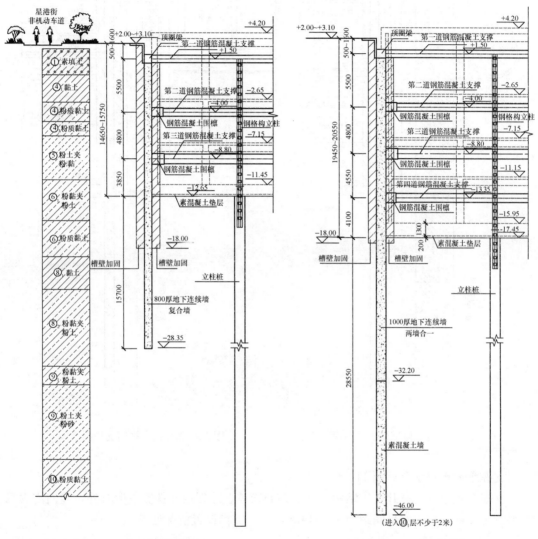

图 7　地下 3 层区支护剖面　　　　　图 8　地下 4 层区支护剖面

轨道交通一号线位于南北基坑中部，围护结构距离地铁车站的最近距离约为 7.0m，距离区间隧道的最近距离约为 10.6m。两侧均为三层地下室，基坑开挖深度 14.95～17.55m。靠轨道交通侧设置约 24m 宽的条形基坑（A-2a、A-2b、A-3a、A-3b、B-2a、B-2b 分区）。条形坑采用 1000mm 厚地下连续墙，水泥土搅拌桩满堂加固，设置 4 道内支撑，其中第一道为钢筋混凝土内支撑，2～4 道为带轴力自动补偿系统的钢支撑。围护墙底进入⑩₁粉质黏土弱透水层不少于 2m。靠轨道交通侧围护剖面如图 9、图 10 所示。

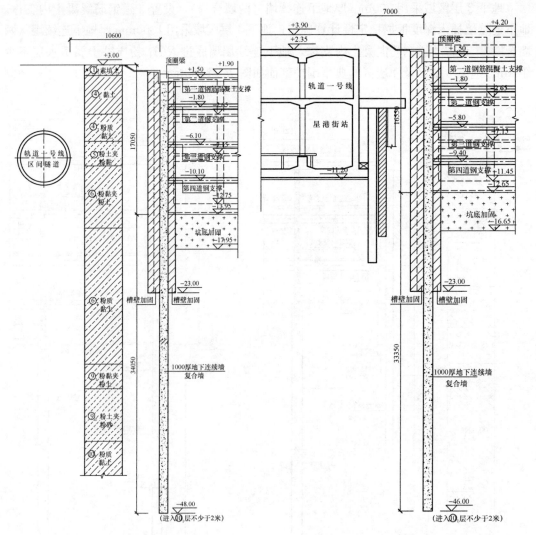

图 9　邻区间隧道侧支护剖面　　　　图 10　邻地铁车站侧支护剖面

支撑平面布置示意见图 11。

支撑布置原则上避开主体结构立柱、核心筒体。除邻近地铁侧条形坑外，竖向均为钢筋混凝土支撑，对撑水平间距为 12～14m 左右。支撑设置情况见表 3。

支撑设计成果汇总表　　　　　　　　　　　　　　　　　　表 3

分区位置	开挖深度	支撑设置	备　注
A-1 (地下 4 层)	18.85～20.25m	四道钢筋混凝土支撑	
A-1 (地下 3 层)	14.85～15.95m	三道钢筋混凝土支撑	以对撑为主，角部以角撑为主，设置边桁架
A-2、A-3、A-4、 B-1、B-2、B-4	14.70～16.25m	三道钢筋混凝土支撑；A-3 区邻近超高层区域增设第四道 临时支撑	
A-2a、A-2b、B-2a、 B-2b、A-3a、A-3b、	14.70～16.75m	第一道为钢筋混凝土支撑， 第二、三、四道为钢支撑	钢支撑采用支护内力自动补偿及位移控制系统

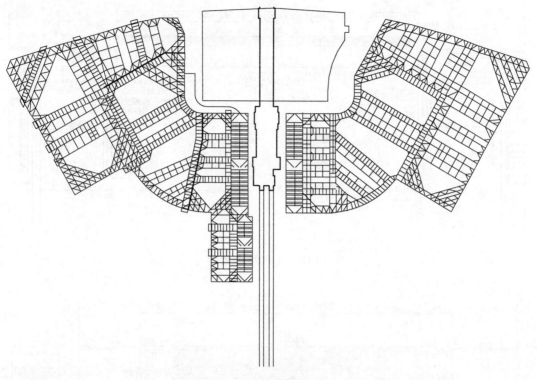

图 11　支撑平面布置示意图

共同沟过轨道段埋管区域的施工也是本工程的重点，其开挖范围横跨地铁区间双线隧道正上方，施工风险高，难度大。

过轨道段埋管区域采用预制管沟方案进行施工。该方案采取分条分块开挖的方法，通过快速吊装预制管沟及盖板上堆载等措施，以达到施工期间的基本零卸载，从而控制下方地铁隧道的隆起变形，并保证后期地下管线施工期间的地铁隧道运行安全。

过轨道埋管区域两端为 P、Q 区工井，距轨道区间的最小距离为 8.64m，开挖深度为 4.70m。工井围护结构采用三轴搅拌桩套打钻孔灌注桩，桩底均落深至地铁区间隧道底以下 1.5m，以起到隔离的作用，并隔断微承压水层。

P、Q 区工井间为轨道上方的埋管区域，开挖深度 2.875～3.10m，开挖面距离地铁隧道顶部仅 5.625m。埋管区域南、北两侧利用工井围护灌注桩，东、西两侧采用双轴搅拌桩重力坝围护。

工井及埋管区域围护剖面形式如图 12、图 13 所示。

埋管区域的施工工序如下：

工序一：P、Q 区两个工井基坑围护结构及顶圈梁施工，埋管区域双轴搅拌桩重力坝围护施工，P、Q 区工井内部分土体进行压密注浆加固，地表施作硬化地坪；

工序二：先后以 P、Q 区工井内地基加固区域作为履带吊吊装场地，埋管区域分段分块进行土方开挖，及时进行预制管沟（预制板）的吊装及盖板堆载；

工序三：埋管区域开挖及管沟吊装全部完成后，进行管线布置，最后开挖 P、Q 区工井内土方。

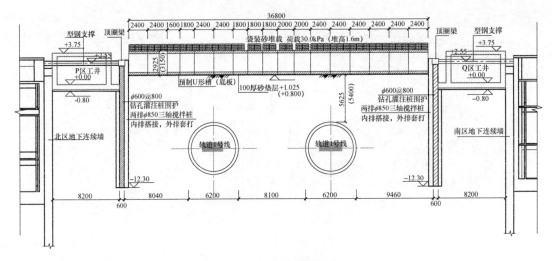

图 12　工井围护剖面图

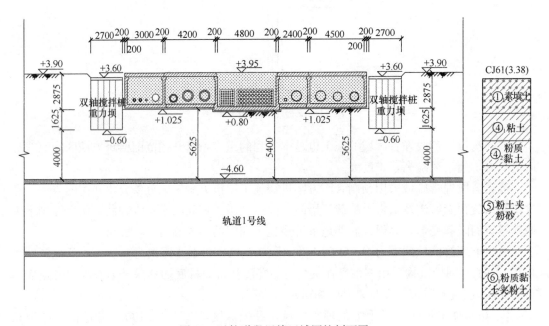

图 13　过轨道段埋管区域围护剖面图

埋管区域施工方案如下：

（1）将埋管区域沿隧道纵向（与埋管方向垂直）划分为 5 个槽段，中间及两侧的槽段为预制管沟（U 型槽），另外 2 个槽段为预制底板。

（2）为减小土方开挖卸载对下方地铁隧道的不利影响，将预制管沟沿隧道纵向（即埋管方向）划分 17 个管段，其段长度为 1.8～2.4m，根据施工能力划分为 8 个施工分段，各分段的宽度及长度考虑了现有吊装设备能力，并能够保证土方开挖、预制管沟（或预制板）和盖板吊装及袋装砂堆载等一系列施工工序在地铁停运期间内完成。

（3）管线安装完毕后，分段卸载并移除盖板，尽快完成管沟内回填。

本方案设计的特点主要有以下几点：

（1）埋管区段的合理划分，预制管沟（或预制板）采用吊装施工，能够有效加快各施工工序之间的衔接，缩短整个施工工序的时间。

（2）数值分析结果表明，间隔分条及分块开挖及预制管沟（或预制板）吊装施工，能够有效控制坑底及地铁隧道的隆起变形。

（3）考虑到地铁隧道已呈现一定的隆起趋势，本方案采用基本零卸载的设计理念，可将地铁隧道的隆起变形控制在可控范围内。

（4）目前设计方案的管沟净空高度大于2m，可以人工进入管沟内安装管线。

（5）工程造价低于一般的顶管施工方案。

本工程过轨道段埋管区域施工已经完成，施工期间轨道变形极小。采用预制管沟分条、分块开挖的方法进行浅埋地铁隧道上方管线埋设的方法，能够有效控制基坑开挖期间的坑底隆起及隧道变形。"零卸载"作为一种新型的设计理念是值得推广的。

五、基坑施工工序情况

15个分区即为15个相对独立又相互影响的整体，为一个较为复杂的基坑群。各个基坑的设计开挖顺序按图3所示进行。当前一控制分区基坑完成B1板施工后，方可进行后序基坑的开挖施工。图14～17为施工过程中的图片。

图14　一期基坑开挖过程中

图15　二期基坑开挖过程中

图16　条形坑

图17　C-2区

六、简要实测资料

1. 地下3层地连墙水平侧移（图18）

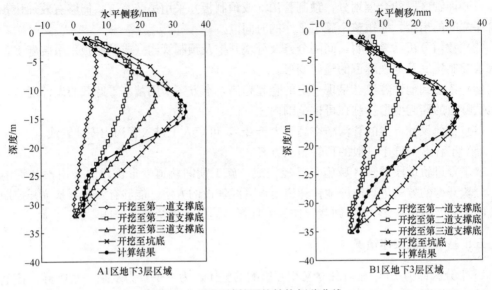

图 18   三层区域的围护结构侧移曲线

2. 地下 4 层地连墙水平侧移（图 19）

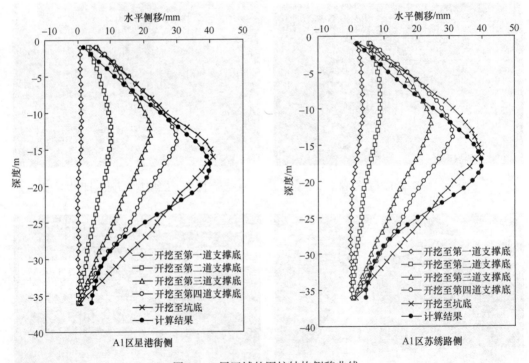

图 19   4 层区域的围护结构侧移曲线

3. 车站及隧道结构变形

（1）车站结构水平位移

S35A、S40A、S45A 分别位于车站东端、中部、西端三个位置，S40A 是条形坑 C—1 区中部的测点，用半监测车站结构水平位移，结果如图 20 所示。

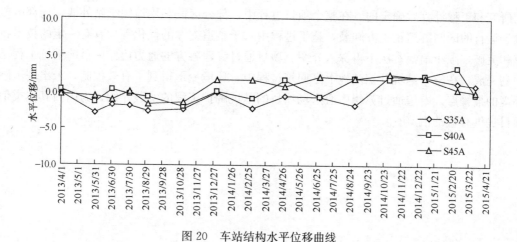

图 20　车站结构水平位移曲线

从图中曲线可知，整个基坑施工期间，南北区基坑施工对轨道交通结构影响较小，结构监测数据变化较为稳定。区域内测点累计变化值均未出现报警情况，测点最大位移3.33mm，远小于10mm报警值，轨交结构位移情况安全可控。

（2）轨道沉降位移

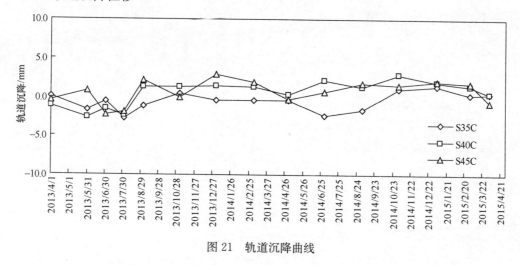

图 21　轨道沉降曲线

S35C、S40C、S45C 分别位于车站东端、中部、西端三个位置，S40C 是条形坑 C-1 区中部的测点，用来监测轨道的沉降，结果如图 21 所示。

从图中曲线可知，整个基坑施工期间，南北区基坑施工对轨道交通结构影响较小，结构监测数据变化较为稳定。区域内测点累计变化值均未出现报警情况，测点最大位移2.94mm，远小于10mm报警值，轨交结构位移情况安全可控。

七、小结

苏州中心广场工程规模和体量创造了国内多个第一，为满足工程工期、环境控制、工程造价等多方面的要求，方案的论证过程中经过多轮方案的比选，其中包括顺逆结合，全逆作，不同分区的顺作法等等。项目最终选定此方案，是综合多方面因素、经过大量的理论研究和工程计算后确定的。在整个项目过程中，部分区段利用地铁车站外墙，局部区段位于运行的区间隧道正上方卸载，施工过程中对于整道支撑的优化等均具有一定的技术特色和突破，限于篇幅本次不再深入介绍。项目通过参建各方的通力协作，目前基坑工程已顺利完成，在整个基坑开挖及地下室回筑过程中，环境变形得到了有效控制，未出现敏感环境的报警点。希望通过苏州中心广场项目的基坑围护工程的实践介绍，为国内其他类似项目提供有益的借鉴。

武汉长江航运中心项目基坑工程

陶帼雄　梁志荣　魏　祥

（上海申元岩土工程有限公司，上海　200070）

一、工程简介及特点

1. 工程简介

（1）建筑结构简况

武汉长江航运中心项目位于武汉市江岸区沿江大道以西、民生路以南、黄陂街以东。项目由 1 幢 330m 的 68 层超高层综合体、3 幢 100～160m 超高层住宅及 43.8m 高的商业裙楼组成，为市重点工程。本工程力争打造现代化、国际化的港务枢纽综合体，形成沿江大道乃至武汉市的标志景观建筑。

本项目基坑开挖面积约 31450m²，呈不规则的长方形，延长米约 760m。整体设置 4 层地下室，裙房区域普遍开挖深度为 18.8m，塔楼区域普遍开挖深度为 24.9m。根据湖北省地方标准《基坑工程技术规程》DB42/T 159—2012，本基坑工程重要性等级为一级。

（2）周边环境情况

本工程基坑周边环境比较复杂，位于长江一级阶地。

东侧地下室结构退红线 7.5m，红线外为沿江大道，下面分布有大量管线。沿江大道外侧即为滚滚长江，防汛墙与本基坑围护结构的距离仅 60m。

西侧地下室结构退红线 6m，红线外为黄陂街，下面分布有大量管线。另一侧分布有多栋年代久远的天然基础居民楼，距离本工程地下室约 26～28m。

南侧地下室退红线约 22～23m，红线外东南侧为既有建筑长航大厦（33 层），距离本工程地下室约 38m，西南侧则为已完成的 3#、4# 楼地下室（地下两层）。

北侧地下室结构退红线 7.2～7.8m，红线外为民生路，下面分布有大量管线。

图 1　武汉长江航运中心效果图

同时，西北角保留了一栋 16 层（短桩基础）的居民楼，距离本工程地下室 9～11m。

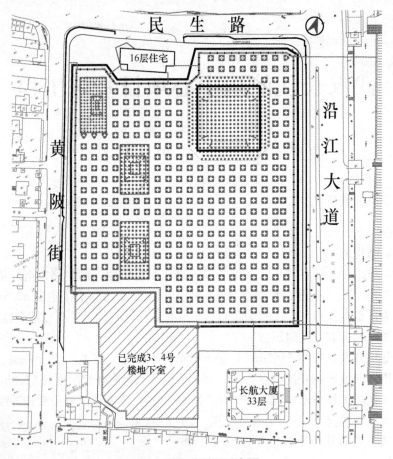

图 2 基坑总平面示意图

2. 基坑特点

本工程具备以下几个特点：

1) 本基坑超大超深：开挖面积达 31500m²，开挖深度约 18.8m～24.9m，是当时武汉市规模最大的深大基坑。

2) 基坑周边环境复杂：三侧邻近市政道路及地下管线，周边邻近多栋需要保护的建筑，尤其是西北侧处在一倍基坑开挖深度范围内的 16 层居民楼（短桩基础）。特别值得注意的是，基坑东侧邻近长江，与长江防汛墙的距离仅 60m。

3) 地下水问题突出：场地内存在厚达 40m 的含承压水砂性土，且与长江水力联系明显，承压水每年 7 月～9 月汛期水头高于地表，对基坑安全极为不利。

4) 基坑距离长江防汛墙仅 60m。施工工期受长江汛期影响，常规来说，距离长江如此近的项目，地下工程需要避开汛期完成，否则需要及时回填。本基坑的设计方案也需通过湖北省及武汉市水利管理部门及长江水利委员会等多部门多轮审查。

二、工程地质条件

拟建场区地层在勘察深度范围内可划分为以下几层：①杂填土；②_1 粉质黏土夹粉土；②_2 粉质黏土与粉土、粉砂互层；③_1 细砂；③_{1a} 粉质黏土；③_2 细砂；③_{2a} 粉质黏土；④中细砂夹卵砾石；⑤强风化泥岩；⑥中风化泥岩。基坑开挖面基本位于②$_{-2}$粉质黏土与粉土粉砂互层，局部揭露③$_{-1}$细砂层。典型地质剖面图见图3。

场地内的上层滞水主要赋存于浅层填土中，部分勘察孔中测得水位在地面以下1.90～2.0m。场地内承压水赋存于砂土层中，与长江有一定水力联系，其水位变化受长江水位变化影响，水量较丰富，根据现场抽水试验报告（2011.10），场区下部砂层承压水层平均渗透系数 K 取 18.29m/d，R 取 200m。2012 年 05 月勘察期间量测的承压水水位为自然地面以下 6.5m。

本基坑开挖面普遍位于②$_{-2}$粉质黏土与粉土（砂）互层，局部已经揭露③$_{-1}$层，坑底抗承压水稳定不满足要求。

场地土层主要力学参数　　　　　　　　　　　　表1

层号及名称	建议采用值		天然重度	渗透系数	含水量	孔隙比
	c ()	φ	γ (kN/m²)	k cm/s	w W (%)	e
①杂填土	8	18	19.2			
②$_{-1}$粉质黏土夹粉土	16	10	18.5	5.96×10^{-6}	31.7	0.898
②$_{-2}$粉质黏土与粉土、粉砂互层	14	15	18.3	4.61×10^{-5}	34.4	0.966
③$_{-1}$细砂	0	28	19.2			
③$_{-2}$细砂	0	32	19.5			
④中细砂夹卵砾石	0	38	18.5			
⑤强风化泥岩	35	25	20			

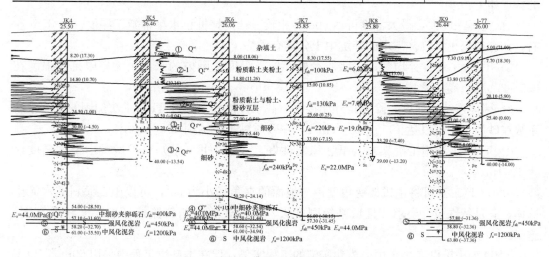

图 3　典型地质剖面图

三、基坑围护方案

1. 基坑围护总体设计方案

设计团队结合项目实际情况，立足于场地的地质水文情况，首先选定了本基坑整体顺作的围护设计方案，并最终确定了地下连续墙仅作为挡土结构，另设止水帷幕落底至基岩止水的围护设计思路。

综上所述，本基坑工程采用"两墙合一"地下连续墙＋落底式止水帷幕＋四道内支撑（双圆环支撑）的围护型式，具有以下优点：

a）地下连续墙仅考虑挡土受力需求，仅在围护结构造价方面就节约 1600 万元，TRD 落底止水又大大优化了降水井数量，综合工期方面，节约的财务成本极为可观。

b）本工程开拓性地采用了全球最深的 TRD 水泥土搅拌墙。连续施工的 TRD 工法，除了转角外没有接头，止水效果明显优于传统的地墙。现场的抽水试验结果亦有力地佐证了这一点。

c）"地下连续墙＋落底式止水帷幕"这一创新的围护形式，使本基坑得以整体开挖，并解除了长江汛期对施工工期的制约，大大加快了项目开发进度。

d）采用四道双圆环水平混凝土支撑作为内支撑系统，并设置下坑坡道，既可形成中心区域大面积的施工空间，又可节约内支撑（栈桥）—立柱系统的费用。

2. 落底式止水帷幕（TRD 工法水泥土墙）

因本基坑工程的止水帷幕需达到接近 60m 的深度方能进入岩层，确保承压水层被隔断，常规的止水帷幕工法，如三轴水泥土搅拌桩等，已不再适用。

TRD 工法是一种新型水泥土搅拌墙施工技术，其机具兼有自行掘削和混合搅拌固化液的功能。施工时首先将链锯型切削刀具插入地基，掘削至墙体设计深度，然后注入固化剂，与原位土体混合，并持续横向掘削、搅拌，水平推进，构筑成高品质的水泥土搅拌连续墙。成墙厚度可达 450～850mm，可根据设备型号的不同灵活选择，施工深度最深可达 60m，适应地层广泛，成墙作业除转角外连续无接头，截水性能也十分优越。TRD 工法的特点如下：

a）施工深度大，最大深度可达 60m，相较三轴搅拌桩止水帷幕施工深度仅为 35m 左右，在有超深止水帷幕需求的基坑中十分具有优势。

b）TRD 工法搅拌均匀，成墙质量好，桩身深度范围内的水泥土无侧限抗压强度在 0.5～2.5Mpa 范围之内。

c）墙体连续等厚度，除转角外无接头，截水性能好。经过 TRD 工法加固的土体渗透系数在砂质土中可以达 10^{-7}～10^{-8}cm/s，在砂质黏土中达到 10^{-9}cm/s。

d）TRD 工法施工机架重心低、稳定性好。（Ⅰ、Ⅱ、Ⅲ）三种型机中最大高度仅为 10.1m。

e）TRD 工法可将主机架变角度，与地面的夹角最小为 30°，可以施工倾斜的水泥土墙体，满足特殊设计要求。且切割箱刚度大，多段式随钻测斜监控（直线度和垂直度）施工。

TRD 工法虽已有多个国内成功实施的工程实例，但在本基坑工程中采用 60m 深 TRD 水泥土搅拌墙落底止水，属于湖北省首次，也是本项目技术创新点之一。

3. 基坑围护体设计

（1）围护结构体系

裙楼常规开挖区域：基坑开挖深度 18.8m，采用 1000mm 厚地下连续墙作为围护结构，墙底埋深 36.6m。外侧采用 850mm 厚 TRD 水泥土搅拌墙落底止水，墙底需进入中风化泥岩不小于 200mm。

西北侧靠近 16F 建筑区域：基坑开挖深度 18.8～24.9m，该处地墙加厚至 1200mm。

为保护邻近建筑，在该区域的 TRD 水泥土墙中内插 H700X300 型钢，型钢长 30m，间距 800mm，以控制基坑开挖变形传递。

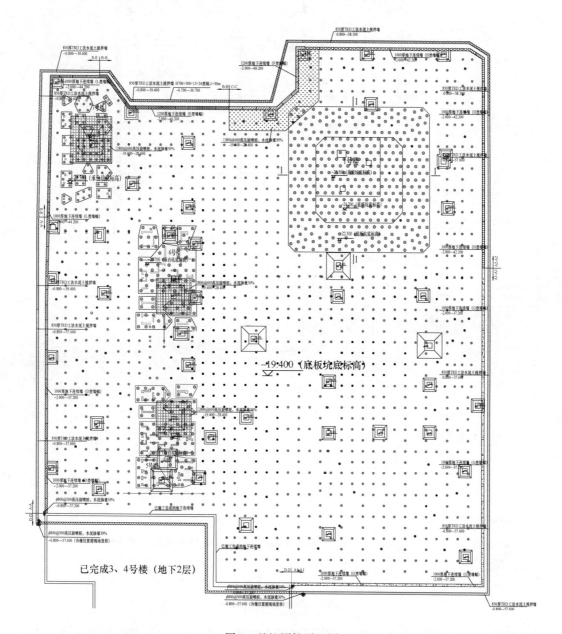

图 4　基坑围护平面图

（2）水平支撑体系

本基坑开挖面积达 31500m²，整体形状呈长方形（170m×200m），采用圆环支撑系统是十分适合的。为更好地控制基坑变形，本基坑设置了四道钢筋混凝土双圆环水平支撑，双圆环支撑直径约 130m/150m，内圆环上径向杆件间距控制在 7.8m，外圆环上径向杆件间距控制在 9.0m。支撑系统杆件尺寸见表 2，径向杆件分布示意图见图 6。

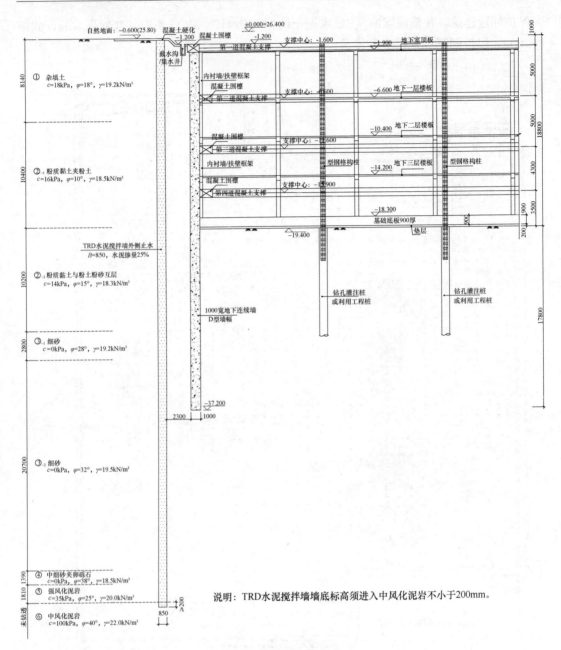

图5 基坑围护剖面图

对于局部较为薄弱的阳角处，采用了增加支撑梁上封板的方式，增加整体刚度，更好地起到控制围护结构变形的作用。

支撑系统杆件尺寸   表2

	围檩截面（mm）	圆环支撑截面（mm）	主要支撑截面（mm）	连杆截面（mm）
第一道支撑	1200×800	1600×900	900×800	700×700
第二道支撑	1400×900	2000×1000	1200×900	800×800
第三道支撑	1600×900	2400×1000	1200×900	800×800
第四道支撑	1600×900	2400×1000	1200×900	800×800

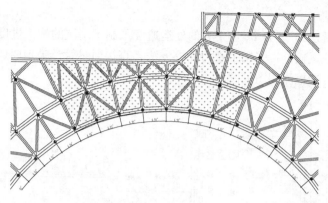

图 6　圆环支撑径向杆件分布示意图

图 7　圆环支撑系统实景图

　　本基坑的双圆环支撑系统在基坑内部形成了将近 40％ 的无支撑面积，大大有利于土方的开挖，结合场地内的实际条件，设置了钢筋混凝土下坑坡道，如图 8 所示，机械设备等可下坑作业，极大地加快了施工进度。

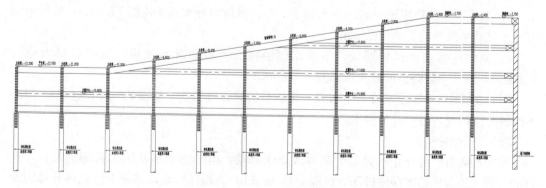

图 8　下坑坡道剖面图

（3）水力冲挖

本工程土方量达到 65 万 m^3，土方的外运速度限制了基坑的施工进度，本工程除了采用传统的机械开挖运输外，采用了水力冲挖方法，直接通过管道吸走船运，大大加快了土方开挖进度。水力冲挖流程图见图9。

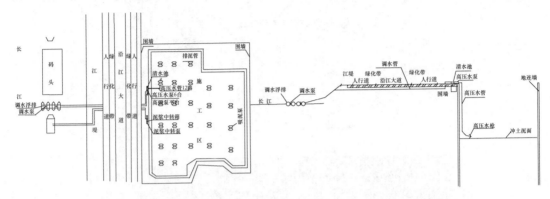

图 9　水力冲挖流程图

（4）TRD 成墙试验及整体抽水试验

本工程 TRD 水泥土墙的最深墙底埋深接近 59m，国内外均为罕见。其施工可行性、质量控制、实施效果等都处于摸索阶段，在正式实施前进行了 TRD 水泥土搅拌墙的试验段研究，取得适合本工程场地地层的设计、施工工艺参数。也为 TRD 工法这一新兴工艺在类似于本场地的地层中施工提供了参考。

同时，待 TRD 工法止水帷幕封闭且达到强度后，在场地内布置了 19 口降水井，进行了整体抽水试验，监测坑内外承压水头的变化以确定止水帷幕的可靠性。

根据整体抽水试验的结果，TRD 连续墙止水效果良好，对周边环境进行了有效的保护。

a）根据试验段的检测数据显示，在本工程浅层粉质黏土中墙身强度超过 1.0MPa，深层砂性土中墙身强度可达到 2.0MPa，渗透系数均达到 10^{-6} cm/s。

b）整体抽水试验中，基坑内水位稳定在 $-26 \sim -26.5$m，场地内外水力联系已基本被切断。

c）基坑内水位稳定至 $-26.0 \sim -26.5$m 时，基坑内外水差平均约 12.04m，坑外水位因抽水试验实际平均下降约 2.00m。

d）基坑整体抽水试验期间，基坑东侧沿江大道路面观测点累计沉降量最大值为 6.66mm，基坑南侧路面的最大沉降量 6.55mm。

同时在 TRD 工法止水帷幕中布置一定数量的测斜监测点，掌握基坑开挖过程中 TRD 工法的变位情况，避免开裂渗水。

（5）地下水控制

本次基坑围护设计止水帷幕为落底式止水帷幕，但考虑到本基坑工程邻近长江，且 TRD 水泥土连续墙施工深度较深，最深处达 58.8m，为确保安全，结合天汉软件计算的无止水帷幕情况下管井数量，并参考了 TRD 止水帷幕封闭后的整体抽水试验结果，最终确定在场地内设置了 44 口 40m 深的抽水管井和 10 口 45m 深的抽水管井，14 口坑内备用兼观测井进行基坑开挖期间的承压水降水，同时，坑外布置 26 口观测兼回灌井。如图 10 所示。

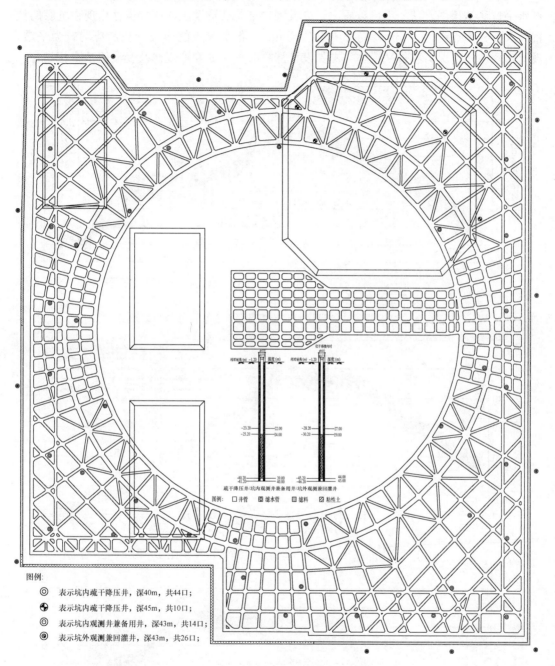

图例：
◎ 表示坑内疏干降压井，深40m，共44口；
⊕ 表示坑内疏干降压井，深45m，共10口；
◎ 表示坑内观测井兼备用井，深43m，共14口；
◉ 表示坑外观测兼回灌井，深43m，共26口；

图 10　降水井平面布置图

四、基坑监测情况

自 2014 年 10 月开始土方开挖，至 2016 年 01 月最后一块底板浇筑完成，在整个基坑开挖过程中一直采用信息化施工和动态控制方法，并根据基坑支护体系和周边环境的监测数据适时调整基坑开挖的施工顺序和施工方法。

图 11~图 14 中监测数据是基坑开挖至坑底后，基坑四周几个较有代表性监测点的深部水平位移结果图。从图中可以看出，最大围护结构变形及土体深层位移出现在坑底的位置，大部分测点约为 40mm，局部测点达 50mm。各个测点的曲线变化走势均较为平缓，没有出现突变情况，整体来说，与围护设计计算时预测的变形规律及变形值基本相吻合。

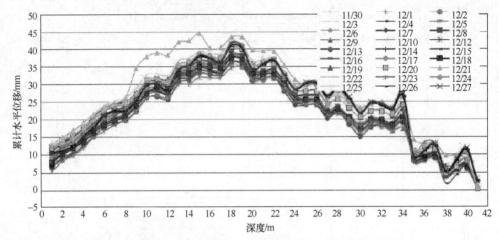

图 11　北侧混凝土连续墙 HX6 监测点深部水平位移监测结果图

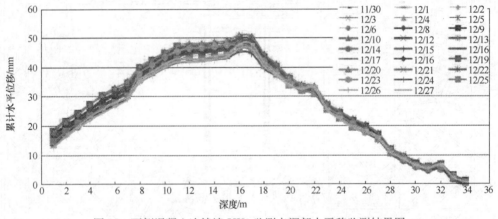

图 12　西侧混凝土连续墙 HX3 监测点深部水平移监测结果图

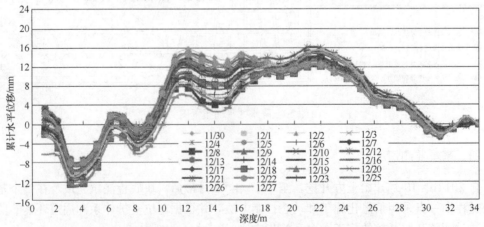

图 13　南侧混凝土连续墙 HX5 监测点深部水平位移监测结果图

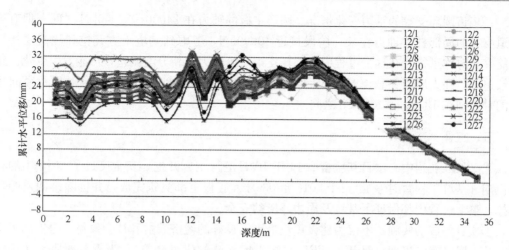

图 14　东侧土体测点 TX8 监测点深部水平位移监测结果图

图 15、图 16 中反映了在基坑开挖至坑底之后，大底板浇筑完成之前，较有代表性的

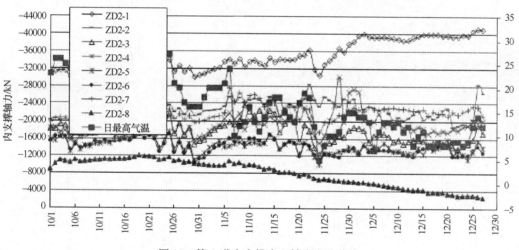

图 15　第 2 道内支撑中心轴力变化曲线

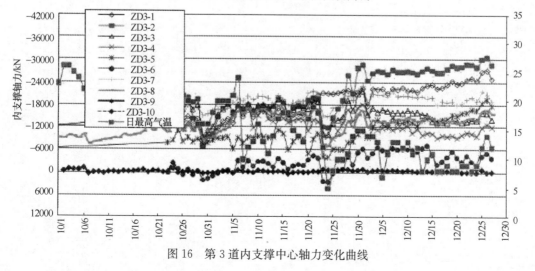

图 16　第 3 道内支撑中心轴力变化曲线

第二、三道圆环支撑的轴力变化情况。圆环主撑的轴力在 24000～32000kN 之间，但有第二道支撑的局部杆件轴力在某一阶段接近 40000kN，考虑到基坑土方开挖和浇筑底板不可能完全对称进行，在这个过程中因圆环支撑系统轴力重新分配调整，可能发生变化。经后续追踪，在大底板完全浇筑完成后，该杆件的轴力降至 30000kN。其余对撑及径向杆件的轴力则在 12000～24000kN 之间。

五、点评

武汉长江航运中心项目基坑自 2014 年 10 月进行土方开挖，安全度过了 2015 年的秋季汛期（基坑工程暂时停工），于 2016 年 03 月大底板全部浇筑完成，并拆除第四道圆环支撑，整个过程中都保证了基坑及周边环境的安全。

本项目的成功实施，不仅为建设单位带来了良好的经济效益和社会效益，也推动了新工艺的发展（武汉当地已召开了 TRD 水泥土搅拌墙的研讨会等），为复杂地质水文条件下的超深超大基坑工程提供了技术参考，也为类似于 TRD 的超深工法工艺的进一步推广做出了一定的贡献。

泉州南益广场项目基坑工程

李成巍　梁志荣　李　伟　魏　祥

（上海申元岩土工程有限公司，上海　200040）

一、工程概况及周边环境情况

1. 工程概况

泉州南益广场项目，位于泉州市丰泽区，丰泽街以北、田安北路以东、明湖路以西，是集商业、酒店、办公和高档公寓于一体的城市综合体，建成后将成为泉州市核心区域的标志性建筑。

本工程地上由 1 栋办公塔楼及 3 栋住宅塔楼组成，由 5 层高的裙房连为一体，塔楼地上 25～30 层，建筑高度 109～150m，地上总建筑面积 95945m²，地下建筑总面积 42450m²；地下室为 4 层，采用统底板结构。基坑开挖面积 10513m²，常规区域开挖深度约 19.25～21.25m，局部落深区域开挖深度 25.45m，是目前泉州市已施工完成的最深基坑。本工程基坑开挖深度普遍较深，开挖影响范围大，对周边环境保护要求高。本工程基地位置及周边环境情况详见图 1 和图 2。

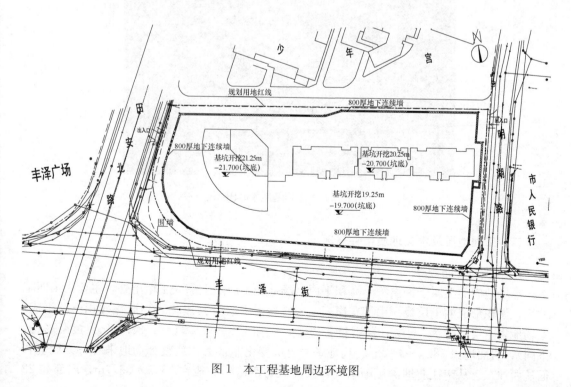

图 1　本工程基地周边环境图

2. 周边环境情况

本项目地处泉州市闹市区繁华地段，周边环境较为复杂，基地四周以道路和保留建筑为主，地下管线众多。基地三侧紧邻市政道路，西侧的田安北路、南侧的丰泽街均为交通主干道，车辆繁忙；基坑北侧紧邻泉州少年宫。

北侧：基地北侧地下室退红线约1.4~4.1m，红线外侧为泉州青少年宫、泉州音乐厅等建筑，距离围护结构外边线约为11.5m。基地北侧的紧邻建筑需在基坑施工过程中予以重点保护。

东侧：基地东侧地下室退红线约5m，红线外侧为明湖路，明湖路下有较多地下管线分布。明湖路对面是人民银行大厦等建筑物，距离围护结构外边线约为41m。明湖路及其地下管线需在基坑施工过程中予以重点保护。

南侧：基地南侧地下室退红线约5m，红线外侧为丰泽街，丰泽街下有较多地下管线分布。道路对面是和昌商城待建场地。丰泽街及其地下管线需在基坑施工过程中予以重点保护。

西侧：基地西侧地下室退红线约5m，红线外侧为田安北路，田安北路下有较多地下管线分布。道路对面是丰泽广场，距离围护结构外边线约34m。田安北路及其地下管线需在基坑施工过程中予以重点保护。

综上所述，基地四周的市政道路及其地下管线，基地北侧的既有建筑是本次基坑工程设计施工中的重点保护对象。

图 2　本工程基地俯瞰图

二、工程地质及水文地质条件概况

1. 岩土层分布规律

本场地貌类型属于冲洪积—海积平原，场地岩土层除上部人工填土外，主要为第四纪冲积、淤积形成的土层及燕山期花岗岩、闪长岩侵入岩及其风化岩和风化残积土层组成，本场地岩土层可分为10层。勘察报告显示，岩面标高-13.34~-88.93m（黄海高程，下同），岩面埋深18.9~94.2m，场地基岩起伏变化非常大，从整个场地来看，场地基岩面从西往东、从南往北埋深逐渐增大，西面（写字楼）一般在18.9~35.7m，局部如22

♯埋深突降到 64.7m；东侧（住宅楼）岩面埋深 36.3～74.2m；北侧有断层，基岩埋深较深，局部基岩埋深超过 90m。

2. 浅层潜水

根据勘察报告，①杂填土赋存有上层滞水，水量有限，主要补给来源为大气降水、地表排水、其水位受季节性变化而变化，根据勘察期间对 17♯、36♯孔附近测得该层的地下水位，水位埋深 0.5～0.8m，标高 4.44～4.83m。该层渗透性取决于杂填土的成分，渗透系数变化较大，根据区域经验，渗透系数 k 值约为 2.0×10^{-4} cm/s。设计选取地下水位埋深 0.5m。

3. 承压水及孔隙－裂隙承压水

根据勘察报告，承压水主要分布于⑤层含泥粗中砂；⑥层残积土；⑦⑧⑨⑩层风化岩。

⑤层含泥粗中砂层属冲洪积成因，含泥量较大，属中等透水层，地下水类型为承压含水层，分布不均匀，厚度一般较小，富水性差。根据抽水试验结果，该层地下水稳定水位标高 2.31 米（埋深 3.05m），渗透系数 $k = 2.02 \times 10^{-3}$ cm/s。

⑥层残积土室内渗透试验测得渗透系数 $k = 1.358 \times 10^{-5}$ cm/s，为弱透水层，地下水类型为孔隙型承压含水层，受上覆含水层及下部风化岩含水层侧向渗透补给。

⑦层全风化岩、⑧层砂土状强风化岩、含砂量较多，裂隙多为闭合型，连通性相对较差，地下水类型主要为孔隙型承压含水层，富水性中等偏小。⑨层碎块状强风化岩、⑩层中风化岩中的地下水主要为承压裂隙水，水量和分布与风化岩的裂隙构造有关，⑨层碎裂状强风化岩裂隙发育，含水层连通性好，中风化岩裂隙较发育，连通性差。

由于相当部分孔的⑤层含泥粗中砂层与风化岩之间缺失⑥层残积土层，即该层与风化岩含水层有一定水力联系，可视为同一含水层。

根据抽水试验，风化岩（全风化岩、强风化岩）含水层水位标高为 0.87～1.88m，综合渗透系数 $k = 2.49 \times 10^{-4}$ cm/s。

承压水水头埋深较浅，基坑开挖较深，土层起伏较大，许多区域基坑底部承担的水头压力较大，必须采取必要的降水措施，确保基坑开挖过程中基底土体的稳定及地下室施工过程中抗浮稳定性要求。

4. 场地的工程地质条件及基坑围护设计参数如表 1 所示。

土层物理力学性质综合成果表 表1

层号	项目	天然重度	固结快剪		土锚极限摩阻力标准值	渗透系数	静止侧压力系数
			凝聚力	内摩擦角			
	单位	γ	c	φ	q_{si}	K	K_0
	地层名称	kN/m³	kPa	°	kPa	cm/s	---
①	杂填土	18.5	10	15	22	1.0×10^{-3}	
②	粉质黏土1	19.2	19.2	18.1	45	5.2×10^{-8}	0.3
③	淤泥	16.3	4.4	12.1	18	4.5×10^{-8}	0.68
④	粉质黏土2	19.5	18.7	18.7	50	4.8×10^{-8}	0.34
⑤	含泥粗中砂	20.8	6.3	24.2	50	2.0×10^{-3}	0.43

层号	项目	天然重度	固结快剪		土锚极限摩阻力标准值	渗透系数	静止侧压力系数
			凝聚力	内摩擦角			
	单位	γ	c	φ	q_{si}	K	K_0
	地层名称	kN/m^3	kPa	度	kPa	cm/s	- - -
⑥	残积(砂质)黏性土	18.6	10.6	21.5	65	1.4×10^{-5}	0.35
⑦	全风化岩	19.5	28	30	85	2.14×10^{-4}	
⑧	砂土状强风化岩	20.0	33	35	140	2.14×10^{-4}	
⑨	碎块状强风化岩	21.5	35	40	180	2.14×10^{-4}	
⑩	中等风化岩	26.5	80	45	250	2.14×10^{-4}	

典型地质剖面如图 3 所示。

三、基坑围护设计方案

1. 工程特点及技术难点

(1) 本工程基坑开挖面积 $10513m^2$，常规区域开挖深度约 $19.25\sim21.25m$，局部落深区域开挖深度 25.45m，是目前泉州市已施工完成的最深基坑。

(2) 本项目位于泉州市中心区域，南侧的丰泽街和西侧的田安北路均是泉州市交通主干道，北侧紧邻泉州市青少年宫和泉州市音乐厅等建筑，对基坑变形极为敏感，周边环境保护要求极高。

(3) 本工程开挖面起伏众多、工程地质与水文地质条件复杂，承压水含水层较多，基坑开挖深度大，坑底抗承压水稳定性不满足规范要求，需要进行降承压水设计与施工。

2. 总体方案选型

本工程基坑开挖深度较深，面积较大，且周边环境保护要求严格，场地岩土工程地质和水文地质条件复杂，根据类似工程经验，该类型的基坑工程常用的围护结构主要有灌注桩排桩和地下连续墙。灌注排桩虽然可以通过增大桩的直径来增大整体刚度，但因为非连续，实际工程中整体性表现效果较差，变形通常比地下连续墙围护结构大，对环境影响较大。尤其是对于本工程深度的深基坑，采用排桩挡土＋旋喷桩止水方案，因施工工艺的限制，其止水可靠性较差，安全隐患较多。地下连续墙刚度大，对周边环境影响也比较小，最有利于保护周边环境；地下连续墙止水效果良好，可以大大减少地下水渗漏问题；地下连续墙工法成熟，成墙质量可靠，施工风险较小，占用空间也较小；同时，地下连续墙可以采用"两墙合一"的形式，兼做地下室外墙。因此，本工程基坑围护结构拟采用地下连续墙"两墙合一"的形式。

本工程基坑支撑体系采用四道钢筋混凝土支撑，支撑平面布置以对撑和角撑为主，并辅以边桁架。钢筋混凝土支撑能加强上口刚度，减少顶部位移，有利于对周边环境的保护；同时，钢筋混凝土支撑布置灵活，便于分块施工，可以预留较大的出土空间，方便土方开挖，减少工期；此外，钢筋混凝土支撑能与挖土栈桥相结合，可进一步加快土方开挖速度，方便施工，缩短工期。

综上所述，本着安全可靠、技术先进、经济合理、方便施工的原则，本工程基坑采用地下连续墙"两墙合一"，结合四道钢筋混凝土内支撑顺作开挖的设计方案。

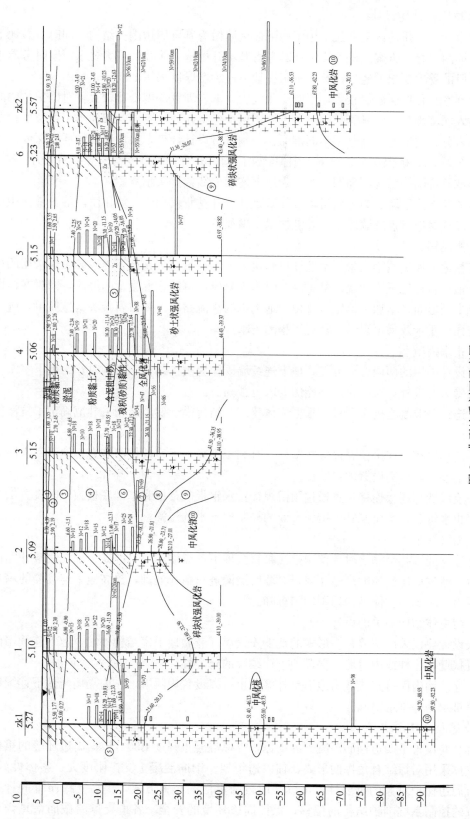

图 3 典型地质剖面示意图

3. 基坑围护结构设计

本次设计在泉州地区第一次采用了地下连续墙做为基坑周边围护结构,同时兼做地下室外墙,即两墙合一方案。地下连续墙既考虑基坑开挖施工阶段的受力要求,同时考虑永久使用阶段的受力要求,经过计算,本工程地下连续墙厚度采用800mm。

考虑到本工程地层起伏较大,层厚变化极大,基岩埋置深度变化较大,对围护结构的内力、插入深度影响非常显著,同时考虑周边保护建筑超载的不同,因此本工程根据软弱土层、基岩分布的情况,划分了不同剖面,分别进行设计计算,采取不同的插入深度,且插入比0.2~0.6,确保各个工况下,围护结构体均具有合理的刚度与变形控制能力。图4为常规区域基坑围护结构剖面图,图5为地下连续墙墙幅接头示意图。

为保证地下连续墙的施工质量,确保满足基坑开挖阶段和永久使用阶段的正常使用要求,本次设计对地下连续墙施工的关键技术要求如下。

(1)槽段接头

本工程地下连续墙接头采用柔性锁口管接头。锁口管接头是地下连续墙中最常用的接头形式,锁口管在地下连续墙混凝土浇筑时作为侧模,可防止混凝土的绕流,同时在槽段端头形成半圆形面,增加了槽壁接缝位置地下水的渗流路径。锁口管接头构造简单,施工适应性较强,止水效果可以满足常规工程的需求。

(2)止水措施

本次设计采用的两墙合一方案,地下连续墙既作为围护结构,又同时作为地下室结构外墙,除受力要求外,对其止水性能的要求也很高。

地下连续墙混凝土抗渗要求应根据主体建筑、结构设计要求及相关规范确定,抗渗等级为P10。

地下连续墙槽段连接位置设置扶壁柱,有利于提高地下室的抗渗能力;地下室人防区域,在地下连续墙内侧设置内衬墙。

地下连续墙与底板连接位置通过预留焊接止水钢板的槽钢和基础底板施工时设置倒滤层和橡胶止水带、预留压浆管等措施有效的控制地下水的渗漏。

(3)墙底注浆

地下连续墙绑扎钢筋笼时预留两根注浆管,地下连续墙的墙身混凝土浇注完毕并完成初凝以后,通过低压慢速的渗透注浆,对墙底沉渣进行填充处理,提高地下连续墙的墙身竖向承载力,减少与主体结构的不均匀沉降。

(4)与主体结构相关的设计

本次设计建议采用两墙合一形式的地下连续墙,兼做地下室结构外墙,地下连续墙内侧可设置扶壁梁、柱或内衬墙,保证地下连续墙的稳定性。

地下连续墙内侧可直接做为地下室外墙,也可以设置内隔墙,在内隔墙与地下连续墙之间设置排水沟等排水措施。

4. 支撑及立柱系统

基坑竖向设置了四道钢筋混凝土内支撑,支撑混凝土强度C30。根据周边环境的重要性,内支撑采用对撑结合角撑的形式,辅以边桁架。钢筋混凝土支撑刚度大、整体性好,根据基坑周边保护对象的重要性,可以采取较为灵活的布置方式,提高支撑布置的针对性,更好的控制基坑围护结构的位移,保护周边环境的安全。各道支撑的截面信息详见

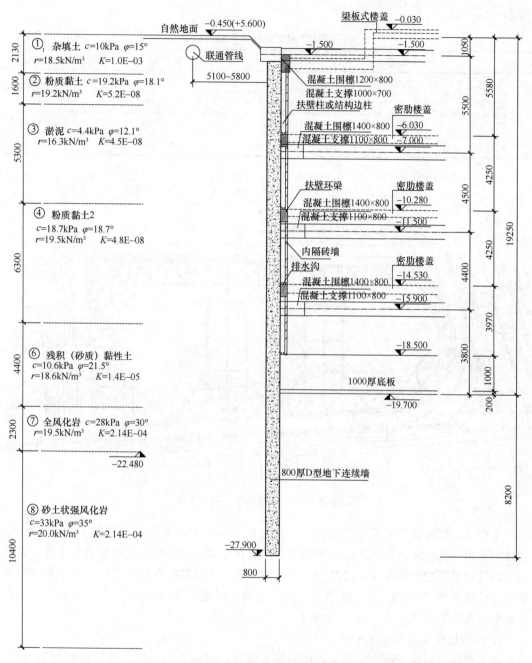

图 4　常规区域基坑围护结构剖面图

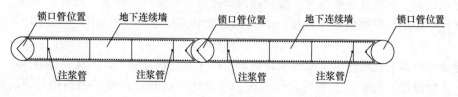

图 5　地下连续墙墙幅接头示意图

表2。

水平钢筋混凝土支撑体系截面信息　　　　　　　　　　表 2

	围檩（mm）	主撑（mm）	连杆（mm）	中心标高（m）
第一道	1200×800	1000×700	700×700	−1.500
第二道	1400×800	1100×800	800×800	−7.000
第三道	1400×800	1100×800	800×800	−11.500
第四道	1400×800	1100×800	800×800	−15.900

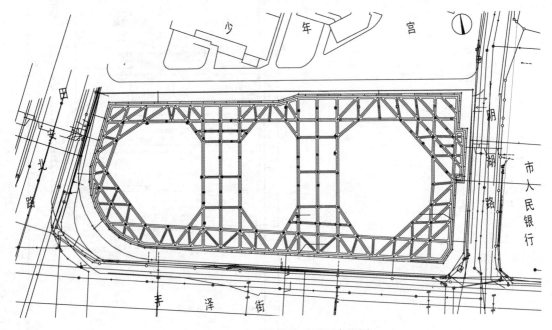

图 6　基坑水平支撑体系平面布置图

支撑立柱坑底以上采用型钢格构柱，截面为 550mm×550mm；坑底以下设置立柱桩，立柱桩采用 φ900mm 冲孔灌注桩。型钢格构立柱在穿越底板的范围内需设置止水片。经过与主体设计单位的密切配合，以及对支撑平面布置体系的多次调整、复核，本工程支撑体系的立柱桩共 94 根，且 100%利用工程桩，有效的降低了基坑工程造价。基坑水平支撑体系平面布置见图 6。

5. 钢斜栈桥及水平施工平台

本工程属泉州地区第一个地下四层的深大基坑，又地处闹市区，周边道路交通繁忙，保留建筑较多，基坑开挖面积大，基坑开挖深度深，且周边没有施工场地，不利于工程的快速进行。如果需要加快施工进度，必须保证能够多点展开工作面，不同工序可以交叉施工。

建设方对本工程的施工工期要求较高，为确保基坑快速施工，本项目结合第一道钢筋混凝土支撑设计了水平施工平台，作为施工场地使用；同时设置了钢斜栈桥下坑挖土通道，作为土方开挖的运输通道，大大方便了建筑材料的运输，方便泵车混凝土的浇筑，方便土方的开挖。钢斜栈桥下坑通道和水平施工平台的设计，为多点作业提供了良好的基础，缩短建材塔吊吊运的工作量，大大提升了现场管理与组织的效率。结合栈桥的设计，施工场地被划分为若干分区，不同分区根据"时空效应"原理，可以独立的展开工作，交叉、流水组织，加快施工速度，缩短工期。

水平施工平台与第一道钢筋混凝土支撑体系相结合，根据使用功能和荷载不同，采用200～300mm 的钢筋混凝土板。钢斜栈桥采用钢桁架结构，纵梁和横梁均采用I50工字钢，上部铺设预制板，竖向立柱采用 ϕ600mm×8.0mm 钢管桩，斜栈桥与水平支撑结合部分，设置钢筋混凝土平台。钢斜栈桥节点如图8所示。通过区分施工平台不同区域的用途和施工荷载控制，将栈桥区域立柱桩间距显著拉大，有效的降低了栈桥区域的立柱桩数量，加大了土方开挖的空间，提高了基坑施工的效率。

6. 承压水控制

本工程基坑开挖面积大，开挖深度深，工程地质和水文地质条件复杂，场地内⑦层全风化岩、⑧层砂土状强风化岩、含砂量较多，裂隙多为闭合型，连通性相对较差，地下水

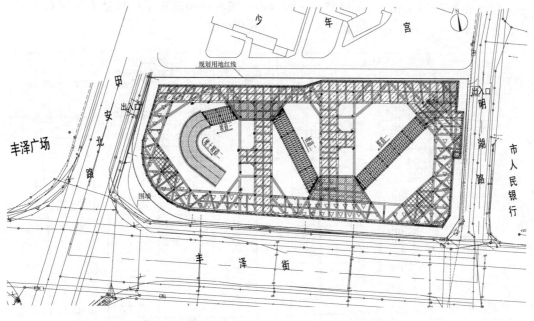

图7　基坑水平施工平台及下坑钢斜栈桥平面布置图

类型主要为孔隙型承压含水层，富水性中等偏小。⑨层碎块状强风化岩、⑩层中风化岩中的地下水主要为承压裂隙水，水量和分布与风化岩的裂隙构造有关，⑨层碎裂状强风化岩裂隙发育，含水层连通性好，中风化岩裂隙较发育，连通性差。

为确保抗承压水稳定能够满足要求，本次设计在基坑施工前进行了单井与多井的抽水试验，并确定了相关地层的水文地质参数。根据抽水试验的水文地质参数，

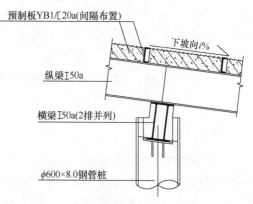

图8　钢斜栈桥节点示意图

本次设计利用有限差分软件对本工程降低承压水水头进行了设计,并对降压引起的周边地面和保护建筑沉降进行了模拟分析,从技术角度保证了承压水控制的安全与可靠。

四、基坑监测及实施情况

本工程地处闹市,施工受到较多约束,出土困难,环境保护要求极高,因此设计特别强调信息化施工,根据施工过程中的监测数据,随时调整设计施工工序与工艺,确保基坑自身及环境安全。监测数据表明,从 2013 年 10 月开始挖土,至 2014 年 12 月地下室结构全部完成,基坑侧壁变形水平均控制在设计要求范围,周边环境得以安全保护,工程顺利实施。在精心设计,精心施工的前提下,本工程在各种不利条件下,依然确保了基坑自身施工安全性与环境保护的安全性。

根据监测报告,截至 2014 年 4 月基坑开挖到底后,周边管线水平位移最大值 3mm,垂直位移最大值为-9mm,均在报警值范围以内;周围道路地面水平位移最大值 5mm,垂直位移最大值-7mm,均在报警值范围以内;围护墙深层水平位移最大值仅 6.8mm,立柱桩沉降-4.9mm。各项监测指标均在设计报警值以内。

测点编号:CX7				
测量深度(m)	上期累计位移(mm)	本期累计位移(mm)	本期变化量(mm)	深度—位移曲线
-1.0	6.8	6.8	0.0	
-2.0	6.7	6.7	0.0	
-3.0	6.5	6.5	0.0	
-4.0	6.1	6.1	0.0	
-5.0	5.5	5.5	0.0	
-6.0	4.9	4.9	0.0	
-7.0	4.4	4.4	0.0	
-8.0	3.5	3.5	0.0	
-9.0	2.7	2.7	0.0	
-10.0	2.3	2.3	0.0	
-11.0	2.1	2.1	0.0	
-12.0	2.0	2.0	0.0	
-13.0	1.7	1.7	0.0	
-14.0	1.3	1.3	0.0	
-15.0	1.0	1.0	0.0	
-16.0	0.8	0.8	0.0	
-17.0	0.6	0.6	0.0	
-18.0	0.6	0.6	0.0	
-19.0	0.5	0.5	0.0	
-20.0	0.2	0.2	0.0	
-21.0	0.0	0.0	0.0	
-22.0	0.0	0.0	0.0	
-23.0	0.0	0.0	0.0	
-24.0	0.0	0.0	0.0	
-25.0	0.0	0.0	0.0	
-26.0	0.0	0.0	0.0	
-27.0	0.0	0.0	0.0	
-28.0	0.0	0.0	0.0	
——	——	——	——	

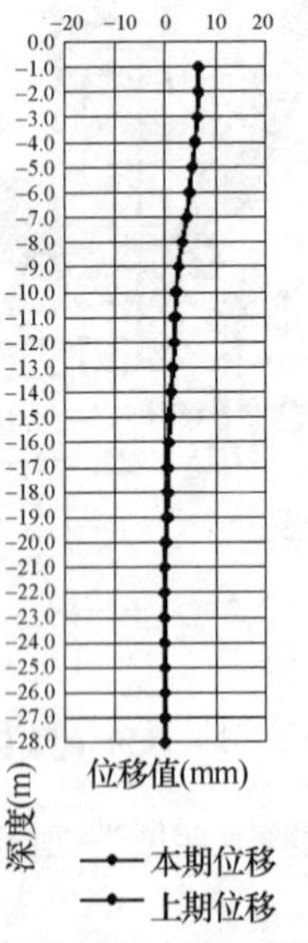

测点编号:TCX6				
测量深度(m)	上期累计位移(mm)	本期累计位移(mm)	本期变化量(mm)	深度—位移曲线
-1.0	7.0	7.0	0.0	
-2.0	6.9	6.9	0.0	
-3.0	6.7	6.7	0.0	
-4.0	6.3	6.3	0.0	
-5.0	6.1	6.1	0.0	
-6.0	5.9	5.9	0.0	
-7.0	5.2	5.2	0.0	
-8.0	4.8	4.8	0.0	
-9.0	4.4	4.4	0.0	
-10.0	3.8	3.8	0.0	
-11.0	3.2	3.2	0.0	
-12.0	2.9	2.9	0.0	
-13.0	2.4	2.4	0.0	
-14.0	1.9	1.9	0.0	
-15.0	1.6	1.6	0.0	
-16.0	1.3	1.3	0.0	
-17.0	1.0	1.0	0.0	
-18.0	0.8	0.8	0.0	
-19.0	0.4	0.4	0.0	
-20.0	0.2	0.2	0.0	
-21.0	0.0	0.0	0.0	
-22.0	0.0	0.0	0.0	
-23.0	0.0	0.0	0.0	
-24.0	0.0	0.0	0.0	

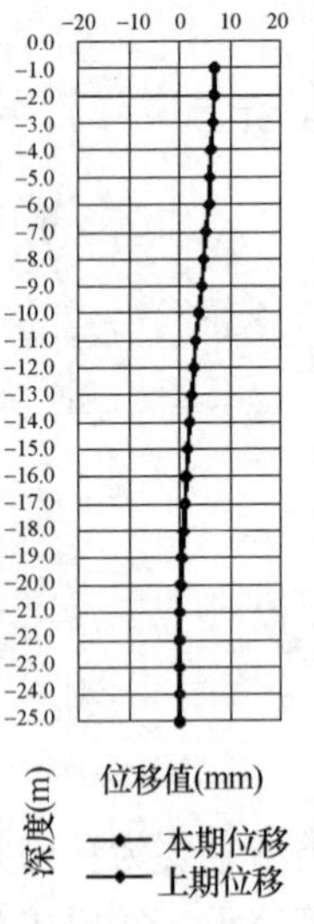

图 9 地下连续墙和土体测斜点的变形曲线(基坑开挖到底后)

五、小结

本工程的特点是深大基坑、工程地质与水文地质条件复杂、环境保护要求高。基坑围护设计过程中,设计单位充分结合本工程面临的问题与实际条件,通过理论分析、数值模拟、简化验算、工程类比等,对不同的工况进行分析、复算,进行了多种方案、多种手段的计算模拟分析与工程类比，选用了地下连续墙两墙合一结合四道钢筋混凝土支撑的围护方案。基坑开挖过程中的监测数据表明，本工程的围护结构有效的保护了周边环境的安全，取得了较好的经济效益和社会效益，可以为同类基坑工程的设计和施工提供重要的参考。

二、桩—撑支护

上海虹桥商务区 D23 街坊项目基坑工程

胡　耘　沈　健　王卫东

（华东建筑设计研究总院地基基础与地下工程设计研究中心，上海　200002）

（上海基坑工程环境安全控制工程技术研究中心，上海　200002）

一、工程简介

1. 工程概况

上海虹桥商务区核心区一期 08 地块 D23 街坊项目（以下简称 D23 街坊项目），又名虹桥绿谷东区，位于上海市长宁区申滨路以东、甬虹路以南、建虹路以北、申长路以西，占地面积约 43715m²，地上由 6 栋 6～9 层高规格总部写字楼围绕两个峡谷商业广场构成，办公楼总建筑面积约 15 万 m²，设置 3 层地下室，地下三层层高分别为 6m、5.4m、4.6m，采用桩筏基础。D23 街坊项目基坑面积达 4.1 万 m²，周边总延长米约 896m。主楼区域挖深约 17.05m，其余区域挖深约 16.40m，由于主楼均贴边布置，基坑周边普遍开挖深度 17.05m，属超大面积深基坑工程。

2. 周边环境概况

场地周边环境如图 1 所示，基坑东、南两侧均邻近高架，四周为市政道路合围，其下市政管线密布。建虹高架路位于基坑南侧，与地下室外墙最小距离约 28m，申贵路高架位于基坑东侧，与地下室外墙最小距离约 30m，高架承台下均采用 Φ600 钻孔灌注桩，桩长约 50m，采用 ⑧-2 层粉砂作为桩端持力层。西侧申长路及北侧甬虹路距离基坑较近，道路边线与地下室外墙的最小距离分别约 9.5m 和 5.5m。其中申长路下的管线由近至远依次为：配水 Φ500（5.7m）、信息（8.6m）、雨水

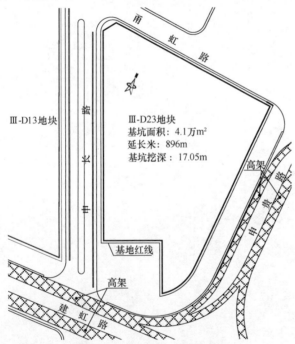

图 1　周边环境总平面示意图

Φ2700 顶管（15.6m）、污水 Φ400（30.1m）、雨水 Φ1500（36.9m）、天然气 Φ200（44.5m）、配水 Φ300 顶管（46.9m）、电力（50.0m），甬虹路下的管线由近至远依次为：电力（2.75m）、污水 Φ400（14.8m）、雨水 Φ600（18.8m）、信息（22.8m）、配水 Φ500（26.7m）。

二、工程地质及水文地质情况

1. 工程地质条件

本工程场地属滨海平原地貌，场地一般地面标高＋4.600～＋5.500m，整体较为平坦。开挖深度范围内的土层主要有②层粘质粉土、③层淤泥质粉质黏土、④层淤泥质黏土（图2），基底处于第④层灰色淤泥质黏土层中。土层物理力学参数如表1所示，总体来说，开挖范围内土层较为软弱，其中第③层土层中含粉性颗粒较多，为防止基坑开挖时产生塌方、管涌、流砂等不良地质现象，须采取相应的预防措施，尤其注意止水、隔水、降水的可靠，以确保本工程深基坑的施工安全。

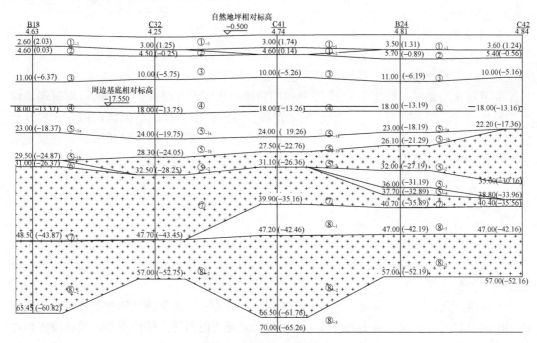

图 2　典型地质剖面展开图

场地土层主要力学参数　　　　　表 1

层序	层名	厚度（m）	重度（kN/m³）	φ（°）	c（kPa）	K_0	渗透系数 K_V（cm/s）	渗透系数 K_H（cm/s）
①₋₁	杂填土	1.4～4.1						
①₋₂	素填土	1.0～2.6						
②	粉质黏土	0.7～3.1	18.2	19.5	17	0.45	1.56E-07	2.36E-07
③	淤泥质粉质黏土	3.4～8.0	17.4	17.5	11	0.47	2.74E-07	4.22E-07
④	淤泥质黏土	6.0～8.0	16.9	12.0	11	0.58	1.80E-07	1.12E-07

续表

层序	层名	厚度 （m）	重度 （kN/m³）	φ （°）	c （kPa）	K_0	渗透系数 K_V （cm/s）	渗透系数 K_H （cm/s）
⑤-1a	黏土	1.4～6.0	17.4	14.5	12	0.54	1.00E-07	1.44E-07
⑤-1b	粉质黏土	1.8～8.7	17.8	17.5	14			
⑤-2	砂质粉土	0.7～18.0	18.5	31.0	5	0.36	1.70E-04	2.37E-04
⑤-3	粉质黏土	1.9～12.7	18.2	20.0	18	0.45	2.61E-07	3.41E-07
⑤-4	粉质黏土	0.4～4.9	19.4	20.5	39	0.49	1.34E-07	1.72E-07
⑥	粉质黏土	1.6～3.8	19.6	21.5	40	0.46	1.52E-07	1.94E-07
⑦	砂质粉土	1.0～18.0	18.9	33.5	5	0.35	1.26E-04	1.95E-04
⑦夹	粉质黏土	1.2～4.5	18.4	19.0	24	0.46	1.37E-07	1.67E-07
⑧-1	粉质黏土夹砂质粉土	1.1～14.5	18.3	19.5	18			
⑧-2	粉砂	7.0～19.5	18.8	34.5	4		3.59E-04	5.74E-04

2. 水文地质条件

场地工程水文地质条件较为复杂，20m 以下分布有⑤-2微承压含水层、⑦层承压含水层和⑧-2层承压含水层，其层顶埋深位于地面以下约 20m、30m 和 50m，据上海地区经验其承压水头埋深一般为 3～12m，勘察期间测得承压水头埋深为 5～6m。同时场地内大部分区域⑤-2层、⑦层与⑧-2层承压水连通，基底以下存在深厚的微承压含水层及承压含水层，层顶距离基底仅约 3m，计算所需安全水头埋深约 16m，承压水抗突涌稳定安全系数远小于规范要求，因此本工程须采取相应的承压水处理措施。

三、基坑围护方案

1. 基坑支护总体设计思路

本工程基坑面积巨大，开挖深度较深，基坑支护结构体量大，基坑工程实施过程中的安全性是设计与施工的首要控制目标，同时也必须采取合理、有效的方案与技术措施以控制工程造价和实现工期目标。

上海地区此类规模的深基坑工程大多采用"两墙合一"地下连续墙作为基坑周边围护体，内侧设置砖衬墙或混凝土内衬墙。地下连续墙施工时需为主体地下结构梁板设置预埋件，对主体结构的设计周期有较高的要求。基于本项目周边环境和土层条件，灌注桩排桩结合止水帷幕的围护方式同样适用，且相对于"两墙合一"地下连续墙而言，采用灌注桩排桩围护体与主体建筑结构的设计关联性较小，有利于提前项目的开工时间，也更具经济性。

常规围护排桩仅作为基坑工程期间的临时结构，在地下室施工完成后即废弃于地下，在地下结构周围地层遗留下大量固体障碍物；而主体地下结构设计时，又将地下室外墙以外均作为土体考虑，水、土压力均由地下室外墙独立承担。然而事实上基坑工程结束后，一般情况下围护排桩远未达到承载能力极限状态，其留存于地下室周边土层中，即使不做任何构造处理，依然天然地分担了部分土压力，改变了地下室结构所受承受的外荷载。不考虑围护排桩在永久使用阶段的作用，既不符合实际情况，也不符合建筑节能和可持续发展理念，存在着能耗高、利用率低、资源浪费等问题，合理考虑围护排桩在永久使用阶段的作用已成为行业发展的趋势。本工程创新性地提出了"桩墙合一"设计，将基坑围护排桩作为永久使用阶段地下室侧壁的一部分，与地下室外墙共同承担永久使用阶段荷载，变"废"为宝，可以有效提高材料利用率，减少主体地下结构投入，增加建筑使用面积，节约社会资源，符合可持续发展的国家战略需求。

2. "桩墙合一"设计

本工程基坑挖深约 17.05m，采用 $\Phi 1250@1450$ 旋挖成孔灌注桩排桩围护，围护桩插入基底以下 15m，外侧设置 $\Phi 1000@750$ 三轴水泥土搅拌桩隔水帷幕，隔水帷幕搅拌桩插入地面以下约 38m，典型剖面如图 3 所示。

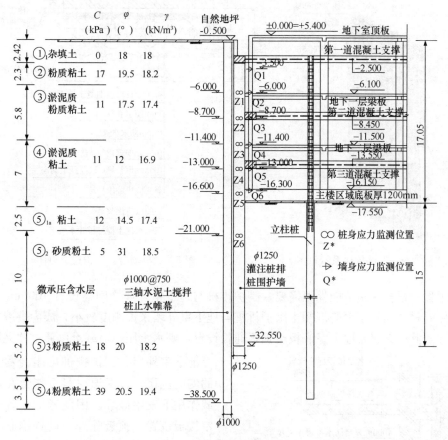

图 3　基坑支护典型剖面图

（1）"桩墙合一"设计构造

"桩墙合一"结构根据围护排桩在永久使用阶段所分担的荷载类型的不同，可分为只分担水平向荷载的桩墙"水平向结合"和同时分担水平和竖向荷载的桩墙水平和竖向"双向结合"，本工程根据项目特点采用桩墙"水平向结合"。不同于常规的围护排桩与地下室外墙之间预留 1000mm 左右的空间作为地下室外墙外防水施工操作空间并于永久阶段回填土的做法，"桩墙合一"技术考虑将地下室外墙与围护排桩之间的间距缩小，基坑开挖至基底后以围护排桩表面的挂网喷浆层作为施工防水及保温层的基层，之后单侧支模施工地下室外墙，形成桩与墙共同作用的挡土止水地下室侧壁（图4），在确保桩墙共同作用结构体系形成的同时，满足永久使用阶段建筑防水、保温等功能的要求。

图5为本工程"桩墙合一"典型节点，由坑外向坑内依次为：$\Phi 1000@750$ 三轴水泥土搅拌桩隔水帷幕；桩与隔水帷幕之间压密注浆；$\Phi 1250@1450$ 灌注桩排桩围护墙；100mm厚挂网C20混凝土面层（灌注桩内外各50mm），在基坑开挖期间同步完成，作为防水层的施工面；30mm防水砂浆找平层；6mm厚防水卷材（3＋3SBS改性沥青）；100mm厚保温及保护层（A级）；预留200mm空间作为围护桩施工偏差以及开挖变形空间，施工期间浇筑素混凝土；400mm厚自防水混凝土地下室外墙。

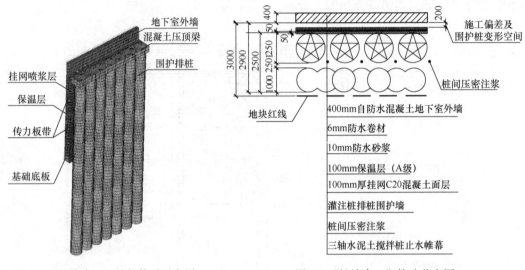

图4 "桩墙合一"结构体系示意图　　　　图5 "桩墙合一"构造节点图

本工程中根据建筑节能保温需要，围护排桩与地下室外墙之间需设置100mm厚的保温层，保温材料相对于钢筋混凝土围护排桩与地下室外墙来说刚度较小，成为桩墙之间的软夹层，若此软夹层自地下室底板至顶板通长设置，则水土压力荷载难以通过软夹层传递

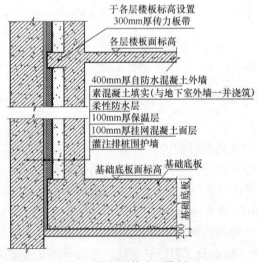

图6 楼板处传力板带剖面

至地下室外墙，围护排桩可能会发生较大的侧向位移，且保温材料可能会在水平荷载作用下发生破坏。因此考虑在各层地下室楼板位置（顶板除外）设置钢筋混凝土传力板带，保温层自底板顶面向上施工，并于各层传力板带处断开，底板位置混凝土和传力板带直接顶至围护排桩挂网喷浆层与柔性防水层（厚度仅6mm）边（图6）。同时桩墙之间间距缩小，传力板带下方空间可随地下室外墙施工时采用素混凝土填充，免去了传力板带上的吊筋，为防水层的连续贯通创造了条件，提高了地下室防水效果。

（2）"桩墙合一"设计计算

"桩墙合一"计算综合了基坑围护体与地下室外墙的设计计算方法，总体应分基坑开挖阶段与永久使用阶段两个工况进行分析。其中基坑开挖阶段分析对象为围护排桩，分析方法与常规的围护设计一致，可根据基坑规范进行相应计算，此处不再赘述。

永久使用阶段，桩墙作为一个共同作用的受力体，应按各自较为不利的工况进行荷载的考虑并分别计算。其中围护排桩根据相应的楼板支撑条件，按多跨连续梁分析，外侧施加的荷载考虑止水帷幕有效的情况，坑外静止土压力和水压力均作用于围护桩进行承载力计算和抗裂验算〔图 7（a）〕。圆形截面钢筋混凝土构件受弯条件下的抗裂验算，目前《混凝土结构设计规范中》GB 50010—2010 尚无明确的计算公式，《水运混凝土结构设计规范》JTS 151 中虽给出了最大裂缝宽度计算的经验公式，但参数选取较为复杂，工程应用有一定难度。因此本工程设计时参考《上海市地基基础设计规范》DGJ 08－11－2010（条文说明 7.2.11 条），在基坑开挖阶段围护排桩计算的截面配筋基础上，考虑钢筋锈蚀后进行承载力验算的方法代替抗裂验算，经验算考虑钢筋锈蚀后的截面面积满足结构永久使用的要求。

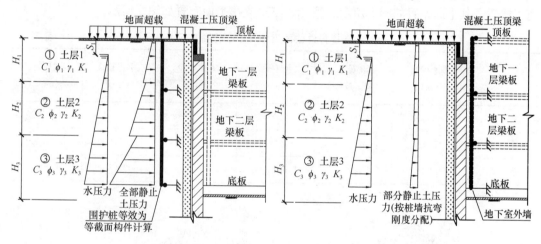

图 7　永久使用阶段围护排桩与地下室外墙荷载分担及计算模式示意图
（a）围护排桩；（b）地下室外墙

地下室外墙在永久使用阶段按多跨连续梁分析，主要技术难点在于如何合理考虑地下室外墙承担的荷载。本工程设计时考虑为止水帷幕失效时，地下水通过桩缝渗入直接作用于地下室外墙，而土体仍作用于围护排桩外侧，因此考虑地下室外墙的永久使用阶段作用荷载为全部水压力与按地下室外墙在"桩墙合一"结构体系中的抗弯刚度占比分配的部分静止土压力，进行承载力计算和抗裂验算。得益于围护排桩在永久使用阶段的贡献，经设计计算，可将常规此深度下 800mm 左右厚度的地下室外墙减薄至 400～500mm 厚。

（3）"桩墙合一"施工与检测要点

"桩墙合一"结构体系围护排桩作为永久使用阶段地下室外墙的一部分，对其成桩质量、垂直度控制、耐久性等提出了高于常规临时围护排桩的要求。同时对挂网喷浆层、防水层与保温层、地下室外墙单侧支模的施工等也提出了相应的施工与检测要求，此处因篇幅关系不再展开。

围护排桩混凝土设计强度等级与抗渗等级应满足《地下工程防水技术规范》GB 50108、《混凝土结构耐久性设计规范》GB/T 50476 的要求，本工程中围护排桩混凝土强度等级不低于 C35，最大水胶比 0.5，抗渗等级 P8。为确保不影响后续地下室防水、地下室外墙等的施工空间，"桩墙合一"围护排桩垂直度偏差控制尤为重要，一般不宜超过 1/200，考虑到常规的钻孔灌注桩施工机械垂直度控制难度较高，本工程选用自身稳定性好、精度控制较高的旋挖钻机进行成孔施工。

检测上，围护桩成孔结束后灌注混凝土之前，应对已成孔的中心位置、孔深、孔径、垂直度、孔底沉渣厚度进行检测；除采用常规制作混凝土试块方法检验混凝土强度外，在围护桩施工完成后，桩身尚应采用超声波检测桩身混凝土质量，实施超声波检测的围护桩数量不低于总桩数的 10%；围护桩达到强度后应进行低应变动测，检测数量 100%。

3. 水平支撑体系设计

本工程基坑竖向设置三道钢筋混凝土水平支撑系统，支撑采用对撑角撑结合边桁架型式。围护桩顶部设置压顶圈梁兼作第一道支撑的围檩，首道支撑采用 C30 混凝土，第二、三道支撑采用 C40 混凝土。支撑杆件截面尺寸及中心标高如表 2 所示，第一道支撑兼做施工栈桥，其平面布置如图 8 所示，第二、三道支撑平面布置如图 9 所示。

支撑杆件截面尺寸及中心标高 表 2

项目	中心标高（m）	混凝土强度等级	围檩截面（mm）	主撑截面（mm）	八字撑截面（mm）	连杆截面（mm）
第一道	−2.500	C30	1300×700	1000×700	800×700	700×700
第二道	−8.450	C40	1600×900	1400×800	1100×800	700×800
第三道	−13.550	C40	1400×900	1100×800	1000×800	700×800

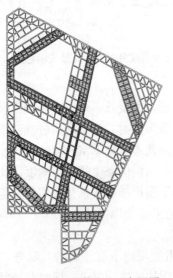 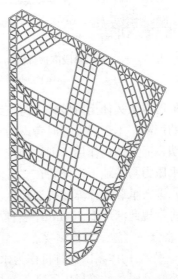

图 8　第一道支撑平面布置图　　　　图 9　第二、三道支撑平面布置图

4. 竖向支承体系设计

土方开挖期间需要设置竖向构件来承受支撑的竖向力和栈桥施工荷载，本工程中采用临时钢立柱插入灌注桩作为水平支撑系统的竖向支承构件。其中栈桥区域钢立柱采用等边 4L180×18 角钢和缀板焊接而成的角钢格构柱，支撑区域采用等边 4L160×16 角钢和缀板焊接而成的角钢格构柱，其截面均为 460mm ×460mm，钢材型号为 Q235B，钢立柱插入作为立柱桩的灌注桩中不少于 3m，钢格构立柱在穿越底板的范围内需设置止水片。由于本工程主体结构工程桩为灌注桩，在设计时尽量利用工程桩作为立柱桩，无法利用位置新增立柱桩，新增立柱桩采用 Φ800 灌注桩，栈桥区域桩长 38m，支撑区域桩长 30m。

5. 地基加固

为了减小基坑开挖对周边环境的影响，采用 Φ850@600 三轴水泥土搅拌桩对基坑被动区进行墩式土体加固，加固体平面布置见图 10。普遍区域加固体宽度 10.2m；加固体深度均为第二道支撑底至基底以下 4m，基底以上水泥掺量

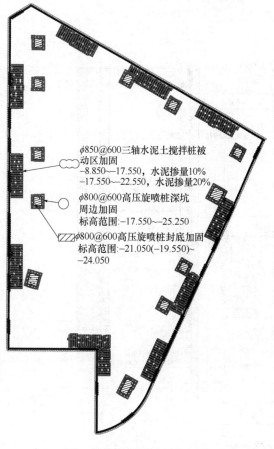

φ850@600三轴水泥土搅拌桩被动区加固
−8.850～−17.550，水泥掺量10%
−17.550～−22.550，水泥掺量20%

φ800@600高压旋喷桩深坑周边加固
标高范围：−17.550～25.250

φ800@600高压旋喷桩封底加固
标高范围：−21.050(−19.550)～−24.050

图 10 基坑加固平面示意图

10%，基底以下水泥掺量 20%。被动区搅拌桩加固和围护排桩内边线净距 200mm，中间设置压密注浆点填充空隙，注浆点深度同邻近水泥土搅拌桩。主楼芯筒区域电梯井及集水井等落深区（落深 2～3.5m）采用 Φ800@600 高压旋喷桩进行深坑周边加固及封底加固。

6. 承压水处理

本工程承压水降深幅度大，降压时间长，因此需考虑抽降承压水对周边环境的影响。但因微承压含水层⑤−2 与⑦层承压水大部分区域相连通，层底埋深约 50m，若采用隔水帷幕完全隔断微承压含水层及承压含水层，隔水帷幕深度将超过 55m，且局部区域⑦层承压含水层又与更深部的⑧−2 层承压含水层相连通，无法完全隔断。综合技术经济比选，将隔水帷幕深度适当加深形成悬挂帷幕，增加承压水的绕流补给路径，提高坑内降压效率、减小对周边环境的影响。见图 11。

维护排桩外侧隔水帷幕采用单排大直径的 Φ1000@750 三轴水泥土搅拌桩，隔水帷幕搅拌桩插入地面以下约 38m，隔断⑤−2 层微承压含水层并悬挂至降压井滤头底部以下 8m。其中地面以下 20m（⑤−2 层以上土层范围内）范围内水泥掺量 20%，地面以下 20m 至地面以下 38m 范围内考虑搅拌桩须穿过砂性土层且施工深度较深，水泥掺量提高至 25%。

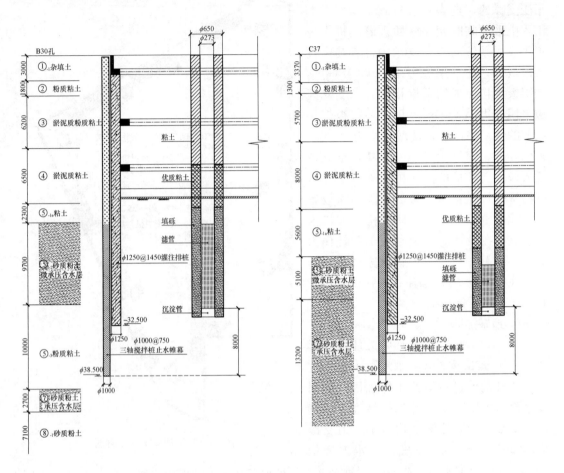

图 11　承压水降压井与隔水帷幕及土层关系图

(a) ⑤-2层微承压与⑦层承压水不连通区域；(b) ⑤-2层微承压与⑦层承压水连通区域

四、基坑监测情况

本工程基坑面积达 4.1 万 m^2，周边挖深 17.05m，内部挖深 16.40m，工程量大，工期长，从第一道支撑以下土方开挖至基础底板施工完成历时 7 个月，至地下结构完成历时 11 个月，各工况与时间对应关系如表 3 所示，图 12 给出主要监测点的平面布置。本工程地下结构完成，邻近高架最大沉降约 4mm（图 13），高架相邻承台间最大差异沉降约 2.5mm，满足高架保护要求。围护排桩的典型测斜结果如图 14 所示，开挖至基底围护体最大侧向变形 100mm 左右，同时可以发现深大基坑开挖引起的围护体变形表现出明显的空间效应，以北侧围护体深层侧向变形为例，中部区域（QX20）在开挖至第二道支撑、第三道支撑和基底时围护体最大侧移分别为 35mm、80mm 和 115mm 左右（图 14 (c)），端部区域（QX22）围护体在上述三阶段的最大水平位移分别为 26mm、58mm 和 105mm [图 14 (d)]，端部各阶段围护体侧移量分别约为中部的 74%、73%和 91%。

基坑工程工况与时间对照表 表 3

时间	工况	时间	工况
2011.12.08	开挖第一道支撑以下土方	2012.08.09	B2 层结构完成
2012.01.05	第二道支撑完成	2012.09.19	B1 层结构完成
2012.04.09	第三道支撑完成	2012.11.06	地下结构完成
2012.06.07	开挖至基底	2013.01.04	地上 6 层完成（测试结束）
2012.06.25	基础底板完成	2013.02.04	上部结构封顶

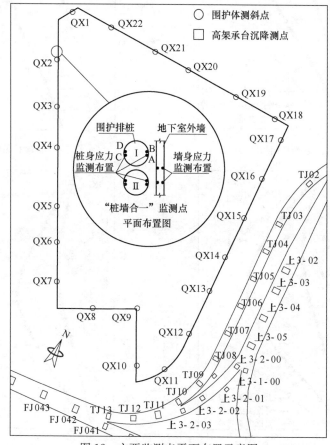

图 12　主要监测点平面布置示意图

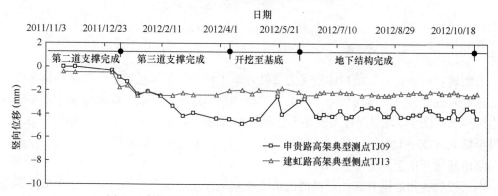

图 13　高架典型沉降测点的时程曲线（"—"表示沉降）

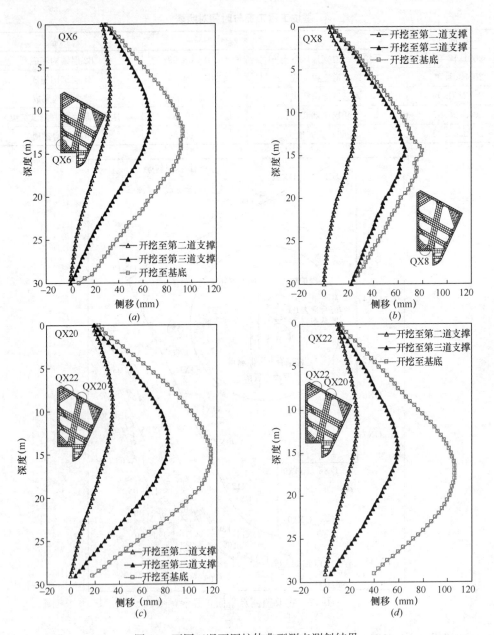

图 14　不同工况下围护体典型测点测斜结果

(*a*) QX6 测点；(*b*) QX8 测点；(*c*) QX20 测点；(*d*) QX22 测点

　　为明确"桩墙合一"结构体系受力特性，本工程开展了"桩墙合一"结构体系受力实测。选取"桩墙合一"结构单元（两根围护桩和相邻地下室外墙）在其纵向主筋布置钢筋应力传感器（图 12），竖向各布设 6 个监测断面（图 3），地下室外墙从墙顶以下 3.5m 处布设至墙底（Q1～Q6），围护桩从桩顶以下 5.5m 处布设至开挖面以下 4m（Z1～Z6），监测期限由基坑开挖至地上 6 层结构完成。

　　本工程的实测数据直观、定量地记录了从基坑开挖，地下结构施工，至上部结构施工过程中围护桩和地下室外墙内纵向钢筋轴力变化发展过程（图 15）。由实测结果揭示，围

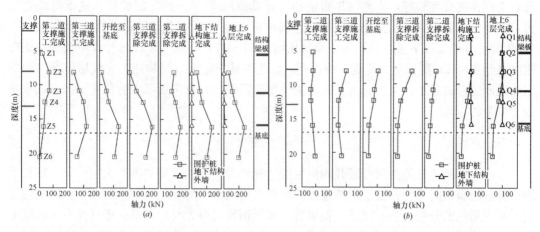

图 15　围护桩和地下结构外墙纵向钢筋轴力监测结果
(a) 迎坑侧；(b) 迎土侧

护桩迎坑侧主筋主要受拉，迎土侧主筋主要受压，同一工况下前者峰值绝对值大于后者。在开挖过程中，桩身钢筋轴力峰值发生在开挖面附近，在开挖至基底后，峰值位置稳定在基底附近。支撑的施加可以有效减小其位置附近围护桩钢筋轴力，支撑拆除时，围护桩相应位置钢筋轴力将有所增大。桩身钢筋轴力的最大值发生在开挖至基底后、第三道支撑拆除时刻，最大位置位于基底附近的 Z5 号测试断面。在施工上部结构期间，地下室结构外墙迎坑侧和迎土侧墙体钢筋轴力数值均较小。

图 16 给出了开挖至基底和地下结构施工完成后地上施工至 6 层两个工况下，经实测数据计算推导和基于规范方法的三维 "m" 法有限元分析得到的围护桩、地下室外墙弯矩分布。如图 16 (a) 所示，开挖至基底，实测和计算结果两者的围护桩受力模态曲线具有较好的一致性。从弯矩数值上看，实测围护桩弯矩最大值位于测点 Z5（开挖面以上 0.95m），为 1300 kN·m，相应位置围护桩弯矩的计算值为 2773 kN·m，实测值约为计算值的 47%。上部结构施工到 6 层时（图 16 (b)），围护桩受力的实测和计算结果在模态

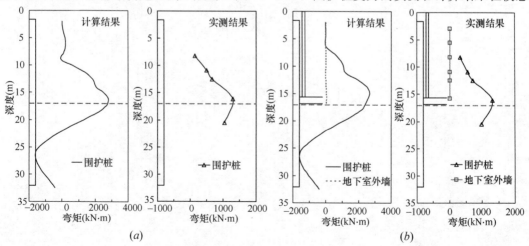

图 16　不同工况下计算与实测的围护排桩与地下室外墙弯矩分布
(a) 开挖至基底；(b) 地下结构施工完成，施工至地上 6 层

分布上同样吻合度较好，实测结果数值约为计算值的 51%。对比围护桩和地下室外墙受力，实测结果显示，施工至地上 6 层时，围护桩和地下室外墙正弯矩峰值比约为 1850：1，数值计算该工况下桩、墙正弯矩峰值比约为 370：1，均远大于设计计算中按桩墙抗弯刚度（约 10：1）所采用的荷载分担比例，由此可见在地下室结构施工完成后短期内地下室外墙所受荷载很小，从长期来看，永久使用阶段设计计算中所考虑的荷载分担模式也是偏于安全的。

五、点评

考虑围护排桩与地下室外墙共同作用的"桩墙合一"技术变"废"为宝，大大延长了围护排桩的服役时间，得益于围护排桩的在永久使用阶段的贡献，可减薄地下室外墙的厚度、减少基坑的开挖面积、降低工程造价、减少钢筋混凝土材料浪费，还可在一定程度上增加建筑使用面积。相对于目前量大面广的考虑基坑围护排桩仅作为临时结构的工程，"桩墙合一"作为绿色环保和可持续发展的基坑支护技术，符合国家中长期科学和技术发展规划纲要（2006—2020 年）中重点领域"城镇化与城市发展"的"绿色建筑和建筑节能"优先主题任务要求，也符合重点领域"能源"中的"可再生能源低成本规模化开发利用"优先主题任务要求，具有广阔的应用前景和重大的经济效益和社会意义。

本工程实测围护桩和地下室外墙弯矩全过程分布和变化规律与基于规范方法的数值计算结果均具有很好的一致性，既说明实测结果的有效性，也说明设计计算方法的合理性。实测围护桩弯矩约为计算结果的 50%，也符合目前基坑工程实测受力数据小于计算结果的经验，说明目前的设计计算方法安全可靠，且存在一定的优化空间。从桩墙荷载分担角度看，在地下结构施工完成至上部结构施工过程中，围护排桩承担了主要的土水压力，表明简化设计计算中所考虑的荷载分担模式是安全可靠的。目前实测至地上 6 层结构完成，长期使用过程中，止水帷幕失效、水压力作用于地下室外墙，将使得地下室外墙受力有所增长，永久使用阶段的"桩墙合一"结构体系受力和荷载分担特性还有待开展长期实测研究。

深圳市前海深港合作区听海路
地下通道基坑工程

李会超　张爱军　贺　文　刘伏志

（深圳市路桥建设集团有限公司，深圳　518024）

一、工程简介、特点及周边环境

1. 工程简介

前海深港合作区位于深圳市南山区前海湾，项目区位原始地貌为滨海滩涂，后经大规模填海造陆人工改造形成陆域。听海路及其地下通道是前海骨架道路网的一部分，规划道路等级为城市主干道，双向六车道，规划红线宽度为60m，道路长约2.05km。该道路地下通道采用明挖法施工，即先进行基坑开挖，然后在基坑中进行地下通道主体结构的施工，最后回填覆土并进行地表道路的施工。

听海路地下通道（K1+200～K1+880）基坑大致呈南北走向，长约680m，开挖深度约13.4～27m，支护横断面宽度为40～75m，在沿海新近堆填不良地质条件区域建设如此深大基坑，国内罕见。

2. 工程特点

（1）基坑平面尺寸大、深度较深，土石方卸载量大：基坑长680m，深13.4～27m，宽40～75m，基坑顶需先卸载至4.0m高程处才可进行围护桩施工，且基坑开挖过程中也会产生大量渣土。

（2）工序复杂，工期紧张：基坑的进度影响着通道主体结构及地表道路的施工，且听海路及其地下通道作为前海片区的交通主干线需先行施工，也影响着附近其他地块的开发时序，工期紧张。

（3）地质条件复杂且土性差：基坑沿线甚至两侧地层分布不均且差异性大，场地存在大量淤泥及人工填石，地下水位高，淤泥地段表观流塑性大，部分区域基坑侧壁存在挤淤土，这些复杂的地质环境为勘察、设计和施工都带来了不确定性和挑战。

3. 基坑周边环境

本基坑地处前海深港合作区，周边地块尚未开发或者即将开发，临近范围内尚无重要道路、管线或建（构）筑物，所以周边环境相对简单。

二、工程地质条件

项目区位原始地貌为海冲积平原及滨海滩涂原始标高约−2.32～−0.10m（黄海高程系，后同），后经填、挖、整平等人工改造，形成现状低缓起伏地形地貌，地面标高为5.16～12.14m。基坑沿线地质条件复杂多变，地层分布不均匀且差异性大。根据勘察报告，基坑侧壁土层主要为素填土、人工填土、填砂、挤淤土、全新统海积淤泥、冲洪积黏土，局部为冲洪积砂砾、淤泥质黏土，基底主要为素填土、人工填石、挤淤土、淤泥、黏土、砂质黏性土，局部为淤泥质黏土、砂砾等。基坑开挖影响范围内各土层分布情况及主要物理力学指标见表1。

基坑土体分层情况及物理力学性质指标统计值　　　　　　表1

地层代号	岩土名称	层厚 (m)	天然重度 γ (kN/m³)	含水量 (%)	孔隙比	粘聚力 c (kPa)	内摩擦角 φ (°)	渗透系数 (m/d)
①₋₁	人工填土	0.3～14.0	19.0			12	10	0.20
①₋₃	人工填石	0.3～18.8	20.0				40	30.00
①₋₄	填砂	0.4～9.5	19.0				30	10.00
①₋₅	挤淤土	0.2～9.4	16.5			7	2	0.001
③₋₁	淤泥	0.2～12.3	16.5	65.4	1.800	7	2	0.001
③₋₂	粗砂（含淤泥）	0.3～13.0	18.5				20	5.00
⑤₋₁	黏土	0.3～13.0	19.0	31.6	0.900	20	18	0.001
⑤₋₂	粗砂	0.6～6.1	20.0				30	10.00
⑥₋₁	淤泥质黏土	0.4～4.6	16.7	42.0	1.192	10	3	0.005
⑥₋₂	粉质黏土	0.6～7.9	19.0	29.7	0.859	25	18	0.1
⑥₋₃	粗砂	0.6～7.9	20.0				30	10.00
⑥₋₄	砾砂	0.3～8.0	20.0				35	20.00
⑧	砂质黏性土	0.5～22.0	19.0	31.4	0.931	22	20	0.5
⑩₋₁	全风化岩	0.3～19.0	19.5			25	30	0.5
⑩₋₂	强风化岩	0.8～19.3	22.0			30	35	3.0
⑩₋₃	中等（弱）风化	0.5～12.7	26.0					3.0

图1为典型地质剖面图。

地下水类型主要有第四系松散层中的上层滞水、孔隙潜水和岩裂隙潜水，上层滞水和空隙潜水主要靠大气降水补给，水位因季节、降雨情况而异，沿线范围水位变化较大，全线混合稳定水位埋深为0.2～9.6m，混合水位高程为−1.9～11.5m。

三、基坑设计支护方案

1. 总体方案

里程号K1＋200～K1＋880地下通道开挖深度为13.4～27m，基坑深度范围内主要为填土（石）层或淤泥层等软弱土层，针对此特点，基坑支护主要采用排桩＋内撑结合桩顶放坡的支护形式。地下通道基坑开挖范围内有不同厚度的松散填土（石）层或砂层等强透水层，结合地下通道基坑支护结构，沿线开挖全程设置止水帷幕。止水帷幕根据地层特点，采用旋喷桩进行截水。在基坑较深，存在砂层等强透水层路段，支护结构外侧增设一排摆喷，旋喷桩桩底一般进入相对不透水层。针对部分区域基坑坑顶存在淤泥的情况，采用桩顶换填处理或水泥土搅拌桩作为进行淤泥加固和拦淤。图2～图3为听海路基坑支护三维模型效果图。

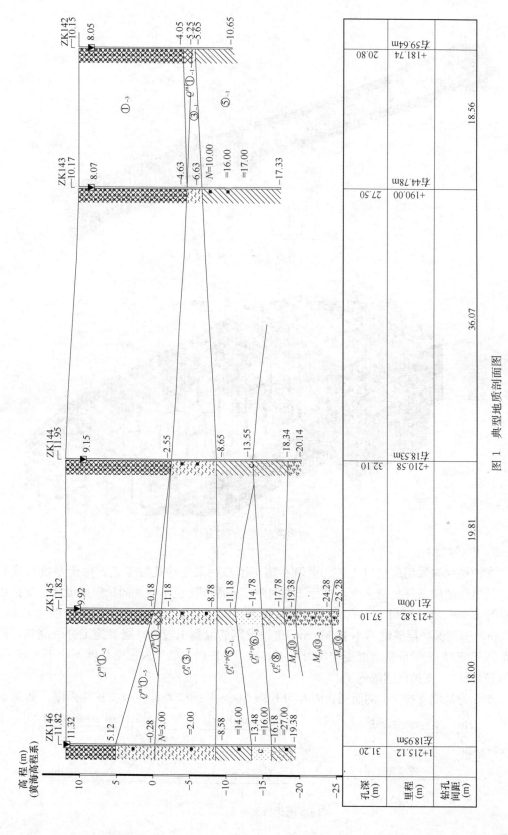

图 1 典型地质剖面图

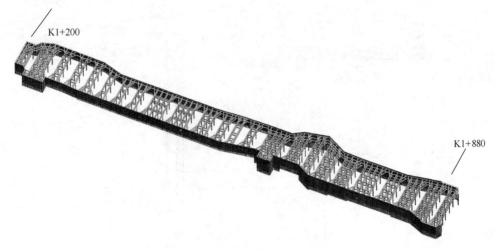

图 2 听海路基坑支护整体模型

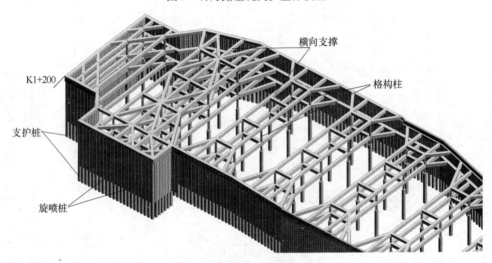

图 3 听海路基坑支护局部模型

2. 围护结构

支护桩优先采用旋挖桩工艺，遇填石施工困难时采用冲孔桩工艺，由于基坑长度较长，且沿线地质条件复杂多变，桩径、桩间距、嵌固深度也不尽相同。根据设计，支护桩桩径为 1.0m、1.2m 和 1.4m（见图 4）三种，桩间距为 1.3～1.8m，嵌固深度为 6.0～10.0m，钢筋保护层厚度不小于 50mm，桩顶设钢筋混凝土冠梁（冠梁施工分段浇筑，但不留施工缝），支护桩桩身混凝土等级采用 C30，支护桩主筋伸入冠梁长度不小于 35d（d 为钢筋直径），支护桩间隔施工。

图 5 为基坑支护 1-1 剖面图，图 6 为 K1+200～K1+300 段左线支护立面图。如图 5

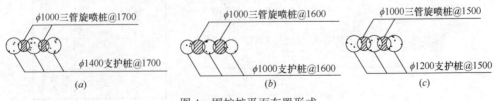

图 4 围护桩平面布置形式

76

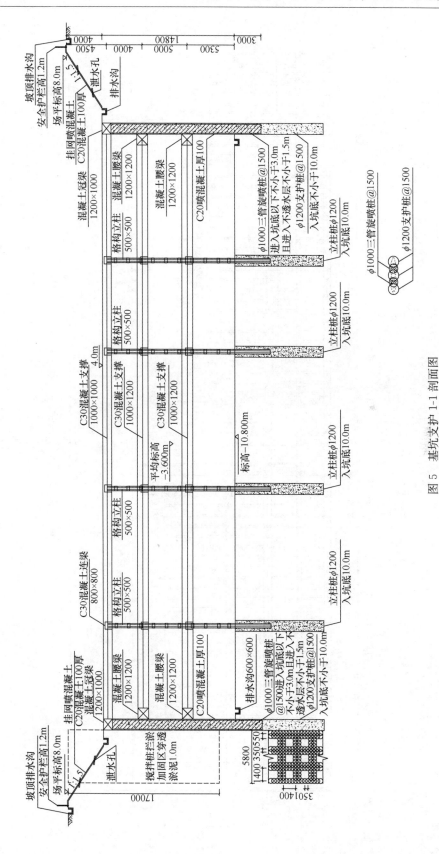

图 5 基坑支护 1-1 剖面图

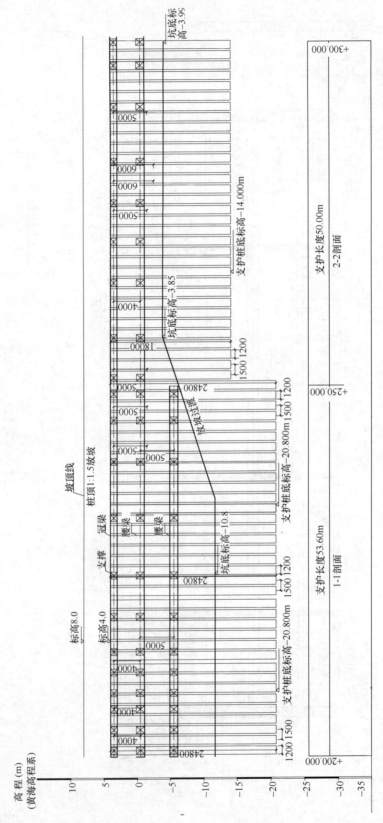

图 6　K1+200~K1+300 段左线支护立面图

中所示，该剖面场平标高为 8.0m，以 1：1.5 坡度放坡（坡面采用厚度为 0.1m 的 C20 混凝土进行挂网喷锚）至标高为 4.0m 处，然后进行支护桩的施工，该剖面围支桩桩长为 24.3m，入土深度为 10m，桩径为 1.2m，桩间距为 1.5m。

3. 支撑体系

支撑结构采用钢筋混凝土支撑，混凝土等级为 C30。由于基坑尺寸不统一、平面形状不规则以及沿线地质条件差异较大，所以不同里程处内支撑道数也不同，设计分为一道至三道。内支撑（含冠梁和腰梁）截面尺寸分为 1000mm×1000mm、1200mm×1000mm、1200mm×1200mm（最底层）三种，图 5 中的剖面采用了三道内撑。水平支撑的承重结构采用立柱桩（灌注桩＋格构柱），在基坑横断面方向据基坑宽度不同设置三根至五根，立柱桩直径为 1.2m，入坑底为 6～10m，格构柱采用型钢，截面设计尺寸为 500mm×500mm。

4. 基坑坑顶淤泥加固和拦淤泥措施

根据岩土勘查结果，本基坑在 K1＋200～K1＋400 和 K1＋630～K1＋780 里程段存在大面积淤泥包。为了减小作用在围护桩上的主动土压力，降低挤淤土和淤泥的流动性，必须对基坑外侧的挤淤土和淤泥层进行加固。设计主要采用水泥土搅拌桩作为基坑坑顶的淤泥加固和拦淤措施，施工时先挖至淤泥顶面约 1.0m，然后进行素土换填，换填深度不小于 1.5m，方可进行搅拌桩施工，且搅拌桩桩底高程以穿透淤泥层并进入相对不透水层 1.5m 控制。格栅式搅拌桩加固大样图见图 5 中左下角。

5. 止水排水

沿线基坑开挖全程设置封闭止水帷幕。止水帷幕根据地层特点，采用旋喷桩工艺，通过桩间搭接形成止水帷幕，桩底一般进入相对不透水层，局部基坑开挖较深或有强透水层时，在支护桩外侧增设一道摆喷，加强止水。桩顶以上基坑外侧斜坡段设置坡顶截水沟和坡地排水沟，基坑开挖至坑底标高后，每隔 20～30m 设集水井，集水井集水抽排至坑顶。

四、基坑安全稳定性复核及支护设计方案探讨

由于深厚软土地区基坑施工难度大，国内基坑事故频发且造成后果严重，国内也有一些学者开展了这方面的研究[1][2]。为了避免施工的盲目性和设计中的不确定因素可能造成的潜在隐患，有必要对设计方案进行计算复核，以保证基坑施工质量和进度。鉴于此，依据基坑支护相关技术规范，采用理正深基坑计算软件、Plaxis 及 Ansys 有限元计算软件，选取典型支护剖面，对基坑的安全稳定性进行进一步的复核。

1. 基坑支护桩插入比

淤泥软土地区土质条件较差，软土分布厚度大，基坑底土体对围护桩的约束作用较弱。尤其对内撑式支护结构，当围护桩插入深度不够或坑底土质较差时，被动土压力较小，极易造成支护桩结构踢脚失稳破坏。淤泥软土地区底层的基本特性决定了深大基坑工程的修建风险远比一般地层高得多。

例如，杭州地铁湘湖车站北二基坑在施工过程中发生了严重的坍塌事故，有关学者[3]对事故原因做了进一步研究，原设计插入比为 1.06，按照当时的基坑支护技术规范进行了抗隆起验算，发现均不符合要求，从而认定插入比过小可能是造成事故的一个原因。这是一个深刻的教训，类似的地质条件下应吸取这一教训。

据广州地铁设计研究院有限公司研究成果[4]，国内多年的软土地区（最具代表性的是上海和浙江沿海地区）基坑工程实践经验表明围护桩插入比通常为0.8～1.3。而在软土深厚且含水量较大（一般大于60％）的地区，围护桩采用的插入比则远远大于0.8～1.3，如珠海某基坑[5]深度为5.4m，采用桩锚支护，支护桩要穿透近20m的深厚淤泥层和填土层，围护结构的插入比高达4.0。

就深圳地区而言，在深厚软土地区进行较大基坑建设的经验比较少，仅在南山后海、宝安、前海有少量软土区基坑设计施工经验。例如，深圳市南山后海太古新城基坑[6]，最大开挖深度18.4m，坡顶6.0m高度处放坡，采用桩＋锚索支护形式，插入比为0.6左右，但施工中局部发生了意外，尚未施工第一排锚索时支护桩便产生了100mm的位移，不得不对桩后淤泥采用微型钢管土钉二次处理。又如，深圳机场扩建项目预留轨道交通基坑工程[7]采用咬合桩＋3排锚碇（锚索）的支护方案，开挖深度为12.5m，围护桩插入比为0.6，桩身最大位移为90mm。

由此可见，围护结构插入比过小将导致桩身位移过大，甚至发生工程事故。插入比的大小也有其地域特点，应在设计、施工时对其进行研究和分析，以预留足够安全储备。因此，从施工安全角度出发，采用理正深基坑计算软件、有限元计算软件进行了计算复核。

选取三个最不利剖面，按照给出的设计支护方案，采用勘察报告中的相应地层情况及土体参数，进行围护桩变形及稳定性分析，结果表明三个剖面均不满足基坑开挖稳定性要求。当围护桩分别延长5m、4m和10m（相应的插入比分别为0.76、1.16和1.06）并调整支撑道数后，可满足基坑开挖稳定性要求，且围护桩变形控制在设计要求的60mm以内。

同样的，利用Plaxis软件再次对最不利的三个剖面分别建立有限元计算模型进行复核计算。计算结果表明，在桩底附近发生贯通，形成不稳定滑动面，即基坑失稳。当增大桩长后，情况得以改善，可满足基坑稳定性要求。

2. 基坑外侧挤淤土处理方案的选择

根据勘察报告，基坑部分里程段外地层存在处于挤淤土和淤泥，施工图设计中对其中的部分区段仅采取了对桩顶以上采取一定厚度的换填方案，并未对淤泥采取加固措施。

深圳前海片区已有工程经验表明，对基坑侧淤泥是否采取加固措施将直接影响工程结果。例如，深圳某地铁明挖段[8]，由于未加固淤泥，同时拦淤围堤未合理设计，导致围护结构向坑内变形过大，支撑体系也被破坏，从而引起一侧围护结构产生43m的垮塌，最后导致约5万m³的淤泥从垮塌处瞬间涌入基造成了巨大的经济损失和工期延误。另外，深圳地铁前海湾站场地分布较厚的海积淤泥，且据本工程较近，具有借鉴意义。前海湾地铁战基坑施工时经过了充分的分析论证[9]，最终采取了钻孔灌注桩＋钢内支撑的支护方式，且在基坑外设置了拦淤堤，对淤泥搅拌加固，最终的结果表明支护桩最大水平变形小于30mm，保障了基坑的安全，使施工顺利实施并按期竣工。

鉴于此，当基坑支护桩外侧分布大面积深厚淤泥时，为了有效减小对支护桩的土压力，降低挤淤土和淤泥的流动性，须考虑对基坑外侧的淤泥进行加固，故建议对本工程基坑外侧挤淤土和淤泥进行加固。

3. 内支撑体系结构稳定性

本基坑外轮廓不规则（见图1和图2）造成内支撑的布设难度较大，应防止局部支护体系发生局部破坏而引起整个支撑体系的变形过大或者破坏。鉴于此，采用了有限元软件 ANSYS 对内支撑最不利里程段（K1＋200～K1＋300）内支撑体系建立计算模型，进行局部分析验算。通过计算各道支撑冠梁、腰梁以及支撑结构的内力和变形，进行支撑体系的承载力和稳定性复核，确保支撑体系满足工程要求。

验算结果表明内撑体系应在以下三个位置进行调整：一是在基坑北侧里程 K1＋200 冠梁及 K1＋250 处基坑东侧阳角位置第一道内支撑结构的刚度存在薄弱点，最大变形量接近 40mm 且在横向、纵向的最大变形量带有局部性，说明了结构的传力路径不合理；二是桩号 K1＋225 位置处第二道横向支撑承受拉应力，应优化传力体系；三是 K1＋200 ～K1＋300 里程段立柱桩由于钢格构柱的自重较大而使立柱桩的竖向荷载较大，建议增加立柱桩的入土深度 6～7m。

五、基坑监测简要情况

根据设计说明，该基坑支护安全等级为一级，监测项目、监测控制值及监测结果见表 2（本工程预计于 2016 年底～2017 年初完工，目前还处于施工期，故表中监测结果仅为至 2016 年 3 月的监测结果）。

监测项目、控制值及监测结果（至 2016 年 3 月）　　　　　表 2

监测项目	速率控制值	累计控制值	最近一周变化量	累计变化范围
支护桩水平位移	3mm/d	$0.003H$ 且不大于 40mm	0.1～1.2mm	3.3～23.4mm
支护桩竖向位移	3mm/d	$0.003H$ 且不大于 50mm	0.2～1.0mm	4.5～23.3mm
支撑立柱沉降	±3mm	$(60\%～70\%)\times f$	−0.4～0.4mm	12.4～15.1mm
地下水位	500mm	6000mm	−0.090～−0.218	
支撑内力	—	$(60\%～70\%)\times f$	−0.16～0.08kN/−37.0～0.08kN	−8542.7～−3570.8kN
深层水平位移	3mm	55mm	−0.1～0.2mm	12.0～18.4mm

说明：H 为基坑设计开挖深度；f 为内支撑轴力设计极限值，据不同截面尺寸，其值也不同，本项目中 ±11200kN≤f±13400kN；支撑内力中"−"表示受压。

根据观测结果，除了个别内支撑轴力最大值接近设计极限值的 70% 而处于报警状态外，其他测量值都在控制范围内，基坑整体处于相对安全稳定状态。表 2 中内支撑力出现 37.0kN 的变化量可能是基坑某些里程段由于进行地下通道主体结构的施工而进行了内撑拆除导致轴力尚未完全稳定。

六、点评

本项目中的基坑地处滨海滩涂填海造陆区域，地质条件复杂，场地含有大量深厚淤泥层，既有的同类工程实践经验也较为缺乏，且工期紧任务重，为基坑的设计和施工都造成了较大挑战。施工单位在实际施工过程中，也发现个别区域存在勘察阶段未探明的淤泥包，不得不进行补充勘查和设计变更。为了保证基坑的稳定和安全，本基坑在施工过程中也经过了多次论证分析和设计变更，本文针对设计方案进行了复核计算，并结合专家意见和类似工程经验，分别从基坑支护插入比、基坑外侧挤淤土处理方案和支撑体系的稳定性三方面提出了值得探讨的优化方案，为后期类似工程提供了可资借鉴的宝贵经验。

参 考 文 献

[1] 张爱军，莫海鸿，李爱国，高伟，向玮．基坑开挖对邻近桩基影响的两阶段分析方法[J]．岩石力学与工程学报，2013，S1：2746-2750．

[2] 向玮，张爱军，高伟．深基坑施工变形预测与控制方法研究[J]．岩土工程学报，2012，S1：634-637．

[3] 张旷成，李继民．杭州地铁湘湖站"08.11.15"基坑坍塌事故分析[J]．岩土工程学报，2010，S1：338-342．

[4] 农兴中，王睿．软土地区围护结构嵌固深度研究[J]．都市快轨交通，2011，03：74-78．

[5] 杨光华．广东深基坑支护工程的发展及新挑战[J]．岩石力学与工程学报，2012，11：2276-2284．

[6] 杨志银，付文光，吴旭君，张俊．深圳地区基坑工程发展历程及现状概述[J]．岩石力学与工程学报，2013，S1：2730-2745．

[7] 马驰，刘国楠．深圳机场填海区欠固结软基超大深基坑的设计[J]．岩土工程学报，2012，S1：536-541．

[8] 胡长明，周正永，刘金果，常涛．某地铁明挖基坑事故原因分析及处理方法[J]．施工技术，2009，09：30-32．

[9] 刘少魏．海积软土地层地铁车站基坑开挖的时空效应研究[J]．石家庄铁道大学学报(自然科学版)，2013，01：23-27．

深圳中星微大厦基坑工程

任晓光　姜晓光　张　俊

（中国京冶工程技术有限公司深圳分公司，深圳　518054）

一、工程及周边环境概况

1. 主体建筑概况

深圳中星微大厦项目位于深圳市南山区科技园，沙河西路以西、高新南一道以东，占地面积为 3947m²，拟建 1 栋 27 层的高层建筑，建筑高度 100m，设 3 层地下室。

2. 基坑工程概况

本基坑工程，坑底绝对标高为 -8.50m 和 -8.70m，场地四周标高约 5.30~8.00m，开挖深度约 13.8~16.7m，周长约 178.63m，面积约 3565.2m²。

3. 周边环境概况

场地东侧：为深南大道辅道，路下埋设有雨水管线等；

场地南侧：为长虹研发基地大厦，大厦内设三层地下室，地下室外墙与本基坑支护桩净间距 4.0~5.0m，两者中间埋设有污水管、雨水管、给水管，长虹大厦临近本项目侧开挖基坑支护时采用的是搅拌桩+土钉+预应力锚索的复合土钉墙支护形式；

场地西侧：为高新南一道，路下埋设有雨水、通讯、污水、煤气、给水等管线；

场地北侧：为先健科技大厦基坑，与本基坑开挖深度及工期相近故两基坑相邻侧挖通未做支护。

图 1 为基坑总平面示意图。

二、工程地质及水文地质条件

1. 工程地质条件

本场地位于南山区科技园片区，沙河西路西侧，原地貌属滨海滩涂地貌单元。据钻探揭露，场地内地层从上而下为：

（1）第四系人工填土层

杂填土层（①-1）：褐灰色等，稍湿~湿，松散，局部稍压密，成分复杂，主要由建筑垃圾组成，局部缺失，工程性能较差。

素填土层（①-2）：褐灰色、褐红色、灰黄色等，松散，稍湿~湿，未完成自重固结，回填物主要为黏性土，局部为碎（块）石，未完成自重固结。

（2）第四系海陆交互相沉积

淤泥质砾砂（②-1）：灰色、灰黑色，饱和，松散~稍密，淤泥质含量约 10%~40%，局部缺失，工程性能较差，为场地内不良软弱土层，为强透水性地层。

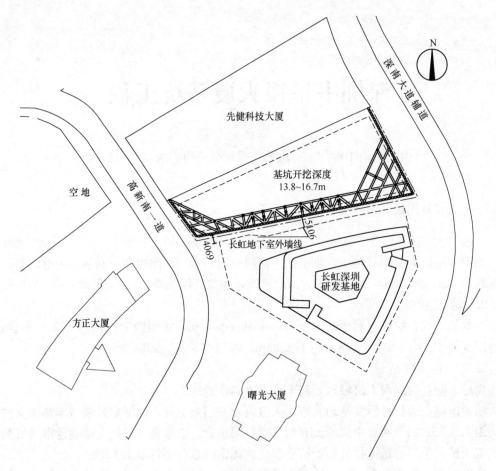

图 1　基坑总平面示意图

砾砂层（②-2）：土红色、灰黄色等，饱和，稍密～中密，含约 30%～40% 的黏性土。局部缺失，工程性能相对较好，为强透水性地层。

粉质黏土层（②$_{-3}$）：可塑，具中等～高压缩性。局部缺失，工程性能较好。

含有机质粉质黏土层（②$_{-4}$）：流塑～软塑，具中等压缩性，工程性能较大。局部缺失。

（3）第四系冲洪积层

粉质黏土层（③$_{-1}$）：可塑，具中等～高压缩性，工程性能较好。局部缺失。

圆砾层（③$_{-2}$）：呈稍密～中密状态，工程性能较好且稳定，为强透水性地层。全场地内均有分布。

（4）第四系残积层

砾质黏性土层（④），可塑～硬塑，具低～中等压缩性，工程性能较好。全场地内均有分布。

（5）燕山期花岗岩各风化带

全风化花岗岩层（⑤$_{-1}$）：工程特性较好。

强风化花岗岩（土状）层（⑤$_{-2-1}$）：分布连续，工程特性较好。

强风化花岗岩（块状）层（⑤$_{-2-2}$）：分布连续，工程特性好。

2. 水文地质条件

本场地地下水类型主要为孔隙潜水及基岩裂隙水，填土层中局部尚存有上层滞水。孔隙水主要赋存于第四系海陆交互相沉积层及冲洪积的砂层中，属含水量中等～丰富的强透水地层。裂隙水赋存于风化岩层的裂隙中，其富水性一般，微具承压。地下水主要由大气降水渗入补给、场地周围及大沙河的侧向互为补给，并向南排泄。地下水水位随降水及季节而变化，勘探期间，时值雨季，测得各钻孔混合稳定水位埋深为 2.55～5.25m，标高 1.95～5.52m。

场地土层主要力学参数　　　　表 1

地 层 代 号	厚度（m）	重度 γ （kN/m³）	压缩模量 E_s （MPa）	变形模量 E_0 （MPa）	粘聚力 c_k （kPa）	内摩擦角 Φ_k （度）	渗透系数 K （m/d）
杂 填 土（①－1）	0.50～5.60	19.5		4.0		12	3.0
素 填 土（①－2）	1.10～5.60	19.0	2.5	4.0	5	10	0.5
淤泥质砾砂（②－1）	1.50～4.60	19.5		6.0		17	10
砾　　砂（②－2）	1.30～1.80	20.0		10.0		30	15
粉质黏土（②－3）	0.40～4.10	19.3	4.5	9.0	20	15	0.3
含有机质粉质黏土（②－4）	0.50～3.20	18.0	3.0	6.0	10	8	<0.1
粉质黏土（③－1）	0.50～7.50	19.0	5.0	10.0	20	20	0.5
圆　　砾（③－2）	0.90～5.60	20.0		15.0		35	40
砾质黏性土（④）	5.00～17.00	19.2	6.0	12.0	25	20	0.5
全风化花岗岩（⑤－1）	3.00～16.30		12.0	30.0			0.5
强风化花岗岩（⑤－2－1）	7.7～19.70		20.0	60.0			1.0
强风化花岗岩（⑤－2－2）	1.40～9.90						3.0
中风化花岗岩（⑤－3）							2.0
微风化花岗岩（⑤－4）							0.5

三、基坑围护方案

1. 围护结构

围护结构采用旋挖成孔灌注桩，支护桩径 1.0m，间距 1.5m，嵌固深度 8m。

2. 支撑

基坑内部支撑结构：西南侧、东南侧采用两道角撑，南侧采用两道桁架撑，东北侧采用 4 道锚索，北侧与先健科技大厦基坑挖通故无需支撑。基坑支护平面见图 3。南侧 4－4 剖面（见图 4）为基坑与长虹研发基地大厦相邻处，原长虹基坑采用的是搅拌桩＋土钉＋预应力锚索的复合土钉墙支护形式，考虑该侧有限土体宽度约 4.0～5.0m，且无法施工对撑、锚索，故考虑采用桁架支撑，后经验证该方案安全可行。

3. 地下水控制方案

本设计对地下水采取截水处理，对地表水采取明沟排水：

（1）帷幕截水——截堵基坑四周地下水

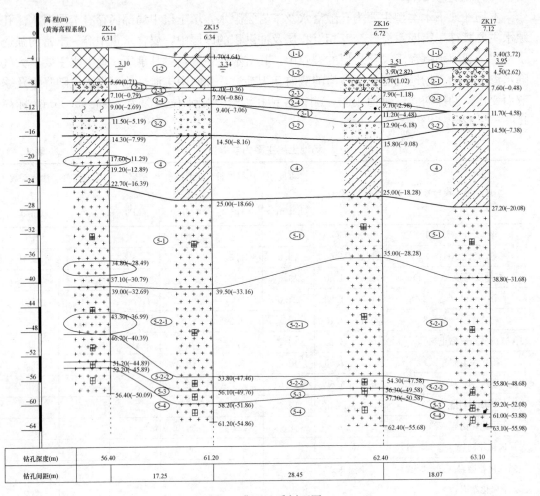

图 2　典型地质剖面图

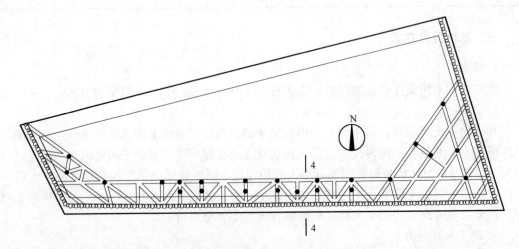

图 3　基坑围护平面图

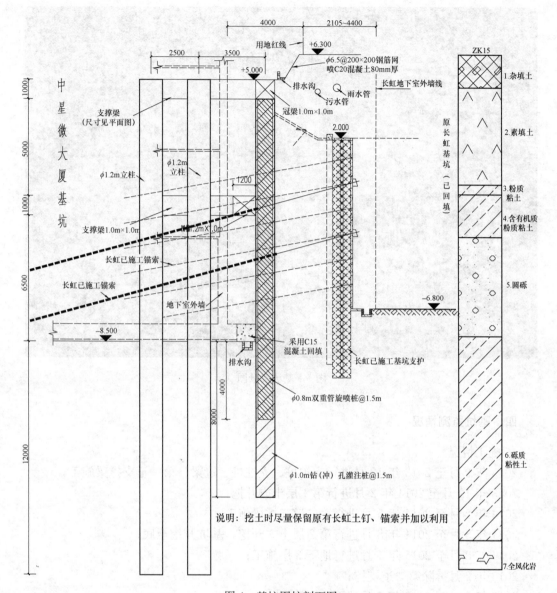

图4　基坑围护剖面图

本基坑采用双重管旋喷桩（桩径0.8m，间距1.5m）与灌注桩联合形成全封闭止水帷幕，可以有效地截堵坑外地下水向基坑内渗透。

（2）明沟排水——排除地表水及坑内积水

基坑周边坡上、平台及坑内布置排水沟和集水坑，形成排水系统。集中排入地面沉淀池，经三级沉淀后排入市政管网。集水坑约30m设一个。

（3）集水坑超前排水

基坑开挖阶段可根据实际需要，在坑内适当位置挖掘超前集水坑，并通过排水沟，作好挖土期间的集水排水工作。

图 5　基坑实景图

四、基坑监测情况

1. 施工情况

2013 年 9 月至 2013 年 12 月进行支护桩、立柱桩、冠梁、第一道支撑梁施工；

2013 年 12 月至 2014 年 2 月进行第 1 层土方开挖；

2014 年 2 月至 2014 年 5 月进行第二道支撑梁施工；

2014 年 5 月至 2014 年 8 月进行第 2 层土方开挖，基坑开挖至底；

2014 年 8 月至 2015 年 1 月进行地下 3 层施工；

2015 年 2 月拆除第二道支撑；

2015 年 2 月至 2015 年 7 月地下 2 层施工；

2015 年 8 月拆除第一道支撑。

2. 监测项目

本基坑开挖深度较深，东、西两侧为市政路，市政管线较多，在基坑及地下室施工过程中必须进行监测，并制定合理周到的监测方案，实行动态设计和信息化施工，以确保基坑及周边建（构）筑物的安全和地下室施工的顺利进行。根据工程实际情况，设置如下监测项目：

（1）桩顶水平位移；

（2）基坑周边建（构）筑物、道路沉降和立柱桩竖向位移；

（3）基坑深层水平位移；

（4）支撑梁应力；

（5）基坑周边地下水位。

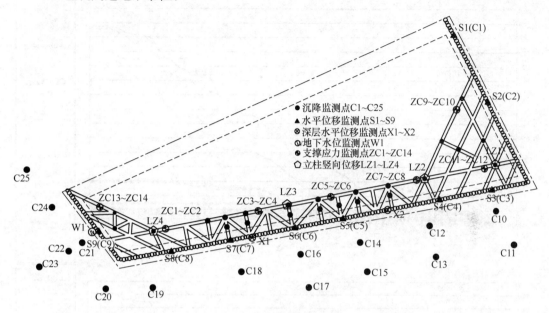

图6　监测点平面布置示意图

3. 监测结果

（1）桩顶水平位移监测结果

从图7可以得到：桩顶最大水平位移出现在S1点，位移值34.9mm，该区域采用桩锚支护且坡顶有堆载；S3～S8累计位移量最大为13.0mm，该侧坑深约14.0m，最大位移量不到坑深的1‰，说明该段采用桁架支撑效果不错。

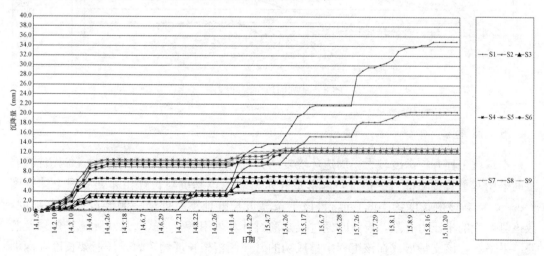

图7　桩顶水平位移曲线图

（2）基坑周围沉降监测结果

从图8可以得到：S12、S14、S16、S18四个点沉降值均较大，这4个点位于南侧与长虹相邻处，其沉降原因为该侧旋喷桩施工质量较差造成桩间水土流失。

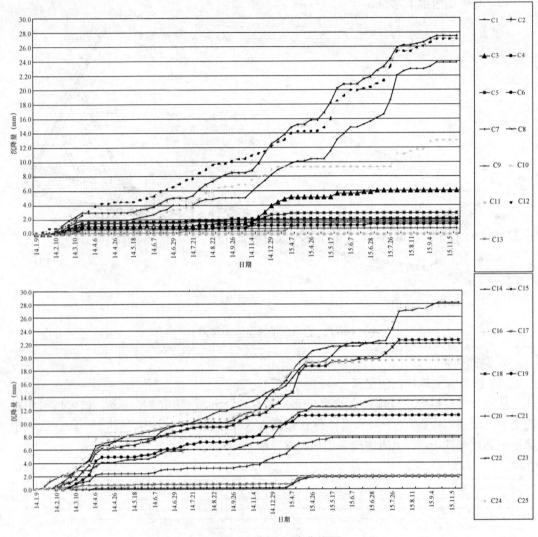

图 8　基坑周边沉降曲线图

五、点评

本基坑工程开挖深度较大，周边环境复杂，设计采用桩＋两道支撑、桩＋四道锚索，桩间采用双重管旋喷桩与支护桩一起形成止水帷幕。该基坑与长虹相邻处有限土体宽度4.0～5.0m，该侧长度约108.0m，且该土条靠近长虹地下室外墙一侧经过搅拌桩加固，故该侧产生的土压力有限，设计时经过反复商讨计算采用桁架形式，从实际施工效果及监测结果来看，该支护形式在该工程中是成功的。该侧桁架长度约70.0m，桁架长度在深圳基坑支护工程中较罕见。该基坑与相邻先健科技大厦基坑同步开挖即节省了造价又缩短了工期。本工程的成功实施能够为后续类似工程的设计施工提供参考。

南京新城科技园国际研发总部园基坑工程

黄广龙[1]　赵升峰[1,2]　马世强[2]　熊彬涛[1]

(1. 南京工业大学交通运输工程学院，南京　210009；

2. 南京市测绘勘察研究院有限公司，南京　210019)

一、工程简介

1. 工程概况

南京新城科技园国际研发总部园地上建筑由 3 幢 24 层综合楼、4 幢 20 层综合楼、2 幢 16 层综合楼，以及 1 幢 3 层创意廊组成，整体设 2 层地下室，基础采用桩基础。本工程基坑面积约为 54220m²，周长约 925m，基坑开挖深度 9.2～13.5m。

2. 环境概况

工程位于南京市建邺区泰山路东侧、奥体大街北侧、云龙山路西侧。基坑边线紧邻四周用地红线，周边环境较复杂。基坑东侧地下室外墙距离该侧用地红线约 3.2m，用地红线外侧为云龙山路；基坑西侧为泰山路，地下室外墙距离用地红线最近约 4.7m；基坑南侧为奥体大街，地下室外墙距离该侧用地红线为 3.3m；基坑北侧场地为空地与待拆迁建筑物，地下室外墙距离该侧用地红线约为 4.0m。基坑周边道路下埋有大量市政管线，主要为给水管、雨水管、电力、通信、燃气等管线，大部分管线紧靠用地红线，局部已延伸入红线内。

二、工程地质与水文地质概况

1. 工程地质条件

拟建场地属长江漫滩地貌单元，西南角附近有河道分布，东部部分地段堆填有大量建筑垃圾。场地地形较为平坦，地面高程在 6.12～8.57m 之间，主要由粉质黏土、淤泥质粉质黏土、粉细砂组成。场地按成因分为两个大层，每一层又分为若干亚层。场地表层部分为粉质黏土混大量碎砖、碎石填积，东部部分地段为堆填的建筑垃圾。地基土层参数如表 1 所示，详细的地层剖面详见图 2 工程地质剖面图。

土层物理力学参数 表 1

土层序号	土层名称	压缩模量 $E_{s1\sim2}$/MPa	含水量 W/(%)	重度 γ/(kN/m³)	固结快剪 c/(kPa)	固结快剪 φ/(°)	渗透系数 k/(×10⁻⁶cm/s) K_V	渗透系数 k/(×10⁻⁶cm/s) K_H
①₋₁	杂填土			18.0	5	15	1000	
①₋₂	素填土	2.907	35.8	18.1	9.8	6.7	20	
①₋₂ₐ	淤泥质填土	2.522	39.2	16.5	5	8	50	

二、桩—撑支护

土层序号	土层名称	压缩模量 $E_{s1\sim2}$/MPa	含水量 W/（%）	重度 γ/（kN/m³）	固结快剪		渗透系数 k/（×10⁻⁶cm/s）	
					c/（kPa）	φ/（°）	K_V	K_H
②—1	粉质黏土	4.385	32.3	18.9	13.9	10.2	3	
②—2	淤泥质粉质黏土	3.404	37.6	18.1	11.8	13.6	10	15
②—3	淤泥质粉质黏土	3.639	35.7	18.0	11.9	15.0	20	100
②—4	粉细砂	10.223	30.4	18.3	9.0	30.7	1200	
②—4a	淤泥质粉质黏土	4.234	36.2	17.8	12	15	20	100
②—5	粉细砂	11.205	29.9	18.3	8.1	31.2	1500	

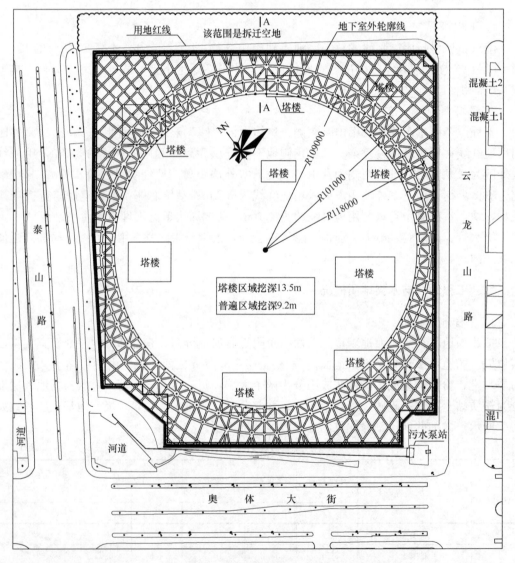

图 1　周边环境平面示意图

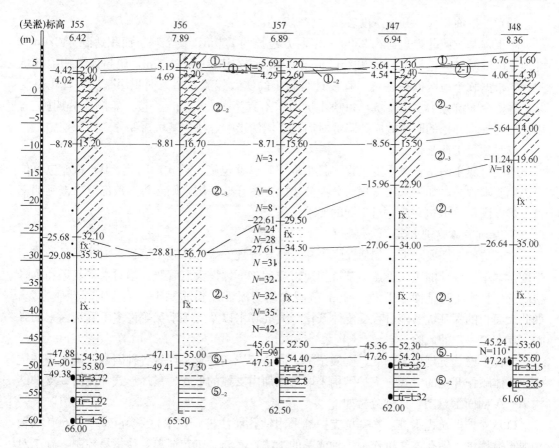

图 2　工程地质剖面图

2. 水文地质条件

长江漫滩是南京市地下水最为丰富的地段，勘探深度范围内所揭示的地层均为含水层。地下水的水理特征绝大部分属于潜水性质，但由于场地含水层中上部①层填土、②—1、②—2 和②—3 层黏性土和下部②—4、②—5 层砂性土渗透性差异大，呈典型的"二元结构"特征，下部砂性土中的地下水具弱承压性。潜水稳定水位埋深在地面以下 0.7～2.6m，高程为 5.06～6.20m，潜水主要接受大气降水的入渗补给，以垂直蒸发和径流方式排泄，和附近地表水呈互补关系，水位受季节性变化影响，年变化幅度在 1.0m 左右。下部承压含水层水头埋深在地面下 1.55～2.10m，高程为 4.80～4.85m。由于场地孔隙潜水与下部弱承压水之间无良好的隔水层，其水位相近，弱承压水头高程较潜水位略低，水位随季节不同略有变化，年变幅在 0.5m 左右。承压水补给来源为地下径流以及上层孔隙潜水的越流补给，以地下径流为主要排泄方式。

三、基坑支护结构方案设计

1. 基坑工程特点及总体支护方案

（1）主体建筑分布特殊

本工程主要由 8 栋高层及 1 栋多层辅助建筑组成，8 栋塔楼均分布于基坑周边，且主楼基础底板很厚，基坑挖深达到 13.5m，对基坑支护形成不利条件。

（2）开挖面积大，开挖深度较深

本工程基坑南北方边长约250m，东西方边长约230m，整个基坑面积达到54220m²，纯地库区域基坑开挖深度约为9.2m，塔楼区域开挖深度约为13.5m，属超大面积深基坑工程。根据软土地区以往基坑工程设计与施工的实践经验，超大面积深基坑，宜化整为零，将整个大坑分为多个小坑，每块小坑面积不宜超过20000m²，按一定顺序分期施工，以便控制基坑开挖的时空效应，降低对周边环境的影响，故本基坑需要分3期开挖施工。

（3）项目工期紧

本项目属于南京青奥重点工程，且采取BT总承包施工模式，因此，BT总承包单位对工期要求很高，如果采用常规的分期分块的方案开挖基坑，则必将导致部分塔楼延期交付，难以满足总承包和业主对工期的要求。

2. 基坑总体支护方案

在紧迫的工期要求下，如何安全可靠、科学合理安排总体施工流程，加快项目的施工进度是本基坑设计的重、难点。基坑周边市政道路下埋设大量管线，均对水平变形和沉降很敏感，且本工程地面以下20～30m范围内均为淤泥质粉质黏土，土体工程性质很差。如此大面积的深基坑实施过程受土体开挖、大气降水以及施工动载等许多不确定因素的影响，存在着一定的风险。

综合考虑基坑规模与深度、土质条件、周边环境条件及工期等各种因素，确定该基坑采取整体顺作开挖的方式，支护结构采取排桩加内支撑的形式，具体形式详见图3支护结构A—A剖面示意图，详细分析如下。

（1）支护桩及止水桩。本基坑支护桩采用钻孔灌注桩，止水桩采用Φ700@500双轴水泥土搅拌桩。钻孔灌注桩作为一种成熟的工法，其施工工艺简单，质量易控制，施工对周边环境影响较小，在长三角地区应用广泛，尤其适用于顺作法基坑工程。本基坑须止水的土层为粉土夹粉质黏土，采用双轴水泥土搅拌桩与三轴搅拌桩相比造价较低，同时采取套接一孔法施工搭接比较饱满，止水质量能满足本项目止水的要求。

（2）内支撑结构。本基坑须采用两道钢筋混凝土水平内支撑，但基坑东西向宽约230m，南北向宽约250m，若采用传统的角撑、对撑结合边桁架布置，需要设置大量穿越基坑内部的杆件，不利于土方的开挖和地下室结构的施工，且对于长度超过200m的超长钢筋混凝土对撑结构，混凝土材料自身固有的收缩和徐变特性便充分发挥，对撑的受力效果受到较大的影响，加之坑内密布工程桩的影响，立柱往往偏心支撑节点中心，对支撑受力亦会形成不利的影响。因此，结合基坑的平面形状和塔楼分布位置，采用环形混凝土内支撑，其中不闭合支撑环梁直径达236m，最大闭合支撑环梁直径达218m，属于超大型环梁内支撑。

3. 基坑支护桩体系

支护桩统计表　　　　　表2

支护区域	计算挖深/m	支护桩形式	嵌固深度/m	有效桩长/m
西南角	9.2	Φ900@1100	13.0	21.0
西侧	9.2	Φ900@1100	12.5	20.5
东侧	9.2	Φ900@1100	12.5	20.0
南侧	9.2	Φ1100@1300	13.0	20.0
北侧	9.2	Φ1200@1400	14.5	22.45

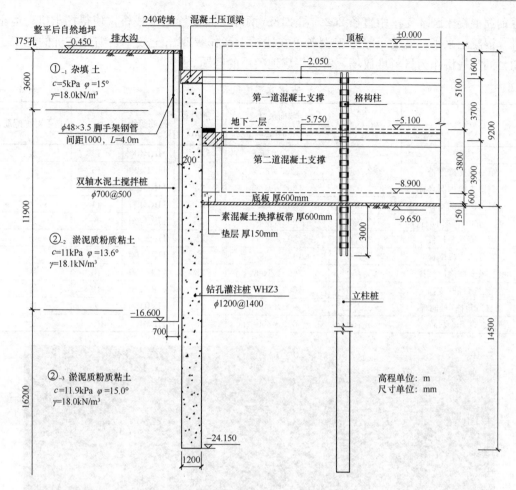

图 3　支护结构 A-A 剖面示意图

根据土层不同以及地面荷载不同，计算各边支护桩长度及直径不尽相同。止水桩除西侧因高压线影响采用 $\phi 800@500$ 高压旋喷桩的形式，其他三侧均采用 $\Phi 700@500$ 双轴水泥土搅拌桩止水帷幕，基坑周围止水帷幕插入基底之下的深度约 7.0m，支护结构平面布置如图 4 所示。

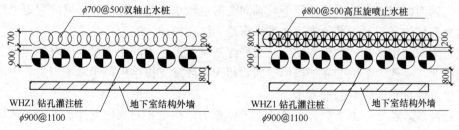

图 4　支护结构平面示意图

4. 超大水平环梁支撑设计与特点分析

本工程内支撑钢筋混凝土支撑采用 C30 混凝土，两道钢筋混凝土支撑杆件截面尺寸及配筋如表 3 所示，内支撑具体布置形式，详见图 5 支撑实景照片。基坑实施阶段在第一道钢筋混凝土圆环支撑中直径202m与218m两环之间设置施工栈桥，使得挖土机、运土机、混凝土泵车、运输车等施工设备可在栈桥上运作提高出土效率，缩短基坑的施工工期，同时栈桥作为材料堆放场，解决了场地狭小的问题。

支撑体系信息表　　　　　　　　　　　　　　　表3

项目	中心标高	截面尺寸 （mm×mm）	主筋直径 （mm）	钢筋等级	主筋 （根）	是否对称配筋
冠梁	—	1200×800	25	HRB400	13	是
第一道支撑围檩	−2.050	1200×800	25	HRB400	13	是
第一道支撑内圆环撑	−2.050	1800×1000	25	HRB400	11	是
第一道外圆支撑	−2.050	1500×1000	25	HRB400	11	是
第一道角撑/径向杆	−2.050	900×800	25	HRB400	5	是
第一道其余杆件	−2.050	800×800	25	HRB400	5	是
第二道支撑围檩	−5.750	1400×1000	28	HRB400	14	是
第二道支撑内圆环撑	−5.750	2000×1000	25	HRB400	13	是
第二道外圆支撑	−5.750	1600×1000	25	HRB400	10	是
第二道角撑/径向杆	−5.750	900×800	25	HRB400	7	是
第二道其余杆件	−5.750	800×800	25	HRB400	7	是

图5　支撑实景照片

超大环梁内支撑结构特点如下：

（1）受力性能合理。超大型环梁支撑体系充分利用圆环结构的受力特点，将支护结构所传来的水、土压力转化为环梁的轴力，由于钢筋混凝土环梁结构的轴向刚度比抗弯刚度大得多，因而即使在大轴力的作用下其轴向变形也较小，连系杆件和环梁的弯矩也相应减小，这种支撑体系相对于其他支撑体系而言是无法比拟的。

（2）空间利用率高，施工方便。超大型深基坑开挖巨大的土方量，同时伴随施工机械的频繁作业，需要大范围的施工操作空间，超大型环梁支撑结构位于基坑周边，中部完全空旷，恰好满足对操作空间的要求。

（3）经济效益好。由于超大型环梁支护体系的结构量相对其他支撑形式少，从而能够节省大量钢材和水泥，工程费用较其他支撑型式减少20%～25%。

（4）工作量较小。超大型环梁支撑体系在拆除时的工作量相对较小，不仅减少对环境的影响且缩短施工工期。

（5）适用范围广。超大型环梁支撑体系对基坑的几何形状要求较低，可以灵活运用，适用范围较广，在地质条件差、场地狭窄的情况下也能使用。对于较为规则的超大型基坑（正方形、圆形）可采用单圆环内支撑形式；对于近似长方形的超大型基坑可采用双半圆结合对撑的环形内支撑形式；对于平面形状不规则的超大型基坑可采用多圆环梁内支撑形式。

5. 立柱和立柱桩设计

本工程采用临时钢立柱及柱下灌注桩作为水平支撑系统的竖向支承构件。栈桥区域和利用主体结构工程桩采用 4L200×18 角钢格构柱，其截面分别为 540mm×540mm、460mm×460mm，堆载区采用 4L180×16 角刚格构柱，其截面为 5400mm×540mm，其他区域采用 4L200×16 角钢格构柱，其截面为 460mm×460mm。临时钢立柱采用由等边角钢和缀板焊接而成，钢立柱插入立柱桩中不小于 3m。支撑下立柱桩采用 φ900 钻孔灌注桩，桩长 35.0m；堆载区域下立柱桩采用 φ800 钻孔灌注桩，桩长 55.0m，其中顶部 4.0m 扩径到 φ900；栈桥立柱桩采用 φ900 钻孔灌注桩，桩长 55.0m，立柱桩保护层厚度均为 50mm，桩身混凝土设计强度等级为水下 C30。

6. 基坑降水

本基坑普遍区域开挖深度 9.2m，根据现阶段提供的地质勘察资料显示，东部区域②－4 层弱承压含水层埋深较浅，基坑开挖至底承压水不满足抗突涌要求，需要降压处理。因东部基坑与道路的距离较远，环境条件的复杂程度相对较低，变形控制要求的等级也相对较低，故采取"降压结合悬挂式止水帷幕"的承压水处理方案。东部区域基坑工程降压井底部延伸至基底之下 19.0m 深度。

7. 超大型环梁支撑拆除

目前混凝土内支撑常采取人工风镐拆除法、静态破碎法、镐头机拆除法及爆破法等拆除。本工程环梁支撑工程量较大，且环梁支撑截面较大，人工风镐拆除工期长；静态破碎对含筋量较高的内支撑混凝土，破碎效果很差；液压镐头机破碎安全，效率高，但受跨度高度的限制，无法施工；另一方面地下室底板和楼板强度难以承受机械的自重和强大的冲击力。因此，综合考虑后，采取毫秒延迟起爆技术拆除内支撑。采用毫秒延时起爆技术将总装药化整为零，分段爆破支撑梁，减小一次起爆药量，控制爆破震动，爆破效果见图 6。

图 6　支撑爆破现场实景照片

四、施工工况及关键时间节点

1. 主要施工工况

步骤 1. 上部放坡至圈梁及第一道钢筋混凝土支撑底，并及时的浇筑圈梁及第一道支撑；步骤 2. 待一道支撑体系强度达到设计强度的 80% 后，向下分层分区对称开挖至二道支撑底；步骤 3. 浇筑围檩及第二道钢筋混凝土支撑；步骤 4. 待二道支撑体系强度达到设计强度的 80％后，向下分层分区对称开挖至基坑底部；步骤 5. 混凝土垫层应随挖随浇，即垫层必须在见底后 24 小时以内浇筑完成，且必须延伸至支护桩边与支护桩紧密浇浇筑；步骤 6. 浇筑混凝土底板且延伸至支护桩边；步骤 7. 待底板达到强度要求后向上施工负三层主体结构及换撑块；步骤 8. 待换撑块达到强度要求后拆除第二道钢筋混凝土支撑；步骤 9. 浇筑负二层主体结构及换撑块；步骤 10. 待主体结构及换撑块达到强度要求后拆除第一道钢筋混凝土支撑；步骤 11. 施工地下主体结构，回填土并夯实。

2. 施工各个关键时间节点

2011 年 11 月下旬：整个基坑第一道支撑施工完毕；2012 年 2 月上旬：基坑大面积开挖至第二道支撑底标高；2012 年 4 月上旬：整个基坑第二道支撑施工完毕；2012 年 7 月中旬：基坑开挖至底标高；2012 年 9 月下旬：基础底板陆续施工完毕；2012 年 11 月上旬：第二道支撑实施爆破拆除；2013 年 1 月下旬：基坑主体结构陆续施工出正负零。

五、基坑监测点布置

本工程基坑开挖面积与深度均较大，属于深大基坑，周边道路地下埋设大量市政管线，环境保护要求高，土体工程性质差，多为粉质黏土和淤泥质粉质黏土，故不确定性因素较多。为保证基坑安全施工，及时获取基坑变形及对周围环境的影响等数据，对基坑的施工全过程进行监测。施工现场的监测点布置如图 7 所示。

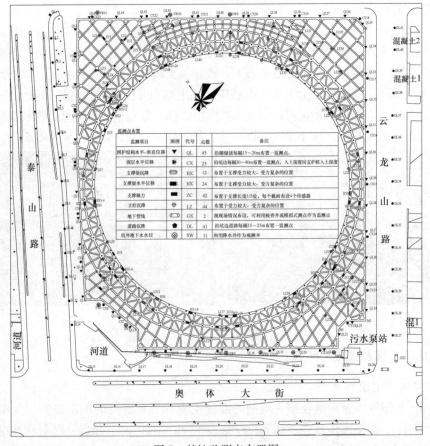

图 7　基坑监测点布置图

六、监测结果分析

1. 圈梁顶部水平、垂直位移监测数据分析

图 8 为圈梁位移－时间曲线图。从图 8 可看出，圈梁水平位移在基坑进行第一层土方开挖时，水平位移开始增大。在基坑进行第二层支撑以下土方开挖时，圈梁水平位移开始逐渐变大。底板浇筑结束后，圈梁水平位移趋于平稳。整个监测过程最大累计水平位移为 20.82mm 出现在 QL18 监测点。

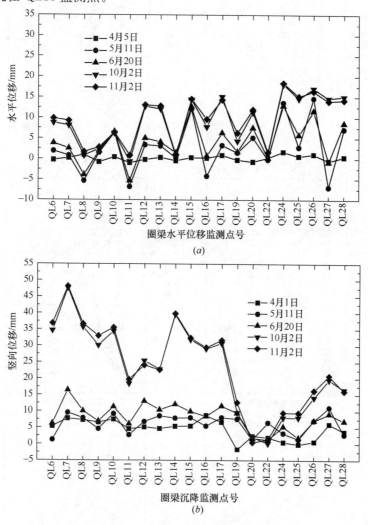

图 8　圈梁位移－时间曲线图

(a) 圈梁水平位移；(b) 圈梁竖向位移

圈梁在基坑施工过程中总体呈下降趋势，开挖初期圈梁沉降较小，在进行第二层土方开挖时，圈梁沉降逐渐增大，累计沉降超报警值，沉降较大的点 QL6、QL7、QL8 在基坑开挖期间的西侧靠泰山路出土口，由于重车碾压导致圈梁沉降较大，而另两点圈梁沉降较大点 QL14、QL15 靠近水位监测点 SW4，在开挖期间 SW4 累计下降 1m 左右，经分析为周边坑外水位的下降导致该位置的圈梁沉降。

2. 深层水平位移监测数据分析

图9为具有代表性的土体测斜孔的累计位移—时间变化曲线图，从图9可以看出，各

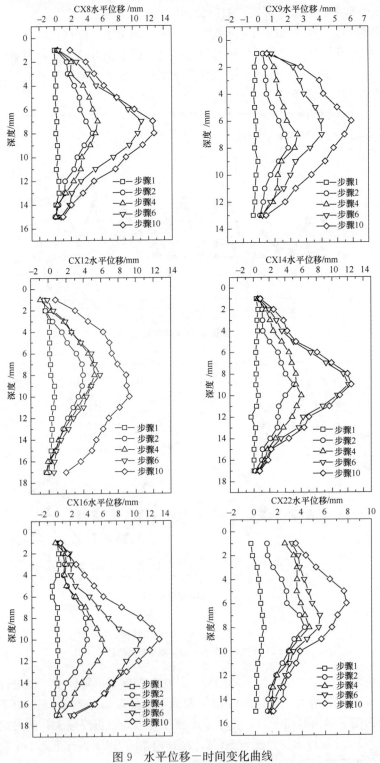

图9　水平位移—时间变化曲线

测斜孔变形情况符合内支撑结构变形特点。土体深层变形与开挖深度密切相关，且位移最大值也随着开挖加深而进一步增大。深层水平位移最大值发生在基坑底部附近位置，然后到测斜管底部位移逐渐变小，这是由于支撑对阻止坑外土体的位移起到了约束作用。

在基坑开挖过程中，部分测斜孔上部出现负值（土体向基坑外侧位移）现象，监测过程中发现在测斜孔与基坑之间出现了弧形裂缝。结合监测数据分析认为基坑外侧地表沉降较大，坑外土体在垂直于基坑边缘的方向产生了局部倾斜和开裂，是引起土体向坑外位移的主要原因。

3. 支撑轴力监测数据分析

图 10 为两道支撑轴力变化曲线图，从图 10 可看出，在基坑开挖过程中，随着基坑深度的不断加深，支撑轴力各测点都呈不断增大趋势，但整个开挖期间，支撑轴力变化出现波浪状，这是由于测试元件受温度、施工荷载等其他因素影响较大。在基坑开挖到底后，第一道支撑变化数据逐渐趋于稳定，而第二道支撑轴力达到最大值。整个监测过程支撑轴

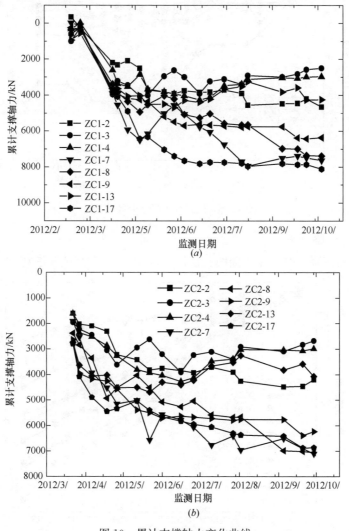

图 10 累计支撑轴力变化曲线

(a) 第一道支撑；(b) 第二道支撑

力变化最大值主要呈现在第二层土方开挖期间，最大支撑轴力为 ZC1-17 点，轴力值为 8243kN。

4. 立柱沉降监测数据分析

图 11 为立柱累计沉降—时间曲线，从图 11 可看出，基坑开挖初期，立柱没有发生明显变形，随着开挖深度的不断加大，立柱沉降发生不同程度的微小变化，变化最大点为 LZ8，累计最大值为 17.78mm，因立柱累计下沉最大点 LZ8 位于西侧出土口，由此可看出，立柱下沉受重车碾压因素较大。其余各点均出现较小的负值，LZ11、LZ13 两监测点波动较大，其他监测点变化较平缓，立柱顶部始终保持很小的沉降速率，并于坑底垫层施工结束而逐渐稳定。

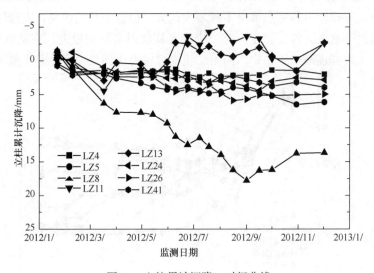

图 11　立柱累计沉降—时间曲线

5. 周边道路沉降分析

图 12 为道路沉降—时间变化曲线，由图 12 可看出，在基坑开挖初期，道路沉降变化

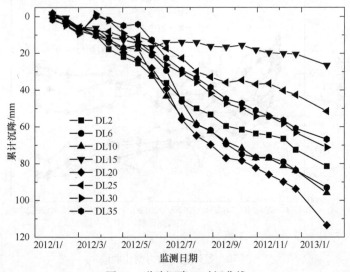

图 12　道路沉降—时间曲线

较小，在进行第一层土方及第二层土方向下开挖过程中，道路沉降点逐渐增大。道路沉降点累计最大沉降量为 115.33mm，发生在 DL20 测点。导致道路沉降量较大的主要原因有：①场地二元特性。河西地区顶部杂填土，透水性较好，基坑施工导致水位下降，土体固结，引起周边道路的沉降。②流动荷载。周边土体工程性质差，土层灵敏度较高，泰山路重载车辆行驶较多，导致土体受到荷载（地面超载）压缩后土体沉降加大。③土方开挖。土体的挖除破坏了原有的平衡状态，桩体向基坑内位移，必然导致桩后土体应力释放，土体获得新的平衡，从而产生地面沉降。

6. 坑外水位监测分析

图 13 为水位－时间变化曲线，由图 13 可看出，基坑开挖深度的加大以及坑内降水量的增加，都对坑外水位造成影响。水位总体呈现出下降的趋势，水位下降最大点为 SW10，最大下降量为 1400mm，在地下室底板施工结束后，坑内降水量逐渐减少，随着施工进度的加快，坑外水位变化基本稳定。

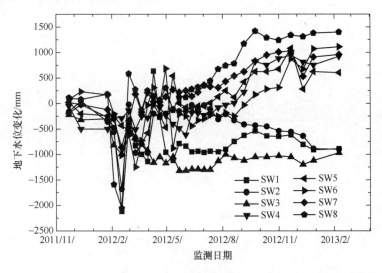

图 13　水位－时间变化曲线

七、小结

随着基坑开挖面积及深度的增大，内支撑结构的工程量以及造价在深基坑支护体系中占比逐渐增加，达到整个基坑工程造价的 1/2～1/3，因此，采用环梁支护体系在解决基坑的安全施工、控制基坑变形等问题的同时，对降低支撑工程造价具有重要社会和经济意义。本工程基坑属于大型软土地区深基坑，设计采用超大型钢筋混凝土圆环结构型式，其中闭合内圆环直径 202m，闭合外圆环直径 218m，最大不闭合外圆环直径达到 236m，其与国内外其他运用环梁支护体系的基坑相比，本项目设计的支撑环梁直径超过目前国内外文献报道的基坑环梁支撑规模。

本基坑的顺利实施标志着超大型环梁支护体系的技术运用达到了一个新的技术高度，工程的成果实践，表明对于超大规模、地质条件较差的基坑，环梁内支撑结构的安全性更为突出。钢筋混凝土结构的轴向刚度相对于其抗弯刚度来说大得多，因而即使在较大的轴力的作用下，其轴向变形也较小。支护结构所传递的荷载主要由环梁的轴力所承担，整体支撑结构的刚度较大，因此大大提高了基坑支护结构的安全性，从而减少基坑安全事故的发生。与其他形式混凝土内支撑方法相比，环梁支撑结构工程量小，一般减少了钢筋混凝土支撑用量 20%～30%，同时支撑拆除工程量相应减小，大大降低支护结构总体费用，符合节能环保的产业政策。在适用范围方面，环梁支护体系不仅能够运用于大面积、大跨度的基坑，同时对于地基软弱、场地狭窄或不规则，周边环境相对复杂的基坑，则更具有优势。采用环梁内支撑在基坑中部留有巨大无障碍空间，便于挖土施工机械及运输车辆操作及行走，加快了施工进度，保证了地下结构施工的连续性和完整性。

南京富克斯高淳店基坑工程

黄广龙[1]　赵升峰[1,2]　章　新[2]　刘　颖[1]
(1. 南京工业大学交通运输工程学院，南京　210009；
2. 南京市测绘勘察研究院有限公司，南京　210019)

一、工程简介及特点

1. 工程简介

本工程在淳中路、镇北路、学山路所围地块内，场地形状为不规则多边形，东西长约 85m，南北宽约 130m，总建筑面积 65898m²。其中，地上总建筑面积 37470m²，地下总建筑面积 28427m²。拟建主楼高 3～7F，框架-剪力墙结构，设 3 层满堂地下室。

2. 基坑工程概况

基坑总开挖面积约为 10100m²，基坑周长约 460m，开挖深度为 14.55～15.85m，基坑坑底大部分区域已在中风化岩层中，该为极软岩，遇水易软化崩解。根据结构设计，基础底板下间距 1000～1500mm 设置大量抗浮锚杆桩，且主体结构设计要求抗浮锚杆在基坑开挖至坑底时进行施工，这样势必增加基坑的暴露时间，且锚杆施工产生的大量泥浆浸泡岩石，使得风化岩石强度降低，对基坑支护形成不利条件。

二、周边环境情况

本工程地处南京市高淳区中心地段，场地周边道路、管线、老旧建筑物密布，环境保护要求极高且施工场地狭小，对支护设计提出较高的要求。

1. 基坑东侧情况

基坑东侧场地外为学山路，道路以东为幼儿园与试验小学。该侧地下室外墙与用地红线最小距离约为 2.0m，用地红线即为人行道边线，道路宽约 8.0m，东侧建筑物为 2～4 层天然基础建筑物，距离基坑约 15m，建筑物建造时间是 20 世纪 80 年代。学山路下面埋设有雨水、给水、供电、煤气及通信光缆等管线。

2. 基坑南侧情况

基坑南侧为已建公园及红宝丽广场，该侧地下室外墙与用地红线最近距离约 1.9m；地下室外墙与南侧红宝丽广场最近距离约为 2.0m。

3. 基坑西侧情况

基坑西侧地下室外墙距离用地红线最小约为 2.0m，且红线外紧贴着两个高压线变电箱。场地外为淳中路，道路宽约 16.0m，道路下埋设有高压电、煤气、配水、污水、通信光缆等管线，道路以西为 2～5 层天然基础老旧建筑物，距离基坑边线约 18m。

4. 基坑北侧情况

基坑北侧地下室外墙与该侧用地红线最近距离约为 2.0m。该侧全部为 2～6 层天然基础砌体结构老旧建筑物，基坑边线距离多层住宅楼最近距离约2.0m，且老百姓搭建的部分违建建筑紧贴场地围墙。

三、工程地质条件

拟建场地位于阶地区，受人类活动影响，场地原始地貌形态已不复存在，本场地原为企事业单位及居民用房，后经拆迁至现状条件。场地内地基土主要由填土及下蜀组粉质黏土为主，基岩埋深较浅，场地覆盖层厚度4.0～8.7m，下伏基岩主要为白垩系浦口组泥岩及砂质泥岩，具体岩土层分布见图2的典型工程地质剖面图，岩土物理力学性质参数见图1。

图1 工程场地卫星实景图

1. 岩土层分布情况

根据野外钻探、原味测试及室内土工试验资料，本次勘察所揭露最大深度35.0m范围内，共揭露岩土层9层，其特征及分布情况如下：

①－1层杂填土：灰黄色、杂色，松散，以黏性土为主，混碎砖、碎石、混凝土块等建筑垃圾。本层场区内普遍分布，厚薄不均，厚度：0.70～2.10m，平均1.39m。

①－2层素填土：灰黄色、灰色，松散，以黏性土为主，混少量碎石，局部含少量腐殖物。本层场区内大部分布，厚度：0.50～2.20m，平均1.21m。

②－1层粉质黏土：黄褐色，可塑，含铁氧化斑，含高岭土条纹，局部富集，局部为黏土，切面较光滑，干强度中等，韧性中等。该层主要分布于场区中南部，厚度：0.50～

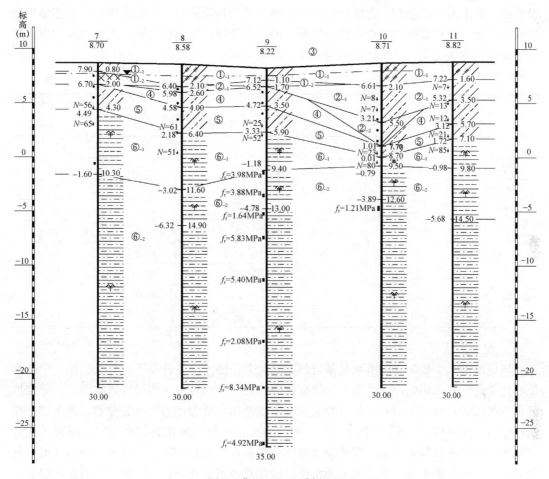

图2　典型工程地质剖面图

3.40m，平均1.78m。

②-2层粉质黏土：黄褐色、黄灰色，软塑，局部流塑，含铁锰氧化物，含高岭土条纹，局部富集，切面较光滑，干强度中等，韧性中等。该层主要分布于场区中部，厚度：0.70～4.40m，平均2.52m。

③层粉质黏土：黄褐色，褐黄色，可塑，含铁锰结核及高岭土条块，切面光滑，干强度高，韧性高。场区内局部分布，厚度：0.70～3.60m，平均1.76m。

④层黏土：褐黄色，紫红色，硬塑，含铁锰结核及高岭土条块，局部为粉质黏土，切面光滑，干强度高，韧性高。场区内大部分布，厚度：0.60～5.10m，平均2.06m。

⑤层残积土：紫红色，可塑，局部硬塑，混含铁锰结核，局部富集，混高岭土团块，混泥、砂岩碎块、碎屑，岩芯多呈硬土，局部呈砂土状，手可捏碎，麻花可钻进。场区大部分布，厚度0.50～3.40m，平均1.65m。

⑥-1层强风化岩：紫红色，主要为泥质砂岩及泥岩，节理、裂隙发育，岩芯破碎，岩芯呈短柱状及碎块状，进尺稍快，泥岩遇水较易软化崩解。岩体基本质量等级为Ⅴ级。场区内普遍分布，厚度：0.50～6.50m，平均2.91m。

⑥-2层中风化岩：紫红色，浅部主要为泥岩，岩芯多呈土柱状，节理裂隙发育，手

捏易碎，遇水易软化崩解，为极软岩，中下部主要为砂质泥岩，局部为砂岩，岩芯多呈短柱状、柱状，节理裂隙稍发育，锤击易断，锤击声较哑，岩芯较完整，主要为极软岩，岩体基本质量等级为Ⅴ级。场区内普遍分布，本层未揭穿。

岩土层主要力学参数   表1

层号	土层名称	重度	固结快剪		渗透系数
		$\gamma/$ (kN·m^{-3})	$c_k/$ (kPa)	$\varphi_k/$ (°)	$k/$ (10^{-6}cm/s)
①-1	杂填土	19.0	5.0	15.0	200
①-2	素填土	19.0	10.0	10.0	100
②-1	粉质黏土	19.1	31.0	12.0	5
②-2	粉质黏土	19.2	18.6	10.2	5
③	粉质黏土	19.2	35.1	11.7	1
④	黏土	18.9	42.5	13.0	1
⑤	残积土	18.6	22.2	10.4	50
⑥-1	强风化岩	23.2	20.0	30.0	50
⑥-2	中风化岩	24.4	57.6	38.5	10

2. 地下水情况

场地地下水主要为孔隙潜水及基岩裂隙水，其中潜水主要分布于填土及②层土中，水位变化受大气降水影响，并受地形起伏变化影响。地下水位受地表径流影响明显，稳定地下水位埋深约0.60～2.70m。基岩裂隙水在本场地内主要为碎屑岩类裂隙水。含水层主要由白垩系上统浦口组（K$_{2p}$）砂质泥岩、泥岩组成，浅部以风化裂隙水为主，深部风化裂隙减弱，以构造裂隙水为主。拟建场地岩体裂隙发育程度总体较差，且多闭合，或遭风化物充填。由于岩层上覆一定厚度不透水层，因此总体富水性较差，一般视为弱含水层。

四、基坑支护结构设计

1. 基坑支护总体设计方案

本工程基坑开挖面积约为10100m^2，开挖深度为14.55～15.85m，属于大面积深基坑工程。本基坑实施存在如下考虑重点与难点：

（1）岩土条件复杂。基坑开挖影响深度范围内，主要由上部填土及下蜀组粉质黏土，场地覆盖层厚度4.0～8.7m；下部为基岩，其中下伏基岩主要为白垩系浦口组泥岩及砂质泥岩，整个基坑影响范围，为典型的"土岩"二元地层，且场地内碎屑岩类存在基岩裂隙水，基岩裂隙水具有一定的承压性，因此，对基坑止水、降水形成不利条件。

（2）施工场地狭小。用地红线紧贴周边建（构）筑物，地下室外墙亦紧靠用地红线。周边场地空间狭小，若支护结构向外施工，则必然超越用地红线。上述条件决定了传统的钻孔灌注桩结合水泥土搅拌桩止水帷幕的型式无法用于本基坑工程。

（3）支护结构及环境变形控制要求高。基坑周边紧邻的建筑物、道路及地下管线，必须采取严格控制变形的支护措施。

（4）基坑平面形状复杂。本基坑工程平面为不规则多边形，采用传统对角撑形式无法保证平面应力体系平衡，且场地空间本身狭小，土方作业亦不好开展。超深、多跨、大面积不规则地下工程顺作施工速度成为关键技术难点。

（5）基础抗浮难以满足。本工程基坑底部已在中风化岩层里，若采用常规抗浮桩的基础形式，则桩基施工难度很大；若大面积采用抗浮锚杆，则基坑暴露时间过长，且坑内施工泥浆会软化岩石，对基坑安全不利。

综合上述因素，设计采用旋挖灌注桩挡土、桩间分区段采用压密注浆或高压旋喷桩作浅层填土止水帷幕，桩间挂网喷浆兼作止水和挡土作用，支撑平面采用大小双圆环钢筋混凝土支撑形式。为了解决主体结构抗浮安全的要求，经与结构设计协商与验算，基础底板钢筋与支护桩钢筋焊接在一起，起到更好的抗浮作用，大大减少基础底板抗浮锚杆的数量。具体支护形式见图3支护结构A-A剖面图。

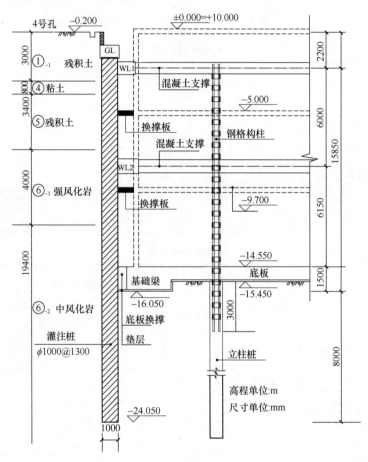

图3　支护结构A－A剖面图

2. 基坑支护体设计

根据上述分析，支护桩采用旋挖钻孔灌注桩，经设计计算支护桩的抗弯及抗剪均满足设计要求，具体截面尺寸及间距详见表2的支护桩统计表。

3. 水平支撑体系设计

本工程基坑竖向设置两道钢筋混凝土支撑，支撑采用圆环支撑形式，混凝土等级为C35，第一道支撑中心标高－2.400m，第二道支撑中心标高－8.400m，两道支撑的尺寸及中心标高等参数见表3，支撑平面布置及实景图如图4所示。

图4　基坑支撑平面布置实景图

支护桩统计表　　　　　　　　　　　　　　　　　　　　表2

分段号	开挖深度/m	支护桩类型	嵌固深度/m	支护桩长度/m
AB	15.85	Φ1000@1300	8.0	22.3
BC	15.85	Φ900@1200	6.0	20.3
CD	14.55	Φ900@1200	8.0	21.3
DH	14.55	Φ900@1200	5.0	20.1
JK	15.35	Φ1100@1300	10.0	24.3
KL	15.55	Φ1100@1300	10.0	24.3
LA	15.55	Φ1100@1300	10.0	24.3

支撑体系信息表　　　　　　　　　　　　　　　　　　　表3

项目	中心标高	截面尺寸 (mm×mm)	主筋直径 (mm)	钢筋等级	主筋 (根)	是否对称 配筋
冠梁	—	1100×800	25	HRB400	8	是
第一道支撑围檩	−2.400	1100×800	25	HRB400	8	是
第一道大圆环支撑	−2.400	1500×900	25	HRB400	8	是
第一道小圆环支撑	−2.400	1300×800	25	HRB400	8	是
第一道角撑/径向杆	−2.400	600×700	25	HRB400	3	是
第一道栈桥下角撑/径向撑	−2.400	800×900	25	HRB400	7	是
第二道围檩	−8.400	1300×900	28	HRB400	12	是
第二道大圆环支撑	−8.400	1800×900	25	HRB400	11	是
第二道小圆环支撑	−8.400	1500×900	25	HRB400	10	是
第二道角撑/径向撑	−8.400	700×800	25	HRB400	3	是

4. 立柱和立柱桩设计

土方开挖期间需要设置竖向构件来承受水平支撑的竖向力，本工程立柱采用临时钢立柱及柱下钻孔灌注桩作为水平支撑系统的竖向支承构件。临时钢立柱采用由等边角钢和缀板焊接而成的格构立柱。其中角撑、径向撑下的立柱采用4L140×14角钢格构柱，其截面为460mm×460mm，型钢型号为Q235B；圆环支撑下的立柱采用4L160×14角钢格构柱，其截面为 460mm×460mm，型钢型号为 Q345B；栈桥下的立柱采用 4L180×14 角钢格构柱，其截面为 500mm×500mm，型钢型号为 Q345B；钢立柱插入作为立柱桩的钻孔灌注桩中不少于 3.0m。

5. 基坑降排水

坑内采用明沟结合集水井进行基坑降排水。基岩裂隙水通过暗沟引至集水井，集水井中设置 Φ800 抽水钢套管，套管周边用 30～50mm 花岗石回填，按疏水层做法施工地下室防水层，并用潜水泵从钢套管中将水抽至基坑外排水沟排走。排水系统连续抽排水，以保证底板防水层的施工和承台及底板浇筑混凝土时不受静水压力。地下水抽至排水沟后，及时排到市政管线内或影响基坑的范围以外。坑内明水须在 24h 内抽出并排放到不影响基坑的范围外。基坑顶部采用截水沟进行截水，严禁地表水和基坑排水倒流回渗入基坑。

五、施工工况及关键工况时间节点

1. 主要施工工况

步骤 1：场地整平、支护结构及立柱桩等；步骤 2：支护结构达到设计强度后，大面积开挖至冠梁底部，浇筑冠梁及第一道支撑；步骤 3：冠梁及第一道支撑均达到设计强度的 80% 后，分层、分块、对称、平衡开挖至第二道支撑底标高，施工混凝土围檩和第二道支撑；步骤 4：第二道支撑及围檩均达到设计强度的 80% 后，分层、分块、对称、平衡、岛式开挖至基底标高，并及时浇筑垫层、基础底板及周边素混凝土换撑；步骤 5：按照结构设计要求，施工地下三层结构，并设置楼板换撑板带；步骤 6：地下二层结构梁板及换撑板均达到设计强度后，拆除第二道支撑；步骤 7：按照结构设计要求，施工地下二层结构，并设置楼板换撑板带；步骤 8：地下一层结构梁板及换撑板均达到设计强度后，拆除第一道支撑；步骤 9：按结构设计要求施工主体结构，基坑周边密实回填。

2. 关键工况时间节点

2013 年 10 月上旬：第一道支撑形成，开挖土方；2013 年 2 月下旬：基坑开挖至第二道支撑底标高，进行第二道支撑施工；2014 年 5 月中旬：开挖至基坑底标高，进行抗浮锚杆施工；2014 年 7 月中旬：基础底板施工完成；2014 年 9 月中旬：开挖拆除第二道支撑；2014 年 12 月上旬：主体结构施工至地面，基坑施工完成。

六、现场基坑监测

本工程基坑开挖深度较大，周边环境复杂，为确保基坑自身及周边环境的安全，在基坑开挖及地下主体结构施工期间基坑监测配合工作，根据监测数据及时地调整施工方案和施工进度，对施工全过程进行动态控制。监测数据须做到及时、准确和完整，对危险点和重要点加强监测。基坑监测内容及施工现场的监测点平面布置详见图 5。

七、监测结果分析

1. 土体深层水平位移

图 6 为坑外 6 个土体测斜点在重要工况下的水平位移情况，从图 6 中可看出，在步骤 2 时属于浅层土体开挖，土体水平位移普遍较小；步骤 4、5、8、9 时土体水平位移较大且变化规律相似。南侧 CX2 测点的最终位移为 27.96mm，北侧 CX5 测点的最终位移为

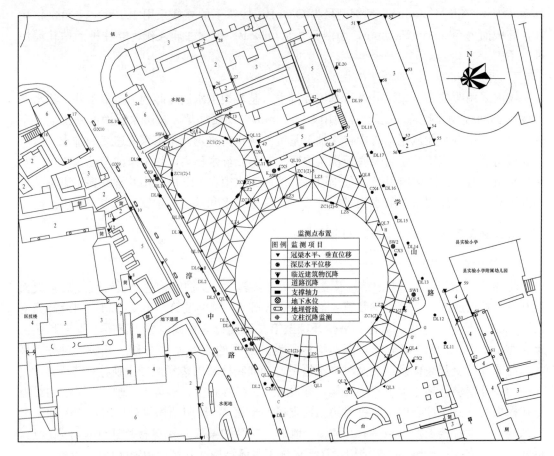

图 5 基坑监测点平面布置图

19.04mm，其他两侧每侧各有 2 个测点且均在角部，其中东侧 CX3、CX4 最大位移分别为 22.62mm 和 23.58mm，西侧 CX9、CX10 最大位移分别为 23.14mm 和 23.06mm。这说明，基坑周边的土体变形存在一定的空间效应。从图 6 可看出，最大深层水平位移累计值为 27.96mm，出现在底板浇筑完成后的 CX2 测点位置。根据孔深及最大位移值深度对比可知，土体测斜最大位移值多发生在测斜管中上部即两道支撑之间。这是因为，当土方挖除后支护桩后土体应力重新分配，受内支撑的约束，故测斜孔变形呈"纺锤状"。

2. 圈梁水平位移

图 7 为圈梁水平位移，从图 7 可看出，从基坑开挖至底板浇筑完成，圈梁水平位移变化一直较平缓，最大累计位移约为 12.27mm，发生在 QL13 测点位置。圈梁水平位移的变化是因为土方的挖除，应力重新分配，支护桩受到桩后土体的作用力，导致桩顶向坑内位移。自底板施工完成后，圈梁水平位移变化速率较小，变化速率小于 0.5mm/d，支撑拆除过程中圈梁水平位移变化不大。

3. 圈梁竖向位移

图 8 为圈梁竖向位移图，沉降的发展规律也与墙体的侧移变形密切相关。从图 8 可看出，圈梁竖向位移在基坑施工过程中总体变化较小，不同位置的监测点变形趋势一致。在步骤 2、步骤 4 时相近，在步骤 5、步骤 8、步骤 9 时相近。在底板浇筑完毕后，沉降速率

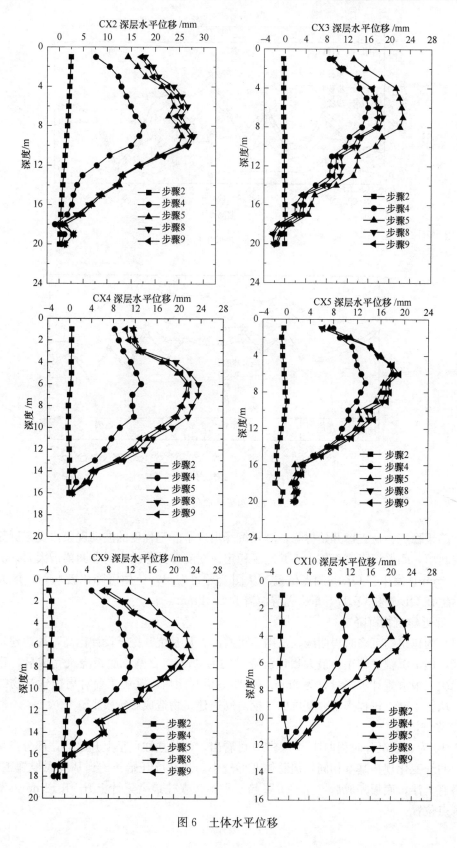

图 6　土体水平位移

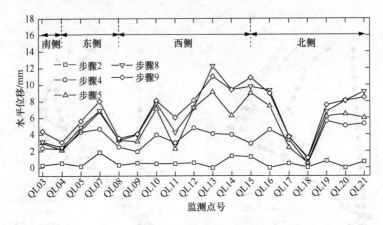

图 7　圈梁水平位移

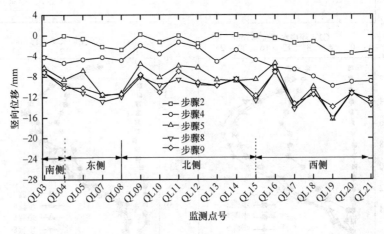

图 8　圈梁竖向位移

变缓，趋于稳定。从支撑开始拆除，圈梁沉降出现了一定程度的波动现象，支撑拆除结束至基坑回填，圈梁沉降速率较小，并趋于稳定。在支撑拆除结束时，圈梁最大累计沉降量为 16.34mm，发生在 QL19 测点位置。从图 8 还可看出，整体沉降比较均匀，最大沉降差异发生在 QL16 和 QL17，最大差异沉降为 8.42mm。

4. 邻近建筑物沉降

图 9 为建筑物沉降时程曲线，从图 9 可看出，从基坑开挖至设计标高，周边建筑物有所下沉，但下沉幅度较小，最大累计沉降量约为 8mm，自基坑底板浇筑完成后，建筑物沉降趋缓，最大累计沉降量仅为 9mm，表明底板封闭后，基坑工程对周边建筑物的影响较小。从整个施工过程来看，基坑的开挖对周边建筑物造成影响较小。

5. 立柱沉降

图 10 为立柱沉降时程曲线，从图 10 可看出，部分立柱点呈上升趋势，部分点呈下沉趋势，曲线变化规律基本相同，但总体变形较小。从基坑开始开挖到基坑底板施工完毕，立柱略有上浮，底板完成后，立柱沉降趋于平稳。立柱最大累计上升 11.13mm，发生在 LZ5 测点位置。

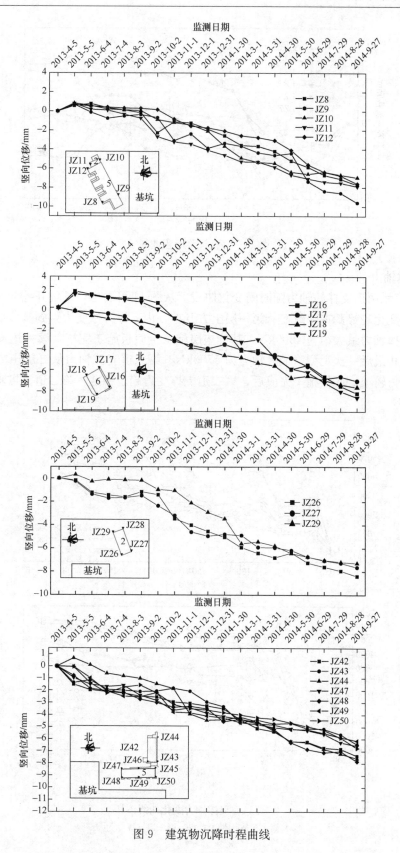

图 9　建筑物沉降时程曲线

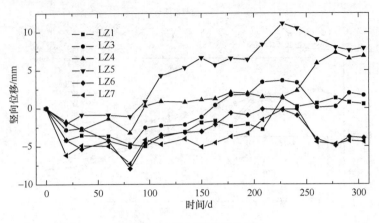

图 10 立柱沉降时程曲线

6. 支撑轴力

图 11 表示两道支撑的轴力随时间变化曲线。从图 11 可看出，基坑开挖期间，支撑轴力较小，且变化趋势基本一致，从第一层土方开挖，内支撑开始受力，到基坑底板施工完成第一道支撑轴力最大约为 4500kN。基坑垫层施工至底板施工完毕，第一道支撑轴力变化较小，截止最后一次观测，最大轴力为 5700kN。第二道支撑轴力从二层土方开挖开始受力，但受力较小。底板施工完成后，第二道支撑受力趋于稳定，第二道支撑轴力最大值约为 6000kN。

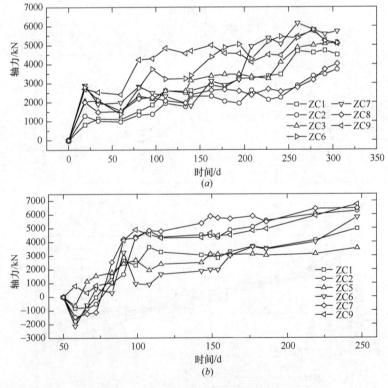

图 11 支撑轴力变化曲线

(a) 第一道支撑轴力；(b) 第二道支撑轴力

7. 基坑外地下水位

图 12 为基坑开挖期间坑外地下水位变化情况，图 12 中时间轴起点为 2013 年 10 月 3 日，对应于土方开始开挖的时间。由图 12 可看出，各个测点的地下水位起伏变化，没有明显的规律。从基坑开始降水，坑外水位最大累计变化量为 834mm，位于 SW6 测点。水位累计变化最大值出现在基坑二层土方开挖期间，坑内降水较多。另开挖期间水位波动较大的主要原因是由于未对坑外进行降水，坑外水位受大气降水影响，从而导致坑外水位变化起伏较大。

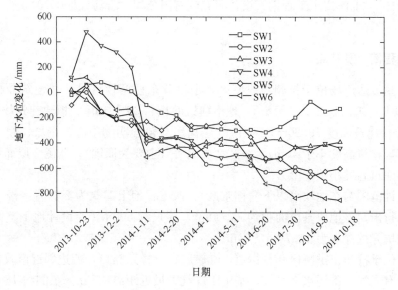

图 12　水位变化时间曲线

八、小结

本工程基坑开挖面积大、周边环境条件复杂，地下管线密布，如此大的开挖面积和深度，采用何种支护形式确保基坑安全，同时又不对周边环境产生影响是设计的难题。本基坑通过采用大、小圆环支撑平面，并结合全方位、全过程的信息化监控，成功实现了深基坑和地下结构的安全实施。信息化监测数据表明，本基坑支护形式保护了周边道路、市政管线、邻近的建筑物和隧道的正常运营，有效保护了中心城区的环境安全。

通过对大，小圆环支撑体系受力分析，优化支撑截面及配筋，使环梁支撑体系造价比对撑支撑体系降低 30％。由于采用圆环内支撑，基坑中部为大面积敞开开挖空间，方便挖土施工机械操作及土方车辆运输，土方工程造价可比对撑支撑系统降低 20％。采用环梁内支撑体系，方便土方开挖，可减少土方开挖工期 30 天以上，地下结构施工工期可缩短 50 天以上。圆环支撑体系刚度大，与常规支护体系相比，对变形控制更为有利，基坑支护结构变形可减小 30％。通过有效的监控体系严格控制基坑变形，对基坑周边环境的影响减至最小。本项目采用旋挖钻孔灌注桩结合大、小双圆环内支撑的成功实施可为同类工程提供参考。

杭州拱墅万达广场东区基坑工程

董月英　张开普　徐　枫

（上海岩土工程勘察设计研究院有限公司，上海　200070）

一、工程简介及特点

杭州拱墅万达广场位于杭州市拱墅区，项目分东西两块区域，总建筑面积 35.02 万 m^2（其中地上建筑面积 25.37 万 m^2，地下建筑面积 9.65 万 m^2）。拟建建筑物包括：4 幢 21 层写字楼（建筑高度 79.20m）、西区 5 层裙房（包含购物中心、影城、娱乐城、室内外步行街等，建筑高度小于 40m）、东区 2 层裙房（主要为商铺），北侧 2 层商铺（场地东西区均是，建筑高度小于 25m）。

本次设计范围为东地块（以下简称东区）。该工程地上建筑为 2 栋写字楼（21F）、商铺及商业步行街。该地块基坑面积约 21000m^2，周长约 600m。原设计地下整体设置两层地下室，基坑开挖深度为 11.7～12.90m。

该工程位于杭州市拱墅区祥符街道，红旗路、上祥路路口，四边邻近市政道路，市政道路下分布有煤气、雨污水等管线，基坑距煤气管最近距离约 5m，东侧约 18m 分布有红旗河河道，周边环境较为复杂。

场地及周边环境如图 1 所示。

二、工程地质条件

根据该场地岩土工程勘察报告[1]，拟建场地地貌类型属冲海相沉积平原地貌，场地地势较为平整，孔口标高在 4.800～5.200m 之间，场地地层分布主要有以下特点：

①-0 杂填土：灰黄色、灰色、杂色，松散。全场分布，层厚 0.60～6.20m。

①-1 素填土：灰色、灰褐色，松散。局部分布，层厚 0.60～2.00m。

①黏土：灰黄色、黄灰色，软塑～可塑局部分布，层厚 0.60～3.20m。

②淤泥质粉质黏土：灰色，流塑。仅东南角局部缺失，层厚 2.00～15.40m。

③-1 层状粉质黏土：灰黄色、灰色，软塑。局部缺失，层厚 0.00～11.80m。

③-2 淤泥质粉质黏土：灰色，流塑。局部缺失，层厚 0.00～9.80m。

④-1 粉质黏土：灰黄色、黄绿色，可塑～硬可塑。全场分布，层厚 10.40～19.00m。

场地勘探深度内地下水按其埋藏赋存条件和水理特性，可分为第四系孔隙潜水和孔隙承压水。

本场地上部地下水为孔隙潜水，赋存于浅部人工填土层内，地下水分布连续，其富水性和透水性具有各向异性，均一性差，水量一般。水位动态变化随气候和季节性变化影响较大，变化幅度约在 1～2m 之间。勘察期间实测潜水位埋深 0.30～2.50m，相当于黄海

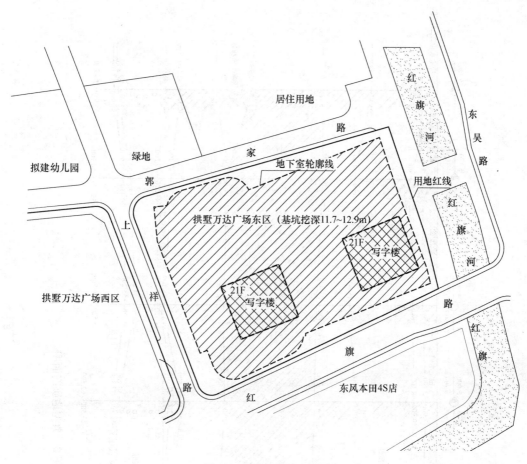

图 1　基坑总平面示意图

标高 2.19～5.53m。

孔隙承压水分布下部⑥-3 圆砾层（层顶埋深约 48m）中，根据区域资料，该场地孔隙承压水与地表水及上部潜水无水力联系，承压水水头高度距离地表约 15m。经验算，承压水不会对基坑产生突涌等现象。

工程典型地质剖面图如图 2 所示。

场地土层分布及物理力学指标如表 1 所示。

场地土层分布及物理力学指标　　　　　　　　　　　　　　　　表 1

土层编号	土层名称	重度 (kN/m³)	固快		含水量 w (%)	孔隙比 e	渗透系数 K (cm/s)
			c (kPa)	φ (°)			
①-0	杂填土	17.0	8	7			
①	粉质黏土	18.34	33.0	14.1	35.0		
②	淤泥质黏土	17.49	9.5	6.8	41.3	1.162	2.3e−06
③-1	粉质黏土	18.53	11.0	16.0	32.9	0.909	2.6e−06
③-2	淤泥质粉质黏土	17.88	13.5	14.0	38.4	1.063	3.5e−05
④-1	粉质黏土	19.38	43.0	11.8	25.9	0.731	3.7e−07
④-2	粉质黏土夹粉砂	18.50	12.3	6.8	31.2		

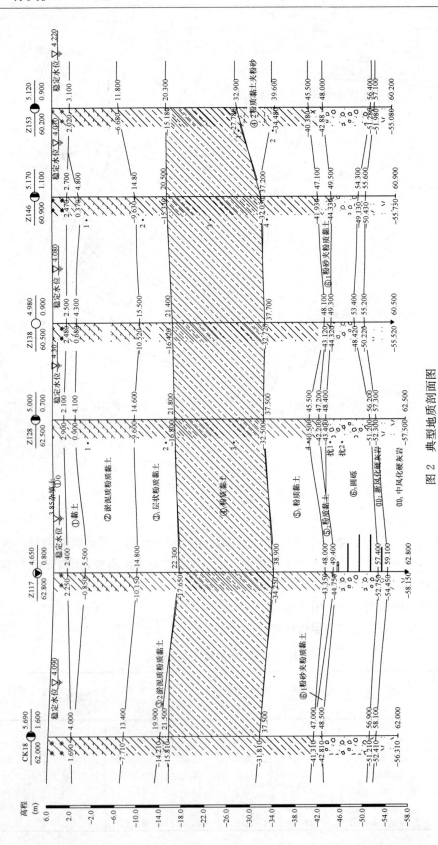

图 2 典型地质剖面图

三、基坑围护方案说明

1. 原基坑围护设计方案介绍

原设计基坑开挖深度为11.7～12.90m，围护方案采用钻孔灌注桩结合三轴搅拌桩止水＋两道钢筋混凝土支撑。原设计平面图详见图3及图4。

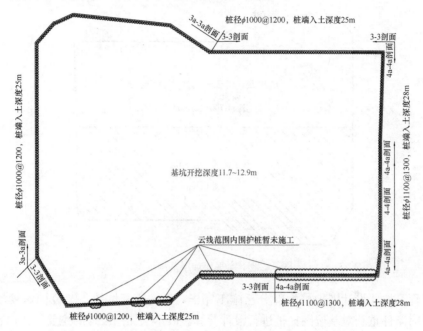

图3　原围护桩设计平面图（图中云线范围灌注桩尚未施工）

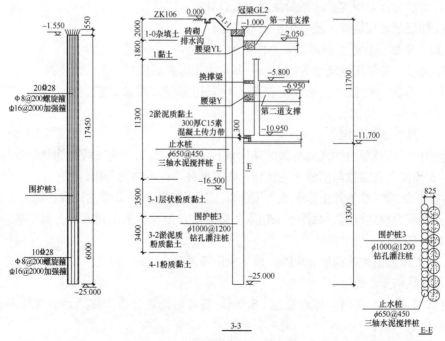

图4　原围护桩设计剖面图

除图 3 中云线范围内围护桩外，其余围护桩均已施工完毕，坑内立柱桩、加固桩及支撑系统均未施工。

在该工程施工至上述进度时，后业主因建筑面积需要，需要将本工程南半部分改为 3 层地下室（基坑面积约 10900m²），北半部分仍为 2 层地下室。调整后地下 3 层基坑开挖深度约 18.0m。地下室轮廓线不做调整。地下室平面加层范围详见图 5。

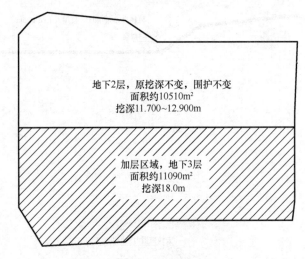

图 5　地下室平面加层范围示意

本工程基坑原设计围护桩大部分已施工完毕，现由于基坑约 1/2 范围深度增加 5m，需根据目前条件重新对基坑围护桩进行设计验算。故本次加固设计的主要工作内容如下：

（1）加层后原支护体系安全性评估；

（2）加层后针对原支护体系的加固方案设计；

（3）加层区域现场尚未施工的围护桩的设计。

2. 地下室加层后原支护体系安全性评估

由于加层后基坑深度增加为 18.0m，基坑内部需要设置三道水平内支撑。故本次计算围护桩设计参数（桩径、桩长及配筋等）均采用原设计参数，按设置三道内支撑进行计算。

（1）计算模式和假定

1）围护挡墙按竖向弹性地基梁的基床系数法（m）计算，内支撑作为弹性支撑；

2）支撑体系将支撑与围檩作为整体，按平面杆系进行内力分析；

3）围护结构体系坑外土体土压力按朗肯土压力矩形土压力模式计算；坑外土体土压力按朗肯土压力模式计算，黏性土采用水土合算，粉土及砂土采用水土分算，C、Φ 值取固结快剪峰指标；

4）一般地面附加荷载取 20kPa；地下水位埋深取 2.0m。

（2）计算结果汇总

根据计算结果，基坑深度增加至 18.0m，基坑内设置三道支撑后，针对原围护灌注桩，存在以下问题：

1）围护桩侧向变形计算结果可满足安全要求。

2）坑底以上钢筋笼设置可满足计算要求。

3）坑底以下原设计全笼钢筋笼偏短，不满足计算要求，需要进行加强。

4）围护桩嵌固深度不满足稳定性计算要求，需要进行加强。

3. 地下室加层后针对原支护体系的加固方案设计

（1）加固方案的确定

经初步计算，原围护桩桩径及坑底以上配筋可满足加层后计算要求，坑底以下围护桩钢筋笼的设置及嵌固深度不满足要求，故加固方案主要针对该方面进行，可供采用方案有以下三种：

方案一：充分利用原围护桩，并对坑内被动区土体进行加固；

方案二：在原围护桩与地下室外墙之间增加钻孔灌注桩；

方案三：在已施工完毕围护灌注桩外侧采用施工 1 排钻孔灌注桩；

经初步测算，方案一及方案三围护造价均在方案二的两倍以上，经经济性比选，结合建设单位意见，最终选定方案二。

（2）具体加固方案

在原围护桩与地下室外墙之间补打 $\phi800@1200$ 钻孔灌注桩，桩顶至第三道围檩底，桩端入土深度 33～34m，桩长 19.2/20.2m。新老灌注桩桩间设置高压旋喷桩 $\phi800@600$，兼做止水桩。具体加固剖面详见图 6。

4. 加层区域现场尚未施工的围护桩的设计

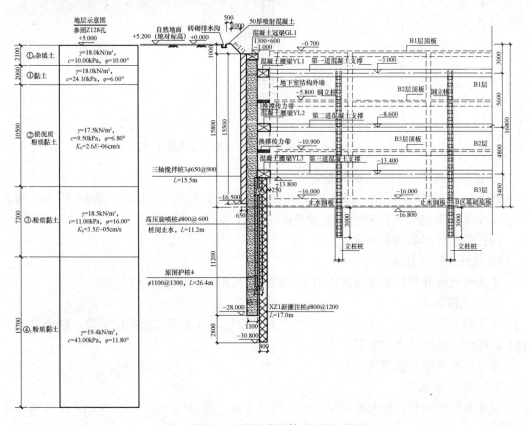

图 6　加层后针对原支护体系的加固剖面

由于未施工灌注桩存在两种直径（$\phi1000@1200$ 及 $\phi1100@1300$），且分布范围不连续，为确保后续施工可行性，各区域新设计灌注桩直径仍与原灌注桩保持一致，桩长有所增加，桩端入土深度为34m。灌注桩与原三轴搅拌桩间设置一排高压旋喷桩加固（$\phi800@600$），兼做止水加强。围护桩大样图如图7所示。

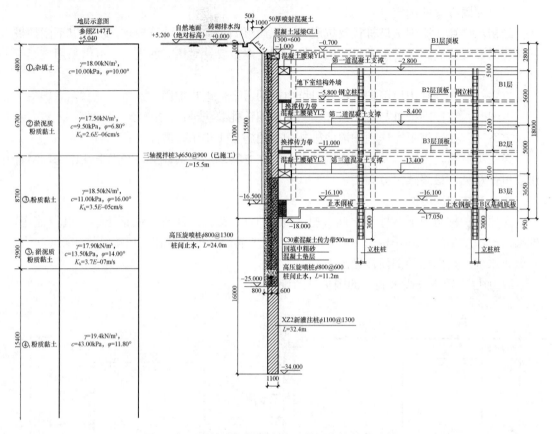

图7　加层后针对现场尚未施工的围护桩的设计剖面

5. 加层后地下二、三层高低差处理

地下二、三层高差5.1m，拟采用 $\phi700@900$ 钻孔灌注桩围护。桩端入土深度24.7m，桩长12.4m。灌注桩外侧设置 $\phi650@900$ 三轴搅拌桩止水，桩端入土深度20.8m，桩长9.7m。

围护桩大样图如图8所示。

6. 坑底加固及其他

本工程电梯井等局部深坑落底 $1.5\sim2.8$m，采用高压旋喷桩进行加固。

7. 基坑降排水

本工程基坑深度 $12.65\sim18.0$m，结合地区经验，可考虑采用明挖明排，结合潜水泵抽水，明沟、集水井降水方案。

基坑围护平面布置图详见图9。

8. 支撑平面布置

由于基坑大面积存在两种挖深，地下两层区域（挖深约 $11.7\sim12.90$m）设置两道水平支撑，地下3层区域（挖深约18m）设置三道水平支撑，第一、二道支撑整体满铺。

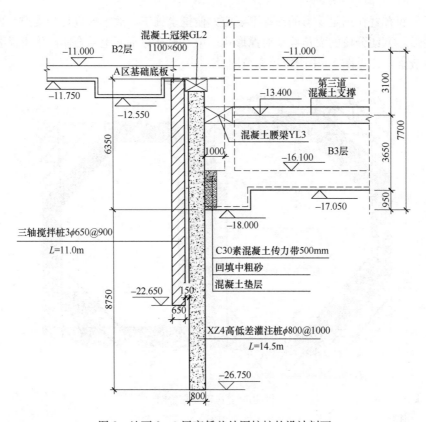

图8 地下2、3层高低差处围护桩的设计剖面

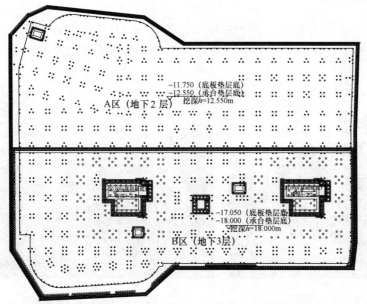

说明：1.图中标高均为相对标高，建筑±0.000相对于绝对标高+5.200m,场地平均绝对标高暂按+5.200m考虑,
即相对标高+0.000m
2.本图标高的单位为m，其余尺寸单位均为mm，图中标注尺寸为灌注桩，搅拌桩中心线与轴线关系
3.经各方确认后，图中基坑西侧◎为工程桩与新增围护桩重合范围，利用工程桩作为围护桩
4.图中◎为范围拟利用围护桩作为立柱桩，桩长及配筋取两者中大值，共计9根

图9 基坑围护平面布置图

支撑平面布置在满足受力的前提下，应方便挖土施工，故本次设计中支撑平面布置采用适应性强、方便分块的大角撑及对撑形式。第一道支撑平面上结合实际施工需要布置了适量施工栈桥，详见图 10 中阴影填充范围。

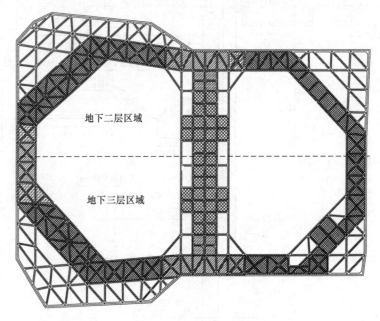

图 10　支撑平面布置图

四、现场施工情况介绍

该项目自 2013 年 8 月开始进行围护桩施工，2013 年 11 月进行第一道支撑施工，2014 年 4 月地下室施工至地面，施工工期共计 8 个月。现场施工照片如图 11、图 12 所示。

图 11　现场土方开挖照片　　　　　图 12　现场土方开挖照片

1. 关于现场土方开挖

本工程支撑布置采用大角撑结合中间对撑形式，大角撑与对撑之间形成了 50～60m 的大空洞，方便施工车辆的调配。现场土方开挖过程中，施工单位充分利用第一道支撑施工栈桥及支撑之间的空洞，大大提高了挖土效率。具体体现在以下两点：

（1）利用基坑坑内无支撑体系空间，坑内设置施工坡道，由于开挖范围土层多为淤泥质土，为确保行车安全，坡道面铺设道渣及走道板，保证运土车辆直接开至基坑坑内开挖面标高，减小了土方驳运流程。具体详见图 11。

（2）充分利用设置在第一道支撑的施工栈桥，采用长臂挖机与小挖机结合，进行坑内土方开挖。具体详见图 12。

2. 关于基坑施工工况

本工程支撑体系为整体采用两道满铺钢筋混凝土水平支撑，地下 2、3 层高差处增加一道水平支撑。

设计工况中要求每道支撑体系闭合后方可进行下一层土方开挖。但现场施工过程中，由于建设单位施工对地下 2 层区域的施工工期要求较为紧张，实际施工过程中，施工单位对工期进行了各种统筹安排，最终排定的工期如下：地下 2 层区域施工至地面时，地下 3 层区域开挖至坑底标高。即地下 3 层进行土方开挖工况时，地下 2 层区域角撑已全部拆除，该工况对支撑体系受力极为不利，为确保安全，经多次会议协商及专家评审，最终采取了如下加固措施：

（1）对地下 2、3 层交界范围围护桩进行加强，在原有围护桩外侧增加 $\phi1100$ 直径钻孔灌注桩，且两者之间采用高压旋喷桩加固密实，以减小地下 2 层角撑拆除对地下 3 层角撑的不利影响。

（2）由于地下二层角撑拆除后，地下三层角撑围檩为开口体系，为满足传力要求，对地下三层角撑区域围檩配筋构造进行加强。

（3）对地下二层角撑覆盖区域传力带进行加强，传力带采用 300mm 厚钢筋混凝土板，内配 $\phi14@150$（@250）钢筋，并对传力带平面布置间距加密。

（4）经主体结构设计单位复核，为满足支撑拆除后主体结构中楼板受力，拆撑工况在基坑北侧东部区域增设斜抛撑。

（5）要求地下三层施工过程中应根据后浇带设置，优先加快东、西两侧基础底板及地下室结构施工进度。

现场施工照片如图 13、14。

图 13　现场土方开挖照片

图 14　现场土方开挖照片

五、基坑监测情况介绍[2]

本工程基坑开挖面积大，开挖深度深，为了确保基坑自身及周边环境的安全，要求基坑施工过程中应加强信息化施工，施工期间应根据监测资料及时控制和调整施工进度和施工方法，对施工全过程进行动态控制。监测数据必须做到及时、准确和完整，发现异常现象，加强监测。本次基坑监测主要包含以下内容：（1）围护结构水平、垂直位移；（2）深层土体位移；（3）坑外地下水位；（4）周边建筑物、道路及地下管线；（5）支撑轴力；（6）立柱隆沉。

基坑监测点平面布置图详见图15～图16。

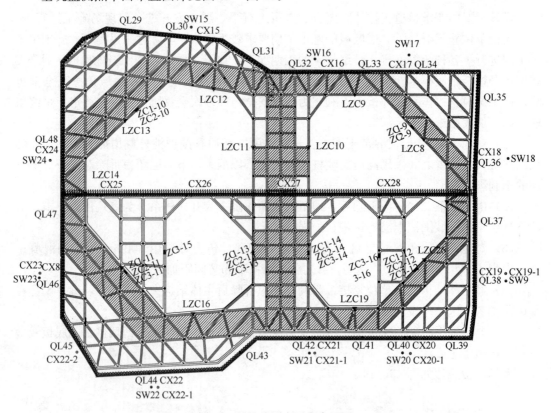

图15　基坑监测点平面布置图

本工程基坑信息化监测工作总历时约7个月，监测工作紧随工程进展，在围护桩、立柱桩及每道支撑施工时同步埋设各类监测元件。监测工作根据施工工况具体可分为以下几个阶段：

工况①：第一道支撑施工（2013.11.1～2013.11.19，历时19天）

工况②：第二道支撑施工（2013.11.19～2013.12.10，历时22天）

工况③-1：A区基坑底板施工（2013.12.10～2014.1.2，历时24天）

工况③-2：B区第三道支撑施工（2013.12.10～2014.1.2，历时24天）

工况④-1：A区基坑回筑（2014.1.2～2014.2.17，历时47天）

工况④-2：B区基坑底板施工（2014.1.2～2014.2.17，历时47天）

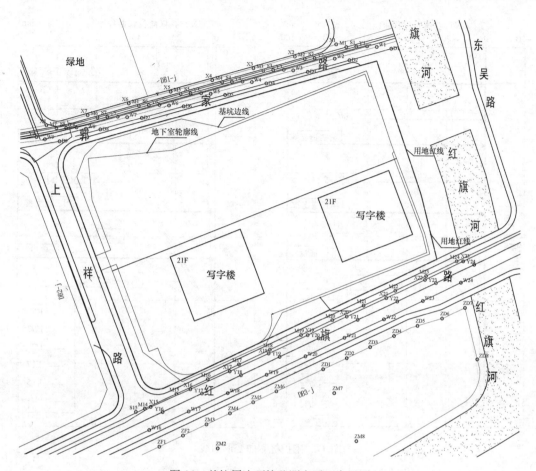

图 16　基坑周边环境监测点平面布置图

工况⑤：B 区基坑回筑（2014.2.17～2014.6.22，历时 125 天）

本工程地下 3 层区域基坑开挖过程中，围护桩侧向变形趋势如图 17。

根据本工程监测报告，至基坑施工至地面，围护桩累计侧向变形最大值为 43mm，基坑坑外潜水位累计下降约 2200mm，立柱桩最大沉降量 21.2mm。基坑周边建筑物最大沉降量约 25.0mm，周边管线最大沉降量约 8.1mm（基坑南侧煤气管）。基坑施工对周边环境的影响安全可控。

六、点评

本工程地下室加层后，基坑围护设计充分利用已施工的围护桩及止水桩，对原有围护桩及止水桩采用补强设计，为建设单位节约造价约 1500 万元，节约工期约 2 个月，取得了良好的经济效益。

本工程通过在原地下室外墙与已施工围护桩间补打灌注桩，辅以桩间高压旋喷桩，通过新老围护桩的共同作用，实现了围护桩的共同受力。支撑体系以大角撑为主，在第一道支撑平面布置适量的施工栈桥，缩短了基坑挖土工期。通过设计施工全过程的风险控制，确保了项目的顺利实施。

本工程的设计经验可为今后类似的围护桩施工完毕后地下室层数增加、基坑深度增加

二、桩—撑支护

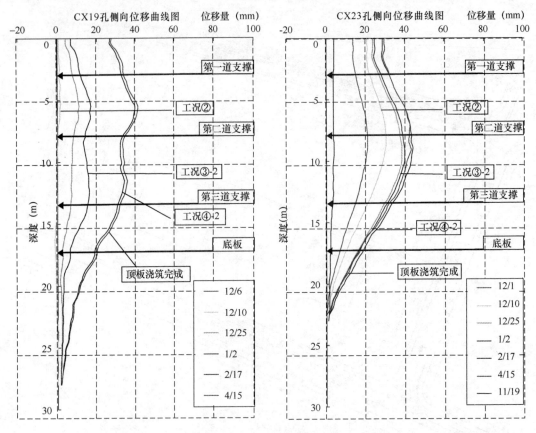

图 17　围护桩侧向变形曲线

的项目提供借鉴。

参 考 文 献

[1]　上海岩土工程勘察设计研究院有限公司．杭州拱墅万达广场岩土工程勘察报告[R]，2013.
[2]　上海岩土工程勘察设计研究院有限公司．杭州拱墅万达广场基础施工监测总结报告[R]，2014.

杭州密渡桥路
井筒式地下立体停车库基坑工程

李 瑛 陈 东

（1 浙江浙峰工程咨询有限公司，杭州 310020；

2 浙江省建筑设计研究院，杭州 310006）

一、工程简介及特点

1. 建筑结构简况

该项目为井筒式地下立体机械式停车库，采用天然地基筏形基础。地下室呈长方形，平面尺寸为 22.44m×10.10m，两堵内隔墙将地下室空间分割成三个面积相等的室。地下室不设楼板和顶板，地上为二层框架结构的车棚，如图 1 所示。场地地坪为黄海高程

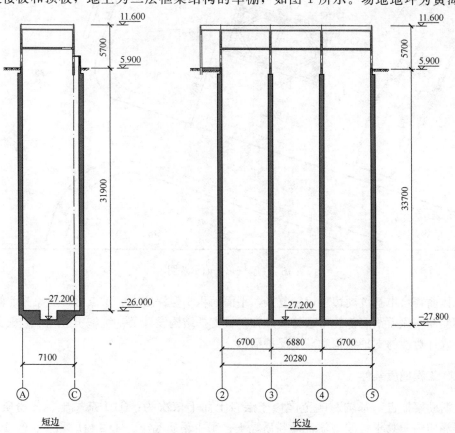

图 1 地下立体停车库建筑剖面图

5.950m，基底设计标高为－28.350m，即基坑开挖深度为 34.3m。本项目属于超深基坑工程，安全等级为一级。

2.周围环境条件

场地现状为绿地，有树木，地形平坦，周边环境如图 2 所示。北侧为杭州市信访办，4～8 层，钢筋混凝土框架结构，桩基础，该侧地下室外墙离市信访办外立面约 9.0m。东侧为现状绿地，绿地外为湖墅南路，该侧地下室外墙离湖墅南路道路边线距离约 35m，道路底下埋设通信管线、电力管线、雨水管、污水管等市政管线。南侧为现状绿地，绿地外为密渡桥路，该侧地下室外墙离湖墅南路道路边线距离约 23.2m，道路底下埋设通信管线、电力管线、雨水管、污水管等市政管线。西侧为古新河和河边绿地，古新河现状水位约黄海高程 4.000m，有块石驳坎。

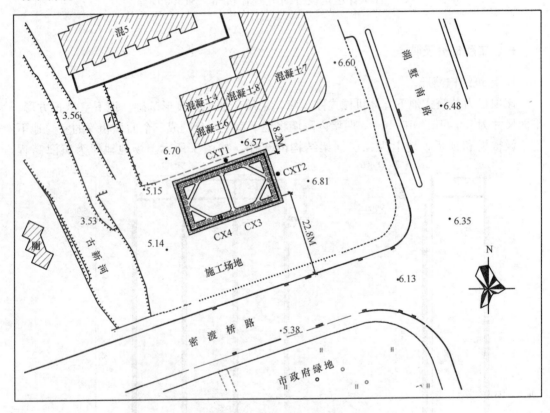

图 2　基坑总平面示意图

总体而言，本基坑周边环境较复杂，平面面积小但深度大，重点保护对象为北侧的建筑、南侧和东侧道路底部的市政管线。在基坑支护结构设计及基坑施工过程中应根据结构特点采取针对性的支护结构和环境保护措施。

二、工程地质条件

根据勘察报告，基坑影响范围内土层自上而下依次为：①-1 杂填土、②粉质黏土、③-1 淤泥质粉质黏土、③-2 淤泥质粉质黏土、④-1 粉质黏土、④-2 粉质黏土、⑤-1 粉砂、⑤-2 圆砾、⑥-1 全风化泥质粉砂岩、⑥-2 强风化泥质粉砂岩、⑥-3 中风化泥质粉砂岩等。

各土层的主要性质如表 1 所示。

场地土层主要性质   表 1

层序	土名	层厚 (m)	描述	重度 (kN/m³)	含水量 (%)	固结快剪峰值 c (kPa)	固结快剪峰值 φ (°)	室内渗透系数 k_h (cm/s)	室内渗透系数 k_v (cm/s)
①-1	杂填土	1.2~4.4	松散，稍湿~湿						
②	粉质黏土	3.0~4.3	软塑，饱和	17.8	36.4	29.2	9.4	4.3×10^{-7}	3.6×10^{-7}
③-1	淤泥质粉质黏土	5.9~8.9	流塑，饱和	17.2	43.6	8.4	8.2	2.3×10^{-7}	1.9×10^{-7}
③-2	淤泥质粉质黏土	10.1~16.3	流塑，饱和	17.3	43.3	10.9	9.7	2.5×10^{-7}	2.1×10^{-7}
④-1	粉质黏土	5.4~10.3	可塑，稍湿	19.3	26.4	42.8	15.4	8.3×10^{-7}	7.3×10^{-7}
④-2	粉质黏土	1.3~2.2	软塑，饱和	18.4	33.1	34.5	12.8	5.5×10^{-7}	4.2×10^{-7}
⑤-2	圆砾	1.9~2.2	中密~饱和	20.5		5.0	32.0	5.0×10^{-3}	9.5×10^{-3}
⑥-1	全风化泥质粉砂岩	0.9~3.0	可塑	19.4	27.0	41.3	17.5		

影响基坑的地下水主要为孔隙潜水和孔隙承压水。孔隙潜水赋存于场地浅部的填土、粉质黏土及淤泥质粉质黏土中，富水性较差，一般单井出水量小于 $10\text{m}^3/\text{d}$，主要接受大气降水的入渗补给，而场地西侧古新河侧向补给微弱。勘察期间实测水位埋深一般在 1.67~3.82m 之间，年水位变化约 1.0~2.0m。孔隙承压水分布于⑤-2 圆砾中，顶板埋深 33.9~37.8m。虽然该含水介质含少量黏性土，但其渗透性属于较强类，富水性较好，一般单井出水量在 100~$500\text{m}^3/\text{d}$ 之间，主要由周围侧向地下水的补给。根据场地附近观测资料，该类孔隙承压水水头为黄海高程-3.0m 左右。

三、基坑围护方案

1. 工程特点与难点

从基坑工程规模、主体结构特点、土层地质条件来分析，本基坑工程具有如下特点：

（1）基坑开挖深度大，坑底埋藏高水头的承压含水层，应设置可靠的止水帷幕，并有控制坑底承压水突涌的措施；

（2）主体结构为井筒式停车库，无楼板，考虑换撑工况外墙与支护桩之间应贴紧；

（3）基坑平面尺寸很小，土方以垂直运输为主，速度慢，坑边施工荷载大；

（4）土方开挖范围以淤泥质粉质黏土为主，支护桩的受力要求高；

（5）项目处于闹市区，周边环境复杂，环境保护要求高；

（6）基坑空间效应好，应考虑加以利用。

2. 基坑支护总体设计方案

结合基坑工程的特点及周边环境条件，本基坑工程采用排桩支护体系结合多道水平内支撑的支护形式，如图 3 所示。直径 1200mm、间距 1600mm 的旋挖成孔钢筋混凝土灌注桩作为支护体，桩长 45.0m，嵌固长度为 10.7m，桩间喷射 80mm 厚的混凝土面层。850mm 厚的 TRD 水泥土地下连续墙作为止水帷幕，墙底进入⑥-1 全风化泥质粉砂岩 1000mm 以上，形成封闭止水帷幕。钢筋混凝土地下连续墙作为方案之一在支护结构选型时作为比较，由于基坑周长仅有 71m，机械设备的进出场费用较高，而且护壁泥浆的处理较难，故没有采用。支撑的最大跨度仅有 11.6m，故没有设置支撑立柱和立柱桩。坑外没

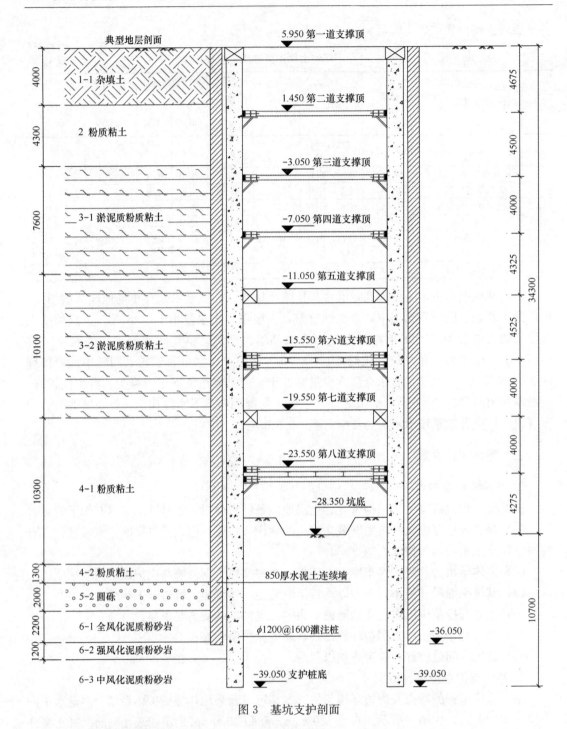

图3 基坑支护剖面

有降水的条件，坑内布设2口降水井抽取⑤-2圆砾层中的承压水。

3. 水平支撑体系

基坑平面为规则的长方形，支撑系统采用角撑结合对撑的形式，竖向共有8道，第一道、第五道和第七道为钢筋混凝土支撑，其余五道为预应力型钢组合支撑。三道钢筋混凝土支撑梁的截面尺寸依次为 900mm×900mm、1200mm×1000mm 和 1600mm×1000mm。

第一道和第五道支撑采用 C30 混凝土，第七道支撑采用 C45 混凝土。型钢支撑均由 H350×350×12×19 型钢用 10.9 级高强螺栓拼接成，对撑截面宽度为 3350mm，角撑截面宽度为 1350mm，施加的预应力值为每根型钢 300kN。第二道对撑由 4 根型钢组合而成，角撑由两根型钢组合而成，高度为 350mm。第三道支撑和第四道支撑截面相同，对撑由 7 根型钢组合而成，角撑由 2 根型钢组合而成，高度为 350mm。第六道支撑和第八道支撑截面相同，对撑由 12 根型钢分上下两层组合而成，角撑由 4 根型钢分上下两层组合而成，高度为 1050mm。型钢支撑与灌注桩之间通过型钢传力件连接，如图 4（d）所示，型钢传力带截面为"十"字形，一端焊有端板，具体施工顺序为：先将灌注桩表面凿平，用膨胀螺栓将一块钢板贴在桩面，然后用高强螺栓将型钢传力带的端板与型钢围檩的翼缘连接紧固，将型钢传力带的另一端与桩外贴钢板焊接，最后往传力件内填入 C20 细石混凝土。型钢传力件每根桩设置一个。

图 4　施工过程中现场照片
（a）龙门吊；（b）抓斗取土；（c）加强支撑；（d）型钢传力件

4. 土方开挖

土方开挖分为两个阶段，18m 以上的土方用长臂挖机掏出，以下的用龙门吊和抓斗配合出土，有台小挖机始终处于坑底，如图 4（a）、（b）所示。土方开挖过程共分为 16 步，依次为：①浇筑第一道混凝土支撑并养护；②开挖至－5.550m 标高；③安装第二道型钢组合支撑，并施加预应力；④开挖至－10.000m 标高；⑤安装第三道型钢组合支撑，并施加预应力；⑥开挖至－14.000m 标高；⑦安装第四道型钢组合支撑，并施加预应力；⑧开挖至－18.000m 标高；⑨浇筑第五道混凝土支撑，在养护期间安装龙门吊；⑩开挖至－23.000m 标高；⑪安装第六道型钢组合支撑，并施加预应力；⑫开挖至－26.550m 标高；⑬浇筑第七道混凝土支撑并养护；⑭开挖至－31.000m 标高；⑮安装第八道型钢组合支撑，并施加预应力；⑯开挖至坑底，结束土方开挖。图 5 为基坑开挖到底后的现场照片。

图 5　开挖到底后基坑现场照片

四、基坑监测情况

1. 支撑轴力

本项目于 2014 年 9 月 20 日开始挖土，于 2015 年 1 月 25 日结束挖土，土方开挖共费时 128 天。图 6 为挖土过程中各道支撑轴力变化曲线。开挖支撑下方土体时，轴力值迅速增大，待其下一道支撑发挥作用后，增速减缓，并趋于稳定。

第一道支撑轴力受坑边荷载的影响较大，虽然监测结果不一定能代表真实情况，但是其在开挖到第五道支撑以下后承受拉力是确定的，拉力值约为 100kN。第五道和第七道支撑承受的土压力较大，稳定值分别为 9500kN 和 19000kN，均接近报警值，现场在它们的两侧各增加 1 根 Φ609 钢管进行加固。考虑到混凝土支撑需要养护，为减小变形，现场在施工第五道和第七道支撑前先安装 1 榀型钢对撑，不设围檩，截面同第二道支撑的对撑，如图 4（c）所示。

第二道、第三道和第四道支撑轴力逐次增大，稳定值分别约为 3000kN、6000kN 和

136

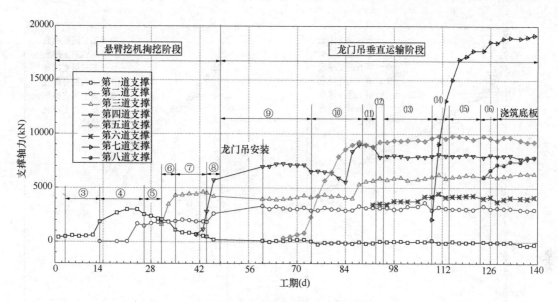

图 6　支撑轴力随时间变化

8000kN，符合土压力分布规律。第六道支撑处于两道钢筋混凝土支撑间，轴力值较小，只有 4000kN。第八道支撑轴力值约为 7500kN。

第七道支撑原为预应力型钢组合支撑，截面同第六道支撑。当开挖至－24.000m 标高时，第五道支撑轴力报警，应对措施包括增加钢管支撑和将第七道支撑材料改为钢筋混凝土。

2. 深层水平位移

因场地狭窄，多数监测点不能保持在土方开挖全过程中正常工作，图 1 所示 4 个监测点的数据相对较好，CX3 和 CX4 是支护桩内的测斜管，CXT1 和 CXT2 是桩后土体内的测斜管，然而它们的数据仍然是不完整的。

图 7 为支护桩的深层水平位移监测曲线，两个监测点位置和荷载类似，曲线呈现的规律相似。由于此处是土方重车的停靠位置，位移量是整个工程中最大的。开挖淤泥质粉质黏土层时，监测值增加快速，最大位移点逐步下降。第六道支撑安装完成后，位移增长速率明显降低，桩顶出现向坑外的位移。土方开挖完成后，最大位移量为 9～10cm，约为开挖深度的 0.27％，最大位移深度约 20m，即淤泥质粉质黏土层的中部。

图 8 为桩后土体深层水平位移监测曲线，因只有 33m 以上的数据且不能确定测斜管底部是否达到要求深度，故仅采纳开挖到第七道支撑底（－26.550m）以前的数据。土体变形规律与支护桩的相同，但是位移量较小，CXT1 的最大值约 5cm，CXT2 的最大值约 3.6cm，约为支护桩变形的一半。

3. 其他监测

开挖期间坑外水位变化正常。

工地大门设在场地南侧，密渡桥路作为进出道路，故基坑南侧的地表沉降较大，局部接近 10cm。密渡桥路北侧通讯管线沉降约 7cm，南侧雨水管沉降约 5cm。影响范围内的建筑物和其他管线的沉降量都较小，在 1cm 以内。

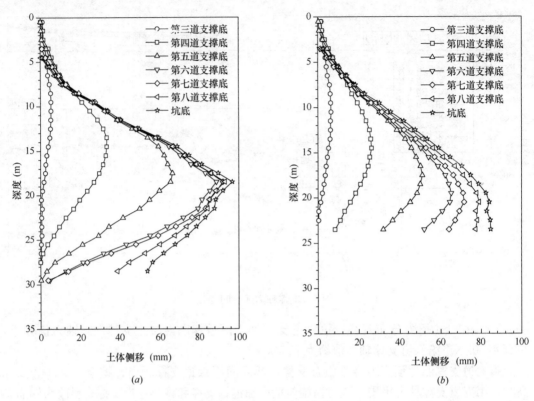

图 7　支护桩深层水平位移

（*a*）CX3；（*b*）CX4

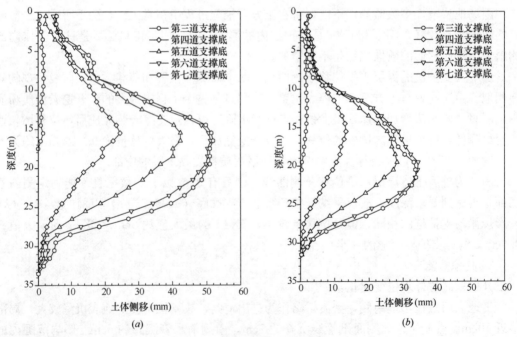

图 8　坑周土体深层水平位移

（*a*）CXT1；（*b*）CXT2

五、点评

缓解停车难的直接措施是增加停车位，在老城区利用狭小的城市绿地建造井筒式地下立体停车库是一种概念上可行的新办法。井筒式地下立体停车库基坑的空间规模与盾构工作井、大桥锚碇基础相似，却又有自己的特点。近年来，国内引进或自主研发了很多先进支护工艺，本项目创新性地采用了渠式切割水泥土地下连续墙工法（TRD）和预应力型钢组合支撑。前者可以说是目前建造超深止水帷幕的最好工艺，且无需泥浆护壁。而后者虽在长三角地区有所应用，但多用于深度小于 10m 的基坑，对超深基坑尚属空白。

本项目的成功实施一方面证明新工艺可行，另一方面暴露出施工前各方考虑不周。其一为对如此有鲜明特点和推广意义的基坑没有深入跟踪，采用的是常规监测手段，且很多监测点在施工中被破坏，科学动态施工和后续分析研究无数据支持；其二是竖向共同受力的型钢-混凝土混合支撑体系缺少多方面分析，施工过程中钢筋混凝土支撑轴力很大，而预应力型钢支撑轴力较小，支撑的间距和形式可以根据土质条件和支撑刚度优化，而且对预应力型钢组合支撑的刚度也无明确结论；其三是出土方式和运输路线的设置导致基坑南侧变形较大，而现场没有针对性的应对措施。

苏州百汇国际大酒店基坑围护工程

袁 坚 任家佳 王 勇 黄春美

（中船第九设计研究院工程有限公司，上海 200063）

一、工程简介

1. 工程简介及特点

（1）工程简况

苏州百汇大酒店项目位于相城区，西临相城大道，南临华元路。工程总占地面积 24830m²，总建筑面积 12.91 万 m²。该项目由三幢酒店、酒店配套用房以及整体两层地下车库组成。基坑总面积约 20500m²，基坑周长约 580m，开挖深度裙房为 9.05m，塔楼区域为 9.60m。

（2）特点

本基坑采用 SMW 工法加一道直径 125m 钢筋混凝土环形支撑的围护形式。

图1 基坑现场照片

二、工程地质条件

根据开挖深度分析，影响基坑稳定及变形的土层主要包括 8 层（见表 1）。表层为杂填土，中部杂填土分布较厚，呈带状、南北走向分布，为浜回填形成。

潜水主要赋存于浅部填土、黏性土中，由于浅部主要为黏性土，渗透性较弱，水量贫乏。微承压水赋存于③-1 粉土及③-2 粉土夹粉砂层中，承压水主要赋存于⑥、⑦-1、层粉土、砂土中，水量较丰富。

场地土层主要力学参数　　　　　　　　　　　　表 1

层序	土名	层底深度 (m)	重度 γ (kN/m³)	含水量 w (%)	孔隙比 e	压缩模量 $E_{s0.1\sim0.2}$ (MPa)	固结快剪峰值		渗透系数 k (cm/s)
							c (kPa)	φ (°)	
②₁	粉质黏土	19.0	②-1	26.2	0.762	6.50	25.0	14.6	5.0×10^{-6}
②₂	粉质黏土	18.2	②-2	31.2	0.902	5.01	16.9	13.2	5.0×10^{-6}
③₁	粉土	18.0	③-1	33.7	0.953	9.98	6.1	21.4	1.0×10^{-4}
③₂	粉土夹粉砂	18.0	③-2	31.7	0.930	12.19	2.9	29.3	3.0×10^{-4}
④	粉质黏土	18.5	④	31.5	0.891	4.87	17.4	12.5	2.0×10^{-6}
⑤	粉质黏土	19.4	⑤	25.0	0.716	8.20	33.8	15.7	5.0×10^{-6}
⑥	粉土	18.3	⑥	30.3	0.898	10.49	8.4	22.2	3.0×10^{-4}
⑦₁	粉砂	18.4	⑦-1	27.4	0.864	12.06	4.0	26.6	4.0×10^{-4}

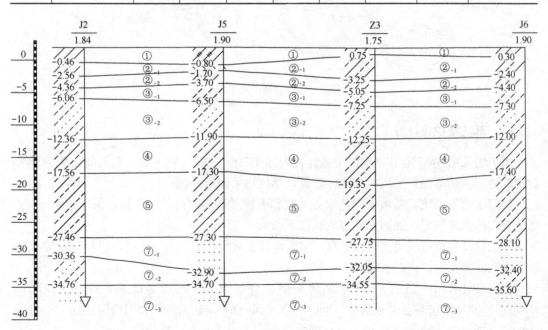

图 2　典型地质剖面图

三、基坑周边环境情况

地块周边建筑：西侧为已建地下车库，距离围护内边线最近位置约28.9m，西北侧为已建3层K楼，浅基础，距离围护内边线最近位置约12.9m，东北侧为已建18层办公E区，桩基础，距离围护内边线最近位置约16.4m。

重要的市政管线主要分布在基坑南侧的华元路：DN300污水管线，光缆，通信管线距离围护结构内边线最近位置分别为6.7m、7.6m、8.6m。

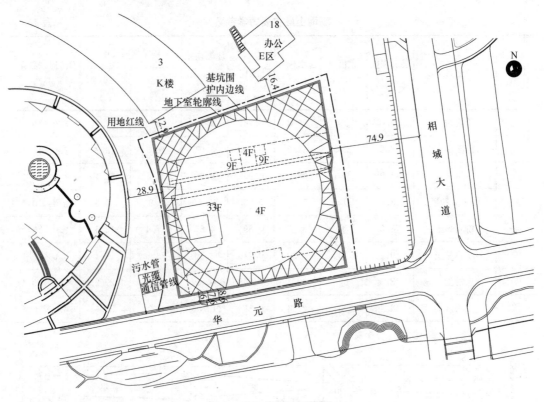

图3 基坑总平面示意图

四、基坑围护设计方案

围护墙采用3φ850@600水泥土搅拌桩内插H700×300×13×24，型钢间距除北侧邻近建筑处及主楼落深处采用插二跳一外其余部位均采用插一跳一。

对于贴边集水坑，基坑中间范围集水坑和电梯井等局部落深区位置，采用φ800@600高压旋喷桩墩式加固，加固深度为坑底以下4m。

出入口设置钢筋混凝土栈桥平台，坑内设置土坡栈桥，坡度1:10，以便满足施工期运输组织的需要，提高挖土效率。

基坑竖向采用一道直径125m钢筋混凝土环形支撑，周边辅以联系撑，支撑断面1400mm×1000mm，联系撑断面1000mm×700mm。立柱结构采用组合钢格构柱4∟140mm×14mm，断面为450mm×450mm，立柱桩采用φ800钻孔灌注桩，桩长约24m。

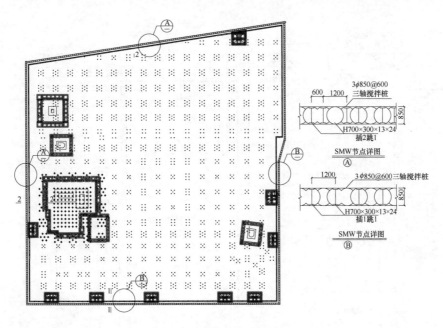

图 4 基坑围护平面图

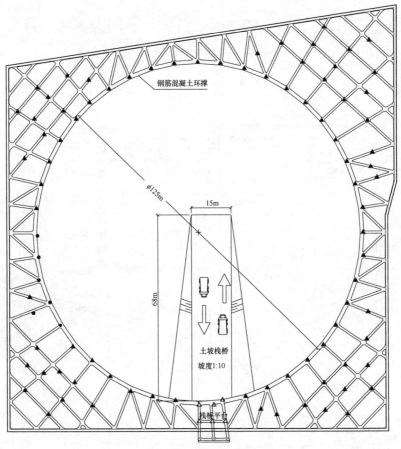

图 5 支撑平面图

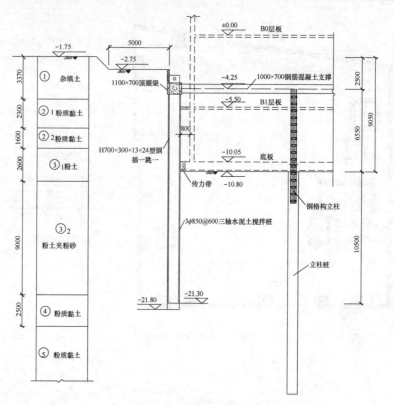

图 6 基坑围护剖面图 1-1

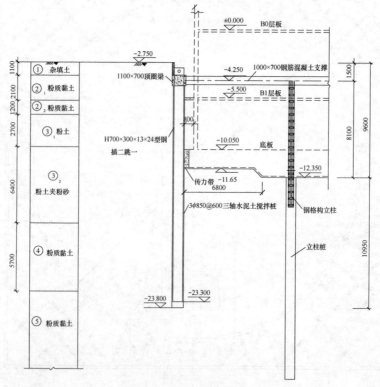

图 7 基坑围护剖面图 2-2

五、简要实测资料

（1）围护结构侧向位移监测：在基坑四周设置 17 个测点，测点编号 X1～X17。

（2）墙顶位移、沉降监测：在顶圈梁上设置 17 个测点，测点编号 D1～D17。

（3）混凝土支撑轴力监测，在支撑上设置 16 个测点，每个测点处的钢筋混凝土支撑断面的四个角安装 3 个钢筋应力计，测点编号 Z1～Z16。

（4）立柱隆、沉及轴力监测：在立柱桩桩顶设置 16 个监测点，测点编号 L1～L16。

（5）坑外地下水位监测：在基坑四周设置 8 个监测点，测点编号 W1～W8。

（6）坑内地下水位监测：在基坑内设置 9 个监测点，测点编号 WN1～WN9。

（7）地面沉降点监测：在基坑四周设置 6 组，24 个监测点，测点编号 DM1～DM9。

（8）周边建筑物（J1～J21）、道路（DL1～DL8）、管线沉降测点（G1～G12），共41 点。

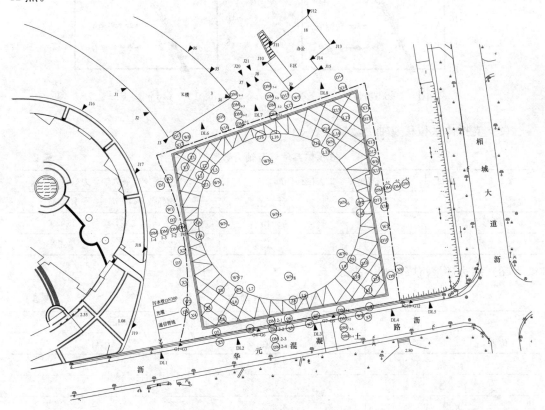

图 8　监测点平面布置示意图

本次分析采用岩土、隧道结构专用有限元分析软件 Plaxis 进行计算。

土体采用 HS 模型，该模型能够反映土体的硬化特征、能区分加荷和卸荷的区别及其刚度依赖于应力历史和应力路径的特点，并采用 Mohr-Coulomb 破坏准则。围护结构的材料参数按照混凝土选取，相应的截面积、惯性矩等几何参数折算到每延米来确定。

在基坑施工过程中，对周边市政道路、管线、建筑物、围护墙、支撑体系等进行监测，监测数据与计算值比较如下：

（1）围护墙测斜数据对比

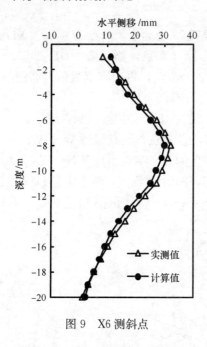

图9　X6测斜点

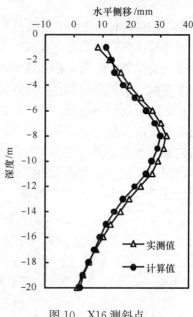

图10　X16测斜点

（2）支撑体系位移及轴力数据（表2）

支撑体系位移及轴力数据　　　　　　　表2

项目 位置	支撑体系最大位移（mm）		支撑体系最大轴压力（kN）	
	监测值	计算值	监测值	计算值
环形支撑	5.23	3.45	16800	13909
连系撑	6.12	4.13	8230	6632

（3）周边环境沉降数据（表3）

周边环境沉降数据　　　　　　　表3

项目 位置	地面及管线及周边建筑最大沉降（mm）	
	监测值	计算值
华元路	22.3	4.33
污水管	6.02	4.52
光缆	5.65	4.25
通信管	5.18	3.33
E楼	6.21	5.21
K楼	2.32	3.56

通过以上监测数据分析：

支撑轴力超过报警值，经分析为高温天气温度应力影响，增量约为20%，华元路地面沉降超过报警值，经分析为栈桥出入口施工重载车辆碾压造成，后期通过出入口改道后，沉降得以控制。

其余如围护墙测斜等，理论计算与实际基本相符，围护墙施工中严格按照计算的工况，及时的进行挖土、形成支撑是基坑变形等控制的关键。

六、点评

基坑总面积约 $20500m^2$，开挖深度为 $9.05 \sim 9.60m$，采用 SMW 工法加一道直径 125m 钢筋混凝土环形支撑的形式，节约造价，提前工期，创造了良好的社会经济效益，为类似项目提供了经验。

温州永强机场新建航站楼基坑工程

黄福明　林　刚　徐长节

（杭州浙大福世德勘测设计有限公司，杭州　310013）

一、工程概况

温州永强机场新建 T2 航站楼位于浙江省温州市，面积约 10 万 m^2，地上 3 层，地下局部 1 层。新建 T2 航站楼位于 T1 航站楼的南侧，建筑面积大约是 T1 航站楼的 4 倍。新建 T2 航站楼平面呈 "C" 型布置，分别由主楼、南、北指廊以及登机桥组成。T2 航站楼东西长约 279m，南北长约 493m，其中主楼部分东西向 141m，南北向 262m，指廊部分东西向 180m，南北向 122m，建筑檐口高度 30.5m。航站楼地上 3 层，地下局部 1 层，建筑面积 99965m^2。

本工程综合体量大，软土地基，地质条件较差，深基坑施工难度大；高大支模数量多、规模大，安全质量难控制；混凝土结构与钢结构交叉施工组织与配合；承包管理协调、配合与服务难度大；根据现场情况要求不停航施工管理，对工程建设管理提出了更为严格的要求。由于工期紧，工程难度大，对楼面施工通过专家论证采取国内先进的 "跳仓法" 施工，保质保量地完成了任务。

图 1　新建航站楼效果图

二、工程地质条件

基坑开挖影响范围内土层如下：①-1 素填土，灰黄色，主要以可～软塑黏性土回填而成，饱和，中～高压缩性，层厚 0.50～0.80m。①-2 黏土，灰褐色，含微量腐殖质及黄褐色铁质氧化斑；可～软塑，中～高压缩性，层厚 0.90～1.70m，层底埋深 1.10～2.10m；各孔均有分布。②-1 淤泥夹粉砂（m＋alQ42），灰、浅青灰、浅灰色；土层不均匀，以淤泥为主，不均匀地夹少量粉砂，含量在 10％～30％；粉砂以层状、薄层或团块状，局部粉砂富集呈粉砂夹淤积；根据部分样品的粘粒分析成果，土层中的粘粒（粒径小于 0.005mm）含量为 13％～38％；含少量腐殖质、腐烂植物根系；土试成果多具淤泥质粉质黏土特性；流塑、高压缩性。②-2 淤泥，青灰色，含少量腐殖质及零星贝壳残片，局部夹少量粉砂；流塑、高压缩性、高灵敏度。层厚 5.70～10.70m，层底埋深 15.30～16.50m；各孔均有分布。②-3 淤泥，青灰色；夹少量粉细砂、腐植物碎屑，零星建有贝壳残片；与上覆淤泥亚层呈过渡关系，无明显分界线；流塑、高压缩性、高灵敏度。③-1 淤泥质黏土，灰色，含少量腐殖质及零星贝壳残片，局部夹少量粉砂；与上层呈过渡关系；流塑、高压缩性；偏下部部分位置过渡为软黏土。层厚 2.80～23.90m、层底埋深 30.60～53.60m；各孔均有分布。

场地土层主要力学参数　　　　　　　　　　　　　　表1

层序	土 名	层底深度 (m)	重度 γ (kN/m³)	含水量 w (%)	孔隙比 e	压缩模量 $E_{S0.1\sim0.2}$ (MPa)	固结快剪峰值 c (kPa)	固结快剪峰值 ϕ (°)
①-1	素填土	0.3	18	25	0.765	6.69	20.00	9.00
①-2	黏土	1.5	18.2	34.1	0.987	3.56	15.3	13.4
②-1	淤泥夹粉砂	7.5	16.8	46.1	1.287	2.37	7.6	13.1
②-2	淤泥	6.7	15.9	60.5	1.694	1.75	9.1	6.7
②-3	淤泥	10.2	16.0	58.0	1.674	1.93	10.1	7.5
③-1	淤泥质黏土	21.2	17.2	44	1.269	2.73	15.6	10.6

三、基坑围护方案

1. 本基坑特点难点：

① 基坑开挖面积大，开挖面积 56400m²，周长 2242m，高差大，围护型式多；

② 基坑原场地为农田、池塘、河流，回填整平而成，东侧距离现有机场跑道较近，对变形要求较高；

③ 场地面积较大，塔吊范围有限，四周均分布施工道路，荷载较大；

④ 基坑开挖影响范围内均为淤泥土、淤泥夹砂土，流塑状，含水量高；

⑤ 坑内高差较多，承台高度大，最深处 9m，施工容易引起超挖；基坑外部承台、地梁高度较大。围护总平面图详见图 2。

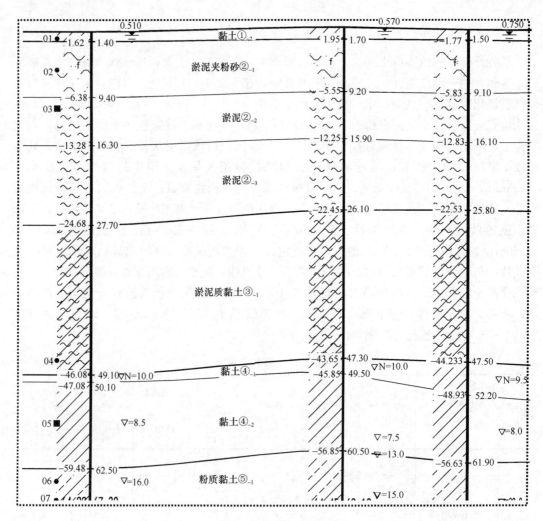

图 2　典型地质剖面图

2. 航站楼基坑位于整个基坑的中心位置，考虑结构上自动扶梯电梯井，垂直电梯井，承台等的影响，基坑开挖深度达 8.75m。围护桩采用 SMW 工法桩支护（三轴水泥搅拌桩内密插 H700×300×13×21 型钢），型钢总长度达到 20m。支撑梁上部放坡 2.5m，土层以杂填土黏土为主，较为松散，采用喷射混凝土护坡加两道土钉支护。支撑梁选用现浇钢筋混凝土支撑，现浇钢筋混凝土支撑整体刚度大，抗弯、抗剪切性能较好。由于中部无底板换撑，底板换撑高度较大，底板换撑采用和底板同强度等级，同厚度的混凝土一起浇筑。典型剖面图详见图 4。

支撑布置形式充分考虑支护体系受力明确、方便后期施工挖土等因素，采用五个对撑的形式，对撑左右设置斜向八字撑，将基坑分为几个较大的开挖空间。支撑竖向布置上考虑使各工况下围护桩受力情况最优及支撑底部与底部面的净距离满足施工作业要求，支撑顶部标高在地面下 2.500m。

3. 中部登机桥位置基坑为狭长形状，对向跨度约 11m，基坑开挖深度约 7.3m，采用 SMW 工法桩支护，型钢插一跳一，H 型钢长度 18m；支撑梁采用直径 609 钢管支撑和两

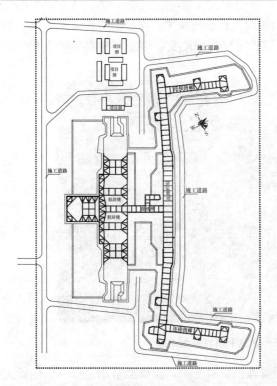

图3 基坑总平面示意图

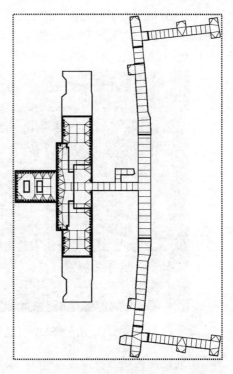

图4 围护桩平面布置图

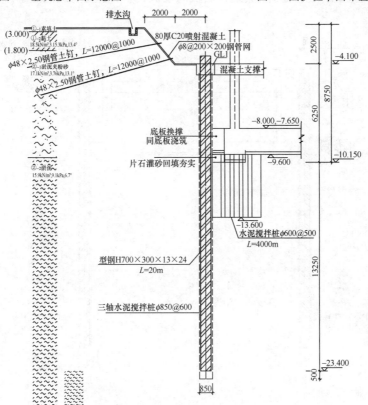

图5 航站楼基坑围护剖面

个 H400 型钢双拼做为围檩梁。钢管支撑两端均垂直于压顶梁，保证受力传递的效果。钢管支撑顶部设置在地面下 1.5m。施工期间钢管支撑随挖随支，禁止挖机直接站立在坑边挖土，以免引起超载。剖面图如图 6 所示。

图 6　SMW 工法桩＋现浇钢筋混凝土支撑

4. 南北指廊区域开挖深度 5.3m，采用拉森钢板桩支护，支撑梁采用直径 609 钢管支撑和两个 H400 型钢双拼做为围檩梁。拉森钢板桩具备挡土止水双重作用，施工速度快。剖面如图 7。

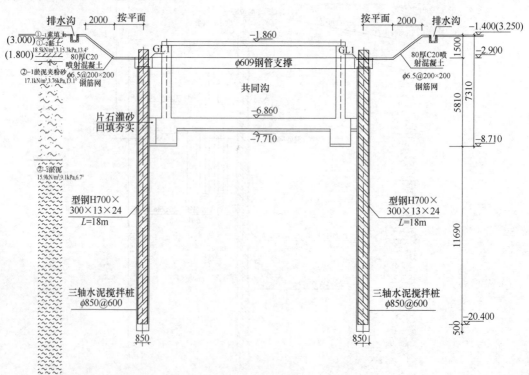

图 7　登机桥基坑围护剖面

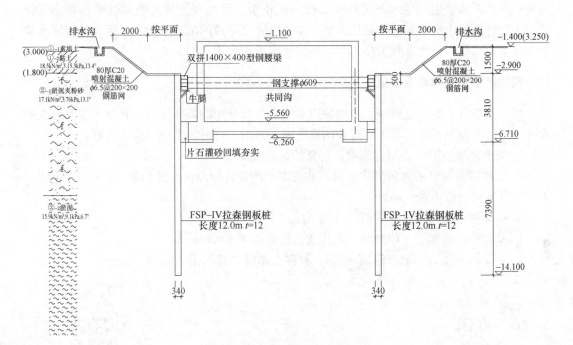

图 8　南北指廊基坑围护剖面

图 9　拉森钢板桩+钢管支撑实景

5. 为配合外部承台施工，在场地条件允许的情况下，支撑梁面以上普遍采用大放坡2.5m，根据实际情况留置较宽的放坡平台，以减少下部围护桩的内力，减少围护桩变形。同时，便于基坑外部结构承台施工。

由于基坑开挖面积较大，坑内高差较大的分界位置采用三轴水泥搅拌桩加固。形成不同的开挖分区界限。

6. 基坑降水排水方案：由于场地开挖范围大部分以淤泥或淤泥加粉砂，透水性较差，开挖较深的区域采用三轴水泥搅拌桩套接一孔止水。后期开挖情况表明坑底部未出现管涌，围护桩侧壁未出现渗水。基坑内集水主要以降雨导致的地表水为主。因此基坑降水排水方案主要以坑内集水井集中排水、坑外排水沟截水为主。

四、基坑监测内容及成果

本工程基坑开挖深度较深，为确保施工的安全和开挖的顺利进行，在整个施工过程中应进行全过程监测，实行动态管理和信息化施工。本工程进行了以下监测内容：

1. 周围环境监测：周围建筑物、道路的路面沉降等。

2. 围护体沿深度的侧向位移监测，基坑围护体最大侧向位移控制值：50mm，连续三天侧向位移控制值为3mm/d。

3. 压顶圈梁及墙后土体的沉降观测。

4. 基坑外侧的地下水位观测。水位变化警戒值为±0.5m/d。

5. 支撑轴力监测：警戒值7000kN。监测点布置图详见图10。

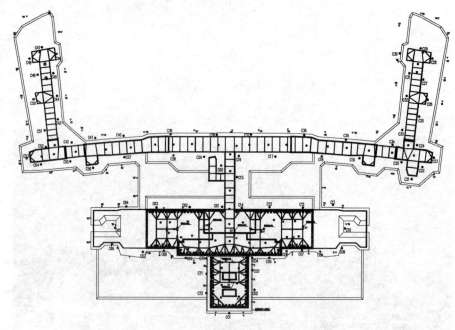

图 10　监测点平面布置图

（图中：▽表示地面沉降监测点，Ⓒ𝗫表示深层土体位移监测点，▬▬表示支撑轴力监测点，
▼表示立柱桩沉降监测点）

监测结果：在基坑四周共计布置了75个深层位移监测点。航站楼开挖深度最大，测斜孔深度达26.5m，工期从2014年12月开始开挖土方至2015年5月完成底板换撑，拆除支撑。基坑最深处，最大轴力3060kN。拆撑稳定工况时压顶梁最大累计位移76mm：CX1、CX2、CX71监测点数据如下所示，由图10可见，CX1累计位于达33mm，最大位移出现在桩底附近。这与坑内电梯井开挖深度大，及坑边重车超载有关。后因为底板垫层及时浇筑，开挖至坑底后变形基本稳定。从CX2、CX3监测曲线可以看出，2月1日底板浇筑完成后位基坑位移基本上稳定，在3月21日拆除支撑后，位移发生突变，最终累计

位移出现在桩顶部分，累计值达 58mm。

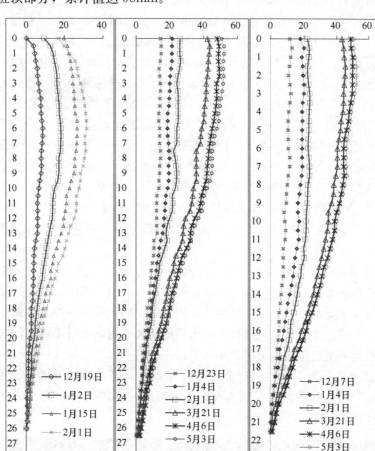

图 11　监测点位移曲线

2014 年 12 月 6 日开始第一层土方开挖；2014 年 12 月 18 日浇筑第一道支撑；2015 年 1 月 16 日开挖支撑下土方至坑底，2015 年 2 月 1 日底板浇筑完成，春节放假 7 天，2014 年 3 月 20 日拆除混凝土支撑；2015 年 5 月 3 日顶板浇筑完成开始回填侧壁。

五、围护结构施工

1. 围护结构施工顺序：为节约工期，现场布置两台三轴搅拌桩机，先施工航站楼及中部登机桥的三轴搅拌桩并插入 H 型钢，总工期约 40 天；在此期间由南北指廊最先动土开挖，开挖上层土方后，施工拉森钢板桩并及时架设 H 型钢支撑，随即开挖支撑下部土方，南北指廊基坑共计 60 天施工完成。在此期间，航站楼基坑同步施工围护桩及混凝土支撑并进行养护。中部连接桥基坑为狭长形状，采用挖机退挖，挖一段施工一段钢管支撑。最后施工航站楼基坑，航站楼基坑施工总工期约 90 天。整个项目地下室施工累计工期 200 天。

2. 三轴水泥搅拌桩施工质量是本工程的重点内容。三轴水泥搅拌桩 $\phi850@600$ 用专用搅拌桩机施工。采用 42.5MPa 复合硅酸盐水泥，水泥用量为 22%（被加固土的重量，按 18kN/m³ 计，空搅部分水泥掺量减半，并掺入 3% 膨润土），水灰比 1.5，外加剂按有关规范执行。施工时应保证桩身均匀性和连续性，无颈缩、断层，相临桩间歇不得超过 12 小时。喷浆搅拌时钻头下沉速度不大于 1m/min，提升速度不大于 1.3m/min；桩位偏差不大于 20mm，垂直度偏差不大于 0.5%，桩底标高偏差不大于 50。钻进时注浆量一般为额定浆量的 70%～80%，提升速度不宜过快，以免出现真空负压、孔壁塌方等。若在提升喷浆过程中遇特殊情况造成断浆，应重新成桩。若局部区域杂填土中碎石、碎砖等建筑垃圾较多，应用素土换填后再施工。在搅拌桩成桩 28 天后取芯做单轴抗压强度试验，要求试验的桩身水泥土单轴抗压强度不小于 1.0MPa，渗透系数小于 6×10^{-7}cm/s。在坑边的 10 根搅拌桩中取样，取样时要求尽量均匀分布，每根桩 7 个试样，竖向间距 2～3m。土方开挖及降水需待水泥搅拌桩成桩 28 天测试合格后进行。未说明之处按 DB33/T 1082-2011 规范执行。

3. 先施工水泥搅拌桩，再插入型钢。型钢宜在搅拌桩施工结束后 30min 内插入，插入前应检查其平整度和接头焊缝质量。型钢的插入必须采用牢固的定位导向架，在插入过程中应采取措施保证型钢的垂直度。型钢插入到位后应用悬挂构件控制型钢标高，并与已插好的型钢牢固连接。型钢宜靠自重插入，当型钢插入有困难时可采用辅助措施下沉。严禁采用多次重复起吊型钢并松钩下落的插入方法。

4. 拟拔出回收的型钢，插入前应先在干燥条件下除锈，再在其表面涂刷减摩材料。在拆除支撑和腰梁时应将残留在型钢表面的腰梁限位或支撑抗剪构建、电焊疤等清除干净。型钢起拔宜采用专用液压起拔器。

图 12　基坑开挖全景图

图 13 外围放坡开挖

图 14 南北指廊开挖

图 15 围护桩顶部放坡＋土钉支护

六、点评

本工程基坑面积巨大，形状复杂。场地邻近海边，土质以淤泥夹粉砂为主，地下水位和海水潮涨有一定联系。大面积开挖深度为3.0~9.0m，针对不同开挖深度采取不同的围护桩及支撑形式。变形得到合理控制，工程造价合理，结果表明：

1. 大量采用可回收的H型钢及拉森钢板桩作为围护桩，采用钢管支撑作为支撑材料，型钢钢管可以回收，施工速度快，节约工程造价。

2. 三轴水泥搅拌桩能够较好的针对淤泥土进行加固，效果较好。

3. 当基坑开挖深度较深时采用一道现浇钢筋混凝土支撑能很好的控制变形，保护周边环境。较常规采用二道支撑的方案节省费用，节约工期。为今后类似的基坑工程提供有用的工程经验。

4. 支撑拆除时围护桩将产生较大的位移突变。加强底板换撑，合理安排拆撑顺序可降低支撑拆除时产生的位移。

厦门轨道交通一号线某车站基坑工程

施有志[1,2]　林树枝[3]　陈昌萍[1]　洪建波[1]

(1. 厦门理工学院 土木工程与建筑学院，厦门　361021；

2. 上海交通大学 船舶海洋与建筑工程学院，上海 200240；

3. 厦门市建设与管理局，厦门　361003)

一、工程简介及特点

厦门轨道交通一号线城市广场站位于仙岳路、嘉禾路路口，沿嘉禾路方向布置，基坑平面位置如图1所示。车站起点里程 YDK8+964.249，终点里程 YDK9+162.849，有效站台中心里程 YDK9+039.549，车站总长 198.6m。本站为地下二层岛式车站，双柱三跨闭合框架结构。标准段基坑宽度 21.7m，基坑深度 16.2～17m；南扩大段基坑宽度 25.8m，基坑深度 17.7m；北扩大段基坑宽度 24.6m，基坑深度 17.7m。

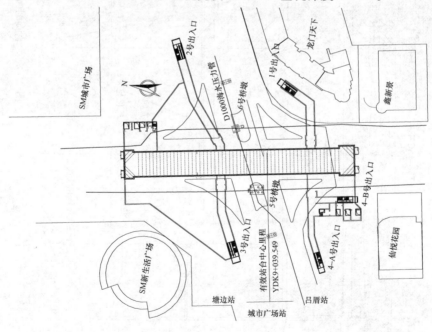

图 1　基坑总平面示意图

二、工程地质条件

坑底以下围护桩主要位于残积砂质黏性土层（⑪-a）及全风化花岗岩（⑰-a）中。场地工程地质剖面图如图2所示，可以看出工程地质情况复杂，岩层分布软硬不均，上软下

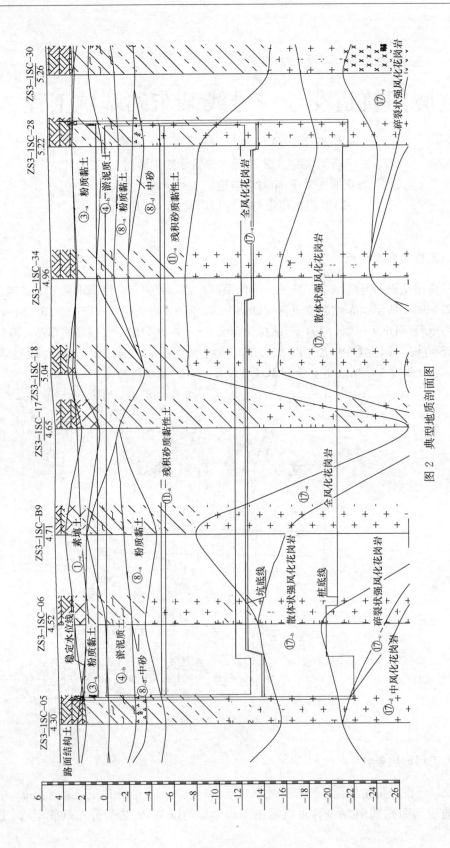

图 2　典型地质剖面图

硬，且起伏较大，开挖范围内分布大小不一的孤石。该场地主要地层物理力学参数见表1。场地地下水位埋深变化较大，为1.6~2.7m，水位标高1.510~2.760m。该地段分布的承压水（③-d）、（⑧-d）中砂层的承压水头较低，一般仅比其含水层顶板高出0.9~2.6m。

场地土层主要力学参数

表1

地层代号	岩土名称	含水量	孔隙比	重度γ/(kN·m^{-3})	天然快剪		变形模量E_0/MPa	地基承载力特征值f_{ak}/kPa
					黏聚力c/kPa	内摩擦角φ_c/(°)		
①-b	素填土	29.3	0.95	17.5	20	12	7	80
①-c	杂填土			18	10	20	10	90
②-a	淤泥	53.2	1.53	16.3	11	2	3	40
③-a	粉质黏土	27.5	0.88	18.4	27	12	10	160
③-d	中砂		0.85	18.5	5	22	10	120
④-b	淤泥质土	47.2	1.37	16.7	13.5	3	5	60
⑧-a	粉质黏土	26.1	0.82	18.5	35	13	15	210
⑧-d	中砂		0.75	19	5	28	15	230
⑪-a	残积砂质黏性土	28.6	0.89	18.5	30	21	18	220
⑰-a	全风化花岗岩			19.5	25	28	35	350

三、基坑周边环境情况

车站建设场地范围内及周边分布的建构筑物主要为仙岳高架桥（桩基础）、SM城市广场一期（桩基础）、SM二期（桩基础）、人行天桥等。其中，基坑西侧的5号桥墩距离基坑最近，约8m，东侧的6号桥墩距基坑约14m，在每个桥墩四个角点设置沉降监测点。

该基坑工程周边地下管网繁杂，几乎包含全部的市政管网类型，其管径及埋深不一。现状有给水管、污水管、雨水管、燃气管、电力管、军用通信管、民用通信及电信管、路灯信号管和路灯电力管等管线。基坑施工前，先将与之斜交的110KL电力管线和DN1000海水压力管进行迁移改造，并在基坑开挖过程中对改线后的管线以及与基坑纵向平行的DN1000给水管、DN500燃气管和DN600给水管进行沉降监测，三条平行管线距基坑边缘约3~20m，埋深1~2.5m。

四、基坑围护方案

围护结构采用Φ1000@1200钻孔灌注桩＋内支撑＋Φ800@1200三重管旋喷桩止水帷幕。围护桩插入深度为7~8m；沿基坑竖向设置四道支撑，第一道为钢筋混凝土支撑（断面尺寸800mm×800mm），其余支撑为Φ609、t=16mm的钢管支撑。标准段围护结构剖面图见图3。

车站基坑主要采用明挖顺筑法施工，其中，8~14轴与原有的仙岳路斜交，采用盖挖法，设临时钢便桥。基坑开挖前进行坑内井点降水，从长条形基坑的南北两端向中间分段、分区、分层对称进行开挖支护，遵循"开槽支撑、先撑后挖、分层开挖、严禁超挖"的施工原则。

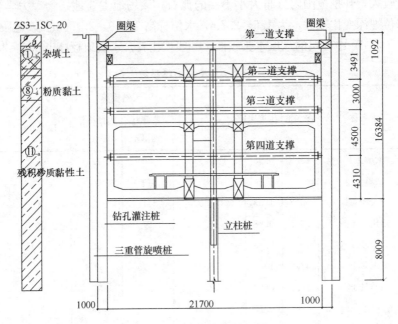

图 3 基坑围护结构剖面图

具体施工顺序如下：交通疏解、管线迁改→三通一平→施做基坑围护结构、基坑中部临时立柱桩→施做冠梁、连系梁、第一道钢筋混凝土支撑、临时钢便桥→施做钻孔桩、冠梁、第一道混凝土支撑，布设降水井→分段开挖基坑，依次架设第二、三、四道钢管支撑→浇筑混凝土垫层、铺设防水层、浇筑底纵梁、底板及边墙→待底板和侧墙（梁）混凝土达到设计强度后，拆除第四道钢管支撑并架设换撑→拆除第三道钢管支撑，施做余下边墙防水层，浇筑边墙、中柱及中板（梁）→待中板达到设计强度后拆除第二道钢管支撑，施做顶板结构及压顶梁→拆除第一道支撑和换撑，回填车站覆土，恢复路面交通→拆除临时路面、连系梁、混凝土支撑、凿除临时立柱→回填覆土、恢复路面，施工内部结构。

五、基坑监测

1. 监测方案

基坑监测项目内容主要包括：①围护结构测斜；②支撑内力；③地下水位观测；④基坑周边地表沉降；⑤地下管线沉降；⑥坑周桥墩基础。现选取基坑南半部分即中部至南端井基坑进行监测数据分析，测点平面布置示意图见图4。

2. 监测结果及分析

（1）支护桩（墙）测斜数据分析

图5所示为分别与9轴（ZQT-11和ZQT-12）、7轴（ZQT-14）、2轴（ZQT-17）对应的支护桩深层水平位移监测曲线（以向坑内移动为正）。结果表明，支护桩水平位移曲线呈典型的"鼓肚型"，最大位移出现－11.5～－13.5m之间位置，在基坑开挖底面以上一定距离，位于基坑开挖深度范围的下部。可见，被动土区域提供了足够的支撑。这正是因为该位置的砂质残积土和风化岩具有较高的强度和刚度。

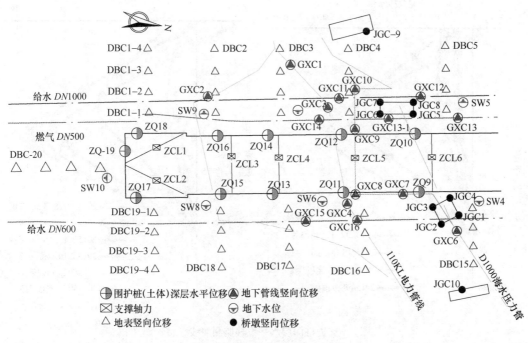

图 4　监测点平面布置示意图

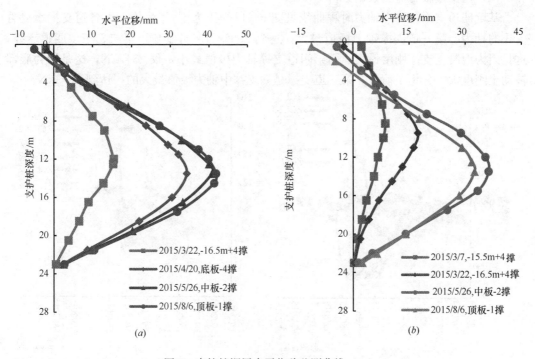

图 5　支护桩深层水平位移监测曲线（一）

(a) ZQT-11（东侧）；(b) ZQT-12（西侧）；

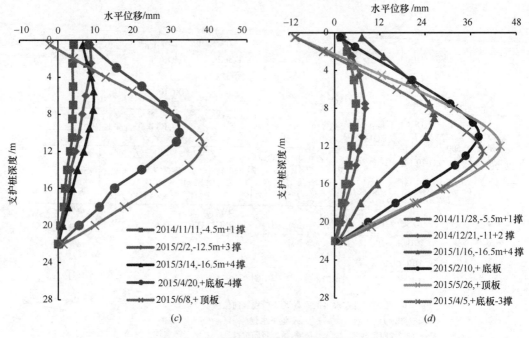

图5 支护桩深层水平位移监测曲线（二）

(c) ZQT-14（西侧）；(d) ZQT-17（东侧）

（2）内支撑轴力监测数据分析

基坑四道支撑各测点轴力时程曲线见图6（以受压为正）。总体上，各道支撑承受着受压的轴力。第一道支撑轴力极值最大，达到2991kN，明显高于第二、三、四道支撑，这是因为混凝土支撑刚度最大。而第四道支撑轴力极值最小，仅1347kN，这是因为底部被动土刚度大，分担了荷载。第三道支撑是钢支撑中轴力极值最大的，达到1893kN。

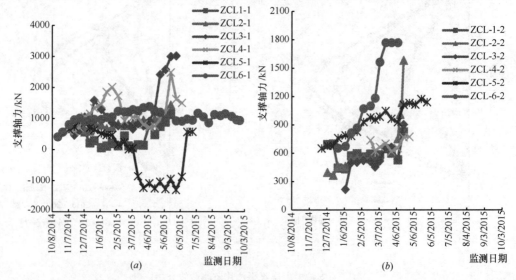

图6 内支撑轴力时程曲线（一）

(a) 第一道支撑；(b) 第二道支撑；

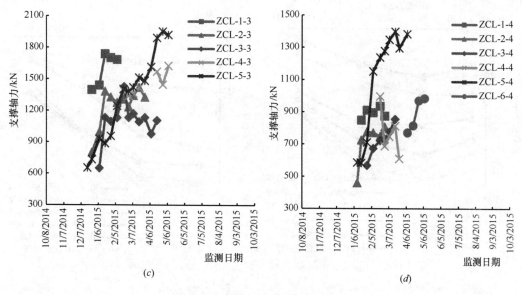

图 6　内支撑轴力时程曲线（二）

(c) 第三道支撑；(d) 第四道支撑

（3）坑外地下水位监测数据分析

基坑施工期间坑外地下水位时程曲线见图 7。可以看出，除 SW9 之外，坑外地下水位随基坑开挖总体呈下降趋势。其中，2014 年 12 月至 2015 年 4 月水位下降相对较快，这对应着基坑主体降水开挖施工过程。2015 年 4 月之后，坑外地下水位逐渐趋于平稳，部分监测点水位略有回升。

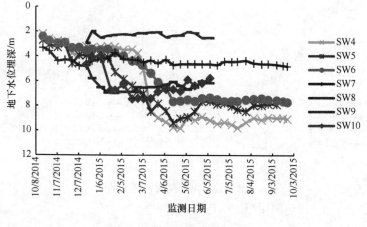

图 7　坑外地下水位时程曲线

（4）坑外地表沉降监测数据分析

与 9 轴对应的盖挖段基坑东西两侧地表沉降监测剖面 DBC-4 和 DBC-16 的地表沉降监测曲线见图 8。可以看出，坑外地表沉降随基坑开挖过程逐渐增大，基坑西侧地表沉降形态呈近似凹槽形，东侧沉降呈近似三角形，但在同一断面两侧的沉降特征并不相同，这很可能是因为东西侧地层变化、坑内开挖三维空间效应等因素引起了支护体系的刚体位移。

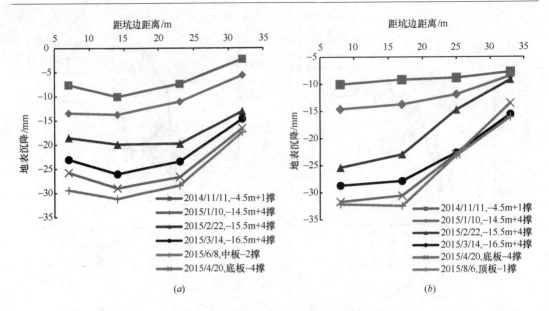

图 8　9 轴地表沉降随距离变化曲线
(a) DBC-04（西侧）；(b) DBC-16（东侧）

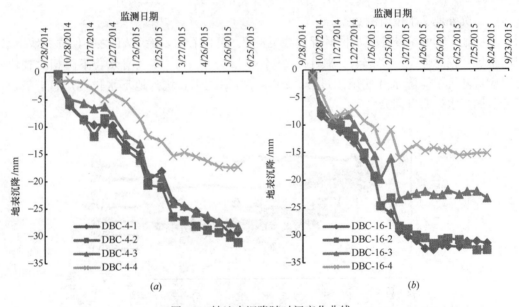

图 9　9 轴地表沉降随时间变化曲线
(a) DBC-04（西侧）；(b) DBC-16（东侧）

东西两侧最大沉降量分别为−32.48mm 和−31.22mm。最大沉降出现在距坑边约 14～17m 范围内；最外侧监测点距坑边水平距离在 30m 以上，接近两倍开挖深度，此处最大沉降仍达 20mm 左右，这与水位下降引起地层固结沉降有关。从图 9 所示的沉降时程曲线可见，9 轴对应剖面基坑西侧地表在拆撑过程中仍产生了一定沉降，东侧地表沉降则在基坑打底板后基本收敛。

（5）明挖标准段监测成果及分析

与 7 轴对应的明挖段基坑东西两侧地表沉降监测剖面 DBC-03 和 DBC-17 的地表沉降监测曲线见图 10。一方面，坑外地表沉降量随开挖深度增大而增大；另一方面，沉降形态表现为典型的西侧为凹槽形，东侧为三角形，沉降形态基本与 9 轴相同。然而，基坑西侧（DBC-03），距坑边最近的监测点 DBC-03-01 的沉降量始终限制在 10 mm 以内，表明此处围护墙水平位移同样受到内支撑的有效约束。而东侧则反之，最大沉降恰恰出现在距围护墙最近的地方。可见，尽管中远端的沉降值比较相近，但近基坑的点却变形迥异，中远端西侧沉降大一些，而近端东侧沉降大，这很可能是因为轴 7 位置产生了比 9 轴更大的支护体系刚性位移，形态上看是挡墙上部整体位移向西而下部的向东。图 11 表明该处坑内施作底板之后地表沉降趋于收敛。

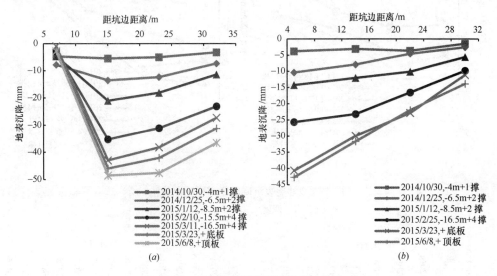

图 10　7 轴地表沉降随距离变化曲线

(*a*) DBC-03（西侧）；(*b*) DBC-17（东侧）

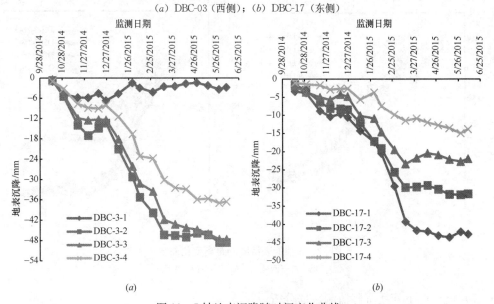

图 11　7 轴地表沉降随时间变化曲线

(*a*) DBC-03（西侧）；(*b*) DBC-17（东侧）

（6）南端扩大段监测成果及分析

图12所示为与2轴对应的南端扩大段基坑东西两侧地表沉降监测曲线。坑外沉降形态介于凹槽形和三角形之间。与标准段相比，此处坑外地表沉降更小，这说明基坑端部的变形受到三维空间效应的影响。端头的墙体为东西挡墙提供了非常好的支撑作用。图13表明此处基坑西侧在拆撑过程中仍产生一定地表沉降，东侧地表沉降则在坑内底板施作后基本收敛。

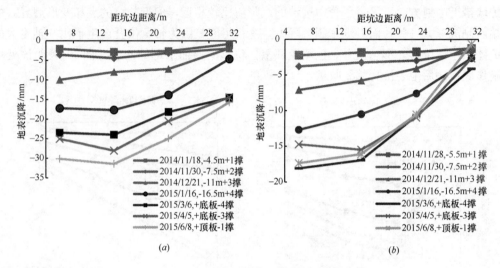

图12 2轴地表沉降随距离变化曲线

（a）DBC-01（西侧）；（b）DBC-19（东侧）

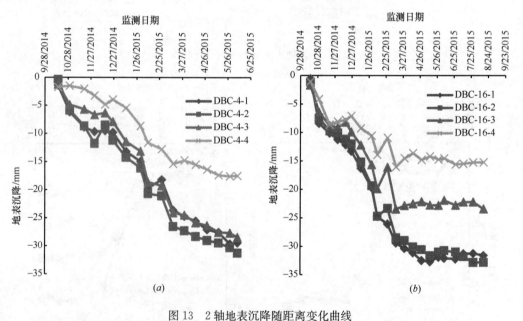

图13 2轴地表沉降随距离变化曲线

（a）DBC-01（西侧）；（b）DBC-19（东侧）

（7）坑外地下管线沉降监测数据分析

基坑周边及穿越的地下管线竖向位移监测曲线如图14所示。从图14（a）、（b）可以

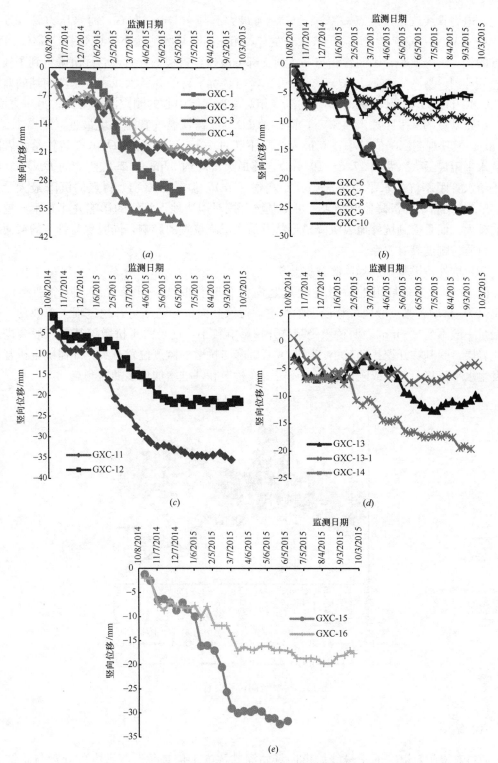

图 14　地下管线竖向位移时程曲线

（*a*）迁移改造的电力管线；（*b*）迁移改造的海水压力管；（*c*）DN1000 混凝土给水管；

（*d*）DN500 铸铁燃气管；（*e*）DN600 铸铁给水管

看到，电力管线改迁段测点 GXC-3、GXC-4 最大沉降－24mm 左右，海水压力管改迁段测点 GXC-8、GXC-9 最大沉降－10mm 左右，相应比距基坑稍远处的 GXC-1、GXC-10 等测点的最大沉降要小，表明管线与基坑斜交部分改迁至盖板下方后，管线沉降得到了较为理想的控制。从图 14（c）、（d）、（e）可见，与基坑平行的 3 条管线靠近基坑南端的监测点（GXC-11、GXC-14、GXC-15）的沉降相对靠近基坑中心的测点沉降要大；另一方面，从管线距基坑的水平距离大小来看，西侧的 DN500 铸铁燃气管距基坑最近（距离 1.3～1.9m），但其观测沉降值最小，其最大沉降不超过 20mm；东侧的 DN600 铸铁给水管距基坑水平距离最大（距离 17.5～19.5m），其最大沉降约 32mm；基坑西侧的 DN1000 混凝土给水管距基坑的水平距离居中（距离约 13m），但其 GXC-11 测点的沉降最大，达35.5mm。结合地面沉降监测结果，可知基坑开挖对周边地下管线的影响并非是距离越近影响越大，而是受到坑外地表沉降槽形状及最大沉降位置的影响，同时也与管线的截面尺寸、材质、刚度等有关系。

（8）坑外桥墩基础沉降监测数据分析

图 15 所示为基坑附近桥墩各测点竖向位移时程曲线。可以看出，除个别测点外（JGC-9），桥墩各测点竖向位移以上抬为主，桥墩竖向位移随基坑开挖过程上下波动，但上抬量一般不超过 6mm 表明桥墩受基坑开挖影响较小，这是由于桥墩深基础一般会进入风化岩层，受基坑开挖扰动较小。隆起或者沉降与桥墩的监测位置有关，如需确定桥基是否发生水平位移、弯曲或刚体旋转，还需要在桥墩和基桩增加更多的监测点。

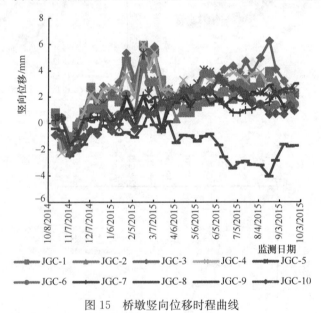

图 15　桥墩竖向位移时程曲线

六、结语

通过对厦门轨道交通 1 号线城市广场站深基坑施工信息化监测数据的处理与总结分析，可以得到以下主要结论及建议：

（1）坑外地表沉降和支护桩水平位移的量值和变化规律基本符合一般规律。位移随基坑开挖过程逐渐增大，地表沉降呈现 C. Y. Ou 等提出的凹槽形和三角形两种沉降形态，支护桩水平位移则呈"鼓肚"型；但同时，厦门地层起伏较大，上软下硬，基坑两侧地表沉降极值及相应的支护桩水平位移量表现出了非对称性。在坑内施作底板之后地表沉降趋于收敛。

（2）基坑开挖对周边地下管线变形的影响具有显著的空间效应，与两者相对位置关系密切相关。受基坑开挖影响最严重的并不一定是距离基坑最近的管线，而是受到坑外地表沉降槽形状及最大沉降位置的影响，同时也与管线的截面尺寸、材质、刚度等有关系。对此应密切关注，做好加固防范。

（3）坑外地下水位随基坑开挖施工过程呈下降趋势，在基坑开挖到位封底之后，水位逐渐恢复并趋于稳定。局部水位变化幅度较大，可能是由于局部渗漏水引起的。应特别注意止水帷幕施工质量，尤其是垂直度与搭接厚度，如发现漏水点应及时采取有效措施。

（4）第一道混凝土内支撑轴力最大，第二三道钢支撑次之，第四道钢支撑最小。支撑轴力在开挖过程中增长速度较快，此后随基础施工逐步趋于稳定。施工应尽量使内支撑受力均匀，避免局部失稳。

（5）建议在基坑开挖施工过程中，确保及时安设内支撑，限制基坑变形。同时，严禁在基坑边堆放大量重型物品（如坑边高堆土），控制坑边重型车辆的通行。

武汉长城汇项目基坑工程

马 郧 郭 运 刘佑祥 倪 欣 易丽丽 朱 佳

（中南勘察设计院（湖北）有限公司，武汉 430223）

一、工程简介及特点

长城汇项目位于武汉市中北路与姚家岭路交汇处，占地面积为 21901.98m²，由 3 号还建楼、2 号写字楼、1 号酒店式公寓及 2～4 层裙楼组成，设 3 层满铺地下室，地上总建筑面积为 125367m²，地下总建筑面积 49000m²。还建楼、写字楼、酒店式公寓采用桩承台基础（钻孔灌注桩＋承台），其中承台高度：还建楼 3.2m、写字楼 3.8m、酒店式公寓 3.5m；商业裙楼为独立柱基，底板厚度为 0.6m，垫层厚度为 0.1m。基坑开挖面积约 17157m²，基坑周长约 625.9m，基坑开挖深度为地面整平标高以下 14.200～17.600m。

二、工程地质及水文地质条件

1. 工程地质条件

拟建场区位于中北路和姚家岭街交汇处，勘察前期，部分既有建筑物已拆除，场地大部分整平，地势起伏不大。

第①层杂填土：层厚 0.50～5.00m，结构松散，成分不均匀。

第②层粉质黏土：层厚 0.00～11.00m，强度一般、压缩性中等，仅局部分布。

第③-1 层黏土：层厚 0.70～9.10m，强度较高，压缩性较低。

第③-2 层黏土：层厚 12.00～25.50m，强度高，压缩性低。

第④层黏土夹碎石：层厚 0.50～5.00m，承载力高、压缩性低，场区局部孔位缺失。

第⑤-1 层粉质黏土层，厚 0.60～17.00m；⑤-2 层含砾粉质黏土，厚 1.20m，局部孔中存在：强度较高，压缩性较低，局部孔中存在，因该层承载能力低于③-2 层及④层。

第⑥层黏土：层厚 0.40～9.50m，强度较高，压缩性一般，仅局部孔中存在，因该层承载能力低于③-2 层及④层。

第⑦-1 层强风化泥岩、泥质砂岩：层厚 0.60～15.70m，强度高，压缩性低，分布稳定。属极软岩，岩体极破碎。

第⑦-2 层强～中风化泥岩、泥质砂岩：强度高，压缩性低，属极软岩，破碎，强度较⑦-1 层高。

本工程典型地质剖面如图 1 所示，场地地层主要物理力学参数如表 1 所示。

2. 工程场地水文条件

场地地下水为赋存于杂填土层中上层滞水，上层滞水由生活用水及大气降水补给，水量随季节变化，无统一自由水面。勘察期间，测得场区上层滞水水位埋深在地表 0.95～

3.0m，相当于绝对标高为 24.300～28.080m。

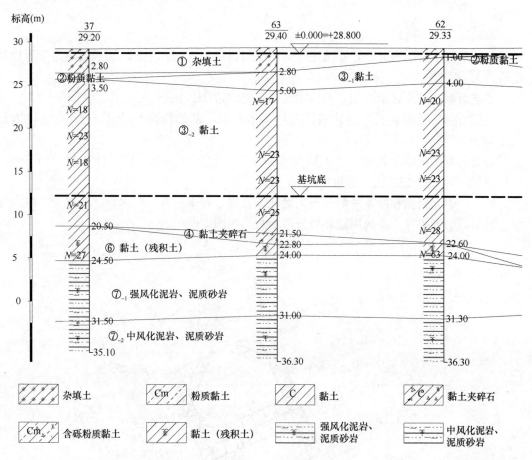

图 1 典型工程地质剖面图

场地土层主要力学参数

表 1

层序	土名	重度 γ (kN/m³)	含水量 w (%)	孔隙比 e	压缩模量 $E_{S1\sim2}$ (E_0) (MPa)	综合取值 c_{qq} (kPa)	综合取值 ϕ_{qq} (°)	厚度 (m)
①	杂填土	19.0	—	—	—	10.0	18.0	0.50～5.00
②	粉质黏土	19.1	25.1	0.718	6.0	16.0	8.0	0.00～11.00
③-1	黏土	19.7	23.7	0.685	10.0	30.0	15.0	0.70～9.10
③-2	黏土	19.9	23.6	0.678	18.0 (40.0)	45.0	16.0	12.00～25.50
④	黏土夹碎石	20.2	—	—	20.0 (46.0)	40.0	20.0	0.30～5.00
⑤-1	粉质黏土	19.8	24.0	0.668	12.0 (20.0)	28.0	15.0	0.60～17.00
⑤-2	含砾粉质黏土	20.6	—	—	15.0 (26.0)	25.0	18.0	1.2
⑥	黏土(残积土)	20.4	19.7	0.562	15.0 (24.0)	30.0	15.0	0.40～9.50
⑦-1	强风化泥岩、泥质砂岩	21.0	—	—	(44.0)	35.0	25.0	0.60～15.70

三、基坑周边环境

拟建地下室周边环境复杂，具体如下：

基坑东侧：紧临中北路，基坑边线离道路内边线约9.08m。基坑边线离轨道交通控制线最近12.64m。

基坑南侧：紧临姚家岭街，基坑边线离道路内边线2.86m。

基坑西侧：紧临6层7层建筑，采用条形基础，基础埋深约为1.5m，离基坑边最近5.08m。

基坑北侧：紧临景天楼，景天楼设有一层地下室，桩基础，桩底标高为−15.850～−17.850m，离基坑边最近13.80m。

另外，中北路侧和姚家岭侧分布大量地下管线，有雨水管、污水管、给水管、电力管线、军用通信管线等。基坑周边环境分布示意图如图2所示。

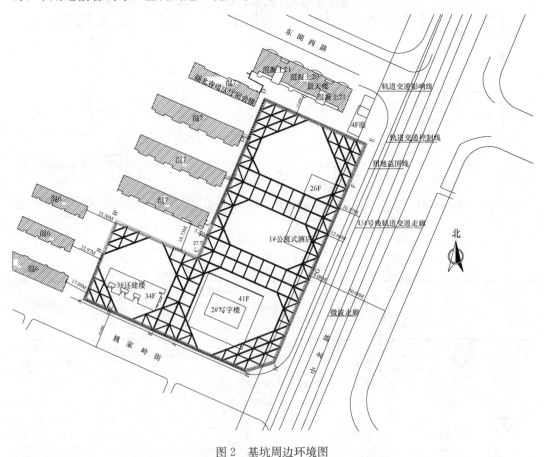

图2　基坑周边环境图

四、基坑围护方案

1. 基坑支护总体构思

本基坑具有开挖面积较大、开挖深度较深、周边环境复杂、土方开挖难、土质条件较好等特点。

一般情况下，在三层地下室及以上超深基坑支护工程中，竖向支护体常采用钻孔灌注桩或地下连续墙。地下连续墙具有刚度大、在基坑支护中兼具止水挡土双重作用、还可作为地下室外墙，据初步统计，在开挖深度超过 15m 以上基坑中，采用"二合一"地下连续墙具有较好的经济性。但是也存在施工难度大、工期较长、施工质量差强人意、对比钻孔灌注桩造价较高等缺点。本基坑所在场地工程地质条件较好，钻孔灌注桩具有施工方便、经验成熟、施工工艺简单、质量易控制等优点，本工程基坑支护采用钻孔灌注桩＋两道钢筋混凝土支撑的形式。

基坑内竖向设计两道钢筋混凝土支撑，采用角撑、对撑结合边桁架形成整体支撑体系，受力明确，方便分区拆换支撑。为方便土方挖运及用作施工场地，局部可将第一道钢筋混凝土支撑结合栈桥进行设计，提高施工效率，节省工期。第一道支撑平面布置见图 3。

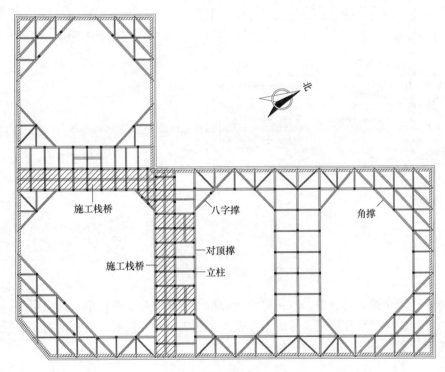

图 3　第一道支撑平面布置图

2. 基坑周边支护体

基坑普开挖 14.200～15.700m，局部开挖 17.600m，西北侧临近七层砖混结构房屋（天然基础）。经计算，普遍区域四周支护桩采用 ϕ1000mm@1500mm 钻孔灌注桩，局部开挖较深及临近天然地基房屋部位采用 ϕ1200mm@1500mm 钻孔灌注桩，桩底进入坑底以下不少于 6.0m，为保护周边军用电缆、给水管、燃气管等重要管线，将桩顶伸至自然地面，并在桩顶设置连通的冠梁，增加整体刚度，有利于控制基坑变形。

3. 支撑体系

竖向设置两道钢筋混凝土支撑。为减少桩身弯矩，第一道钢筋混凝土支撑尽量下落，为控制支护结构水平位移过大，又要尽量减少周围支护桩悬臂段过长，因此将第一道钢筋混凝土支撑中心标高设置为－3.000m，经过计算满足各项要求。第二道钢筋混凝土支撑设置在三层地下室顶板之上，方便三层地下室施工不受拆换撑影响，有利于组织流水施工。支撑竖向设置见图4。

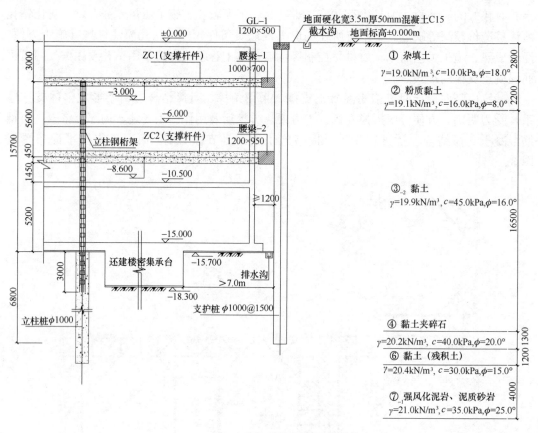

图4　基坑支护剖面图

支撑水平以角撑、对顶撑、八字撑结合边桁架形成平面支撑体系，受力明确，且相对独立，方便组织分区分片施工。考虑土方挖运及施工场地的需要，第一道钢筋混凝土支撑在对撑位置设置"一进一出"环通栈桥。

支撑梁截面尺寸　　　　　　　　　　　　　　　　　　　表2

	中心标高 （m）	围檩 （mm）	主撑 （mm）	八字撑 （mm）	连系杆 （mm）
第一道支撑	－3.000	1000×700	800×650	700×600	500×550
第二道支撑	－8.600	1200×950	1000×900	900×800	600×750

4. 立柱桩和立柱桩设计

本工程采用钢格构柱及柱下钻孔灌注桩作为承受竖向荷载的支承构件。其中非栈桥区域钢立柱角钢规格为 4∟160mm×14mm，截面为 460mm×460mm；栈桥区域钢立柱角钢规格为 4∟180mm×18mm，截面为 480mm×480mm，钢材均采用 Q235B 级钢，钢立柱进入柱下钻孔灌注桩中不少于 3.0m。非栈桥区域钻孔灌注桩桩长 12.0m，栈桥区域钻孔灌注桩桩长 18.0m，桩径均为 1000mm。

图 5　基坑施工现场鸟瞰图

五、基坑监测情况

本工程西侧临近天然地基房屋，东侧邻近地铁，关系重大，应严格控制因基坑开挖对周围环境的变形，确保附近居民的人身财产安全，按规范要求进行信息化施工，对支护结构及周边已有构筑物进行相应的变形沉降监测，主要的监测内容如下：支护桩顶部、竖向位移；支护桩内深层水平位移；立柱竖向位移；支撑轴力；临近建（构）筑物水平及竖向位移。具体详见监测点平面布置图 6。

1. 支护桩侧向位移

由图 7 可见，支护桩侧向位移呈现如下特征：

1）支护桩侧向位移随基坑开挖深度和时间的增加而逐渐增大；

2）最大位移一般发生在桩顶以下 2.0～4.0m 范围内，根据监测数据显示，测斜点 CX06 支护桩侧向位移最大，约为 8.86mm；

3）坑底以下支护桩未发生侧向位移，在坑底交接部位存在突变的迹象。

2. 支撑梁轴力监测

第一道支撑轴力共布置了 13 个监测点，主要设置在角撑、对顶撑等主要受力杆件，根据监测数据，ZL12、ZL13 测得支撑轴力最大，约为 6000kN，在混凝土支撑杆件的受力允许范围之内。

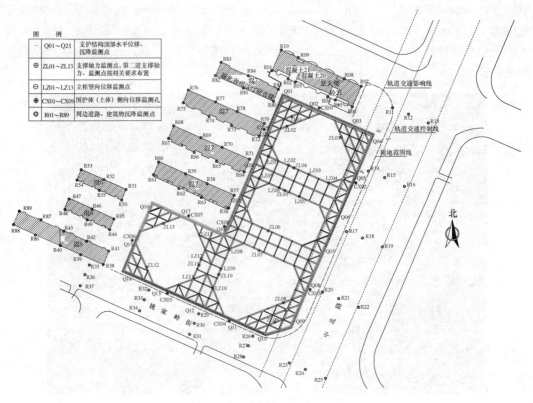

图 6　基坑监测点平面布置图

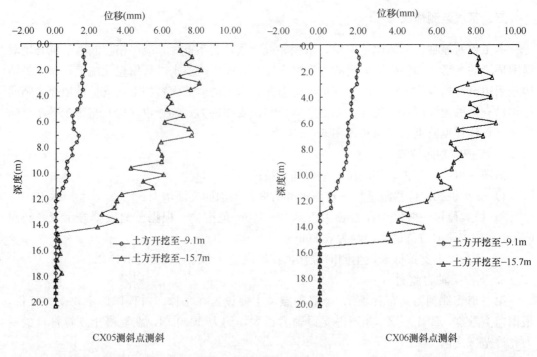

图 7　支护桩侧向位移（一）

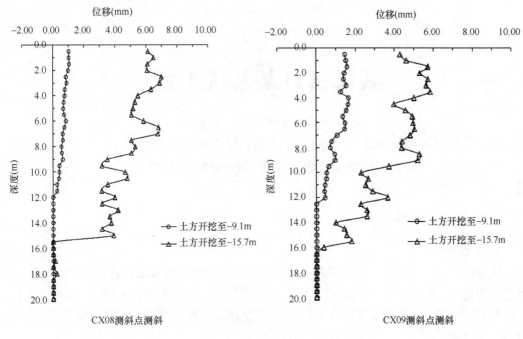

图 7　支护桩侧向位移（二）

六、点评

长城汇项目基坑开挖面积约 17157m²，基坑周长约 625.9m，基坑开挖深度为地面整平标高以下 14.200～17.600m，周边临近多条城市主干道、市政及军用管线、建（构）筑物、地铁 4 号线区间隧道，环境条件较为复杂。综合考虑场地岩土工程条件、周边环境、基坑开挖深度，结合武汉地区经验，采用钻孔灌注桩＋两道钢筋混凝土支撑的总体支护方案。

1. 支撑平面布置以角撑、对顶撑、八字撑结合边桁架形成整体支撑体系，具有刚度大、控制变形好、受力明确且相对独立，方便分区分片拆换撑，有利于总包组织流水施工，提高效率、减少窝工。在第一道支撑上根据需要结合对顶撑设置环通栈桥，有利于土方挖运、材料运输及泵车通行，方便施工、减少材料多次搬运，加快了工期。

2. 竖向仅设置两道钢筋混凝土支撑，支撑竖向间距较大，有利于土方运输车辆通行及挖机作业。将第二道钢筋混凝土支撑设置在二层地下室楼板上，三层地下室施工不受拆换撑影响，加快地下室施工，减少基坑潜在的风险。

基坑开挖到竣工回填，监测数据显示周边最大位移约 10.0mm，对周边环境的影响处于可控范围内，本工程设计经验可供同类工程参考。

武汉汉口某基坑工程

赵小龙[1]　徐国兴[2]　王华雷[1]

(1. 湖北楚程岩土工程有限公司，武汉　430000；

2. 总参谋部工程兵科研三所，洛阳　471023)

一、工程简介及特点

1. 工程简介

该基坑位于武汉汉口，该项目净用地面积 39503.6m²，地面上建筑面 232959m²，该项目由拟建的 3 栋 42～43 层住宅楼，1 栋 22 层办公楼，1 栋 26 层公寓楼，1 栋 2 层商业，2 栋 34 层住宅楼，1 栋 1 层开闭所，2～5 层商业裙房，普设 2 层地下室，垂直开挖深度 11.6～15.4m。

2. 基坑支护难点

(1) 对基坑变形控制严格

本工程周边环境条件复杂且用地较为紧张，基坑三侧紧邻周边建筑物，另外一侧紧邻航空路，支护桩距离周边建筑物距离 10.0～20.0m，多栋民房为砖混结构，基础为条形基础或独立基础，埋深小于 2.0m，对基坑变形敏感性高，设计对基坑变形进行了严格控制，侧向变形量不超过 25mm。

(2) 周边 6 层砖混民房基础为条形基础，为重点监测和保护对象

西侧有两栋 6 层民房，距离地下室外墙约 12～17m，基础形式为天然地基，基础埋深约 2.0m，临近该酒店部位基坑开挖深度为 11.6m，该区域支护结构考虑了高层建筑附加荷载的影响，该侧支撑采用对撑和角撑组合的支撑形式，对该建筑物和支护结构的变形、内力着重监测。

(3) 止水帷幕施工连续性难度大

由于场地周边存在天然气管道、污水管道、老桩以及废弃筏板基础，三轴搅拌桩止水帷幕施工难度大，冷缝多，为保证止水效果，冷缝处增打三轴搅拌桩，并用三重管高压旋喷桩进行止水加强处理。

(4) 基坑地下水降深大

本工程距离长江约 3.8km，距离汉江 2.2km，承压水埋藏于第③-2～④-2 层的砂性土层中，水量丰富，与江水联通。其承压水头在场区地面下约 8.0m，本工程设计降深 9.1m，布设 960t/d 降水井 43 口，设计抽水量 25629t/d，从基坑开挖 7.0m 后开始逐步开启降水井。

为了控制基坑周边变形量，降水井采用分区降水配合明排的抽排水方案，逐步增加降水井开启数量，直至开挖至底。

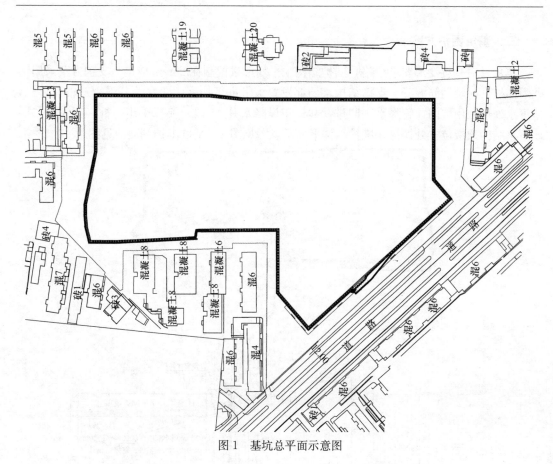

图1 基坑总平面示意图

二、工程地质条件

场地土层主要力学参数　　　　　　　　　　　　　　　　表1

层序	土 名	重度 (kN/m³)	承载力 f_{ak} (kPa)	压缩模量 E_s (MPa)	直剪应力指标		渗透系数 k (cm/s)
					c (kPa)	ϕ (°)	
①	杂填土	18.5			8	15	2.3×10^{-6}
②	粉质黏土	19.0	120	6.0	15	12	0.12×10^{-6}
③-1	粉质黏土夹粉土	18.6	110	6.0	20	10	2.53×10^{-6}
③-2	粉砂粉土夹粉质黏土	18.5	120	10.3	12	20	15.5×10^{-2}
④-1	细砂	19.2	200	16.5	0	30	

图2 典型地质剖面图

三、基坑围护方案

本项目对基坑变形要求严格，围护结构水平变形量控制在 25mm 以内。支护方案采用钻孔灌注桩＋一层钢筋混凝土支撑结构，局部设置板带进行加强，止水帷幕采用三轴搅拌桩，地下水处理采用坑内井管降水＋明排，共计布设降水井 43 口，换撑采用一桩一撑在负二层地下室结构顶板位置处换撑。围护结构平面示意图见图 3，基坑围护剖面图见图 4。

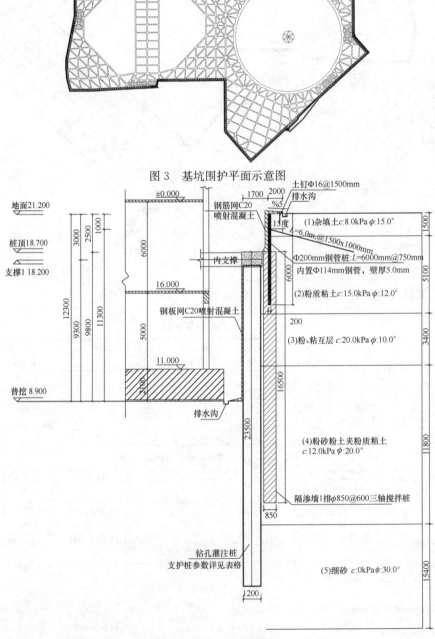

图 3　基坑围护平面示意图

图 4　基坑围护剖面图

　　该基坑支护施工时间较长，第一年5月开始施工支护桩和立柱，然后8月施工外围三轴搅拌桩止水帷幕，第二年由10月开始挖除第一层土体至支撑底标高，然后施工钢筋混凝土支撑，第三年3月大部分支撑施工完毕，于5月开挖至基底。

图5　支撑梁施工过程图

图6　开挖至基底

图 7　基坑开挖卫星图

四、基坑监测情况

　　监测主要内容包括支护结构水平位移、周边沉降量、周边建筑物沉降、立柱桩沉降及支护结构应力监测。图 8 为监测点平面布置示意图。基坑水平位移在 9mm 以内，基坑周边建筑物沉降控制较好，累积沉降量不超过 10mm。

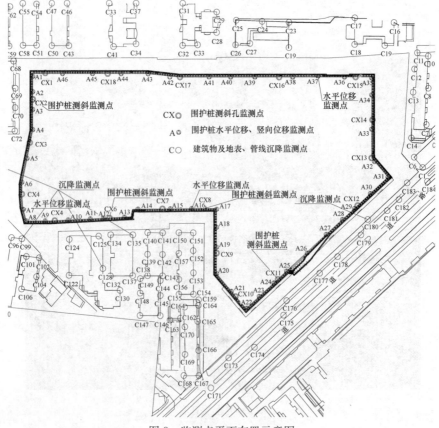

图 8　监测点平面布置示意图

　　图 9 和图 10 中显示的是基坑变形最大的几个位置，随着基坑开挖深度的增加，水平位移及沉降量也逐渐增加，监测结果显示，桩撑结构能够很好地控制水平位移，由于降水引起周边地层沉降，但沉降量在规范允许的范围内。图 11 给出的是开挖至基底围护结构水平变形曲线，从图中可以看出，基坑围护结构的水平位移变形趋势与设计变形趋势一致，CX2 点有向基坑外侧的位移，该监测点附近土体承受被动土压力。

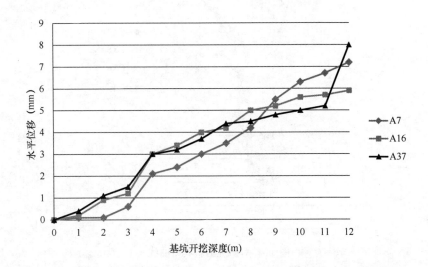

图 9　围护桩水平位移监测点随施工过程的数值变化

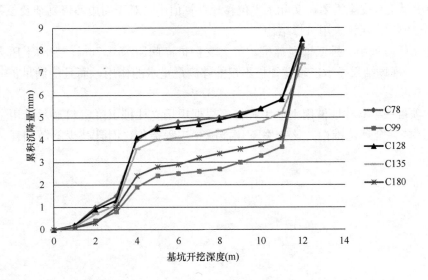

图 10　建筑物、管线及地表沉降监测点随施工过程的数值变化

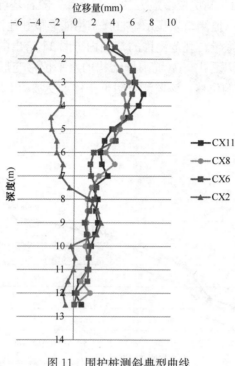

图 11　围护桩测斜典型曲线

五、点评

1. 采用支护桩＋混凝土支撑支护结构对控制坡顶及建筑物水平位移有很好的效果，能够较好满足工程安全需要，实际水平位移比计算值小，对于周边环境复杂及位移控制较高的基坑支护项目建议采用桩撑结构。

2. 止水帷幕采用一排三轴搅拌桩，最大支护桩净间距为 0.75m，主动土压力最大值为 0.2MPa，现场结果显示三轴搅拌桩不仅能够满足止水的作用，而且能满足桩间抗剪的要求。

3. 本项目一半立柱桩借用主体工程桩，根据现场立柱桩沉降资料显示借用主体工程桩的立柱沉降在合理范围内，该方案不仅能减少工程造价，而且减少能源消耗，应进行推广。

武汉汉口金地名郡项目基坑工程

马　郧　刘佑祥　范晓峰　罗春雨

（中南勘察设计院（湖北）有限责任公司，430223）

一、工程简介及特点

金地名郡项目由 2 栋 47 层主楼及 2～3 层附楼组成，下设 2 层满铺地下室。该项目位于汉口江岸区京汉大道与义和巷交叉口，总建筑面积 90029m²，其中地下车库 17169m²，结构类型为框剪结构，拟建建筑物采用钻孔灌注桩＋筏板基础。基坑开挖面积约 11400m²，基坑周长约 592m，沿基坑周边开挖深度为自然地面下 9.20～11.25m，基坑重要性等级为一级，基坑周边环境如图 1。

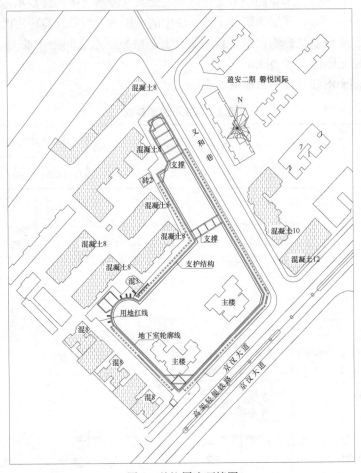

图 1　基坑周边环境图

二、工程地质及水文地质条件

1. 工程地质条件

勘察场地位于汉口江岸区,北临解放南路,西临安静社区,东临义和巷,南临京汉大道,场地现为荒地,场地内地表堆积有大量建筑垃圾,地形起伏不大,地貌上属长江I级阶地。根据本次勘察的野外钻探、原位测试及室内试验资料,本场地在勘探深度60.4m范围内所分布的地层除表层分布①杂填土(Q^{ml})外,其下为第四系全新统冲积成因的黏性土和砂土(Q_4^{al})。下伏基岩为志留系中统坟头组(S_{2f})粉砂质泥岩

根据勘察资料,本工程基坑工程深度范围内,地基土如下:①杂填土(Q^{ml})、②$_{-1}$粉质黏土(Q_4^{al})、②$_{-2}$黏土(Q_4^{al})、②$_{-3}$黏土(Q_4^{al})、②$_{-4}$粉质黏土(Q_4^{al})、③$_{-1}$粉砂夹粉质黏土(Q_4^{al})、③$_{-2}$细砂(Q_4^{al})、③$_{-3}$细砂(Q_4^{al})、③$_{-3a}$粉质黏土(Q_4^{al})、④中粗砂夹卵石(Q_4^{al})、⑤$_{-1}$粉砂质泥岩强风化(S_{2f})、⑤$_{-2}$粉砂质泥岩中风化(S_{2f}),各土层物理力学参数见表1。

2. 水文地质条件

勘察期间各钻孔中地下水。本场地地下水可分为两种类型:上层为富存于①杂填土层中的上层滞水,其水位、水量随季节变化,主要受大气降水、生活排放水渗透补给,稳定水位埋深为0.5~1.5m;下层为赋存于砂土层中的承压水,与长江有一定的水力联系,其水位变化受长江水位变化影响,水量较丰富;上下层地下水之间由于被②$_{-1}$层、②$_{-2}$层、②$_{-3}$层、②$_{-4}$层阻隔而无水力联系。

工程地质剖面图和设计参数取值如表1。

场地土层主要力学参数

表1

层序	土名	层底深度 (m)	重度 (kN/m³)	含水量 (%)	孔隙比 e	压缩模量 E_S (MPa)	直接快剪建议值 c_{qq} (kPa)	直接快剪建议值 φ_{qq} (°)	渗透系数 k (cm/s)
①	素填土	3.0~6.0	18.5				4	20	33.6×10⁻⁷
②$_{-1}$	粉质黏土	1.1~3.6	18.8	39.2	0.851	6.0	24	12.5	42.0×10⁻⁷
②$_{-2}$	黏土	0.7~2.9	18.0	43.2	1.055	5.2	18	8	40.0×10⁻⁷
②$_{-3}$	黏土	1.2~3.6	18.8	41.3	0.860	6.0	24	10	40.0×10⁻⁷
②$_{-4}$	粉质黏土	1.0~3.1	18.2	38.8	0.986	5.0	18	8	
③$_{-1}$	粉砂夹粉质黏土	5.6~10.0	19.0	37.7	1.021	10.0	5	24	
③$_{-2}$	细砂	8.0~15.2	19.0			17.0	0	30.5	

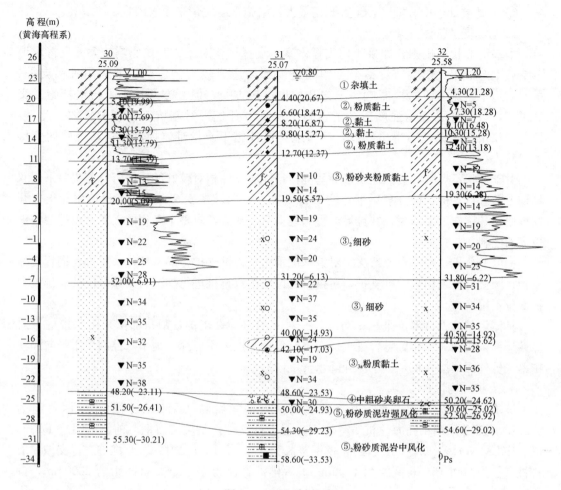

图 2　工程地质剖面图

三、基坑围护方案

1. 基坑工程特点分析

结合工程图纸及勘察资料分析，本基坑主要有以下一些特点：

① 基坑开挖深度较大，本基坑周边开挖深度约为自然地面下 9.20～11.25m，基坑开挖深度较大，基坑形状呈不规则形状，地下室平面近似刀形。

② 基坑开挖深度范围内岩土体力学性质较差，大部分为软弱土层，上述土层对坑壁的稳定性有一定影响，对基坑开挖较不利，故支护结构应具有较高的结构强度和整体稳定性。

③ 基坑对内外环境的影响较大，对本基坑工程而言，基坑工程对周边环境的影响主要是对周边马路、地下管线与周边构筑物的影响。基坑工程对坑内环境的影响主要是对坑内已施工的工程桩的影响，基坑工程的施工与运行不能使坑内工程桩发生偏移、断桩。

④ 基坑在开挖和运行可能对轻轨一号线造成影响。

⑤ 本基坑处于中心城区，土方开挖量大，给施工组织带来很大困难。

2. 基坑支护整体方案

本基坑形状不规则，如采用内支撑方案，支撑结构对土方开挖影响较大，且将对地下室施工造成很大影响，对整个工程的进度都将造成较大的影响。如采用桩锚支护，虽然对地下室施工不造成影响，土方开挖也比较方便，但土方开挖必须与锚杆施工交叉进行，且锚杆要到达强度后才能进行下层土方开挖，对基坑工期影响较大。此外，目前武汉市规定锚杆不得出红线，汉口地区锚杆施工质量难以控制，且基坑后期变形一般较大。

对于形状不规则的类似地质条件基坑，且地质条件相对较好的地段，目前主要采用双排桩方案进行支护。该方案对于开挖 10.0m 左右的基坑，安全可靠，造价适中，土方开挖方便，基坑施工工期短，并且不会影响地下室的施工，对整个工程的工期缩短都会提供极大的便利。

据以上分析，经综合比选决定对该基坑采用双排桩支护，局部部位采用桩＋钢管支撑支护；圆弧部位采用悬臂桩支护，对拱脚部位采用双排桩进行加强。圆弧部位及双排桩支护部位不用换撑。

具体为基坑刀口部位采用一对二、一对一的双排桩支护，阳角部位采用双排桩＋对撑，局部采用圆弧形布置悬臂桩进行布置，刀把部位采用对撑，地下水控制采用竖向隔渗帷幕（桩外深层搅拌桩）＋中深井降水（坑内）。

3. 支护结构设计

该基坑形状为"刀"型，基坑北侧为"刀柄"后侧（GHII'J 段），挖深普遍为9.2m，该部分采用钻孔灌注桩＋一道钢支撑进行支护；基坑"刀柄"前侧（CD'DEFG段、JKLMNO 段、QQ'RA 段），挖深普遍为 9.1，采用"二对一"双排桩进行支护，前排桩直径为 900mm，桩间距为 1400mm，后排桩直径为 900mm，桩间距为 2800mm，排距为 3000mm。

"刀口尖"为圆弧形（ABC 段），圆弧形半径为 14744m，挖深普遍为 9.1m，为了避开此处支撑设计的复杂，以及拆撑给施工工期带来的影响，充分利用拱形受力特点，该部分采用悬臂桩进行支护，后排设置少量的桩进行加强。

"刀背尖"阳角部位采用桩撑进行支护，"刀背"（D 点）与"刀口"（OPQ 段）连接部位采用对撑进行加强，支撑采用钢支撑，其余部位全部采用双排桩进行支护。在双排桩间及单排桩外侧设置搅拌桩，对双排桩起到桩间土加固和止水的作用，单排桩外侧设置搅拌桩起到保护桩间土和止水作用。

基坑南侧靠近轻轨段和基坑西侧部分软土较厚区域进行了被动区加固，坑中坑部位采取坑底、侧壁高喷桩加固五面隔渗处理。支护结构平面图及典型剖面如图 3。

4. 地下水处理

根据场区工程地质条件和水文地质条件，该基坑在开挖时已挖穿隔水层进入含水层，因此本基坑水处理包含上层滞水和承压水的处理。

（1）上层滞水处理方法

① 对基坑周围 3.5m 宽的地面用厚 50mm 的素混凝土进行硬化。基坑坡顶四周设置排水沟，以截地表水流入基坑。

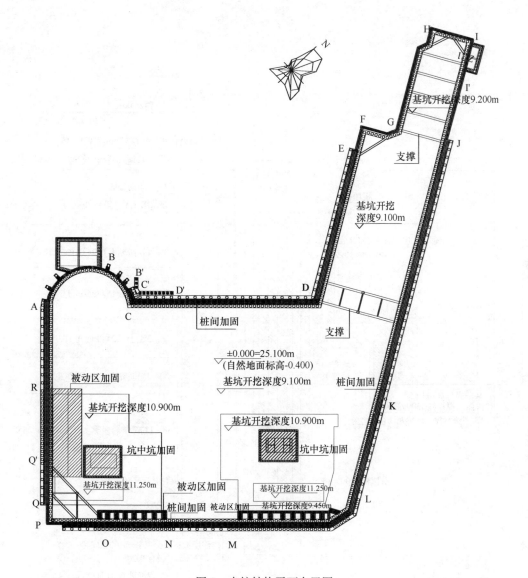

图 3　支护结构平面布置图

② 在基坑四周距坡顶 3.0m 处修筑一条排水沟，截面尺寸 300×400mm，混凝土浇筑，按 3‰坡率流入集水井中，统一排入市政排水系统。

③ 基坑底部内也沿坑底四周设置一条排水沟，截面尺寸 300×300mm，混凝土浇筑，并布置一定数量的集水井，以抽排坑内之水。

（2）竖向隔渗帷幕设计

在基坑四周设置深层搅拌桩技术形成竖向隔渗帷幕，与钻孔灌注桩联合作用，既挡土又止水。

在桩撑支护部位灌注桩外围采用 2 排深层搅拌桩，桩径为 500mm，桩间距为 400mm，比支护桩短 2000～3000mm；在双排桩支护部位采用桩间设置 4 排深层搅拌桩，形成竖向隔渗帷幕的同时起加固双排桩桩间土的作用。

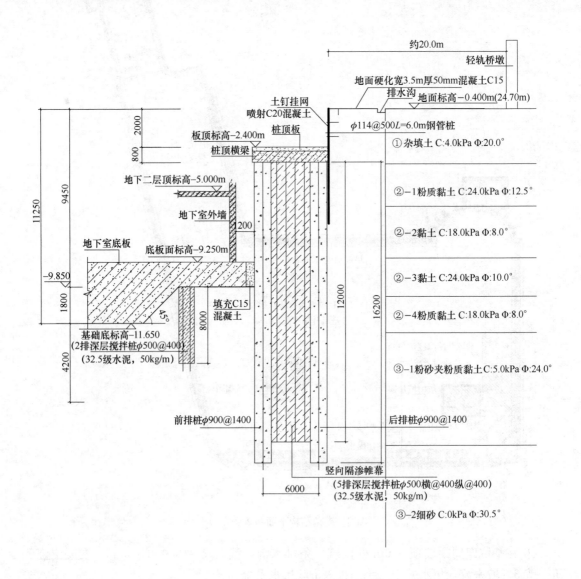

图4　支护结构典型剖面图—双排桩（LM、NO段）

（3）下层承压水处理办法

该基坑开挖后，其隔水底板已挖穿，采用管井进行疏干降水。考虑到本基坑实际地质情况，若采用完整井降水，则抽水量相应增大，对基坑及周边建筑物影响大；采用浅井降水，因上部渗透性系数相对较小，水力坡度大，且难以达到降水效果；因此，选用中深井，即井深35m，可以达到预期效果。本基坑采用20口降水井进行降水，设置了3口观测井。

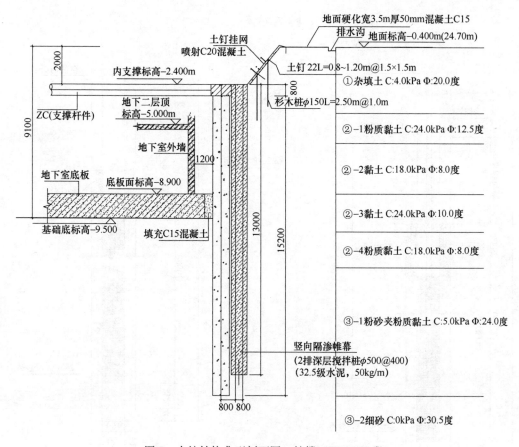

图 5　支护结构典型剖面图—桩撑（EFGHIJ 段）

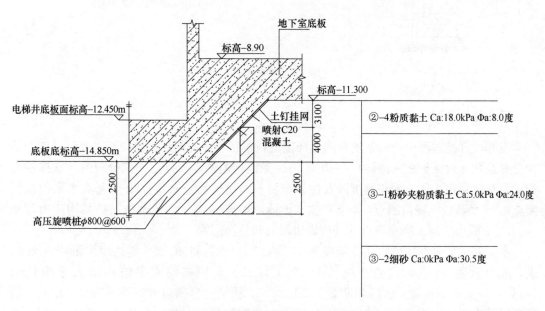

图 6　支护结构典型剖面图—坑中坑支护

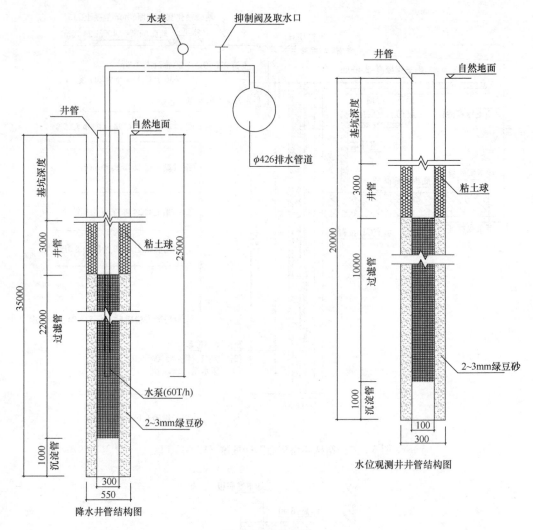

图 7　管井结构图

四、基坑监测

在基坑开挖过程中，对基坑及周边环境进行了系统全面的跟踪监测，主要包括支护结构变形监测（含支护桩内测斜）、基坑坡顶沉降位移监测、支撑立柱变形观测、支撑轴力测试、基坑周边土体、构筑物沉降及位移监测。基坑监测点布置：29 个基坑水平位移监测点，29 个基坑沉降监测点，8 个基坑支护体测斜监测点、10 个基坑支护结构应力监测点、73 个周边房屋沉降观测点，基坑周边调查和目测巡视。

本次基坑监测坡顶位移和沉降观测 44 次，支护体测斜 40 次，周边房屋沉降观测 44 次，应力监测 35 次，目测巡视约 60 个工作日。支护结构水平位移最大累积量为 18.3mm，支护结构最大沉降累积量 8.50mm，支护结构测斜最大累积量为 9.53mm，周边房屋最大累计沉降量为 3.79mm，最后一次观测时最大沉降速率为 0.00761mm/d，所有监测结果都在规范规定范围内。

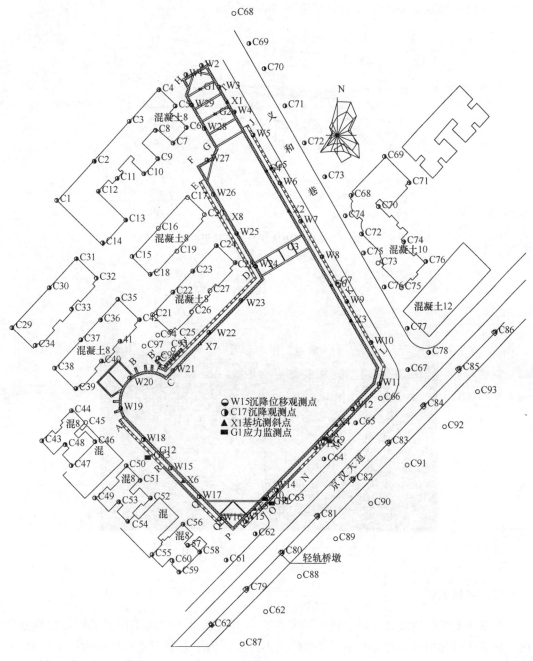

图 8　基坑监测点平面布置图

支护结构钢筋应力监测共埋设 10 个监测点，共观测 35 次，最大累计受压值为 1.2MPa，最大累计受拉值为 1.8MPa，均在规范规定的要求范围内。

对本基坑周边道路及轻轨进行了 35 次沉降监测，对轻轨进行了 3 次水平位移监测。周边道路最大累计沉降量为 0.98mm，最小累计沉降量为 0.37mm，累计最大差异沉降为 0.61mm。道路水平累计最大位移量为 3.4mm，最后一次观测时最大沉降速率为 0.00111mm/d，最大位移速率为 0.001mm/d，在规范规定的稳定标准内。基坑周边轻轨水平最大位移量为 2.4mm，最大位移速率为 0.002mm/d。

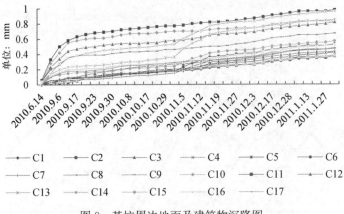

图 9　基坑周边地面及建筑物沉降图

图 10　基坑底板施工完成现场图片

五、项目点评

本基坑支护结构设计及降水设计给基坑土方开挖及地下室施工提供了较大的作业空间，在基坑西北角部位充分利用了拱结构受力特点，为甲方节省了直接投资约 300 万元。施工期间，水电管线无破损，周边房屋无破坏性变形，降水未对周边环境产生不利影响，基坑东南侧轨道交通线正常运营，居民生活无影响，为工期赢得了良好的施工环境，创造很好的间接社会经济效益，并极大缩短了地下室施工工期。实践证明双排桩支护结构的合理性，地下水处理的适当性，确保了基坑和周边建筑物的安全，同时确保了基坑土方的快速挖运以及地下主体工程快速顺利的施工，是比较典型的深基坑支护成功范例，为复杂条件与环境下的深基坑工程的设计、施工提供了宝贵的经验。

福建某钢厂钢坯打捞项目基坑工程

李　昀　林　靖　顾开云　任家佳

（中船第九设计研究院工程有限公司，上海　200062）

一、工程简介及特点

工程建设场地位于东南沿海某海湾北岸的厂区内。该厂区位于深厚的海相淤泥区，其钢厂原钢坯堆放区由于地基失稳，致使 2 万多 t（2000 多块）钢坯突发下沉埋入地下，物探最大埋深约 30m，同时导致钢坯库 A～D 跨厂房毁坏。为取出沉埋地下的钢坯，修复破损厂房，恢复正常的生产线，需要在钢坯沉陷区设计基坑支护结构，采用明挖方式打捞出深埋于地下的游离钢坯。

图 1　工程所在位置示意

二、环境概况

钢坯打捞区域处在精炼厂垮塌的钢坯库内，东面紧邻钢坯生产线；南面靠近带钢厂房；西面贴近钢坯库未垮塌部分；北面贴近精炼厂电气室及设备维修间；东侧紧贴连铸钢坯生产线及与钢坯生产线平行布设有一条电缆沟；平行于带钢厂房外墙埋设有一条 $\phi1600$ 的排水管及一条 $\phi400$ 的输气管。

基坑四周均为厂房柱基，柱基为多桩承台，单层厂房。距离本基坑最近的柱基为东侧的㉟-C 轴线上的柱基，距离本基坑内边线最小距离为 2.56m。其余侧厂房柱基，距离本基坑内边线距离约为 7～9m。

197

图 2 基坑周围厂房照片

三、工程地质及水文条件

工厂地处罗源湾北岸，属滨岸相沉积地貌，原被海水覆盖，经修筑海堤及大面积填方后现为陆地。场地内分布的主要地层有人工填积层、第四系全新统长乐组海积层、第四系全新统东山组海积层、第四系上更新统龙海组冲洪积层，燕山期侵入花岗岩层。

拟建场区岩土主要物理力学参数如表 1 所示。

土层主要物理力学参数 表 1

土层编号	土层名称	平均厚度 (m)	重度 γ_0 (kN/m³)	含水量 (%)	孔隙比 e_0	直剪固快		渗透系数	
						c_q (kPa)	Φ_q (°)	K_v (cm/s)	K_h (cm/s)
①	填土	8.43	18.5			—	—	5.00E-04	5.00E-04
②	淤泥	15.8	15.2	75.4	1.938	9	5.8	5.00E-07	5.00E-07
③	黏土	3.7	17.5	42.3	1.189	32	15.0	1.00E-07	2.50E-07
④-1	淤泥质黏土	4.1	16.7	53.9	1.413	11	7.0	3.00E-07	4.00E-07
④-2	黏土	6.0	17.4	43.0	1.150	25	11.6	1.00E-07	2.00E-07
⑤	砂砾卵石	6.63	19.5			—	—	5.00E-04	5.00E-04
⑥	黏土	1.48	17.6	39.5	1.102	39	16.0	5.00E-07	5.00E-07
⑦	卵石	13.05	20.5			—	—	1.00E-07	2.50E-07

根据物探显示，沉陷的钢坯主要分布在海相沉积淤泥层，其中淤泥层厚度达到 10～21m，该土层具有含水量高、孔隙比大、压缩性高、抗剪强度低、灵敏度高等特点。

场地内地下水主要分上部滞水和承压水两种类型。上部滞水主要赋存于填土层之中，稳定水位埋深为 1.0m。承压水主要赋存于第⑦层含黏性土卵石层。承压水水头标高为5.2m，即高出现地表约 0.2m。

四、基坑围护方案

根据多次物探的钢坯分布范围显示，大部分下沉钢坯在地面以下 15m 左右，且不断在下沉和外扩，底部呈锅底状，在钢坯下沉的中心位置为钢坯下沉最深的部位，最深处超过了 21m，坑中间底部挖深 30m，坑边挖深为 25m 左右。

基坑围护平面采用圆形加西侧方形基坑的平面布置，呈乒乓球拍形，大圆的直径 50m，基坑总面积为 2164m²，基坑周长为 185m。

实际施工过程中，在西侧方形基坑范围内开挖至 12m 深时发现其下钢坯已基本清理完，场地处理后补打圆形基坑缺口的灌注桩，使围护形成完整的圆形体系，提高了 12m 深度以下的基坑开挖的安全度。

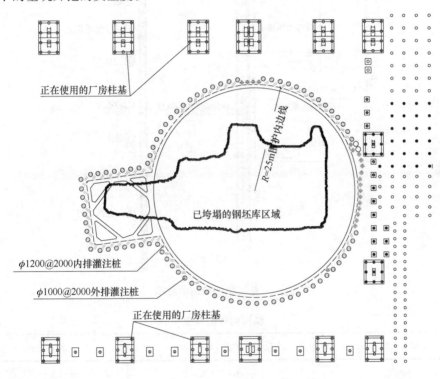

图 3　围护结构平面示意图

1. 围护结构

围护墙体采用前后双排钻孔灌注桩加旋喷桩止水帷幕，灌注桩内圈桩径 φ1200@2000，外圈桩径 φ1000@2000，内外圈灌注桩梅花形交错排布。内圈与外圈灌注桩中心间距按 800mm 控制，并保证内外排桩最小净距控制在 200mm 左右。有效桩长：内圈直径 φ1200 的桩长 55.8m，外圈直径 φ1000 的桩长大于等于 60.8m，进入⑧-1 层强风化岩大于等于 1m。

2. 内衬体系

圆形平面支撑采用内衬的形式，充分发挥圆拱效应。随着基坑开挖深度加深，不断加厚内衬的厚度（0.8～2.0m）。内衬构件尺寸汇总如表 2 所示。

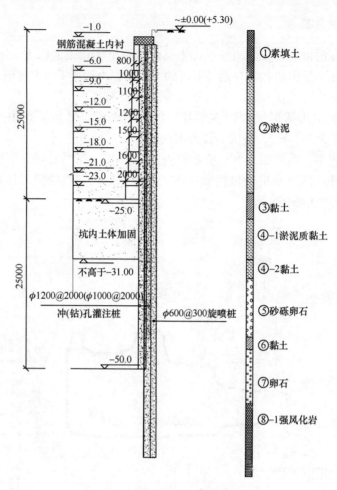

图 4 基坑典型剖面示意图

结构构件汇总表   表 2

结构构件	尺寸（宽×高）（m）	深度（m）
顶圈梁	3.0×1.2	−1.0～−2.2
第一道内衬	0.8×3.8	−2.2～−6.0
第二道内衬	1.0×3.0	−6.0～−9.0
第三道内衬	1.1×3.0	−9.0～−12.0
第四道内衬	1.2×3.0	−12.0～−15.0
第五道内衬	1.5×3.0	−15.0～−18.0
第六道内衬	1.6×3.0	−18.0～−21.0
第七道内衬	2.0×2.0	−21.0～−23.0
第八道内衬	2.0×2.0	−23.0～−25.0

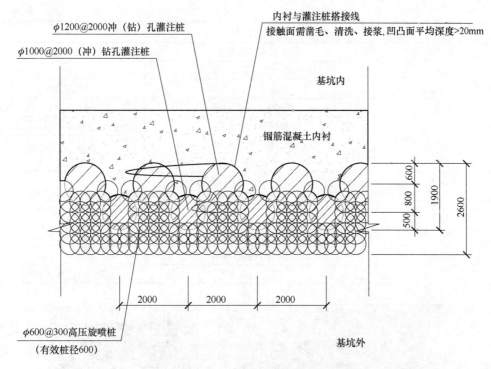

图 5　围护结构详图

3. 止水体系

本基坑采用隔断承压水的止水方案。采用Φ600@300高压旋喷桩止水，止水帷幕宽度约为2000mm，桩底进入⑧-1层强风化岩至少1m，桩长58~63m。

4. 坑内加固

土体加固范围考虑坑内裙边10m宽度范围内。深度从第②层淤泥开始，至坑底下至少6m的范围，并穿过第④层淤泥质土。

坑内加固采用高压旋喷桩，水泥掺量不低于25%，加固区域的置换率在70%以上。当加固体施工遇钢坯等障碍物时，根据钢坯打捞移除后的开挖情况决定是否进行二次加固，保证钢坯打捞的安全以及围护墙体前土体被动承载力。

5. 土方开挖和钢坯打捞

基坑采用岛式开挖方式。在坑边设置两台吊车，兼做出土和钢坯打捞起重设备。开挖遵循"分层、对称、均衡、限时"的原则。每层厚度2~3m。土方开挖结合实际钢坯打捞工作，钢坯打捞完的区域根据情况考虑是否进行局部回填。

具体施工工况及相应的工况说明如表3所示。

施工工况汇总表　　　　　　　　　　　　　　　　　　　　　表3

工况编号	工况说明	说明
工况一	围护桩，土体加固等隐蔽工程施工	
工况二	降水	
工况三	施工顶圈梁	

续表

工况编号	工况说明	说明
工况四	开挖第一层土方	开挖深度 6m
工况五	施工第一层内衬墙	
工况六	开挖第二层土方	开挖深度 9m
工况七	施工第二层内衬墙	
工况八	开挖第三层土方	开挖深度 12m
工况九	施工第三层内衬墙	
工况十	开挖第四层土方	开挖深度 15m
工况十一	施工第四层内衬墙	
工况十二	开挖第五层土方	开挖深度 18m
工况十三	施工第五层内衬墙	
工况十四	开挖第六层土方	开挖深度 21m
工况十五	施工第六层内衬墙	
工况十六	开挖第七层土方	局部开挖深度 25m

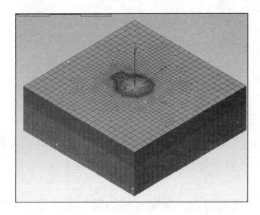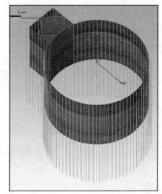

图 6　三维连续介质法计算模型

　　考虑圆形基坑围护结构的三维空间效应，采用 Midas-GTS 软件对围护体系进行三维建模分析，土体采用实体单元，摩尔-库伦本构模型进行模拟，桩采用桩单元，内衬墙采用板单元模拟。具体三维模型见图 6 所示。另外，将二维三维计算结果进行充分对比分析指导设计施工，达到了较好的实际效果。

图 7　工程实际实施照片

五、监测数据实时分析

工程在施工过程中,随时对工程的不同开挖阶段,进行围护结构、土体变形及周边建筑物的实时监测,以达到信息化施工要求。

1. 桩体水平位移监测结果

根据实测的桩体侧斜曲线可以看出,工程开挖到底后,前排桩体的最大侧向变形均控制在 40～50mm。

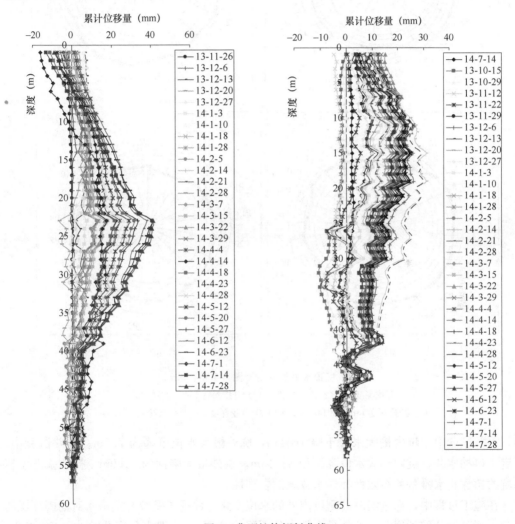

图 8　典型桩体侧斜曲线

2. 桩顶水平位移监测结果

图 9 为基坑开挖过程中桩顶的水平位移变化情况。

从桩顶位移的监测数据可以看出,在基坑开挖过程中,桩体较好地保证了圆形的特性,桩顶最大径向变形约为 6.2mm,真圆度控制较为合理。

3. 地下水水位监测结果

为了检验止水帷幕的有效性,在隐蔽工程完成之后,正式开挖之前进行了试抽水试

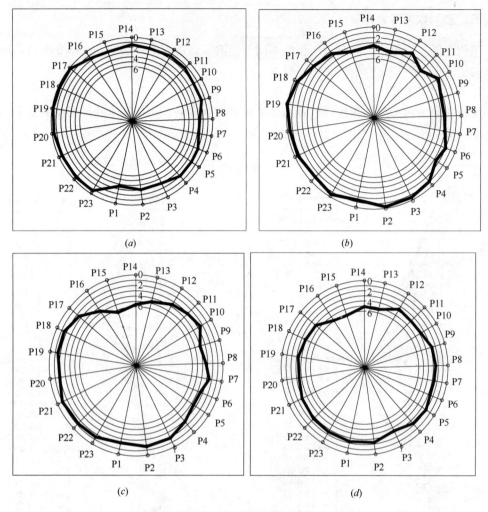

图 9　桩顶水平位移变形图（单位：mm）

（a）开挖深度 9m（2013.11.22）；（b）开挖深度 15m（2014.03.03）

（c）开挖深度 18m（2014.05.27）；（d）开挖深度 20～25m（2014.07.28）

验，单井试验中，坑内最大水位下降为 12m，坑外最大水位下降为 7.5m。群井试验中，开启 4 口抽水井，坑内最大水位降深为 32.13m，坑外最大降深为 11.9m。初步验证了本基坑的超深止水帷幕的有效性和降水方案的合理性。

在施工过程中，通过实时监测坑内外的水位变化，保证了基坑开挖降水对周围环境的影响。到基坑开挖到底时，坑外最大的水位下降为 2.3m，一般水位变化均为 0.5～1.3m 范围，坑外水位变化得到了较好的控制。

4. 周边环境监测结果

另外，在基坑开挖过程中，对周边厂房的结构柱的变形和垂直度进行密切的监测巡视，对变形或垂直度变化较大的结构柱及相邻的屋架结构进行加固。施工过程中，设置了 69 个结构柱沉降监测点，及 14 组结构柱垂直度监测点。根据监测结果及结构柱的破坏情况，仅对北侧的两个相邻结构柱及相对应的屋架结构进行了钢结构加固（在钢坯下沉过程中破坏较严重的两组结构柱，加固时间 2014.7.7)，各个结构柱在开挖过程中产生的最大倾斜率为 13.5‰，最大柱基沉降 25mm。

地面沉降最大值为 103mm，具体位置为南侧距离坑边 20m 处的沉降观测点。

六、点评

本项目通过采用灌注桩结合圆形内衬墙的围护方案，完成了直径 50m 的圆形基坑工程的实施，最终实施效果良好，对周围的厂房结构变形控制较好，创造了良好的社会经济效益。

荆州北京路地下人防基坑工程

马　郧　刘佑祥　龙晓东　周国安

（中南勘察设计院（湖北）有限责任公司，武汉　430223）

一、工程简介

荆州市北京路地下人防工程，整体呈条带状、局部设下沉广场区域呈苹果状，该建筑无上部地面建筑。建筑工程总长约 980m，宽 23~32m，两边为商铺，中间设 7~8m 宽人行道，顶板上覆土 1.3m，层高 5.2m（净高）：人行道 3.9m，商铺 3.0m。结构类型为框架、剪力墙，下沉式广场采用桩筏基础，其他采用筏基。基坑开挖周长约 2400m，开挖面积约 3.5 万 m²，开挖深度为自然地面下 8.0m。

二、基坑周边环境概况

本项目位于荆州市商业中心北京路中段，该路段为荆州市区主干道，车流、人流、物流量大。道路红线宽 50~60m，有三座过街人行天桥，现状竖向标高 31.07~31.89m，道路两侧商业网点密集，建筑林立，电信光缆、电力及煤气管、上下水管等地下管线纵横交错。经现场调查，拟建建筑物基坑影响范围内各类建筑物多达 251 栋，其中砖结构建筑 31 栋，砖混结构建筑 149 栋，混凝土结构建筑 71 栋，且上述的各类已建建筑物基本上为扩大的条形基础，少数为复合地基和桩基础，多数建筑物建筑年代较长，结构整体性较差，基坑周边环境条件比较严峻。

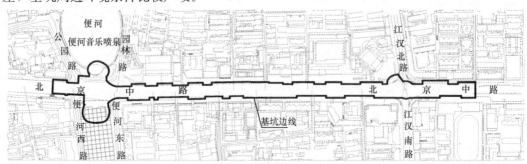

图 1　基坑周边环境图

三、工程地质及水文地质条件

1. 工程地质条件

拟建场地南距长江岸线约 700m，属低平原长江 I 级阶地地貌，地势平坦，地面高程为 29.00~31.00m，地层自上而下为湖积相淤泥质黏性土层冲积砂层洪积及冲积砾卵石层，第四系松散覆盖层厚度超过100m。按土层层序、岩性及力学特性，可将基坑影响深度内的场地土体划分为七大层九小层，场区典型地质剖面如图2。

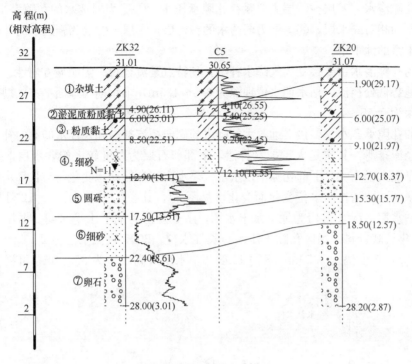

图2　场区典型地质剖面

综合确定的相关地层的岩土设计参数取值见表1。

岩土设计参数表　　　　　　　　　　　　　　　　　　　　　表1

层序	土名	厚度 (m)	平均厚度 (m)	重度 (kN/m³)	含水量 (%)	孔隙比 e	压缩模量 E_S (MPa)	综合取值 C_{qq} (kPa)	ϕ_{qq} (°)
①	杂填土	1.0～3.8	2.0	19.0	—	—	—	14	14
②	淤泥质粉质黏土	1.5～5.1	3.5	19.0	30.10	0.787	3.8	15	15
③₋₁	粉质黏土	1.3～7.4	3.9	18.5	35.02	0.968	4.1	16	13
③₋₂	粉土	1.1～7.6	4.3	18.4	32.39	0.860	4.4	13	13
④₋₁	粉砂	1.4～6.5	3.1	18.3	—	—	9.0	3	28
④₋₂	细砂	2.3～14.0	6.4	18.6	—	—	13.0	2	32
⑤	圆砾	0.5～7.2	3.44	19.8	—	—	(20.0)	0	42
⑥	细砂	3.0～3.2	2.57	19.8	—	—	14.0		
⑦	卵石	1.3～11.5	—				(50.0)		

2. 水文地质条件

根据地下水水动力特征，可将区内地下水类型分为孔隙潜水和孔隙承压水。其中①层主要赋存孔隙潜水，④层～⑦层主要赋存孔隙承压水。①层为弱透水的孔隙潜水含水层，②层、③层为相对隔水层，③$_{-2}$层为弱透水的粉土层，④层～⑦层为强透水的孔隙承压含水层，含丰富的地下水。

上部的孔隙潜水主要接受大气降水补给，其特点是流径短、无明显方向性、大致由地势高处向地势低处径流，枯水期水位埋深为 0.5～1.5m，丰水期与地面平齐，勘探期间测得水位埋深为 0.55～1.12m。

下部的孔隙承压水主要接受远源大气降水的侧向径流补给和长江水的侧向补给，向相邻含水层径流排泄，其次是人工抽水排泄，下部卵石层为厚度较大的含水层，据区域资料，该层厚度大于 80m。下部孔隙承压水水位呈水文型自然动态变化，与长江水位具有密切的水力联系，即随长江水位变化而变化（见图 3）。其中 1、2、3、11、12 月份为孔隙承压水的枯水期，7、8 月份为地下水丰水期，余下月份为地下水平水期。据场地附近监测孔 2007 年长观资料，场区孔隙承压水与长江水位，2007 最低水位为 26.63m，最高水位为 30.22m，年变幅达 3.59m，区内 1998 年丰水期最高水位为 35.14m，可视为百年一遇最高水位。

图 3　孔隙承压水水位与长江水位的动态变化曲线

本基坑距离长江最险的荆江干堤仅为 700m，长江荆江段为地上悬河，河床高出荆州城区地面约 10.0m。为了保证荆江防洪安全，基坑的开挖与降水对荆江行洪及干堤不能产生任何影响。

通过抽水试验得出，砂砾石承压含水层的渗透系数 k＝16.87～18.0m/d，导水系数 T＝1349.6～1440.0m^2/d，弹性给水度 μ＝0.012，影响半径 R＝500m。其他土层的水文地质参数见表 2。

从场区内环境地质条件不难推断：基坑开挖深度范围内土层软弱，呈松散和软～可塑状态，其强度低、工程性能差、对基坑开挖支护不利；同时具有丰富的地下水，下部承压含水层与长江水位具有联动性，因此控制地下水成为基坑开挖的关键。按国家有关防汛要

求及荆州市有关建设规定，基坑的支护结构施工、土方开挖、降水系统等施工期限为当年
10月1日至次年5月1日，汛期不得施工，超过该时间段则基坑必须停止施工并回填，
可见工期非常紧张。

抽水试验结果　　　　　　　　　　　　　　　　表2

土层	水平渗透系数 $k_h/(\text{m} \cdot \text{d}^{-1})$	垂直渗透系数 $k_v/(\text{m} \cdot \text{d}^{-1})$	贮水率 $S_s/(\times 10^{-4})$
③-2粉土夹薄层粉砂	0.187	0.0619	1.345
④-2细砂层	1.190～1.577	0.629～0.695	1.045～1.345
⑤圆砾层	12.649	3.199	1.198
⑥细砂层	1.665	0.701	2.002
⑦卵石层	18.970	19.8718.631	9.221

四、支护结构设计

1. 基坑支护设计总体思路

由前述可知，本基坑工程有如下特点：（1）基坑规模大，周长为2422m，面积约
35000m²，开挖深度较大，达8.0m；（2）在开挖深度范围内，土层软弱、力学性质差；
（3）基坑将揭露中部弱透水的承压含水层和下部承压含水层，且紧邻长江荆江干堤，地下
水与长江水位具有密切的水力联系，地下水非常丰富；（4）基坑周边各类市政管线密布、
建筑林立，环境保护要求高。因此，基坑支护设计严格控制支护结构的水平变位的同时，
必须严格控制降水等地下水治理对周边环境造成的固结沉降或地层损失所引起的地面
变形。

综合考虑本工程的上述特点以及市场施工技术水平等多种因素，按照"安全、合理、
经济、可行"的原则，最终选择的支护方案为：对于平面形状呈条带状的区域，采用钻孔
灌注桩＋钢筋混凝土边桁架＋一道双拼钢管内支撑进行支护；对于下沉广场呈苹果状凸出
部位，利用基坑边呈拱形的有利条件，采用圆拱形支护，开口对边、拱顶拱脚部位采用双
排桩支护结构；上述支护桩间设置高压旋喷桩，与钻孔灌注桩联合作用形成竖向隔渗帷
幕，挡土又止水。为方便土方挖运机械施工，加快土方开挖，设计允许开挖4.0m以后安
装对撑钢管。支护结构平面布置如图4。

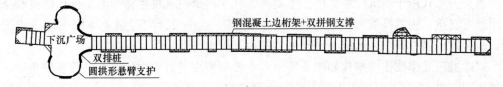

图4　支护结构平面布置图

2. 支护设计

（1）灌注桩＋钢管内支撑支护

支护桩采用 $\phi 900@1400\text{mm}$ 钻孔灌注桩，桩长 $L=12.5\sim14.0\text{m}$，混凝土强度为C30；
冠梁尺寸为1200mm×600mm，混凝土强度为C30；双拼钢支撑采用 $\phi 450\times14$ 的钢管，

间距约 8~12m 不等。支撑中心标高 −0.3m。因人防狭长区段多处设置出入口，致使基坑边线多处出现矩形凸起，为便于钢支撑的设置，同时考虑到尽可能方便行人交通，设置钢筋混凝土边桁架，其主次梁尺寸分别为 500mm×600mm，450mm×500mm，混凝土强度等级为 C30。钢格构立柱采用 4L140mm×14mm，立柱桩直径 900mm，长度 10.0m，桩端进入卵石层不少于 1.5m，格构柱进入立柱桩不少于 3.0m；采用 ϕ900@1400 高压旋喷桩，与支护桩等长，形成止水帷幕，并在电梯井等部位采用高压旋喷桩进行围桶式加固封底。典型的支护剖面详见下图 5。

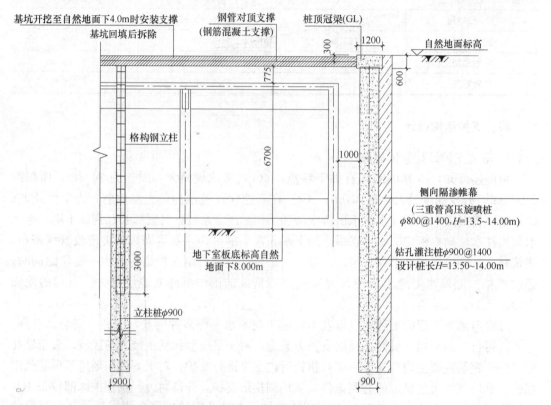

图 5　钻孔灌注桩＋钢管内支撑支护结构剖面图

（2）双排桩＋圆拱形支护

该支护形式用于下沉广场部位。主要考虑利用该部位基坑整体形态呈拱形的有利条件采用悬臂支护，用双排桩对拱顶及拱脚进行加强。这一设计同时避免了内支撑设置的困难，并为坑内土方开挖、运输及工程施工提供了极大方便。

双排桩门式刚架支护结构如图 6 所示，主要布置在受力集中的圆弧拱顶和转角处。支护桩选用双排 ϕ900@1400 钻孔灌注桩，排距 S＝3m，桩顶位于地表下 2.1m，桩顶设置冠梁、横梁，横梁的截面尺寸为 1000mm×800mm，冠梁的截面尺寸为 1100mm×800mm，混凝土强度为 C30。在双排桩之间，施打高压旋喷桩，兼具止水帷幕及桩间软弱土加固双重作用。

拱形悬臂支护部分，支护桩选用 ϕ900@1400mm 钻孔灌注桩，桩顶位于地表下 2.1m，桩顶冠梁的截面尺寸为 1200mm×600mm，混凝土强度为 C30，详见图 7。

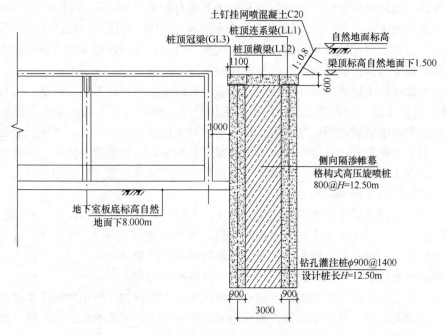

图 6　双排桩桩支护结构剖面图

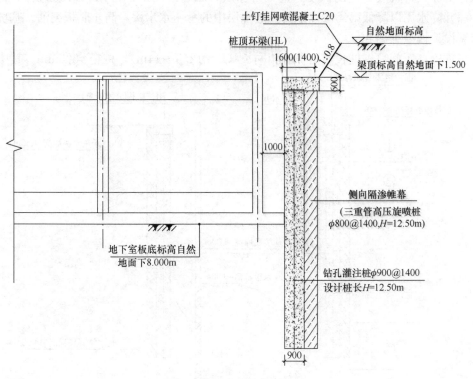

图 7　拱形支护结构剖面图

3. 降水设计

地下水的控制是本设计方案的关键，它主要取决于长江一级阶地复杂的富水含水层的特点及其对周边环境的影响。本项目涉及的地下水有如下三类：

（1）上部潜水含水层。第①层杂填土潜水含水层较厚，厚度为 0.6～6.2m 不等，局部夹有砂土，在便河部位该层与便河有水力联系，若该含水层水位下降，会引起基坑周边以第①层杂填土为持力层的管线、道路及房屋下沉。

（2）中部弱透水层中的承压含水层。第③₋₂层粉土层水平渗透系数较小，约为 0.2m/d，富水，补给丰富。对弱透水层中的承压水，采用一般的降水方法是难以奏效的，因为弱透水层土颗粒细颗粒四周电场作用力较大，易形成较厚的结合水膜，渗流只能在较大水力梯度作用下才能发生，若在弱透水层中设置井管抽水，因其渗透系数低，没有充足的自由水补给，在水泵吸力作用下，可破坏土颗粒骨架结构，导致抽水井含砂量增大，造成井管报废，地面局部变形等问题。

（3）下部强透水层中的承压含水层。承压含水层厚，与长江水力联系紧密，形成定水头补给，水量大，承压水水头高，丰水季节时，下部承压水头一般与路面相平，洪水时，承压水水头可能高于路面，降水一方面可造成砂层本身的弹性压缩，另一方面，可造成相对隔水层的释水压密，危及地表管网和建筑，且影响范围较大。

综合分析认为，基坑中部弱透水层中的承压水和下部强透水层中的承压水的处理都很重要，不能顾此失彼。针对基坑开挖深度涉及到的上、中、下含水层的补、径、排特征以及基坑周边场地、管网的限制，基坑地下水控制方案为：竖向隔水帷幕＋深井降水。竖向隔水帷幕深入到坑底一定的深度，进入第④层，侧封第①层的潜水、第③₋₂层中的承压水；深井降水用以降低第④层以下的强透水层中的承压水水头，防止底板突涌。基坑地下水控制设计模型见图 8。

三重管高压旋喷桩桩长与支护桩相同长（L＝12.5～14m），桩径 φ800mm。其中，高

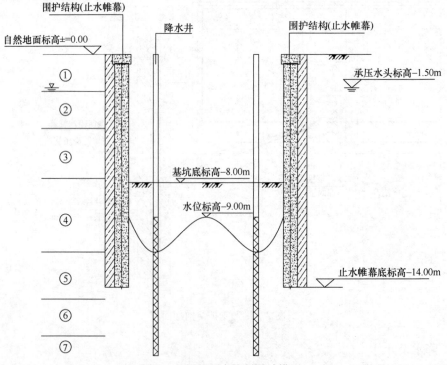

图 8　基坑地下水控制设计模型

压水压力为 35～36MPa，压缩空气压力为 0.7～0.8MPa，流量为 60m³/h；水泥浆压力为 0.1～0.5MPa，流量为 80L/min，水灰比为 0.8～0.1；浆液比重，送浆＞1.65g/cm³，回浆＞1.25g/cm³。

降水井设计为 φ550mm，井深 25～30m，过滤管长度 13～18m，水泵设置深度 22～25m，单井出水量为 80m³/h，共布设降水井 115 口，观测井 30 口，平均约 305m² 布置一口降水井。降水井要求水位每下降 1m，单井出水量不得小于 25m³/h；井管采用 φ300 钢管和缠丝包网填砾过滤器，填砾规格 2～3mm，过滤管的孔隙率不小于 25%。在降水过程中，采用信息化管理方式，使承压水水头控制在开挖基底之下 0.50～1.00m。

需要指出的是，由于下部承压含水层具有从上至下渗透系数逐渐加大的特点，因此降水井越深则单井涌水量越大，但是，在要求同样降幅前提下，降水井设置太深，增大的排水量对水头降幅的贡献反而不大，经过试算分析认为，降水井采用中深井，以管井进入第⑦层卵石层 5m 左右为宜；同时采用坑内布井，尽可能减少井的数量，以减小对周边环境的影响。

五、施工工况

基坑施工流程工序如下：

步骤 1. 测量放线；

步骤 2. 施工支护桩、高压旋喷桩、降水井、观测井；

步骤 3. 第 1 层土方开挖至自然地面下－0.600m，双排桩支护部位边坡土钉挂网喷混凝土施工；浇筑钢混凝土冠梁；

步骤 4. 安装、调试降水排水系统；施工基坑周边排水沟，硬化基坑周边；

步骤 5. 土方开挖至－4.00m 安装钢管对撑，开启降水井（或根据现场水位观测确定）；

步骤 6. 土方分层开挖到坑底，浇 100 厚混凝土垫层；

步骤 7. 浇筑底板，施工地下人防；

步骤 8. 基础与人防地下室通过验收；

步骤 9. 基坑回填，拆撑，后浇带施工，封井，降水结束，基坑工程竣工验收。

六、现场监测

由于本项目工程地质及水文地质条件较差，周边环境复杂，基坑开挖面积、深度均较大，基坑开挖及运行过程中采用信息化施工，以确保基坑及周边环境的安全。主要监测内容包括周边建筑及道路沉降、支护桩水平位移及沉降、立柱桩沉降、钢支撑轴力、承压水头观测等。

共计布置各类建筑沉降观测点 196 个、道路沉降监测点 60 个、支护结构水平位移及沉降监测点 89 个、立柱桩沉降监测点 9 个、轴力监测点 10 个点。监测结果显示，周边房屋建筑沉降最大值为 22mm、道路沉降最大值 25mm、支护结构及立柱桩沉降最大值 8mm、支护结构最大水平位移 30mm、支撑轴力最大值 300kN，总体上各项指标均在规范要求范围内，基坑施工对周边环境的影响在可控范围内。部分支护结构水平位移监测结果如图 9 所示。

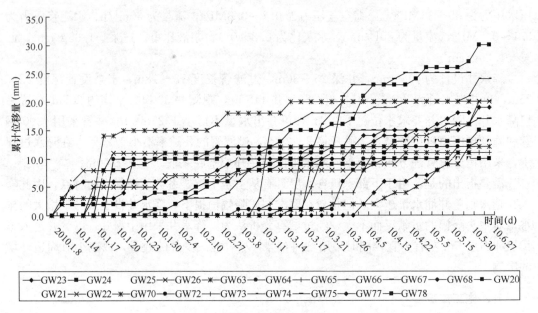

图 9　支护桩顶水平位移曲线

从监测结果看，本基坑设计较为合理，有效控制周边建筑、管线的变形，确保了周边环境的安全和工程的顺利实施。

七、小结

荆州市北京路地下人防基坑工程项目场地位于长江一级阶地，基坑周边环境较为复杂，环境保护要求高。本文介绍了该工程的概况、工程地质和水位地质条件，考虑到基坑开挖面积、深度、土层、地下水、工期、环境等方面要求，采用钻孔灌注桩＋一道钢支撑（局部采用双排桩）进行支护，对地下水采用桩间高压旋喷桩形成竖向止水帷幕结合深井降水的方案进行处理，基坑开挖及运行过程中采取信息化施工。监测数据表明，基坑工程对周边环境的影响在可控的范围内，基坑周边建（构）筑物的正常使用没有受到影响。本基坑项目的设计与实施可作为同类基坑工程参考。

深圳前海听海大道地下综合管廊基坑工程

王传智

（深圳市路桥建设集团有限公司，深圳　518049）

一、工程概况

本标段听海大道路段北侧与桂湾四路相连，南侧与海滨大道相接，道路为南北走向，红线宽度 50m，双向 6 车道，规划定位为 I 级城市次干道，道路长约 600m；基坑工程总长约 461m（由北向南里程桩号为：G0＋990～G1＋451.3）；包括综合管廊工程、交通设施工程、交通信号工程、给水工程、排水工程、电力工程、通信工程、照明工程、绿化工程、燃气工程等其他附属工程。

本次设计综合管廊内收纳的市政管线有：220kV 高压电缆、20kV 中压电缆、通信电缆、给水管道、中水管，管沟采用矩形箱涵的结构形式。

二、基坑周边环境情况

听海大道综合管廊工程项目周边现状：东侧为卓越地块施工区和中铁一局；西侧为冠泽地块施工区；南端为宝冶施工区；北端为地铁 5 号线和桂湾站施工区，上述区域均已开工建设，与相邻各个施工项目如同一个建筑群体，共同进行施工。且基坑下方有已建成的地铁 11 号线盾构区间，为减少基坑施工对其产生的影响，采用高压旋喷桩对基坑底以下土体进行加固。

本项目东、西两侧为房屋建筑施工项目，均为高层建筑，地下室均为深基坑，基坑边支护桩紧邻我方道路红线设置，基坑支护形式采用机械成孔灌注桩垂直支护，格构柱＋钢

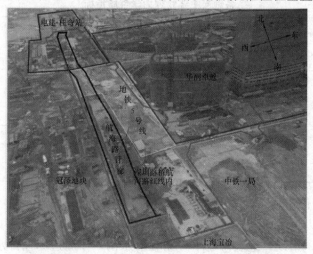

图 1　听海大道综合管廊基坑周边情况示意图

215

筋混凝土内支撑体系对支护桩加固；南、北端头同属市政工程施工项目，地下共同沟与我方共同沟顺接相通，基坑支护设计形式与我方相同，均采用机械成孔灌注桩＋桩间高压旋喷桩止水垂直支护的形式。

三、地质概况

1. 工程地质条件

本场地原始地貌单元为滨海滩涂，地势低洼，后经填海造陆施工后地坪抬高，原始地貌已破坏。岩土工程勘察报告揭露场地基坑开挖范围内主要土层有：

(1) 杂填土（层号为①）：灰、褐灰、褐黄、褐红等杂色，主要由黏性土混杂碎石、块石、碎砖堆填而成，硬杂质含量一般约 30% 左右，碎石（碎砖）粒径一般 3～5cm，不规则分布少量块石，块径约 20～35cm，稍湿，松散状态为主，局部稍密状态。本层厚 4.50～11.50m，为Ⅰ级松土。

(2) 淤泥（层号为③）：浅灰、灰黑色，有机质含量 5.03%～9.16%，含贝壳碎片，底部含少量粗砾砂，流塑状态。本层层厚 1.90～10.50m，为Ⅰ级松土。

(3) 有机质黏土（层号为③$_{-1}$）：浅灰、灰黑色，有机质含量约 8.56%，含贝壳碎片，底部含少量粗砾砂，软塑-可塑状态。本层层厚 3.20m，为Ⅰ级松土。

(4) 含有机质中砂（层号为③$_{-2}$）：灰黑、浅灰、灰白色，砂质较均匀，含少量黏性土及有机质，局部相变为粉土，饱和，松散-稍密状态。本层层厚 2.50～4.60m，为Ⅰ级松土。

(5) 砂质黏性土（层号为⑧）：褐黄、褐灰色，由加里东期混合花岗岩风化残积而成，不均匀含约 30% 砂质组分，可塑～硬塑状态。揭露厚度 1.30～8.80m，为Ⅰ级松土。

(6) 全风化混合花岗岩（层号为⑨）：褐黄、褐红色，原岩结构已基本破坏，但尚可辨认，具微弱的残余结构强度，岩芯呈坚硬土柱状，干钻可钻进，遇水易软化崩解。本层揭露厚度 1.70～5.30m，为极软岩，岩石极破碎，岩体基本质量等级为Ⅴ类。

综合管沟各岩土层力学参数指标建议值如表 1 所示。

各地层主要物理力学性质指标 表 1

土层名称	天然重度 γ (kN/m³)	承载力特征值 f_{ak} (kPa)	压缩模量 E_s (MPa)	变形模量 E_o (MPa)	内摩擦角 Φ (度)	粘聚力 C (kPa)	渗透系数 K (m/d)
杂填土	18.6	90	3.5	5.0	14	10	0.1
淤泥	16.0	55	2.2	2.2	5	12	0.0001
有机质黏土	16.5	80	3.0	3.0	8	15	0.0001
含有机质中砂	19.0	150		20	32		10.0
砂质黏性土	19.0	220	8.5	24	24	20	0.05
全风化混合花岗岩	19.5	350	14	70	28	34	0.1

2. 水文地质条件

(1) 地表水

在平行综合管沟沿线，地表修建了一条临时水沟，作周边场地排水使用。水沟宽约 3m，水深约 0.5m，流速较慢，流量较小。

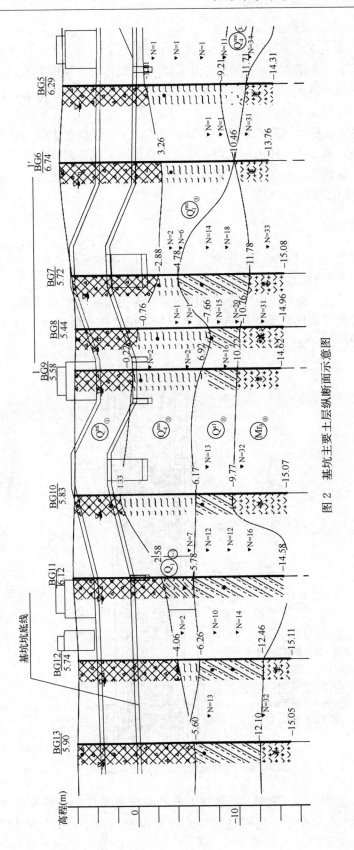

图 2 基坑主要土层纵断面示意图

217

（2）地下水

本工程沿线上部地下水主要赋存于含有机质中砂层中，为富含水、强透水性地层，赋存于其中的地下水属孔隙潜水；中风化混合花岗岩中亦赋有少量地下水，其为基岩裂隙水，属弱含水，弱透水性地层。杂填土（填石）层中分布着少量上层滞水，其他各岩土层属弱透水性地层或相对隔水层。

场地地下水主要接受大气降水垂直补给及前海湾海水、桂庙渠水侧向补给，随地势由高处往低洼处排泄，地下水整体由东向西、由北向南流动。钻探期间测得钻孔混合水位埋深 1.50～2.80m，标高 2.98～4.94m。根据区域气象资料结合地区经验，本工程场地地下水位年变幅约 1～3m 之间。

四、基坑支护方案

本项目基坑深度为 3～9.2m，净宽为 5.6～12.4m，整体呈长条形。G0＋990～G1＋300 段处于地铁 11 号线隧道影响范围内的基坑，安全等级为一级，G1＋300～G1＋451.3 段基坑安全等级为二级。受冠泽地块的红线限制，同时为了减少对现状地铁 11 号线顶部土体开挖，尽量避免影响现状地铁隧道，基坑开挖采用"钻孔灌注桩＋内支撑"垂直支护，桩间采用"高压旋喷桩"止水（泥）。

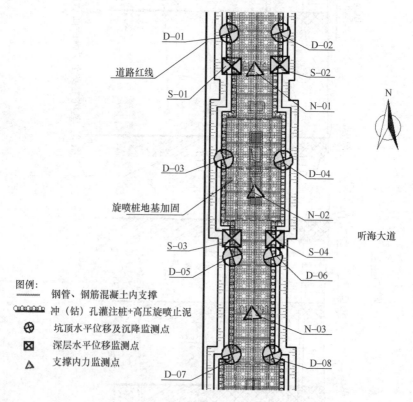

图 3　基坑支护及监测点布置平面图

选择 G1＋040 里程处位于地铁 11 号线上方的基坑断面作为基坑支护典型横断面。基坑深 5.6m，支护形式为排桩与钢筋混凝土内支撑相结合的形式。支护桩采用直径

1.0m、桩间距1.3m的钻孔灌注桩，桩顶设置1.0m×0.8m冠梁，桩间采用直径0.7m间距1.3m的双重管高压旋喷桩进行止水，冠梁上设置一道0.6m×0.6m钢筋混凝土内支撑，横撑的纵向间距为5.0m。基坑顶及坑底采用0.3m×0.3m砖砌排水沟进行临时排水。由于现状地铁11号线盾构区间处于基坑下方，盾构区间隧道顶距基坑底最小距离约6.0m，距支护桩最小距离约2.0m，为将基坑施工对地铁隧道影响降到最小，对基坑底以下土体进行格栅式双管旋喷桩地基加固。基坑支护平面及横断图见图4、图5所示。

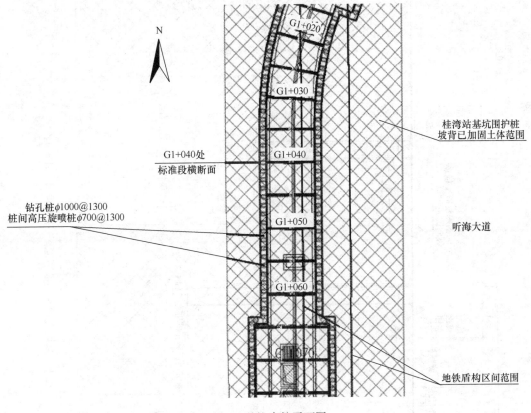

图4　基坑支护平面图

五、基坑施工过程及特点

由于本基坑下方为地铁盾构区间，为保护其安全与稳定，避免施工过程对其产生影响，本基坑应先进行基坑底以下土体加固，再进行基坑止水帷幕、内支撑及土方开挖施工，具体施工步骤如下：

1. 对听海大道基坑范围内坑底以下、地铁隧道顶板2.0m以上范围内土体进行地基加固，加固方法采用双重管法旋喷桩高压注浆的方式进行；

2. 进行基坑东西两侧的止水帷幕施工，钻孔灌注桩桩径1.0m，桩间距1.3m。灌注桩间施工双重管高压旋喷桩，桩径0.7m，桩间距1.3m；

3. 在基坑顶面施工1.0m×0.8m冠梁及0.6m×0.6m钢筋混凝土内支撑，混凝土强度等级为C30，纵向每5m设置一道；

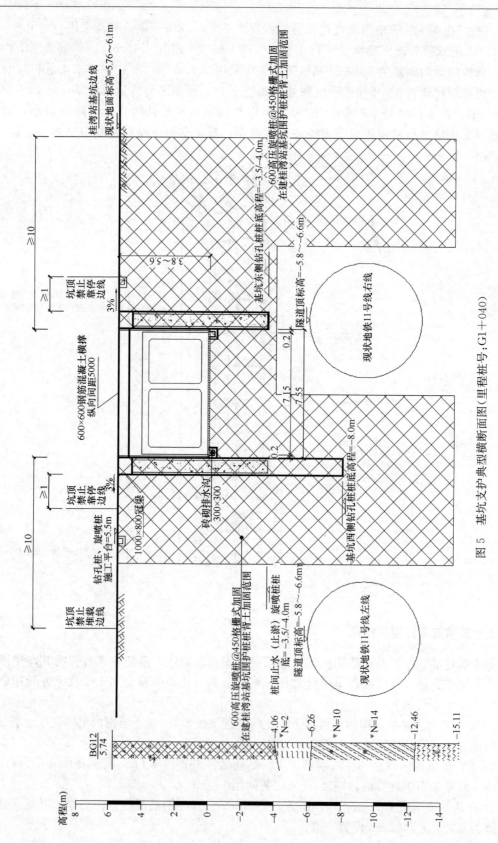

图 5　基坑支护典型横断面图（里程桩号：G1+040）

220

4. 对于位于现状地铁线上方 G0＋990～G1＋359 段基坑，采用分仓开挖方案，每个施工段≤10m，间隔30m跳槽开挖，施工过程中需要根据地铁隧道的监测结果而合理的安排施工，确保施工的安全。土方开挖后须及时支护，不允许暴露时间太久，遵循"超前支护、分层分段、逐层施作、限时封闭，严禁超挖"的原则；

5. 开挖至基底标高，整个支护施工完成。

目前本工程正进行止水帷幕及基坑底地基加固施工，尚无法进行基坑开挖监测及数据统计分析工作。现场施工情况下图6、图7所示。

图 6　听海大道开工初期现场及周围情况　　图 7　钻孔灌注桩施工情况

六、结论及建议

1. 由于本工程高压旋喷桩施工工程量较大，为了确保加固地基收到预期的效果，在进行大规模施工前应针对不同地质条件的区段进行工艺性试验，以便掌握施工现场的成桩经验及有关技术参数；

2. 基坑处于地铁隧道影响范围内的灌注桩采用旋挖钻孔，局部地区含砂层，应套管跟进预防塌孔；

3. G0＋990～G1＋330 段综合管廊基坑位于现状地铁 11 号线上方，基坑开挖应采用分段跳槽开挖方式，每个施工段为 10～15m，间隔 30～45m 跳槽开挖。基坑开挖必须符合"超前支护，分层分段，逐层施做，限时封闭，严禁超挖"的要求。基坑侧壁顶部 1m 范围内不得通行车辆和施工机械，且 1m 外车辆和施工机械荷载不得超过 15kPa，基坑侧壁顶部 10m 范围内不得堆载，且 10m 外堆载不得超过 20kPa；

4. 在基坑支护及开挖过程中做好监测工作，尤其注意对地铁隧道影响段的监测情况，当出现险情时必须立即进行危险报警，并应对基坑支护结构和周边环境中的对象采取应急措施。

三、桩—锚支护

西安某商住楼深基坑工程

杨丽娜　王勇华　戴彦雄

（机械工业勘察设计研究院有限公司，西安　710043）

一、工程简介及特点

1. 工程概况

该开挖基坑长约69m，宽约53m，基坑深14.7m，降水深度约9.5m，属开挖深、降水深度大的深大基坑。根据《建筑基坑支护技术规程》JGJ 120—2012，该支护结构的安全等级为一级。

基坑周边既有建筑物和市政道路等环境条件情况如下：①基坑北侧为6层天然地基的办公楼，距拟建基坑约5.7m。②基坑东侧北部为3层天然地基的办公楼，距拟建基坑边线约13.6m，基坑底边线3m以外为地源热泵井区（井间距3m×3m），地源热泵管围绕整个3层办公楼，地源热泵管为150mm的软管，深达125m，一旦破坏，无法修补。③基坑东侧南部为采用灌注桩基础的26层住宅楼，其地下车库基底埋深为6.5m，距拟建基坑边缘约7.5m。其靠近基坑边有沿基坑长度方向的化粪池，化粪池基础埋深6m。④基坑南侧东部为6层住宅楼，距拟建主楼边线约19.3m。⑤基坑南侧西部为有1层地下室的16层住宅楼，基坑顶上即为小区主干道，距拟建主楼边线约17.9m。⑥基坑西侧为1m之外为城市干道，地下管线密布，拟建地下车库边线距道路红线边约3.1m（见图1）。

2. 工程特点及难点

本工程基坑深度14.7m，降水深度约9.5m，属降深大，开挖深的深大基坑；支护及降水设计时存如下诸多难点。

（1）周边环境复杂

本基坑较深，基坑周边情况比较复杂，地下管网，市政管线密集，支护结构选型时，受基坑周边环境的限制和影响比较大。如基坑周边天然地基的建筑

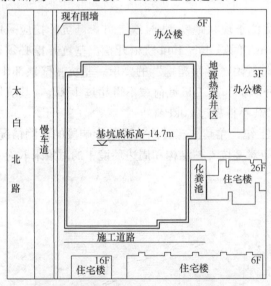

图1　基坑周临建筑及变形观测点平面图

物对变形敏感；基坑东南侧为灌注桩基础的 26 层住宅楼，锚杆长度无法保证，上部还有易漏水的化粪池；基坑东侧密集并极易破坏的地源热泵井区等等。

（2）周边建筑对降水沉降敏感

本基坑降深达 8.7～10m，而且基坑开挖深度范围内④层古土壤分布连续，厚度为 3.60～4.40m，古土壤渗透系数小，渗透性差，降水有一定困难。基坑四周已有建筑大多为天然地基且管线较多，均在基坑降水影响范围内，降水对建筑物和管线的影响比较大。如何减小基坑降水沉降对周围已有建筑物的影响也是本次设计中面对的一个难点。

（3）锚索施工环境差

基坑东侧靠近基坑底边线 4m 范围以外为陕一建地源热泵井区，牵连整个办公楼和 2 栋 26 层住宅楼的采暖，井数多达数百个，而地源热泵井管为 150mm 的塑料软管，深达 125m，一旦破坏，无法修补。若是施工中破坏较多，将严重影响使用效果，不但使近千万的投资失去效果，而且临近供暖期，会影响人们生活及工作质量，由此产生的社会影响和经济纠纷将会严重影响项目的形象和施工进度，如何选择合适合理的支护方式，是本设计中的又一难点。

综合以上各点，本工程的难点为：如何结合现场实际情况，找到既安全可靠、又经济合理、同时施工易行的支护及降水方案。

二、工程地质条件

1. 场地地层情况

该场地内地形较为平坦，根据钻探揭露，在勘探深度 80.00m 范围内，拟建场地内自上而下依次由第四系全新统人工填土（Q_4^{2ml}），上更新统风积（Q_3^{2eol}）黄土、残积（Q_3^{1el}）古土壤及冲积（Q_3^{1al}）黏性土和砂土，中更新统冲积（Q_2^{al}）黏性土和砂土构成。地貌单元属皂河Ⅱ级阶地。

场地土层主要力学参数   表1

层号及层名		层厚（m）	渗透系数（m/d）	含水率 %	天然重度（kN/m³）	饱和重度（kN/m³）	孔隙比	粘聚力 C(kPa)	内摩擦角 φ(°)
杂填土①		0.5～4.7	全孔综合渗透系数按8m/d考虑		17.0			10	15
黄土②		1.2～5.6		22.0～29.0	16.6		0.913～1.132	23	20
黄土③		1.9～8.1		24.7～31.9	18.4	18.9	0.736～0.988	22	19
古土壤④		3.6～4.4		21.8～30.0	19.5	19.5	0.621～0.845	26	20
粉质黏土	粉质黏土⑤	15.6～17.77		15.7～33.6	19.9	19.9	0.552～0.829	27	19
	中砂亚层 ⑤−1	0.7～3.4		除3号孔外各孔均有所分布					
	中砂亚层 ⑤−2	1.2～2.0		在各孔均有所分布					
	中砂亚层 ⑤−3	1.1～1.9		除11、12号孔外各孔均有所分布					
中砂⑥		5.6～7.5							

注：天然重度、饱和重度、粘聚力及内摩擦角等计算参数所列为最终计算取值；含水率、孔隙比所列为实际土样范围值。

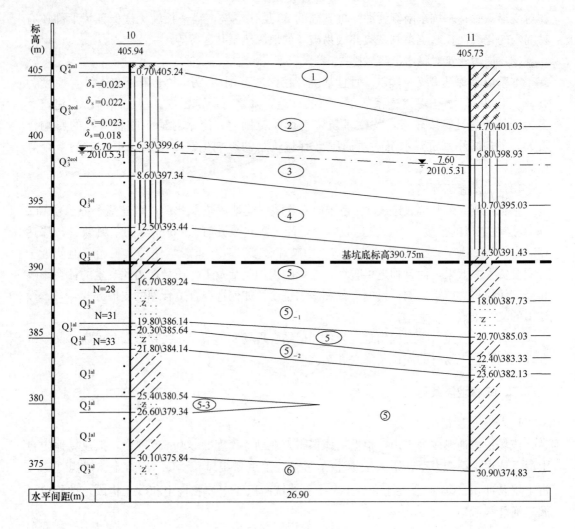

图 2　典型地质剖面图

2. 场地水文

勘察期间为平水期，实测地下水稳定水位埋深为 6.70～8.00m，相应标高介于398.06～398.28m。地下水主要受大气降水和地表水渗入等补给，排泄方式则以人工开采和蒸发为主。根据西安市近年来的水位观测资料，该地区潜水位的年变化幅度小于1m，本场地的潜水位年变化幅度建议按 1m 考虑。

三、基坑围护方案

1. 基坑支护方案的选择

该基坑周边情况复杂，施工条件不一，如何根据地质条件、开挖深度、周边建筑物的高度、荷重、基础形式及埋深、基础距基坑边距离、临边道路行驶的最大载重车辆造成的侧压、震动、基坑土压力等选择既能保证基坑安全、经济又能便于施工的设计方案，设计时对各主要控制断面采用以下设计思路。

（1）地源热泵井区

基坑东侧地源热泵井区，开挖期间牵连整个办公楼和2栋26层住宅楼的采暖，必须保证其安全。设计通过从安全、经济、施工难易程度、工期等方面分析比较悬臂桩、内支撑、锚拉桩（锚杆＋护坡桩）、双排桩等多种支护方式的优缺点，并结合施工手段对设计进行优化，并召开专项讨论会议最终确定在此段采用造价相对比较经济的锚拉桩支护结构。根据热泵井间距选用不同桩间距和锚杆间距对热泵井进行避让，避免对地源热泵井造成损伤。施工前要求施工单位将混凝土地面全部揭开，用全站仪准确测出锚杆施工影响范围内的每一个地源热井的坐标，根据揭露后的地缘热泵井位置，设计每根桩和每个锚杆的位置。与其他支护型式相比节约工程造价近50%。

（2）26F的桩基高层

基坑东南侧临近一26F的桩基高层，其靠近基坑边有沿基坑长度方向的化粪池，化粪池基础埋深6m。支护结构能否抵抗化粪池池壁的水压力和锚杆是否能够施工成为此处设计的重点。综合考虑各方面条件后，最终采用锚拉桩的支护结构。设计时根据水压力计算和26F高层桩基施工图，将第一层锚杆设置在－6.5m位置，将桩顶伸至地面下1m。这样第一层锚杆位于化粪池池底，可对化粪池底变形进行控制；将整个东侧冠梁连接起来，可有效控制基坑坡顶的位移；同时为了避免基坑开挖时化粪池上部1m范围内土层脱落，设计时要求将此处基坑同化粪池之间的土层挖除，以免基坑开挖时发生脱落，以保证安全施工。施工中若部分锚杆遇到灌注桩，无法按照设计长度施工可通过调整成孔角度和增加锚杆排数来满足稳定要求。

（3）基坑西侧

基坑西侧，因其靠近太白北路，地下管线密集，支护结构施工时能否保证管线的正常使用是此处设计的重点。经查明此处地下管线位于慢车道中间，如采用土钉墙支护结构上部变形大，且长土钉施工会打穿管线，因此采用锚拉桩进行支护。但是考虑到基坑底边线距离最近的管线为6.8m，距离现有围墙3m，因此可在护坡桩冠梁顶上设置4m高土钉墙，土钉墙长度4～5m，土钉墙设置深度范围在主干道应力影响范围以外。这样不但满足了基坑稳定性要求，同时也提高了支护结构的经济性。比起护坡桩升至地面的支护结构，节约工程造价约20%左右。

（4）优化配筋方案

在保证稳定性要求的前提下，为了节约工程总造价，在护坡桩配筋时，根据护坡桩的受力特点，将中和轴附近的4Φ25的钢筋调整为4Φ18钢筋，降低护坡桩配筋率约15%左右。

2. 基坑支护方案

根据以上设计原则，根据周边环境的不同最终采用了6种类型的锚拉式护坡桩支护结构和两种土钉墙支护结构，根据周边情况，锚杆层数、长度、桩长、桩间距各不相同，但尽量保证冠梁和腰梁在同一高度，提高支护结构的整体刚度。对局部具有放坡条件的施工坡道采用土钉墙方案，为减小坡道支护费用和开挖深度，将坡道设计为半内半外坡道，其边坡分界线处高度为挖掘机一次能挖到的深度即4.2m，这样支护量和开挖量都相应减少。对靠近城市主干道的西侧采用上部土钉墙下部锚拉桩的设计方案。其支护结构平面布置图及典型的支护结构详见图3和图4。

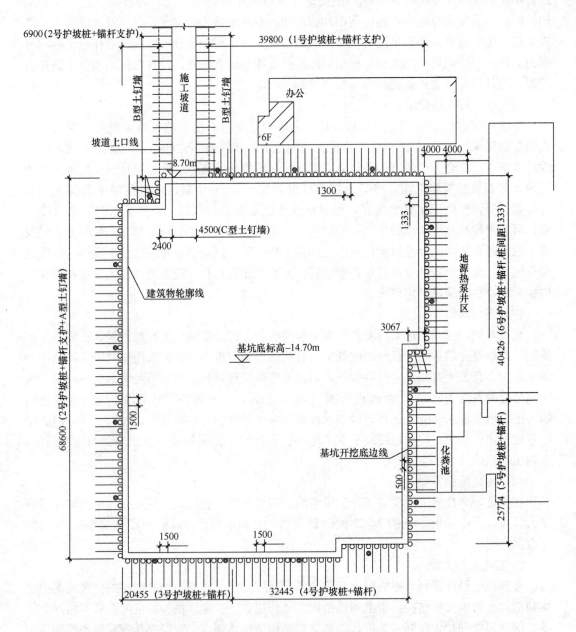

图 3   基坑围护结构平面图

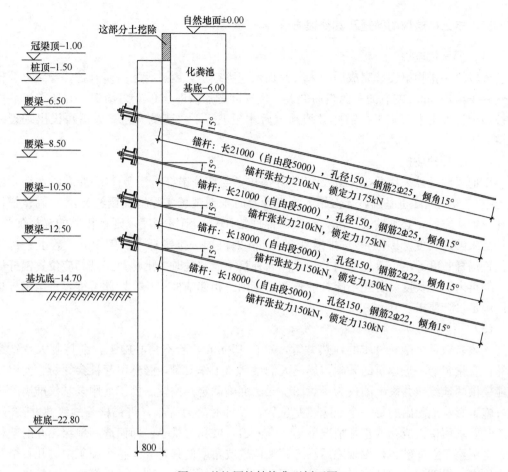

图 4　基坑围护结构典型剖面图

四、基坑降水方案

基坑需开挖深度为 14.70m，将深约 9.5m。降水设计时，保证降水效果能够满足施工要求的同时还需尽可能的降低基坑降水对相邻建筑物的影响。设计采用深井管井开放式降水，设计要求地下水位应降到基底下 1.5～2.0m。设计共在基坑周边布置降水井 16 口，井深 35m，井间距 15m。降水井布置时降水井井位靠近基坑上口线，尽量远离现有建筑物和围墙，以期满足降水要求的同时尽量减少降水引起的周边沉降。降水井布置图详见图 3。

为控制降水时间和降水速率，基坑开挖前 7～14 天开始降水，为防止快速降水带来的周临建筑物附加沉降过大而引起破坏，降水采用分期分阶段降水。

即降水井分三批启动，首先启动距离建筑物较远的 J1、J7、J8、J13～J16，其余未启用的降水井作为临时水位观测井使用；待未启用的降水井井中水位达到自然地面下约 9m 时，启用剩余降水井的一半。待全部降水井井中水位降至自然地面下 12m 时，维持此水位降水，下步降水开始时间须根据沉降观测资料并经有关单位共同协商后确定，以防止产生过大的沉降位移，第三阶段开启剩余的降水井。

五、施工中遇到的问题及其处理方法

（1）①号护坡桩

该段第一排腰梁安装完成后，未及时加预应力锁定，就进行下一步开挖，导致办公楼北侧院子出现 5mm 左右的东西贯通裂缝，发现问题后及时加预应力锁定，并要求以后严格按照设计方案进行施工，锚杆必须锁定后才能进行下一步的开挖。以后再没出现裂缝现象。

（2）⑤号护坡桩

该地段原设计采用两排 21m 长的锚杆锚拉，当部分锚杆施工至 10m 左右时，遇到原 26 层住宅楼的灌注桩基础，无法钻入。设计及时根据现场实际情况调整为：a. 调整锚杆成孔位置或方向，必须钻够 12m，若某一锚杆钻孔未达到该深度，则将相邻的锚杆加长，以补足未够之长度。b. 在第二排锚杆下 2.5m 处再加一排锚杆，长度 10m，若上一排某一位置锚杆长度不足，首先侧向补长，侧向补长不能实现时，则将第三排相应位置锚杆加长，补足未够之长度。若还不能补够长度时，则将相邻锚杆加长，以此类推，直至锚杆总长度满足设计要求。

（3）⑥号护坡桩

该段有数百个塑料材质的地热井管，直径 150mm，若不精心施工，会将其大量钻穿破坏，直接影响临近建筑的采暖，影响人们生活及工作质量，必然引起社会纠纷。而甲方所能提供的地缘热井竣工图仅为示意图，无法准确确定其位置。施工前用全站仪准确测出锚杆施工影响范围内的每一个地缘热井位置，设计时努力排布，将锚杆与地缘热井避开。施工时要求用单人成孔（正常情况下为 2～4 人），成孔力量小，即使遇到地缘热井的塑料管，也不至于立即破坏，发现之后马上调整位置或角度使其避开。整个施工中，几百个井管中仅有一根破裂，这种信息化设计、精细组织施工的做法、产生了良好施工的效果。

（4）降水

降水过程中，各地段井中均下置 3.0kW 潜水泵，大部分地段井中水位均按设计顺利降至 30m。但场地南部的 4 口井中水位始终在 20m 左右。经分析，该段地面下 18～23m 处为仅有 0.5m 厚粉质黏土夹层的中砂亚层（⑤-1，⑤-2），砂层透水性好，地下水补给充分。另外该段为整个小区地下管线的总出口位置，路面下埋有大量上下水管线（距降水井边 2m），大量的地下管线渗漏补给，也是井中地下水无法降下的原因之一。最后及时调整方案，在该 4 口井中再下一个 2.0kW 潜水泵强力抽水，使出水量大于进水量，最后终于将水位降至设计要求。

六、基坑监测情况

沿基坑走向在冠梁顶每隔 15m 设置一个变形观测点，每侧观测点不得少于 3 个；垂直边坡水平方向位移采用小角法观测，精度达到 mm 级；基坑开挖前每个观测点测的初始数值不得少于 2 次；基坑开挖期间每周观测 2 次，竣工后 2 月内每周观测一次，以后每月观测 2 次，直到基坑回填至自然地面。

水平位移控制在 35mm，警戒值 20mm。边坡变形监测由有专业资质的单位实施，每次及时提供监测数据，以便核实和指导施工和设计，进行信息化施工。观测任务结束后提

供了完整监测报告。

根据 11 次基坑变形监测结果，17 个基坑变形监测点的测量结果，变形量大部分在 20mm 之内，仅北侧最大值为 24.3mm，均未对已有建筑物造成破坏性影响。根据变形监测结果绘制时间变形图如图 5。

由图 5 可见，北侧向基坑方向偏移最大，3 个测点范围值为 $-17.5 \sim -23.5$mm，平均 -20.0mm；西侧次之，3 个监测点范围值为 $-6.2 \sim -24.3$mm，平均变形量 -16.7mm；再次为东侧，6 个监测点范围值 $+7.5 \sim -18.7$mm，平均 -7.38mm；南侧最小，5 个监测点范围值为 $-2.5 \sim -9.2$mm，平均值为 -5.6mm（"$-$"为倾向基坑，"$+$"为背离基坑）。

北侧、西侧变形大，主要是锚杆水泥砂浆还未完全凝固，锚杆还未锁定时，晚上即进行了土方开挖，导致基坑变形迅速增大，经及时制止挖土、及时锁定锚杆，最后变形明显减缓。

根据十一次周邻建筑变形监测，因降水而引起的沉降均在 2cm 之内，降水对周邻建筑物及管线的影响在可控范围内。

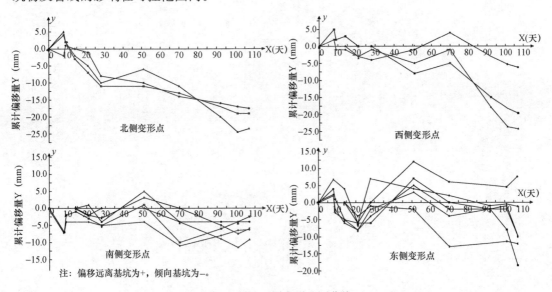

注：偏移远离基坑为+，倾向基坑为−。

图 5　基坑四周变形监测曲线

七、点评

（1）基坑支护结构施工完成后，地源热泵井正常运行；四周建筑物未发现沉降变形过大的情况，施工结果表明良好的施工管理和精细化的施工方案在基坑设计和施工过程起着至关重要的作用，是好的设计方案、良好的施工质量和施工安全的前提条件。

（2）本基坑工程根据周边环境的不同选择不同的支护结构，并且设计和施工方案相结合的设计理念不但成功的完成的护坡要求和施工，同时也得到了业主的好评。与参与投标的四家单位平均造价相比，为业主节约投资 136 万元，而且施工质量优良，未出现任何安全事故，充分显示了此设计方案的安全可靠、经济合理、施工易行，为以后此类项目的设计和施工管理提供了一个良好的典型案例，具有一定的推广和指导意义。

（3）通过精细化的设计和施工，管井开放式降水可用于降水深度大、周边环境复杂的基坑，但施工过程中必须加强对周边建（构）筑物及管线的监测，特别是有压管及重要建筑物。总体来说天然地基的建筑物比起桩基处理的建筑物对降水引起的沉降较敏感，因此降水设计时需特别注意周边的天然地基建筑、阳台及门厅等地方。

（4）降水设计需注意地层的特殊性，如夹砂层和钙质结核层等，夹砂层较土层具有更好的渗透性，水平向渗透性较好，开挖过程中会出现局部的渗水情况；钙质结核层因为不透水性，会在其上形成滞水层。这些特殊地层需在设计时给予考虑，并采取一些有效措施，如注浆、插梳导管等，才能保证基坑开挖过程中的干作业施工。

（5）施工过程中根据监测结果指导设计和施工的信息化施工是为施工安全保驾护航的利器。

西安中储东兴分公司及周边
棚户区改造项目基坑工程

卜崇鹏 刘拴奇 徐传召 田 楠 张 斌 王勇华

（机械工业勘察设计研究院有限公司，西安 710043）

一、工程概况及周边环境

1. 工程概况

中储西安东兴分公司及周边棚户区改造项目位于西安市东郊长缨东路与万年路十字西南角，东邻万年路。基坑呈规则矩形，东西长约 87.0m，南北宽约 43.0m，基坑周长为 223.0m，开挖面积为 3448.5m²，开挖深度介于 12.40～13.15m 之间，共设 4F 地下车库。根据本工程基坑开挖图，基坑开挖边线距结构外边线仅有 0.15m，地下室采用无肥槽施工方法。

2. 周边环境

基坑周边环境复杂。基坑平面图见图 1。

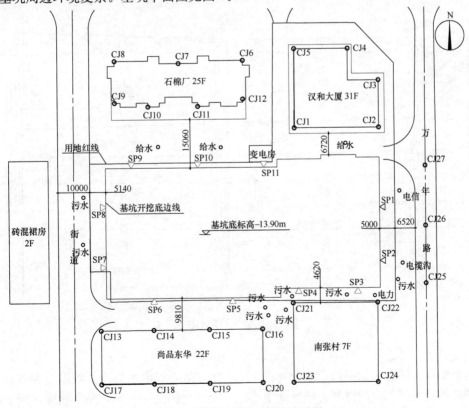

图 1　基坑平面图及监测点布置图

北侧西段相邻石棉厂住宅小区；开挖边线距石棉厂围墙（界墙）1.0m，距石棉厂主楼（25F）19.0m；主楼与围墙之间为小区庭院，庭院下部分布有消防水池，水池深度约4.0m，距围墙约2.5m。北侧东段相邻汉和大厦（31F）；基坑开挖边线距汉和大厦地下室边线约6.7m；汉和大厦采用素土挤密桩＋CFG复合地基，有一层地下室，基础埋深7.3m。基坑东侧相邻万年路；开挖边线距东侧用地红线（围墙）5.0m，红线外为万年路，路下分布有电信、污水管线，管线距基坑边5.1～6.8m。基坑南侧东段相邻南张村7F建筑；该建筑距基坑开挖边线4.6m，有一层地下室，采用素土挤密桩地基处理形式。基坑南侧西段相邻尚品东华住宅小区；基坑开挖边线距南侧用地红线1.8m，距尚品东华主楼9.8m；尚品东华为22F建筑，一层地下室，基础埋深5.75m，采用钢筋混凝土桩基础。基坑西侧相邻城中村街道；基坑开挖边线距西侧用地红线5.1m，城中村街道路面破损严重，人流量较大，路面下分布有污水管线等。

二、工程地质条件

1. 土层条件

本项目场地地形较平坦，地貌单元属黄土梁洼。根据钻孔揭露，基坑开挖影响深度范围内地层自上而下依次为：杂填土（Q_4^{ml}）、第四系上更新统风积（Q_3^{2eol}）黄土、残积（Q_3^{1el}）古土壤，中更新统风积（Q_2^{eol}）黄土。典型地质剖面见图2，各土层物理力学指标见表1。

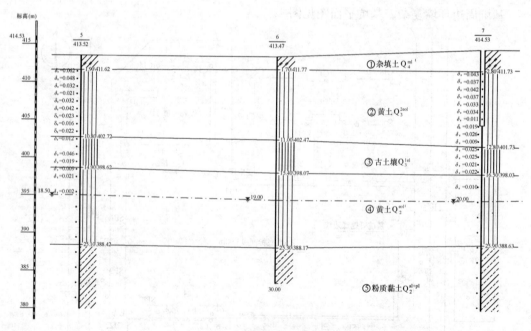

图2 典型地质剖面图

2. 地下水

勘察期间，钻孔中测得稳定水位埋深17.1～18.2m，属潜水类型。根据西安市地下水资源管理办公室长年观测资料，场区地下潜水位年变化幅度1～2m，勘察期间，地下水位属平水期，地下潜水位处年内平均水位。

场地土层主要力学参数　　　　　　　　　　　　表1

地层	土层厚度 (m)	土体重度 γ (kN/m³)	粘聚力 c (kPa)	内摩擦角 φ (°)	液性指数 I_L	极限摩阻力标准值 q_{sik}/kPa
①杂填土	2.0	16.5	10	5		30
②黄土	9.0	16.2	23	20	0.17	65
③古土壤	3.7	17.3	25	20	0.12	65
④黄土	10.6	18.6	25	20	0.40	55
⑤黄土	12.0	19.6	28	22	0.33	60

三、基坑围护方案

1. 本基坑工程的重难点

（1）基坑开挖边线外放距离小，对桩身腰梁设置提出新要求。本工程地下室为无肥槽施工，基坑开挖边线距结构外墙只有0.15m，采用锚拉桩支护时，桩身腰梁的设置必然会影响结构外墙施工。如采用无腰梁支护措施，则需要大直径围护桩或双排桩支护，必然会增加工程造价。所以，在确保基坑周边环境安全及地下室外墙能够顺利施工的前提下，如何进行桩身腰梁设计是本基坑工程设计的关键。

（2）周边环境条件复杂，对变形控制要求高。基坑周边分布建筑、管线较多，且离坑边距离较近，对支护结构变形控制要求高，尤其是水平位移必须严格控制，一旦出现意外，后果不堪设想。

（3）基坑周边高层建筑均采用桩基础，且离基坑边较近，锚索施工必然进入建筑物桩群，锚索施工难度大。基坑北侧汉和大厦距离基坑开挖边线6.7m，采用素土挤密桩＋CFG复合地基。基坑南侧尚品东华主楼距基坑开挖边线9.8m，采用钢筋混凝土桩基础。这些建筑均分布在基坑开挖影响范围内，锚索施工必然会进入桩群。锚索能否施工，对建筑基础是否造成影响是设计人员需要考虑的问题。

（4）利用支护结构外立面作为地下室外墙防水基层，对桩身垂直度控制要求高。一般地下室外墙防水采用砖胎膜作为防水层基层，本工程基坑开挖边线距结构外墙只有0.15m，砖胎膜施工空间不够，所以选择支护结构外立面作为防水层基层是本基坑工程又一特点。这对桩身垂直度、外立面平整度控制要求较高，若发生桩位偏差或垂直度偏差，必然会造成外立面凹凸不平，在防水层（找平层）施工时需要修补或凿平后进行，轻则影响施工进度，重则影响建筑防水效果。

2. 基坑支护难点问题解决方案

根据本工程基坑开挖深度、周边环境及其自身特点本基坑工程属于深基坑，基坑安全等级为一级，重要性系数为1.1。

为了有效控制基坑变形，减小基坑开挖对周边环境影响，同时保证支护结构能够形成垂直外立面（防水层基层），本基坑支护方案总体采用排桩＋预应力锚索支护形式，桩身腰梁采用双拼型钢。设计过程中遇到重、难点问题采用以下办法解决：

（1）对于桩身腰梁影响地下室防水层施工问题，设计按腰梁可拆除情况考虑。将腰梁拆除与地下室结构顶、底板施工相结合，通过在地下室结构底板、顶板处设置换撑板带、增设支点约束力办法转换锚索对桩身的受力作用。腰梁位置需要考虑地下室结构层高、结构钢筋甩茬高度因素。在设计图中详细给出拆撑工况，计算时也充分考虑拆撑、板带转换工况，确保基坑在各工况下安全可靠。

（2）对于锚索进入桩群，难以施工的问题，在本项目开始设计阶段，通过详细调查、收集既有建筑物基础资料，发现临近基坑边的高层建筑，其桩基平面布置在平行基坑边方向布置较规则。详细分析后认为通过调整护坡桩间距（即护坡桩与建筑物工程桩间距保持一致），锚索具备施工条件。如施工中发现建筑物桩位与图纸不符，锚索遇到桩基无法钻进时，可通过适当调整水平位置、锚索角度办法解决。

（3）为了减小锚索进入桩群中长度，降低锚索施工难度及锚索施工对建筑物影响，本工程锚索采用二次高压注浆工艺。因锚索为干作业成孔，成孔时只对桩间局部土体进行了扰动，在确保锚索施工避开建筑物桩基、相邻锚索采用隔桩成孔、成孔后能及时注浆前提下，分析认为本工程锚索施工对建筑物桩基基本无影响。

3. 典型支护断面

本工程总体采用排桩＋预应力锚索支护方案。典型支护断面见图 3。

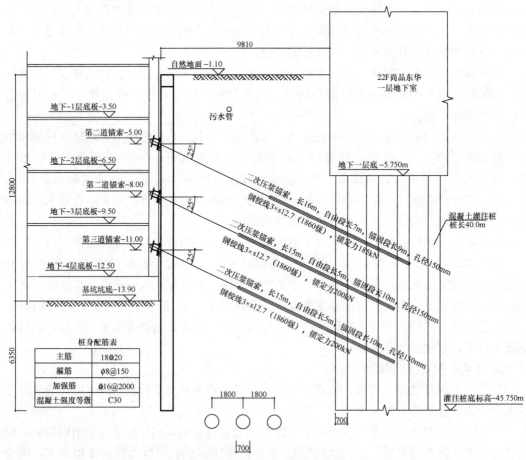

图 3　典型支护断面图（邻南侧西段）

基坑四周均布置有护坡桩，护坡桩设计的合理性不仅关系基坑安全稳定，对工程造价影响较大。经过多种桩径方案对比分析，最终选用直径 $\phi 700$mm 桩是安全的，也是经济的。护坡桩间距控制在 1.5～1.8m 之间，并与临近建筑物桩间距保持一致（便于锚索进入建筑物桩间）。

护坡桩外侧设置2~3道预应力锚索。锚索水平间距同桩间距,竖向间距为3.0m。锚索(腰梁)竖向设计时还需考虑两个方面因素:一、上排锚索需有效避开相邻建筑物地下结构、管线及消防水池等;二、腰梁设置不影响结构外墙施工,即满足结构外墙甩茬高度,同时避免换撑板带施加或腰梁拆除过程中出现不利工况。经过充分了解地下室结构资料、多次试算后,最终确定锚索标高分别为-5.0m(第一道)、-8.0m(第二道)、-11.0m(第三道)时均满足条件。

4. 拆撑工况设计

本工程拆撑工况如下:施工基坑底混凝土垫层及基础筏板,筏板与护坡桩间设置换撑板带→拆除第三道锚索腰梁→施工地下负4层结构至其顶板,在负4层顶板与护坡桩间设置换撑板带→拆除第二道锚索腰梁→施工地下负3层结构至其顶板,在负3层顶板与护坡桩间设置换撑板带→拆除第一道锚索腰梁→施工剩余上部结构。拆撑工况图见图4。

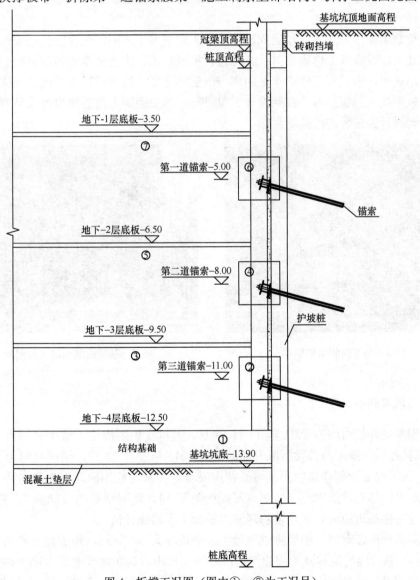

图4 拆撑工况图(图中①…⑦为工况号)

5. 施工情况介绍

（1）护坡桩施工

基于本工程对桩身垂直度控制要求高，施工单位严格按照规范规定的允许偏差进行控制，施工过程中采取以下办法：

1）选用旋挖成孔工艺。机械进场后校检垂直度仪表的准确性，并在成孔过程中随时观察垂直度偏差是否在控制范围内。

2）开钻前应检查桩位准确性并采用十字龙门架对孔。

3）安排有经验的机械操作手，钻孔时循序渐进、严格控制旋挖动力与进尺；遇到不明地层导致钻头跑偏立即停钻并查明原因，找到应对措施后再开钻。

4）测量员放线时严格把握精准度，并且在开钻前必须检验点位是否有偏差。有条件时桩位可向坑外偏移5cm，其目的是抵消护坡桩施工向坑内发生的误差。

（2）锚索腰梁施工

为避免锚索施工对地下管线造成破坏，事先采用人工洛阳铲试探办法，确保锚索施工范围内无地下管线或其他障碍物时，方可进行机械施工。当遇到锚索与建筑物桩基发生冲突、无法钻进时，通过调整锚索水平距离与入射角度后，均按设计长度施工完成。

换撑板带施工与腰梁拆除按照设计工况进行，拆除腰梁之前通知设计人员到场，待板带强度达到设计强度后进行腰梁拆除。

图5　基坑西侧实拍照片　　　　　　图6　基坑南侧东段实拍照片

四、基坑监测情况

本工程基坑开挖时间为2014年11月12日，基坑支护结构施工结束时间为2015年3月12日；换撑板带施工与腰梁拆除开始时间为2015年3月21日，结束时间为2015年6月19日。为了保证相邻建筑物及基坑的使用安全，在基坑使用阶段对基坑坡顶及相邻建筑物进行水平位移与沉降观测（监测点平面图见图1），监测结果曲线如图7、图8所示。图中曲线为每侧基坑边或相邻建筑物观测点的最大位移统计值。

从监测结果可以看出，护坡桩桩顶最大水平位移为10.5mm，相邻建筑物最大沉降量为2.98mm，基坑四周位移及相邻建筑物沉降量均较小，均在规范要求范围之内。在换撑板带施加与腰梁拆除过程中，基坑周边位移并未发生异常情况，说明基坑工程是安全的，支护方案达到了预期效果。

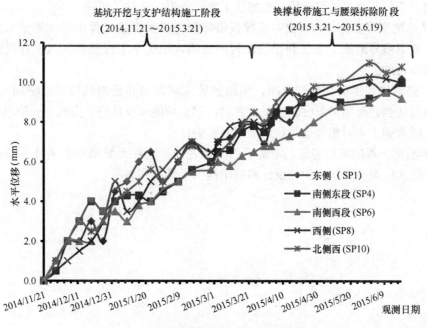

图 7　基坑周边水平位移—时间曲线

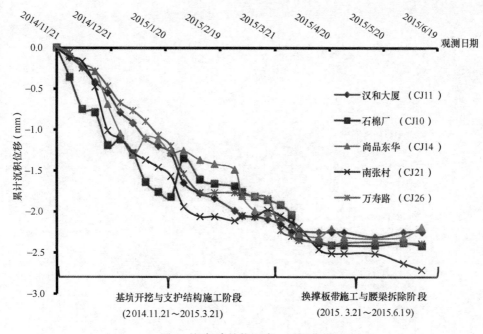

图 8　相邻建筑物沉降—时间曲线

五、点评

1. 为了满足无肥槽施工条件，本工程利用换撑板带转换的方式，有效解决了锚索腰梁对地下室外墙施工的影响，基坑变形也得到有效地控制。与同类工程相比，采用锚拉桩支护方案，不仅节约了工程造价，也加快了施工进度，节约了工期。

2. 从基坑变形监测结果看出，换撑板带施加与腰梁拆除过程中基坑侧壁未出现异常情况，且地下室外墙施工未受到腰梁设置的影响，说明本工程腰梁竖向位置设计是合理的，也是可行的。

3. 在锚索进入建筑物桩群区段，采用护坡桩间距与邻近建筑物工程桩同间距办法，施工时通过适当调整锚索角度、水平位置后，锚索均能按设计施工完成；采取隔桩成孔控制措施，锚索施工未对相邻建筑物造成不利影响。

4. 本基坑工程的成功实施，丰富了西安地区地下室在无肥槽施工条件下的设计与施工经验，也为同类型基坑支护的设计和施工提供了借鉴和参考。

长沙中青广场基坑工程

翟博渊　牛　辉

（北京中岩大地科技股份有限公司，北京 100041）

一、工程简介及特点

1. 工程简介

本项目基坑面积约 4600m²，总建筑面积约 10000m²，地上为广场，地下层数为 3 层，地下 1 层高 4.80m，地下 2 层高 3.50m，地下 3 层高 5.00m。其中－1 层和－2 层与北侧悦方 ID·Mall 商场连通。设计地坪标高 40.50～43.20m，基坑底标高 28.00m，基坑设计深度 12.5～15.2m，基坑支护周长约 315.0m。

基坑总平面图如图 1 所示。

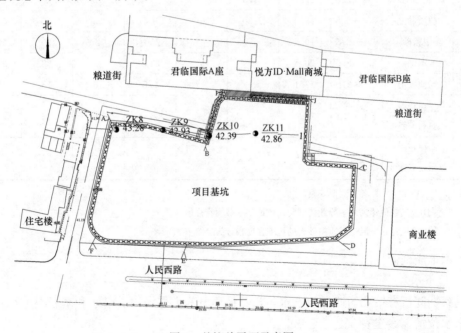

图 1　基坑总平面示意图

2. 基坑周边环境情况

拟建场地位于湖南省长沙市坡子街，属于长沙市最繁华的区域之一。东侧为 6 层商业楼，距离基坑不足 16.0m；西侧为 2～4 层住宅楼，砖混结构，房屋年限较长，距离基坑最近处仅 10.0m；北侧为方 ID·Mall 商场及两栋 29 层住宅楼，商场人流量较大，商场南门区域为以后接通部位，施工期间临时封闭，高层住宅楼距离基坑 16.0～25.0m；南侧为人民西路，路边距基坑最近 5.0m。项目西侧距离湘江不足 1.0km，地下水与湘江河水具有一定的水力联系。

基坑周边路面下埋设有给水、燃气、通信等管线。开工前对场地围墙内的管线已经进行关闭、改线、拆除等工作。

二、工程地质条件

1. 岩土工程条件

场地原始地貌单元属湘江冲积阶地，场地较平整，勘察期间测得各钻孔孔口标高介于 42.39～43.51m。根据本次钻探揭露，拟建场地内埋藏地层有杂填土、第四系冲积粉质黏土、中粗砂、圆砾，第四系残积粉质黏土，场地内基岩为第三系泥质粉砂岩。地层岩性如表 1 所示。

场地土层主要力学参数   表 1

层序	土名	厚度范围 (m)	重度 γ (kN/m³)	含水量 w (%)	孔隙比 e	压缩模量 $E_{S0.1\sim0.2}$ (MPa)	固结快剪峰值 c (kPa)	固结快剪峰值 ϕ (°)	渗透系数 k (cm/s)
①	素填土	3.2～7.0	18.7	25.3	0.765	—	10	10	4.0×10^{-5}
②	粉质黏土	2.3～6.8	19.8	25.0	0.702	8.0	35	20	6.0×10^{-6}
③	中粗砂	1.0～2.8	19.5			25 *	2	30	4.5×10^{-3}
④	圆砾	3.3～8.9	20.5			28 *	2	38	1.3×10^{-2}
⑤	粉质黏土	0.6～2.0	19.1			6.5	16	16	5.6×10^{-7}
⑥	强风化泥质粉砂岩	1.0～3.1	21.0			60 *	28	28	—
⑦	中风化泥质粉砂岩	层厚不详	22.5			150 *	35	35	—

注：1. 上表中带"*"者为变形模量。

    2. 采用上表数值建议采用静载荷试验校核地基承载力特征值。

    3. 表中强风化、中风化泥质粉砂岩的抗剪强度指标为经验值。

典型地质剖面见图 2。

2. 地下水

勘察期间所有钻孔均遇见地下水，按其性质分为上层滞水、潜水和基岩裂隙水。具体地下水水位情况参建表 2。

地下水情况一览表   表 2

序号	地下水类型	赋存土层	水量情况	稳定水位 埋深 (m)	稳定水位 标高 (m)	主要补给源
1	上层滞水	杂填土①	较小	0.50～4.50	37.89～42.58	大气降水，地表补给
2	潜 水	中粗砂③、圆砾④	丰富	7.30～10.60	32.74～36.07	地下水，上层地下水补给
3	基岩裂隙水	强风化泥质粉砂岩⑥	小	—	—	上层地下水

水位随场地挖填方及季节变化，一般春夏水位较高，秋冬季水位较低，地下水位季节变化幅度一般在 1.00～3.00m 之间。

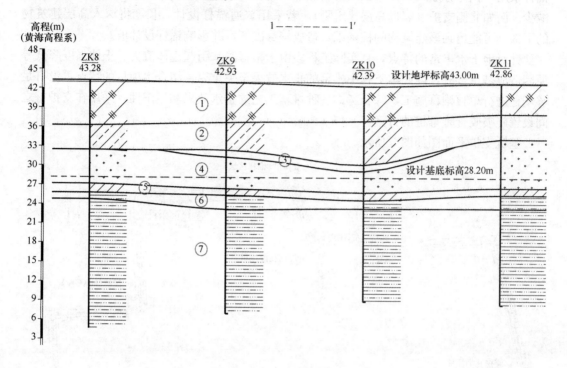

图 2 典型地质剖面图

三、基坑围护方案

1. 项目特点

（1）施工场地小、基坑深、形状不规则。基坑面积约 4600m²，东西长约 110m，南北宽 30～45m。深度 12.5～15.2m，呈"凸"字形，存在空间效应的影响。

（2）周边环境复杂。拟建结构北侧与商场地下结构相连接，场地北侧还有 2 栋 29 层住宅楼，周边有居民楼，地下管线等。此外，现场围墙基本按照规划红线砌筑，场内空间有限，还需考虑总包进场后基坑周边材料堆载、办公临建等影响。

（3）西侧距离湘江不足 1.0km，地下水丰富，与湘江河水具有一定的水力联系。

2. 基坑支护平面图

本方案以室外自然地坪标高为基准，基坑深度 12.5～15.2m；基坑周边 2.0m 范围内地面荷载按 10kN/m² 考虑，2.0m 范围外考虑施工荷载、及周边市政道路考虑土方车辆的荷载按 25kN/m² 考虑；地下水位标高水位按 36.0m 考虑；地基基础设计等级为甲级，基坑支护安全等级为一级；基坑使用年限为基坑竣工后 1 年。

在本项目中，内支撑支护存在两个问题：一是工期紧，内支撑对施工空间影响很大，土方、建筑结构施工等工期无法保障；二是支撑量巨大，支撑设置及拆除均需耗费大量的资金，整体经济性较差。为保证有足够的施工空间，同时减少工期，围护结构采用"支护桩＋锚杆"支护。

在锚杆的设计上，埋深不仅要避开管线，而且锚杆孔口高度尽量位于地下水位之上。锚杆采用"拉力分散式锚杆＋二次劈裂注浆工艺"，在满足设计要求的前提下，长度有效减少。例如北侧支护（邻近高层建筑物），若采用普通锚杆设计，长度将深入高层建筑物的下部，可能遇到该建筑物的桩基础，造成桩身破坏，并影响锚杆设计值。

针对地下水丰富的特点，且实际工程多由于帷幕漏水引起土体流失、土体强度降低等原因造成基坑事故，因此本工程中帷幕的止水效果至关重要。结合本项目的特点，没有足够场地进行单独帷幕施工，综合考虑各种帷幕工艺的止水效果和经济性，采用在支护桩之间设置旋喷咬合帷幕桩的方案。

基坑支护平面图如图 3 所示。

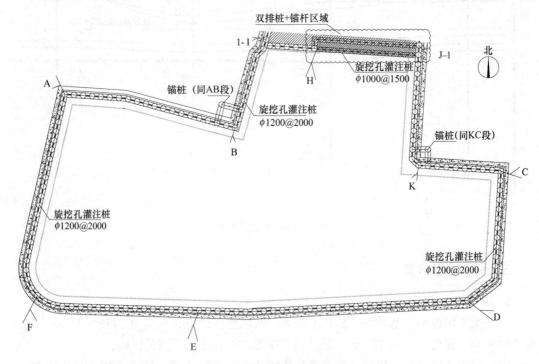

图 3　基坑围护平面图

3. 基坑支护典型剖面

选取基坑北侧 KC 段支护详细介绍，该部位设计地面标高 43.2m，北侧距离高层住宅（29 层）约 25.0m，基坑深度约 15.2m。

支护桩采用钢筋混凝土桩，桩径 1.2m，间距 2.0m，桩身砼强度 C25，嵌固深度 6.00m，桩长 19.85m；帷幕桩采用旋喷桩或搅喷桩，位于相邻支护桩之间，桩长约 13.1m，且桩顶、底进入相对隔水层深度不小于 1.5m，要求渗透系数要求达到 1×10^{-5} cm/s。

桩顶设一道钢筋混凝土冠梁，冠梁顶标高 42.45m，截面尺寸 1200×720mm。冠梁顶至地面按比例 1：0.4 放坡，坡顶设 0.8m 卷边。坡面和卷边挂钢板网，喷射混凝土厚 60mm。

该区域设置四道拉力分散式锚杆，竖向间距约 2.70m，水平间距 2.00m。锚杆入射角度 15°～20°，长度自上而下分别为 18.0m、19.0m、18.0m 和 16.0m。采用二次劈裂注浆工艺。

支护桩之间设置两根三重管高压旋喷桩，与支护桩联合形成帷幕隔水，旋喷帷幕桩直径 800mm，帷幕顶、底部至少进入弱透水性底层 1.50m。灌浆材料为强度 32.5MPa 水泥，浆液水灰比 1:1。高压旋喷形成的防渗板墙的渗透系数要求达到 1×10^{-5} cm/s 级。

基坑支护典型剖面图见图 4。

四、重难点施工部位介绍——连接通道区域

本项目施工难度最大的部位是北侧连接通道区域（HJ 段）。悦方 ID·Mall 商场地上 6 层，地下两层，基础为天然地基。拟建结构为 -3 层，其中 -1 层和 -2 层直接与商场联通（图 6），-3 层距离商场结构边线约 4.5m。基坑深度比原建筑基础深约 6.2m。基坑开挖后，商场结构外墙完全暴露，玻璃幕墙呈完全临空状态。

商场建筑物荷载全部传递至基础下土体，附加荷载大，支护方案需具有较大的刚度，有效控制位移。此外，商场基底距离砂卵石层较近，由于基坑开挖较深，需防范地下水从商场基底下部流向基坑。除此之外，商场在施工期间会继续营业，一旦基坑发生危险，必然导致整个商场结构受到影响，甚至出现人员伤亡，后果不堪设想。

经过大量资料的收集、整理，进行多种方案的设计论证，最终采用"双排桩＋预应力锚杆"支护。

双排支护桩采用钢筋混凝土桩，桩顶标高 35.5m，排距 1.7m。前排桩径 1200mm，桩间距约 1600mm，嵌固深度 6.0m，桩长 13.5m；后排桩径 1000mm，桩间距 1500mm，嵌固深度 5.0m，设计桩长 12.5m。前后排桩采用 500mm 厚盖板连接。HJ 段受场地限制，后排桩距离商场结构 1.0m，上部采用 200mm 厚 C25 混凝土覆盖。预留肥槽 600mm，主体结构防水采用反贴式于支护面。

帷幕桩与支护桩咬合形成连续的帷幕隔水。前排采用素混凝土桩，桩长 13.5m，桩径 1000mm，强度等级 C15。后排采用 1 根 ϕ800mm 旋喷桩，帷幕顶与支护桩顶标高一致、底要求进入弱透水性地层不小于 1.5m。在双排桩之间加强地下水控制，设置 1 排高压旋喷桩，桩径 800mm，桩长约 10.5m，间距 600mm，咬合 200mm。

该区域设置两道拉力分散式锚杆，竖向间距约 2.50m，水平间距 1.60m。锚杆入射角度 15°，长度分别为 17.0m 和 16.0m。采用二次劈裂注浆工艺。

连接通道（HJ 段）剖面图见图 5。

现场施工时，虽然后排桩距离商场结构还有 1.0m 距离，但实际情况是旋挖钻机几乎紧贴悦方商场的幕墙。钻杆稍有偏差或晃动，都有可能碰到玻璃幕墙，由此可见现场对管理和钻机操作的要求是很高的。为防止发生危险，开工前一方面进行细致全面的交底工作，另一方面对玻璃幕墙采取保护措施。施工期间，安全负责人和负责工长全程指挥、监督施工情况，做到了万无一失。施工过程严格按规范操作，钻孔垂直度、泥浆配合比、注浆量等严格按设计要求控制，开挖后效果显著，达到了设计要求，实现了安全、牢固的目的。

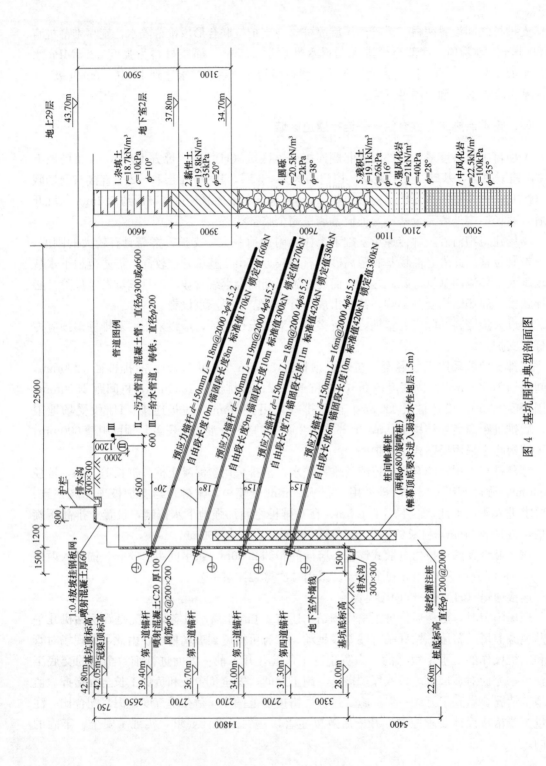

图 4 基坑围护典型剖面图

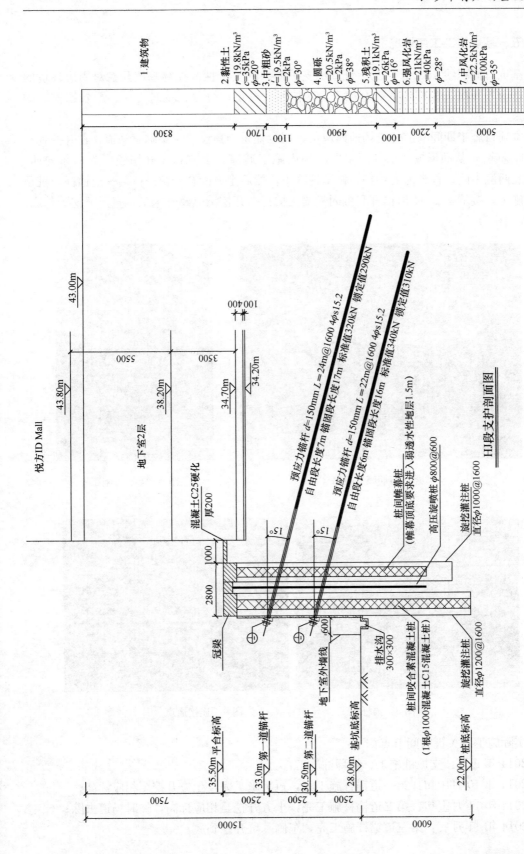

图 5 连接通道（HJ 段）剖面图

五、基坑施工工序情况

基坑总面积约 4600m²，为保证基坑支护体系的安全性及控制基坑开挖对周边环境的影响，土方开挖及锚杆施工需有序进行，按照"分层、分段、及时支撑、严禁超挖"的原则。

本项目施工期间马道位于场地西南角，同时在东南角设置一条临时马道（在开挖到－2 层时挖除），从而形成"东进西出"的场内施工通道。土方总体开挖顺序为从东向西，由南北两侧中间。首先为支护桩、帷幕桩施工，然后土方配合开挖进行第一道锚杆、桩顶冠梁施工，接下来 2～4 道锚杆和桩间喷锚支护根据开挖情况及时施工，直至开挖到基底。（图 6～图 9）

图 6　前期施工道路

图 7　支护桩施工

图 8　锚杆施工

图 9　连接通道

实际施工各关键时间节点如下：

2014 年 9 月：支护桩施工、帷幕桩施工；

2014 年 10 月中旬：第一道锚杆施工完，冠梁施工完，土方开挖至相应标高；

2014 年 11 月上旬：第二道锚杆施工完，土方开挖至相应标高，临时马道去除；

2014 年 11 月底：第三道锚杆施工完，东侧基坑开挖到底；

2014年12月中旬：第四道锚杆施工完成，中部基坑开挖到底；

2015年1月上旬：西侧基坑开挖到底（整个基坑开挖完成）。

六、基坑监测情况

1. 监测点布置

本项目开挖深度较大，周边高层建筑、地下管线众多，环境保护要求严格，为确保基坑工程的安全、顺利施工，采用信息化施工，对基坑的施工全过程进行了监测，以达到有效地指导施工现场、安全施工和避免事故发生的目的。

本项目的监测内容有：

（1）围护结构顶水平位移和垂直位移监测；

（2）基坑周边建、构筑物沉降监测；

（3）土体深层水平位移观测（测斜）；

（4）地下动态水位监测；

（5）锚杆轴力监测；

（6）建构筑物及地表裂缝观测。

监测点布置如图10所示。

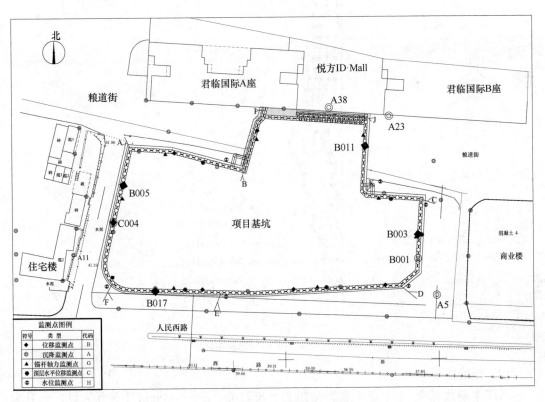

图10　监测点平面布置示意图

2. 主要监测结果及分析

（1）围护结构顶水平位移

基坑水平位移共观测 17 个点，监测结果为 -7.2 mm$\sim$18.8mm。累计变形最大点位于基坑 DE 段冠梁东部，为基坑深度的 1.3‰。

基坑水平位移曲线图如图 11 所示。

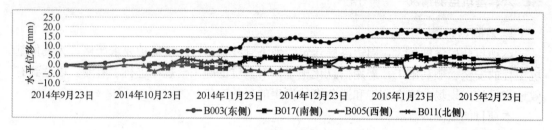

图 11　基坑水平位移曲线图

（2）深层水平位移

深层水平位移共观测 6 个点，监测结果累计最大变形 $+11.1$mm，位于基坑 FA 段冠梁中部。深层水平位移典型曲线图如图 12 所示。

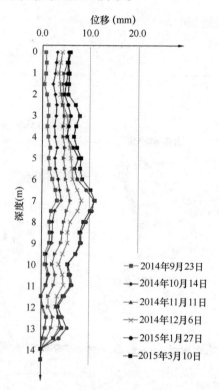

图 12　深层水平位移典型曲线图

（3）沉降变形

沉降本期共观测 37 个点，监测结果为 -8.79mm$\sim$$+3.00$mm（下沉为负，上升为正）。支护结构累计变形最大 -3.59mm，点位于基坑 CD 段冠梁中部，为基坑深度的 0.24‰；周边路面累计变形最大 -8.79mm；北侧综合楼累计变形最大 -1.34mm。

沉降变形曲线图如图 13 所示。

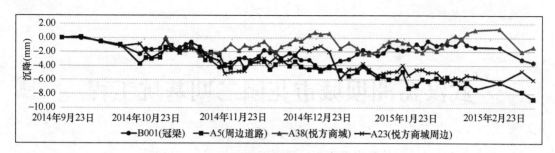

图 13　沉降变形典型曲线图

通过最终的监测结果可以看出，支护结构的水平位移、沉降变形均小于设计值和规范值，基坑周边地表和建筑物的沉降实测值也未超出设计值和规范值，说明基坑支护设计是可靠和合理的，施工质量到位，达到了该工程基坑支护的目的。

七、点评

1. 本工程针对周边不同的环境，基坑四周采用"桩锚"支护，北侧连接通道采用"双排桩＋锚杆"支护体系是能满足基坑安全。

2. 本工程帷幕采用旋喷咬合帷幕桩，从现场实际效果来看，可满足帷幕止水的要求，是一种经济、安全可行的帷幕止水方式。

3. 北侧连接通道利用双排桩结构刚度大的特点，结合锚杆提供水平力，有效控制位移变形，确保项目安全完工。

4. 针对本项目的特点，施工前详细搜集周边管线、建筑物等资料，针对性做出相应处理和应急准备。施工中严格按照设计参数和施工要求规范施工，监测数据做到及时反馈，实现信息化施工及动态控制。

5. 长沙市中青广场项目基坑工程开挖深、面积小，周边环境复杂，安全等级和环境保护等级高，基坑施工难度大。至 2015 年本基坑工程和地下主体工程全部完成，监测结果表明本支护结构的变形、沉降等均在容许范围内，效果良好。本工程的设计和实施可作为同类基坑工程的参考。

武汉葛洲坝城市花园二期基坑工程

徐国兴[1]　　赵小龙[2]　　王华雷[2]

（1. 总参谋部工程兵科研三所，洛阳，471023；

2. 湖北楚程岩土工程有限公司，武汉，430000）

一、工程简介及特点

1. 工程简介

该基坑位于武汉硚口区，本工程项目由一栋 44 层办公楼、六栋 31～33 层住宅楼、一栋 4～5 层商业楼、一栋 4 层幼儿园及二层地下室（地下车库）组成。总建筑面积约 163000m²。垂直开挖深度 5.7～11.1m。

2. 基坑支护难点

（1）对基坑变形控制严格

本工程周边环境较为复杂，用地较为紧张，基坑两侧紧邻周边建筑物，南侧和东侧建筑物均为桩基础，南侧坡底线距离建筑物约 1.5m，东侧坡底线距离建筑物约 21.0m，北侧坡底线距离公共通道最近距离为 12.0m，西侧距离城市主干道约 17.0m，西侧有规划地铁，坡底线距离轨道交通控制线约 9.0m，本基坑支护设计严格控制基坑变形，尤其是确保城市主干道和民房的安全。

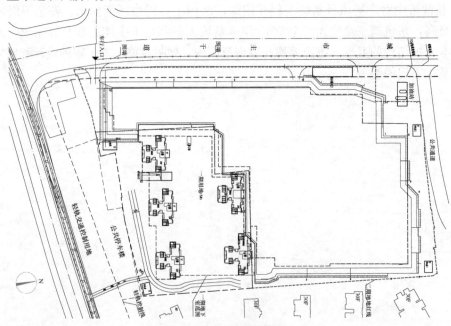

图 1　基坑总平面示意图

（2）西侧为城市主干道，并且有规划地铁，为重点监测和保护对象

西侧基坑开挖深度为 11.1m，基坑坡底线距离轨道交通控制线约 9.0m，该侧坡顶一定范围内设置临建和钢筋加工厂，该区域支护结构考虑了附加荷载的影响，该侧采用上阶复合土钉支护，下阶双排桩＋可回收锚索的支撑形式，对该侧坡顶和支护结构的变形、内力着重监测。

（3）可回收锚索施工要求高

由于西侧场地较为紧张，且该侧距离轨道交通控制线较近，采用双排桩和可回收锚索的支护形式，采用可回收锚索专利产品，该可回收锚索具有容易施工、回收方法简单和回收率高的特点。锚索成孔期间水量较大，采用套管跟进成孔注浆施工工艺。

（4）止水降水要求高

本工程距离汉江 650m，承压水埋藏于第③₋₄～③₋₅层的砂性土层中，主要接受侧向补给，与汉江存在密切水力联系。其承压水头在场区地面下约 3.5m 左右，本工程设计降深 8.1m，布设 1920t/d 降水井 16 口，从基坑开挖 3.0m 后开始逐步开启降水井。双排桩桩间采用高压旋喷桩止水加固处理，结果显示止水效果良好。

二、工程地质条件

场地土层主要力学参数   表1

层序	土 名	重度 (kN/m^3)	土体与锚固体粘接强度 f_{rb} (kPa)	应力指标综合取值		渗透系数 k (cm/s)
				c (kPa)	ϕ (°)	
①	杂填土	19.0	20	8	16	
②₋₁	黏土	18.6	25	16.7	10.0	$3.38×10^{-6}$
②₋₂	粉质黏土夹粉土	18.2	30	14.5	11.0	
③₋₁	粉砂粉土夹粉质黏土	18.0	40	5.0	26.0	

三、基坑围护方案

本项目对基坑变形要求严格，围护结构水平变形量控制在 20mm 以内。支护方案采用双排（单排）钻孔灌注桩＋可回收锚索（普通锚索）＋局部钢管支撑结构，止水帷幕采用多排水泥土搅拌桩，地下水处理采用坑内井管降水＋明排，共计布设降水井 16 口，换撑采用一桩一撑在地下室负二层顶板结构位置处换撑。

该基坑支护于 2013 年 11 月开始施工支护桩，到 2014 年 4 月支护桩施工完毕，桩间水泥土搅拌桩加固于 2014 年 3 月到 2014 年 6 月，双排桩及单排桩冠梁于 2014 年 5 月开始施工，2014 年 8 月冠梁施工完毕，锚索施工时间从 6 月到 11 月，于 12 月份开挖至基底，井管降水运行期间为 2014 年 9 月到 2015 年 1 月。

四、基坑监测情况

基坑监测由专业基坑监测单位负责，监测内容包括围护结构顶部水平位移、边坡顶部水平位移、边坡顶部竖向位移、周边道路竖向位移、冠梁竖向位移、周边房屋竖向位移和深层水平位移监测，监测点平面布置如图 7 所示，该基坑采用双排桩的支护形式，现场的

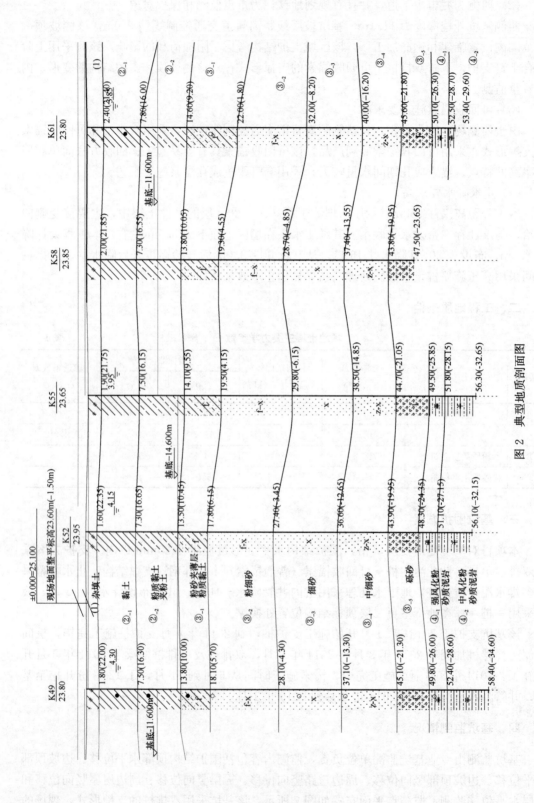

图 2　典型地质剖面图

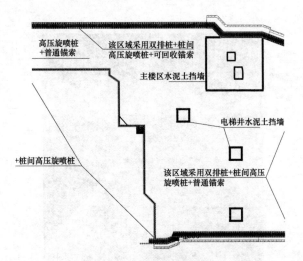

图 3　基坑围护平面图

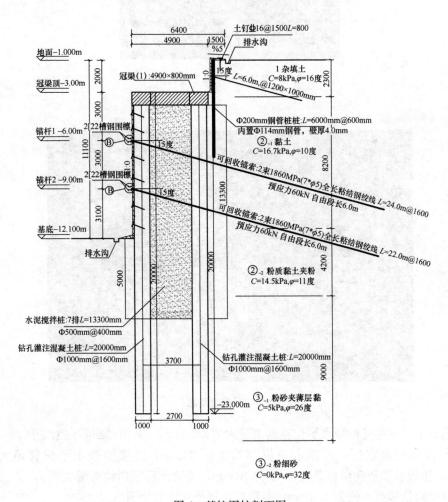

图 4　基坑围护剖面图

图 5   双排桩冠梁施工过程图

图 6   开挖至基底

监测数据显示：双排桩桩顶水平位移局部最大为 42.4mm，采用可回收锚索的区段（靠近硚口路）位移控制较好，桩顶水平位移均小于 20mm，边坡坡顶水平位移最大值为 34.5mm，边坡坡顶竖向位移最大值为 22.84mm，周边道路竖向位移最大值为 17.25mm，周边房屋竖向位移最大值为 4.3mm，变形均在规范允许的范围内。

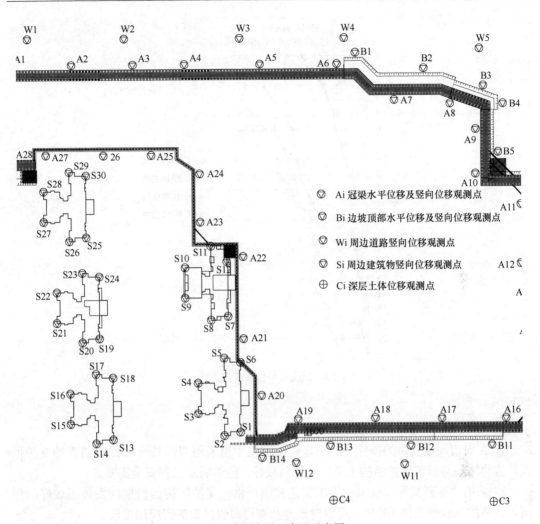

图 7　监测点平面布置示意图

图中图例：
- Ai 冠梁水平位移及竖向位移观测点
- Bi 边坡顶部水平位移及竖向位移观测点
- Wi 周边道路竖向位移观测点
- Si 周边建筑物竖向位移观测点
- Ci 深层土体位移观测点

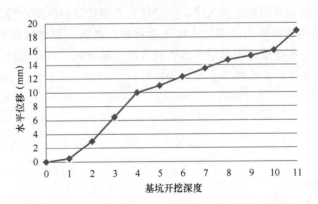

图 8　A4 双排桩桩顶水平位移随基坑开挖深度的变化

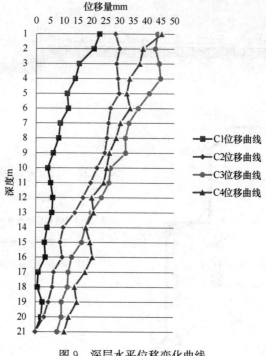

图 9　深层水平位移变化曲线

五、点评

1. 在周边环境复杂的条件下，在靠近城市主干道采用双排桩＋可回收锚索的支护形式，监测结果显示该支护结构水平位移控制较好，能够满足工程安全需要。

2. 采用的专利型可回收锚索施工工艺控制严格，支护结构运行期间发挥了较好的作用，最终的回收率达到 100％，可以对该专利型可回收锚索进行应用推广。

3. 基坑降水对周边影响较大，根据现场监测结果，在距离基坑边 5 倍基坑开挖深度内的建筑物和道路都有不同程度的沉降，但建筑物及周边道路沉降均控制在 25mm 以内。

4. 止水帷幕采用双排桩桩间多排水泥土搅拌桩，桩间未见渗水涌水现象，可回收锚索成孔施工期间，止水帷幕外侧水通过锚索成孔流入基坑内，且水流较大，说明坑外水位明显高于基坑内侧水位，止水帷幕止水效果较好。

郑州绿地滨湖国际城项目四区基坑工程

宋进京[1]　周同和[1]　郭院成[2]　宋建学[2]

（1. 郑州大学综合设计研究院有限公司，郑州 450002）

（2. 郑州大学土木工程学院，郑州 450000）

一、工程简介及特点

拟建绿地滨湖国际城规划 200 万 m^2 复合型生态城市综合体，集超高层摩天地标、甲级智能办公、企业独栋定制、商业中心、高端居住等综合业态为一体。建成后将成为郑州最具影响力和代表性的总部经济产业集聚区、低碳生态示范区、商业集聚区、绿色生活区。项目位于郑州市二七区南部大学南路与南四环交叉口东北角。

四区位于场地东北部，包括 2 栋高层办公楼、5 层裙楼以及 3 层通体地下车库。四区项目场地南高北低、西高东低，自然地面标高为 153.400～156.800m 左右。场地东临规划星月路，北临规划鼎盛大道，西临规划望桥路，南临规划芳仪路。

周边环境相对简单，且无地下管线等设施。

场地南部分布有杂填土，深度最深处约 30m。这部分杂填土为多年前砖厂烧砖取土形成大土坑，呈东西走向，近 5 年内拆迁工地陆续往坑里倾倒建筑垃圾填平。因这部分杂填土为运土车一车一车倾倒于此堆填形成的，因此分布极不均匀，呈多种土混合状态，局部地段土体居多，局部地段建筑垃圾居多，局部地段生活垃圾居多。杂填土含大量砖块、混凝土块、水泥块等建筑垃圾及生活垃圾。

该基坑工程具有以下特点：

1. 基坑最大深度自然地面下 21.22m，为中原地区运用放坡、排桩全粘结锚杆支护及分级支护的最深的基坑工程之一。

2. 杂填土深度最大处 29.5m 基坑深度最大 21.22m，为中原地区深厚杂填土场地深度最深的基坑。

3. 本基坑在场地条件允许部位采用 1:1.5 坡比多级放坡，坡面覆盖钢板网支护，为该种特殊条件支护方法的设计、施工在中原地区取得工程实例经验。

4. 基坑西侧深厚填土区因市政道路施工档期影响无法采用放坡方案，采用的上部悬臂桩＋下部桩锚分级联合支护技术，锚杆采用了扩大段锚杆技术，设计利用了深厚填土以下第⑦、⑧层粉质黏土承载力高、侧摩阻力高、土层物理力学性质好的特性，充分发挥土体与锚杆注浆体之间的锚固作用，节省了工程造价，为分级支护技术在中原地区超深基坑应用取得工程实例经验。

5. 本工程采用了全粘结锚杆＋排桩复合锚杆支护技术，充分发挥锚杆和支护桩相互作用，节省了工程造价，为该施工技术在中原地区推广取得工程实例经验。

6. 本工程采用 D180、D200、D400 大直径锚杆技术，充分发挥土体与锚杆注浆体之间的锚固作用，相比传统 D150 直径锚杆节省了工程造价，为该施工技术在中原地区应用推广积累工程实例经验。

二、工程地质条件

1. 岩土工程地质勘察揭示主要地层分布如下：

⓪$_{-1}$杂填土（Q4$^{ml}_3$）：杂色，稍湿，松散，以建筑垃圾为主，建筑垃圾约占 50％～95％。

⓪$_{-2}$杂填土（Q4$^{ml}_3$）：杂色，稍湿，松散，以生活垃圾为主生活垃圾约占 50％～90％，土体臭味较大，主要成分为塑料袋、碎布、腐殖质等，土质不均匀。

⓪$_{-3}$素填土（Q4$^{ml}_3$）：褐黄～浅黄色，稍湿，松散，以粉土为主，土体约占 60％～95％，偶见砖瓦块、石子、混凝土块等建筑垃圾及塑料袋、碎布、腐殖质等生活垃圾。

① 粉土（Q3^{al}）：浅黄色，稍湿，中密～稍密，含有蜗牛壳及碎片，偶见铁锈斑块。

②$_{-1}$粉砂（Q3^{al}）：浅黄色，稍湿，中密，颗粒级配一般，成分主要为长石、石英，含云母、偶见蜗牛壳碎片。该层呈透镜体形式出现。

② 粉土（Q3^{al}）：浅黄色，稍湿，稍密～中密，含有蜗牛壳及碎片，较多菌丝状钙质网纹，可见少量姜石粒和铁锈斑块，局部砂质含量高，局部地段为粉砂。

③ 粉质黏土夹粉土（Q3^{al}）：粉质黏土，褐红～黄褐色，硬塑～坚硬，干强度中等，含铁、锰质氧化物，较多菌丝状钙质网纹，偶见小姜石；粉土，黄褐色，稍湿，稍密～中密，含云母片，偶见少量姜石。

④ 粉质黏土（Q3^{al}）：褐红色，硬塑，干强度中等，含铁、锰质氧化物，较多菌丝状钙质网纹，偶见小姜石。

⑤ 粉质黏土夹粉土（Q3^{al}）：粉质黏土，褐红～黄褐色，硬塑，干强度中等，含铁、锰质氧化物，偶见小姜石；粉土，黄褐色，稍湿，稍密～中密，含云母片，偶见少量姜石。

⑥ 粉质黏土（Q3^{al}）：褐红色，硬塑～坚硬，干强度中等，含铁、锰质氧化物，偶见小姜石。

⑦ 粉质黏土（Q3^{al}）：褐红色，硬塑～坚硬，干强度中等，含铁、锰质氧化物，较多 1～4cm 直径姜石，局部姜石富集，局部地段夹有钙质胶结薄层。

⑧ 粉质黏土（Q2^{al+pl}）：褐红色，硬塑～坚硬，干强度中等，含铁、锰质氧化物，较多 1～4cm 直径姜石，局部姜石富集，局部地段夹有钙质胶结薄层。

2. 水文地质条件：

该场地地下水类型为潜水，粉土、粉质黏土为弱透水层，砂土层为强透水层。勘测期间初见水位位于地面下 30m 左右，实测稳定水位埋深为现地面下 32.0m 左右，绝对高程 120.04～121.53m 之间。地下水主要受季节性降水补给，从 7 月中旬至 10 月上旬是每年的丰水期，每年 12 月至来年 2 月为枯水期，水位年变化幅度 3.0m 左右，根据附近场地近年来水位资料了解，本场地近 3-5 年最高水位绝对高程约为 130.0m。

场地土层参数见表 1。

场地土层主要力学参数　　　　　　表1

土层编号	土层名称	重度 γ (kN/m³)	含水率 ω (%)	孔隙比 e	固结不排水抗剪强度（cu）		直剪抗剪强度	
					c (kPa)	ϕ (°)	c (kPa)	ϕ (°)
①	粉土	14.9	6.9	0.935	14	22	13	22
②-1	粉砂	—	—	—	2	27	2	26
②	粉土	15.3	9.1	0.928	15	23	14	23
③	粉质黏土	16.7	16.3	0.886	24	17	24	16
③	粉土	15.2	10.4	0.965	—	—	—	—
④	粉质黏土	16.7	16.8	0.896	23	16	22	15
⑤	粉质黏土	17.2	15.3	0.828	20	17	19	16
⑤	粉土	16.0	14.0	0.921	—	—	—	—
⑥	粉质黏土	16.7	15.4	0.880	22	15	22	14
⑦	粉质黏土	16.7	16.2	0.891	23	16	23	15
⑧	粉质黏土	18.3	22.4	0.740	—	—	—	—

典型地质剖面见图1。

三、基坑周边环境

场地东临规划星月路，北临规划鼎盛大道，西临规划望桥路，南临规划芳仪路。西侧地库外墙距离用地红线8.9m，红线外为规划40m宽望桥路，望桥路西侧为一区已回填基坑，基坑深度20m，基坑上口线距离景观展示区外墙5.0m；北侧地库外墙线距离用地红线10.9m；东侧地库边线距离用地红线6.7m；南侧地库边线距离用地红线6.1m。基底标高为132.180m～135.830m，基坑深度19.57～21.97m。基坑东侧与五区基坑连通，高差5.15m～9.55m。基坑周边环境平面布置见图2。

四、基坑支护平面布置

基坑支护平面布置见图3。

五、基坑支护典型剖面

基坑南侧深度20.37～20.97m，为深厚填土区，经协调具备放坡条件，支护设计采用3阶放坡坡面覆盖钢板网，典型剖面见图4。

基坑西侧南段深度18.17m，为深厚填土区，受市政道路施工档期影响无法采用放坡方案，采用的上部悬臂桩＋下部桩锚分级联合支护技术，锚杆采用了扩大段锚杆技术，典型剖面见图5。

基坑西侧北段深度19.57m，采用上部土钉下部排桩＋全粘结锚杆，典型剖面见图6。

基坑北侧深度21.22m，采用传统桩锚支护，采用了D180直径锚杆，典型剖面见图7。

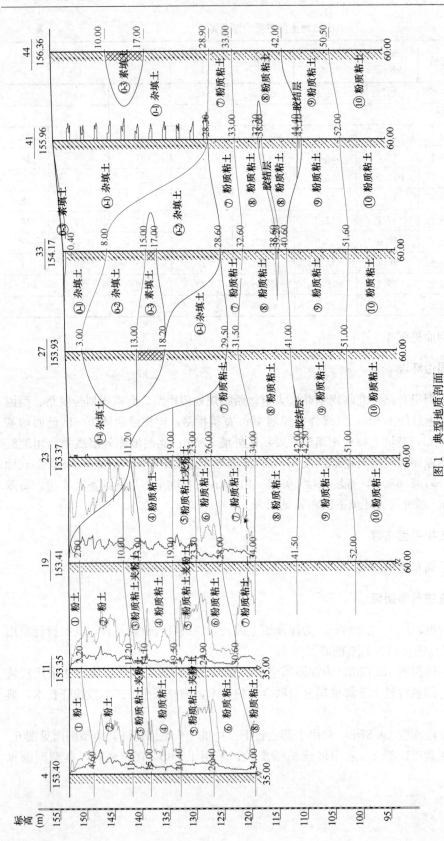

图 1　典型地质剖面

260

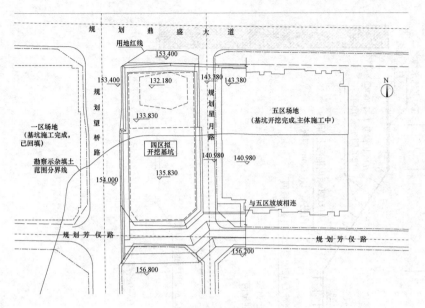

图 2　基坑周边环境图

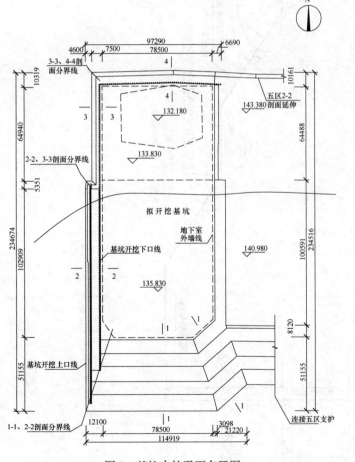

图 3　基坑支护平面布置图

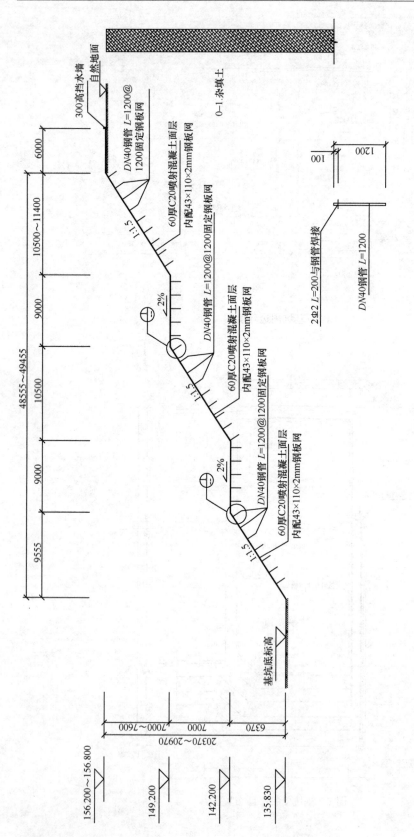

① 钢管大样详图

图 4　剖面 1-1 示意图

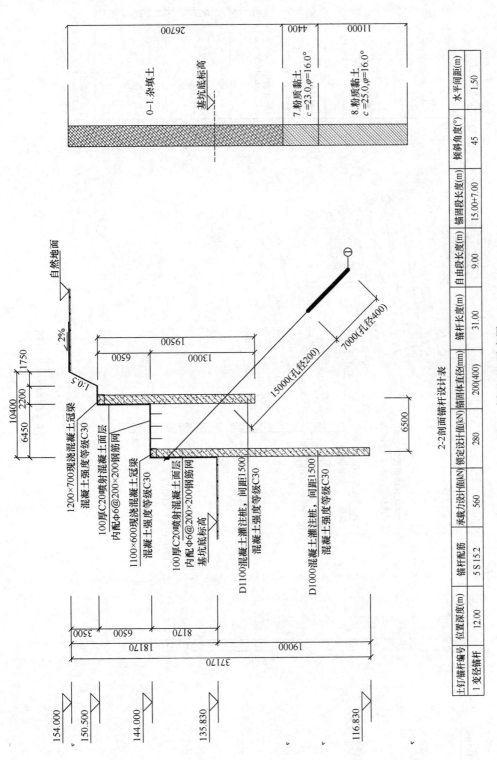

2-2剖面锚杆设计表

土钉/锚杆编号	位置深度(m)	锚杆配筋	承载力设计值(kN)	锁定设计值(kN)	锚固体直径(mm)	锚杆长度(m)	自由段长度(m)	锚固段长度(m)	倾斜角度(°)	水平间距(m)
1 变径锚杆	12.00	5 S 15.2	560	280	200(400)	31.00	9.00	15.00+7.00	45	1.50

图 5 剖面 2-2示意图

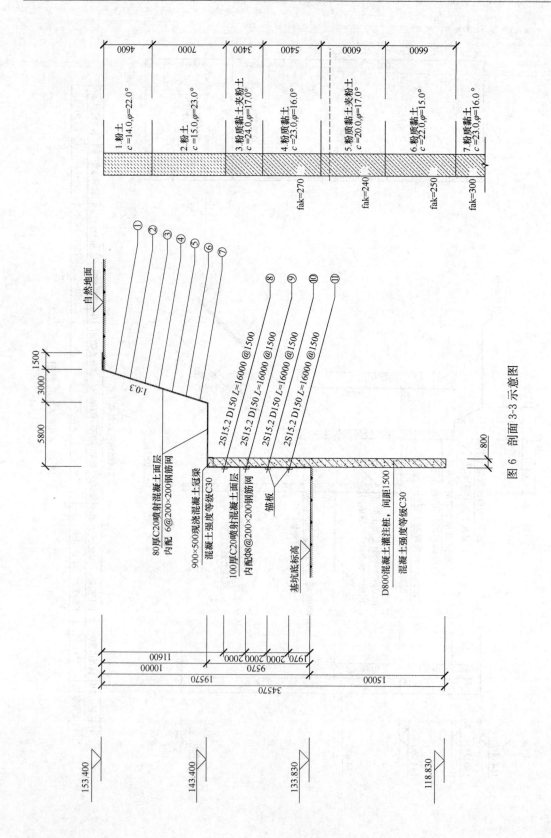

图 6 剖面 3-3 示意图

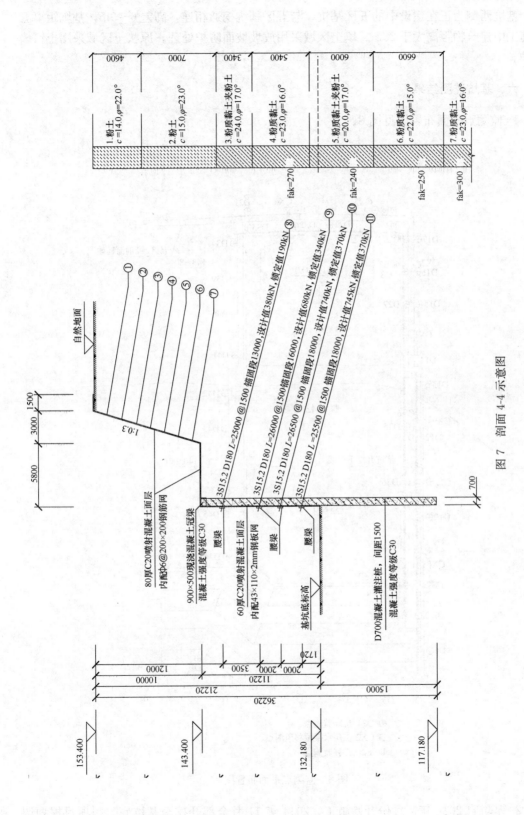

图 7　剖面 4-4 示意图

基坑西侧为正在建设中的五区基坑，与五区基坑挖通相连，高差6～9m，基坑距离五区施工中建筑物距离大于20m。填土区域采用放坡坡面防护处理，原状土区域采用土钉墙支护。

六、基坑监测结果

1. 监测点平面布置图见图8。

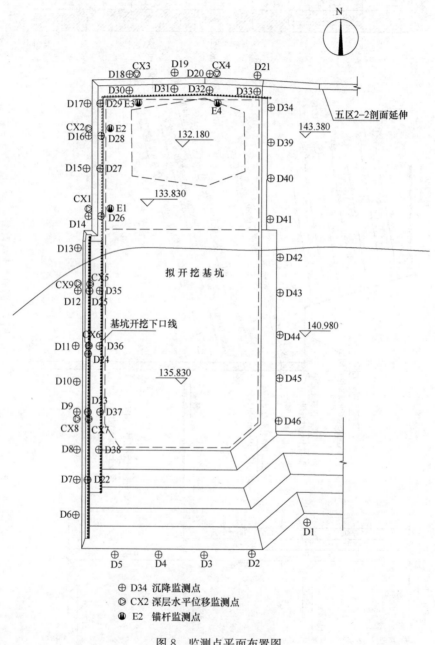

⊕ D34 沉降监测点
◎ CX2 深层水平位移监测点
⊕ E2 锚杆监测点

图8 监测点平面布置图

2. 基坑自2014年7月份开始施工，2014年11月全部开挖至基坑底。因项目规划调整，基坑至今还未回填，截至 2016 年 2 月支护结构最大水平位移为 13.38mm。支护结构最大沉降 10.12mm。均小于国家规范及行业规范对一级基坑变形控制限值的要求。目前项目正在进行主体结构施工，计划 2016 年 9 月份回填。

3. 深层水平位移监测结果见图 9、图 10。

4. 基坑竖向位移见图 11。

5. 锚杆应力监测见图 12。

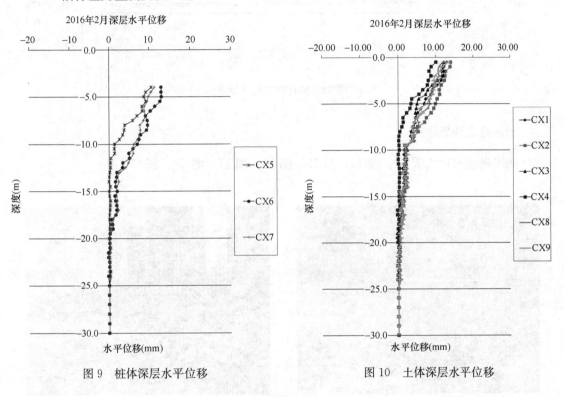

图 9　桩体深层水平位移

图 10　土体深层水平位移

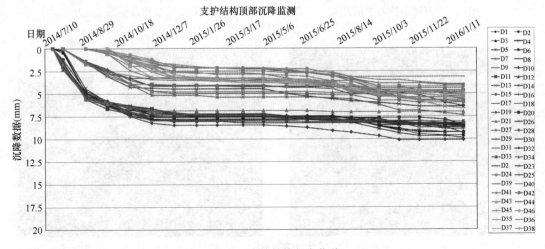

图 11　支护结构竖向位移

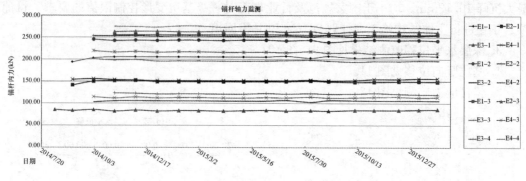

图12　锚杆内力监测结果

七、施工现场照片

施工现场照片见图 13、图 14、图 15、图 16、图 17、图 18、图 19。

图 13　基坑南侧施工照片

图 14　基坑西侧施工照片

图 15　开挖暴露填土照片

图 16　支护桩施工照片

图 17   基坑开挖至基坑底照片   图 18   基坑开挖至基坑底照片

图 19   基坑全景照片

八、结论

1. 绿地滨湖国际城项目四区基坑工程从开始施工至目前，支护结构安全可靠，未出现危险状况。相对于同类工程，本基坑支护设计节约了工程成本，创造了良好的经济效益和社会效益，是中原地区最深的基坑之一。

2. 项目基坑西侧南段，为深厚填土区，为满足市政道路在基坑使用期间施工及使用的要求，采用的上部悬臂桩＋下部桩锚分级联合支护方案。施工周期内基坑内部未设置支撑，明挖顺做，在理论研究的基础上，通过计算分析，确定了合理的设计方案、施工措施，确保基坑及上部道路安全和使用要求。

3. 在具备放坡条件的深厚填土区，采用分级放坡坡面覆盖钢板网支护。监测结果表明在深厚填土区采用此种支护方案安全、经济、便于施工，满足设计预期，为今后类似工程提供了一定的依据。

4. 通过现场实测，各项目变形数据均小于设计预估值，说明设计采用的支护体系应用于该项目地质条件尚有安全冗余。

5. 本工程有基坑开挖深度大、开挖面积大，且场地南部有大面积深厚填土区。本工程的成功实施为深厚填土深基坑支护设计、施工提供了工程经验及案例；为填土的基坑工程参数设计取值提供了参考；也对大面积深厚填土的物理力学参数取值提出了新的要求；同时也为填土试验研究提供了新的课题。

郑州宏光协和城邦 C 区基坑工程

潘艳辉[1]　陈德胜[2]　李国强[2]　郑　胜[2]　郭新猛[2]　宋建学[1]

（1. 郑州大学，郑州 450000）；

2. 郑州市第一建筑工程集团有限公司，郑州 450000）

一、工程简介及特点

1. 工程简介

宏光协和城邦 C 区项目位于郑州市燕凤北路与黑庄路交叉口东南角，基坑近似呈不规则多边形分布，地下车库轴线周长 328m，东西向长约 124m，南北宽约 80m，主要包括 1 栋 28 层办公楼、1 栋 34 层住宅楼及配套商业、两层地下车库等。设计正负零标高 92.9m，受自然地面起伏影响，基坑开挖设计深度在 13m、13.5m 及 14.3m。具体平面位置如图 1 所示。

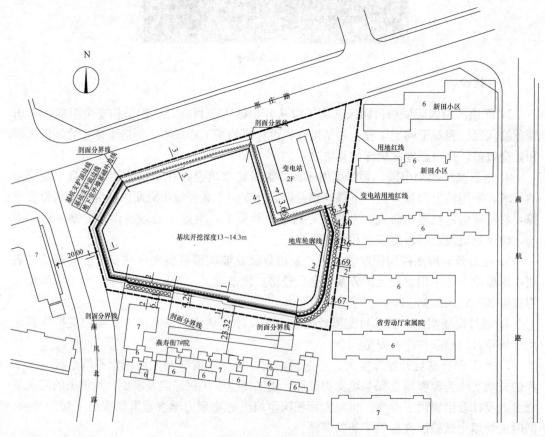

图 1　基坑平面位置及支护布置图

2. 工程特点

本基坑工程除了平面面积小，开挖深度大，周边环境条件复杂外，在设计、施工过程中的其他特点主要有：

（1）基坑所在区域水文地质条件差，四周地下管网淤堵严重，根据临近场地类似基坑工程经验，锚索施工、外界水源的补给渗漏给基坑工程带来的风险极高。

（2）基坑四周邻里关系复杂，协调难度大，一旦基坑工程施工危害到周边建筑物的安全，后果非常严重，同时项目也将难以顺利推进。

（3）基坑周边施工场地狭小，施工效率低，基坑使用时间长，需要经历雨季考验。

二、工程地质条件

场地地貌单元属黄河冲积平原，为城中村拆迁改造场地，局部存在遗留的废弃基础。根据岩土工程勘察报告，工程场地与基坑支护工程有关的土层主要参数如下表1所示。

场地土层主要力学参数 表 1

层序	土名	层底深度 (m)	重度 γ (kN/m³)	含水量 w (%)	孔隙比 e	压缩模量 $E_{S0.1\sim0.2}$ (MPa)	固结快剪峰值		渗透系数 k (cm/s)
							c (kPa)	ϕ (°)	
①	杂填土	1.5	18.5				5	15	
②	粉土	4.04	18.7	20.6	0.852	8.2	14	18	3.5×10^{-4}
③	粉质黏土	1.36	18.4	23.1	0.834	4.1	18	14	2.6×10^{-6}
④	粉土	2.65	19.5	21.3	0.775	8.5	14	18	3.6×10^{-4}
⑤	粉质黏土	1.36	18.4	24.9	0.866	4.4	18	15	2.7×10^{-6}
⑥	粉土	2.20	18.8	22.7	0.772	12.5	14	20	3.4×10^{-4}
⑦	粉质黏土	1.27	18.5	32.3	0.917	4.5	15	11	2.5×10^{-6}
⑧	粉土	0.97	19.0	22.4	0.790	13.3	16	20	3.7×10^{-4}
⑨	淤泥质粉质黏土	1.93	17.9	35.9	1.035	4.2	13	9	2.3×10^{-6}
⑩	粉质黏土	1.37	18.7	24.9	0.864	6.1	15	12	2.8×10^{-6}
⑪	粉细砂	3.10	19.5			19	2	29	2.2×10^{-3}
⑫	细砂	4.27	19.5			28	0	28	6.8×10^{-3}
⑬	中砂	4.22	20.0			22	0	30	9.8×10^{-3}
⑭	粉质黏土	8.00	19.0	23.5	0.785	13.5	30	20	2.1×10^{-6}

岩土工程勘察报告揭露，在勘探深度范围内地下水类型为潜水。实测初见水位埋深在地面下 5.9～7.9m，稳定水位埋深在地面下 6.5～8.7m，绝对标高为 84.42～85.70m。潜水水位主要受季节性降水和人工取水影响，水位年变化幅度约 2.0m，根据调查了解，近 3～5 年的最高水位绝对标高约为 88.50m。受场地东侧基坑降水工作继续进行的影响，经现场实测，地下水位埋深约 9.7m，标高约 82.5m。

场地典型的地层剖面图如图 2 所示。

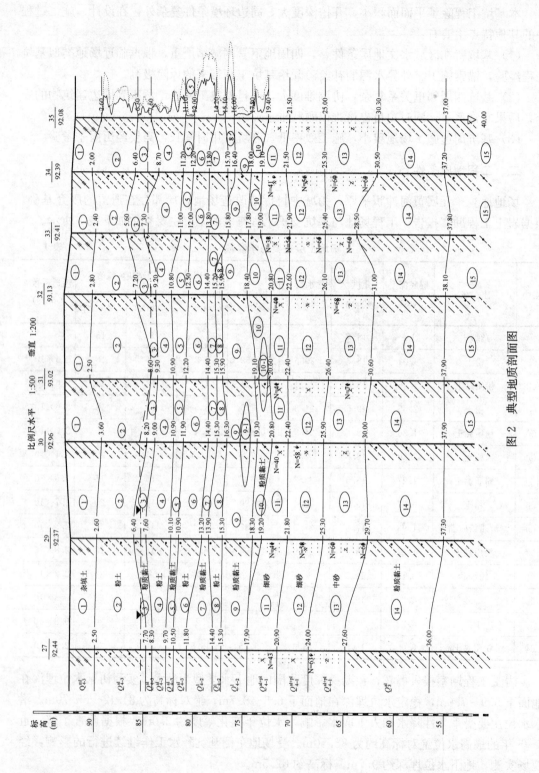

图 2 典型地质剖面图

272

三、基坑周边环境情况

C 区北侧地下室外墙轴线外 6.2m 处为用地红线，红线外为待建黑庄路，该路宽 25m，路南半幅路面下 5m，埋设有通往东北角变电站的电缆沟（混凝土结构，1.5× 2.5m），2013 年底开挖电缆沟时，沟底宽 2.5m，上口宽 6m。东侧北部轴线外 2m 为用地红线，红线外 2.2m 为 2 层已建成未投入使用的变电站，预应力管桩基础，东侧中部与用地红线重合，施工期间需与业主方进行沟通，临时占地施工。东侧南部距用地红线 8.65m，距 6～7 层建筑最近约 11.5m，该建筑采用半地下室结构，其自然地面较本场地低 1m。南侧距用地红线 9m，红线外为燕寿街 7♯院小区，大部分建筑位于红线外 20m 左右，仅西南角红线外 4m 处有一 15m 宽的 7 层建筑物。西侧距用地红线约 6m，红线外为燕凤北路，临近红线处有高压线杆，此外，基坑东、南及西侧红线外均埋设有一定的市政管线，埋设较浅，均不超过 2m。

四、基坑围护方案

根据基坑深度、周边环境条件的不同，将基坑分为 4 个不同的剖面进行支护。基坑深度范围内所处的地层为粉土、粉质黏土互层，场地偏软，且外界水源补给持续存在，渗透固结慢，短期降水，难以有效疏干基坑内土方，且第 6 层粉土为液化土层。临近场地的基坑实践表明，本场地的锚索施工，无论采用套管成孔工艺，还是旋喷工艺，非常容易导致周边裂缝。为此，本项目基坑设计时，建筑物在锚索影响范围以外的部位，采用郑州市常用的桩锚支护结构；通过国内相关文献分析和技术调查，在 13.0m 深的基坑部位，尤其是在建筑物距基坑较近、水文地质条件较差的条件下，首次采用大直径双排桩支护结构，是一次成功的工程实践。为更好的控制粉土、粉质黏土的开挖蠕变，除北侧及东北角外，基坑其他部位采用高压旋喷桩对桩间进行保护。具体基坑围护平面布置图如图 1 所示。

五、基坑围护典型剖面图

桩锚支护以其成熟的施工工艺和可靠性，市场认知度较高，但是在土层偏软、地下水位较高、周边建筑物较近的情况下，桩锚支护结构需要谨慎采用。本项目采用大直径双排桩作为支护结构，完成了临近基坑建筑物部位的深基坑支护。典型的剖面图如图 3、图 4 所示。

六、基坑监测情况

基坑监测工作能够相对精确的获取基坑安全工作状态，为基坑的下一步开挖和基础安全施工提供理论依据。本基坑工程的监测点平面布置图如图 5 所示。

基坑开挖到基底标高后的东侧实景照如下图 6 所示。基坑东侧双排桩冠梁部位的测斜管监测结果如下图 7 所示，基坑开挖前后，劳动厅家属院临近基坑部位实景照如下图 8、图 9 所示。

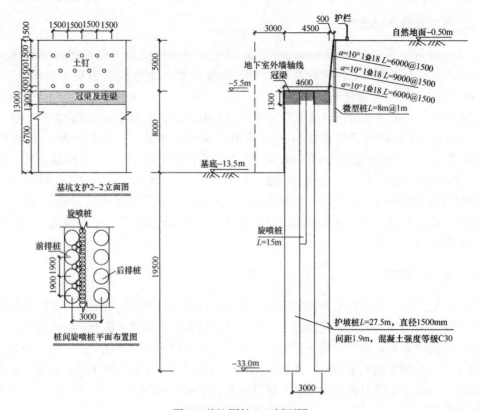

图 3　基坑围护 2-2 剖面图

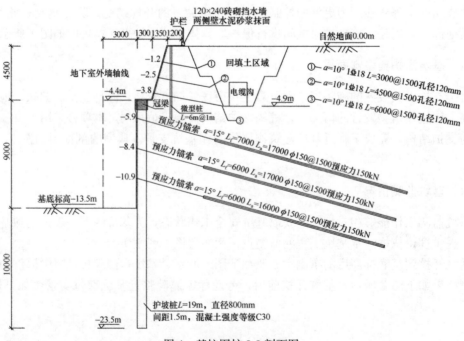

图 4　基坑围护 3-3 剖面图

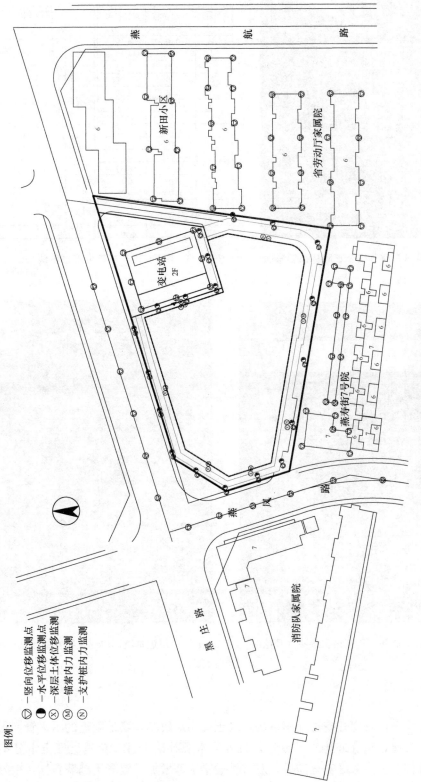

图 5　监测点平面布置示意图

图例：

- 竖向位移监测点
- 水平位移监测点
- 深层土体位移监测
- 锚索内力监测
- 支护桩内力监测

深度 (m)	本次位移 (mm)	累计位移 (mm)
0	0.01	4.19
1	0.00	4.19
2	0.01	3.55
3	−0.01	2.28
4	0.00	2.28
5	0.01	2.28
6	0.01	2.11
7	0.00	1.08
8	0.01	0.88
9	−0.01	0.73
10	0.00	0.67
11	0.01	0.44
12	0.00	0.20
13	0.00	0.18
14	0.00	0.38
15	0.00	0.03

图 6　基坑东侧开挖至基底标高实景照

图 7　围护桩侧向变形曲线

图 8　临近基坑部位建筑物实景照（开挖前）

图 9　临近基坑部位建筑物实景照（回填前）

七、点评

开挖过程中，发现开挖边线附近的垃圾土层相对较厚，场地附近的污水管网很长一段时间内没有疏通，基坑外排水不畅通，且外界水源补给丰富，对基坑安全十分不利。为此，在双排桩部位，考虑安全需要，双排桩冠梁顶部增加了混凝土挡墙斜撑，很好的限制了冠梁以上部位的土体水平位移，经过近两年的基础施工，小区的多层建筑物的沉降量很小，小区路面、散水均未出现因基坑开挖引起的裂缝。目前，基坑已进入回填阶段，各项监测指标均未达到报警值。

虽然大直径双排桩支护结构造价相对较高，但针对特殊土质条件和周边环境需要的大直径双排桩支护结构，在深基坑支护设计和施工中，以其安全可靠的技术优势可供类似项目选择使用。

甘肃某医院住院部二期项目深基坑工程

叶帅华[1,2]　张来安[3]

（1. 兰州理工大学 甘肃省土木工程防灾减灾重点实验室，甘肃 兰州 730050；

2. 兰州理工大学 西部土木工程防灾减灾教育部工程研究中心，甘肃 兰州 730050

3. 甘肃第七建设集团股份有限公司，甘肃 兰州 730050）

一、工程概况及特点

甘肃省某医院住院部二期项目分为 7 号楼和 8 号楼工程。该工程地下室尺寸为：7 号楼东西向长 133.55m，南北向宽 58.175m，面积 7956m²；8 号楼东西向长 72.3m，南北向宽 61.4m，面积 4000m²；该工程±0.000 标高相对于绝对标高 1516.25m，场地已进行了平整，自然地面绝对标高 1515.02～1516.59m 之间。基础为筏板基础，基坑开挖深度：7 号楼剪力墙核心筒区筏板垫层底标高分别为−18.95m 和−16.95m；其余为−16.35m。8 号楼筏板垫层底标高分别为−16.75m、−16.15m、−16.55m。

本工程的特点是基坑周围既有建筑物复杂。基坑北侧紧邻二层砖混结构旧式建筑物，基坑东侧为医院锅炉房，基坑南侧紧邻医技楼，基坑西侧为 5 层医院办公楼并且周围建筑物及医院管网与基坑边缘很近。

根据拟建工程总平面布置图及基坑开挖平面图，7 号楼和 8 号楼基坑周边环境如下：7 号楼基坑西面中部段为医院五层框架结构办公楼，该工程基础为混凝土灌注桩基础，持力层为卵石层。该建筑物外墙面距本工程地下室外墙最近段 6.6m；西南段为二层氧气站，该建筑外墙相距本工程地下室外墙 10.8m；基坑北面西段已有的二层砖混结构旧式建筑，基础为三和土垫层，毛石基础，该建筑西段突出部分外墙相距本工程地下室外墙 3.90m，东段突出部分距 2.35m，中部 8.84m，该建筑物范围与本工程地下室外墙之间的医院热网管架，中段距地下室外墙 3.5m、东段 1.3m、西段距地下热力网管沟 1.90m；北面中段为医院干部病房，框架结构，基础为混凝土灌注桩，桩基持力层为卵石层，该建筑物的外墙面相距本工程地下室外墙 8.90m，该段医院热力管网支架距地下室西段 2.8m、东段 5.7m；南面紧邻医院医技楼地下室，该地下室基础为筏板基础，标高为−7.40m，医技楼地下室外墙面相距本工程地下室负二和负三层外墙 3.2m，本工程负一层与医技楼附楼地下室相接。8 号楼东面北段的医院行政楼山墙相距本工程地下室外墙 2.9m；东面中段医院锅炉房，锅炉房外墙相距本工程地下室外墙 1.9m；南面地下室外墙距医院住院部外科楼 9.3m、距已有化粪池约 5.0m、距水泵房约 6.0m，北面甘肃光大风高技术开发公司楼外墙相距本工程地下室外墙 9.75m，该段地下室外墙距医院热力管网支架 5.5m。具体基坑周边环境如图 1。

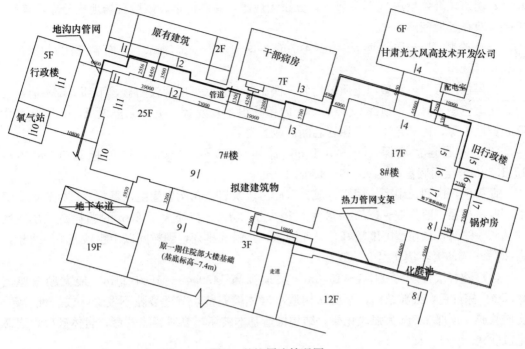

图 1　基坑周边情况图

二、工程场地地质条件

1. 地质概况

根据《岩土工程勘察报告》，地层揭示如下。地质剖面图如图 2。

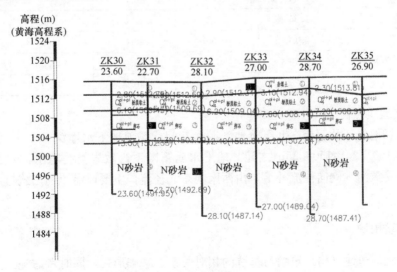

图 2　地质剖面图

（1）杂填土层：厚 1.30～4.70m，层面高程为 1515.21～1516.95m。

杂色，土质不均，成分杂乱，主要成分为粉土，含量约占 55%～80%；砾石、生活垃圾、建筑垃圾含量占 20%～45%，分布无规律，局部富集。该层在场地内分布不连续，主要分布在场地南侧。

（2）粉质黏土层：埋深 0～4.70m，厚 1.80～6.50m，层面高程为 1511.73～1515.55m。

黄褐色，可塑～软塑，土质较均匀，偶见砾石，水平层理较明显，下部局部夹有浅红色、浅黄色黏土薄层，顶部 0.3～0.5m 内植物根系较发育。土体无摇振反应，干强度中等，韧性中等，稍有光泽，刀切岩芯断面较光滑。

（3）卵石层：埋深 5.0～8.10m，厚度 4.50～10.60m，层顶标高 1508.16～1511.39m，层面底标高 1499.49～1504.11m。

青灰色，饱和，中密～密实。成分以砂岩、灰岩、花岗岩为主，颗粒分选性较好，级配一般，粒径一般为 3～12cm，最大粒径大于 25cm，粒径大于 2cm 的颗粒占总质量约 53.6%～80%，颗粒磨圆度较好，呈亚圆形，接触式排列，颗粒间以中粗砂充填，含量约占 20%～46.4%，填充程度一般。

（4）砂岩层：埋深 11.5～16.0m，层顶标高 1499.49～1504.11m，最大勘探厚度 16.2m。棕红色，细粒结构，厚层状构造，岩体较完整，节理裂隙不发育，成岩性较差，岩质软弱，顶部 3.5m 为强风化层，结构构造基本破坏，节理裂隙发育，岩体破碎，岩芯呈散砂状。

具体土层参数见表 1。

土层参数　　　　　　　　　　　　　　　　　表 1

指标 岩土名称	密度 ρ （g/cm³）	粘聚力 c （kPa）	内摩擦角 ϕ（°）	压缩（变形） 模量（MPa）	土层埋深 （m）
杂填土	1.50	12.0	16.0	0	1.30～4.70
粉质黏土	1.55	18.0	22.0	5.0	0.00～4.70
卵石层	2.10	0.00	40.0	45.0	5.00～8.10
强风化砂岩层	2.20	30.0	35.0	40.0	8.5.00～11.20
中风化砂岩层	2.20	35.0	40.0	45.0	11.50～16.00

2. 水文地质条件

本工程场地位于黄河南岸Ⅱ级阶地，勘察期间，场地地下水埋深 7.0～9.30m，层面水位高程为 1507.24～1508.55m 之间。地下水属第四系松散岩类孔隙水，含水层为卵石层，主要接受黄河水侧向径流补给，由西南向东北径流，主要以潜流的形式排出拟建工程场地。

三、基坑围护

依据基坑周边建（构）筑物与基坑的相对关系、基础形式，同时考虑施工空间、施工人员安置以及施工荷载等因素，结合基坑工程地质条件、水文地质条件，综合分析，基坑采用"咬合桩＋预应力锚索"的方式进行支护，具体基坑围护结构平面图如图 3。

沿基坑周边共布置支护桩 303 根，止水桩 303 根，支护桩桩径普遍为 1200mm，其中 1-1、3-3、9-9 剖面区域受空间限制，桩径为 1000mm，止水桩桩径均为 1200mm；桩间距

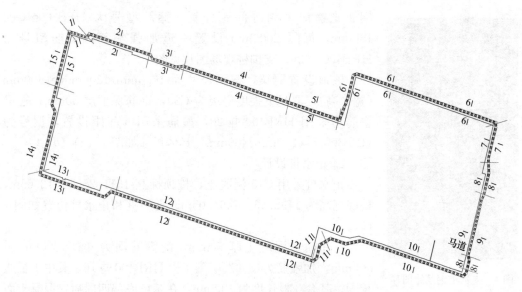

图 3　基坑围护结构平面图

普遍为 1900mm，其中 1-1、3-3、9-9 剖面区域为了保证咬合质量，桩间距调整为 1700mm；咬合间距为 250mm[1-2]。每一剖面桩的个数与桩长见表 2。

各剖面具体桩数及桩长

表 2

剖面段	止水桩桩数（根）	支护桩桩数（根）	止水桩桩长（m）	支护桩桩长（m）
1—1（A～B 段）	6	5	18.80	21.80
2—2（B～C 段）	16	17	18.80	20.80
3—3（C～D 段）	11	10	18.80	21.80
4—4（D～E 段）	27	28	18.80	20.80
5—5（E～F 段）	13	13	17.90	19.90
6—6（F～G 段）	49	48	17.70	19.70
7—7（G～H 段）	8	9	17.70	20.70
8—8.(H～I 段、J～K 段)	10	10	17.70	19.70
9—9（I～J 段）	16	15	17.20	20.20
10—10（K～L 段）	38	38	18.60	20.60
11—11（L～M 段）	6	6	19.30	21.30
12—12（M～N 段）	51	52	16.65	16.65
13—13（N～P 段）	21	21	17.90	20.90
14—14（P～Q 段）	19	19	17.90	19.90
15—15（Q～A 段）	12	12	18.80	21.80

注：1-1（A～B 段）、3-3（C～D 段）、9-9（I～J 段）支护桩桩径为 1000mm，其余均为 1200mm。

1. 支护桩设计

桩顶标高 1510.00～1514.65m，桩底标高为 1491.45～1494.05m；桩身采用 C30 混凝土，钢筋保护层为 70mm；钢筋笼主筋采用通长均匀配筋，主筋型号为 HRB400 Φ 25；

图 4　支护桩钢筋笼图片

钢筋笼箍筋采用等间距配置，箍筋型号为 HPB300ϕ10 @ 150mm，每隔 2000mm 设置一道加强箍筋，钢筋型号为 HRB400 Φ 25。支护桩现场图片见图 4、图 5。

桩顶设置冠梁，截面尺寸为 1000mm/1200mm × 600mm（宽×高），混凝土强度等级为 C30，钢筋保护层 50mm，冠梁主筋均采用 HRB400 Φ 20，箍筋采用等间距设置，型号为 HPB300ϕ8@200mm/400mm，具体尺寸如图 7（a）（b）。

2. 止水桩设计

止水桩采用 C15 混凝土，桩顶标高 1511.25~1512.65m，桩底标高为 1492.45~1494.05m。支护桩和止水桩位置如图 7（c）。

桩间喷射混凝土厚 60mm，配钢筋网为 Φ6 @ 300mm × 300mm，加强筋为"井"字型 4 根 HRB400 Φ 16，其中 1 根通长配，其余 3 根长度为 400mm。在基坑底部四周喷射混凝土面层应插入坑底部不小于 200mm，形成护脚。喷射混凝土强度等级为 C20。

3. 预应力锚索设计

（1）锚索设置

图 5　咬合桩图片

图 6　腰梁图片

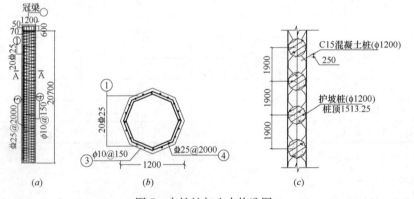

图 7　支护桩与止水构造图

（a）支护桩；（b）支护桩 A-A 剖面图；（c）围护桩平面图

预应力锚索在支护桩桩间实施，竖向布置 2 排，其中 1-1（A～B 段）、3-3（C～D 段）、7-7（G～H 段）、9-9（I～J 段）区域竖向布置 3 排，预应力锚索施工时应避开基坑周边建筑物基础，若无法避开时，可适当调整锚索角度。

（2）锚索设计

预应力锚索采用 3s15.24 的钢绞线，轴向拉力设计值为 400～450kN，锁定值为 200～220kN，与水平面呈 12°～15°，锚索上间隔 2.0m 设置一组导正支架。

预应力锚索成孔采用无水跟管钻进方式成孔，成孔孔径为 150mm，锚孔深度应超过锚索设计长度且不小于 0.50m；成孔后放入带注浆管的杆体，注浆采用水泥浆，水泥 42.5 等级，强度为 M20。锚索自由段套波纹管，与锚固段相接部位采用防水胶带缠死；锚索锚固段以及自由段波纹管外孔内均加压注浆。

当锚杆固结体的强度达到 15MPa 或设计强度的 75% 后，进行张拉锁定；锁定后的锚索孔均采取水泥砂浆封堵；其中锚索采用专用锚具锁定。预应力锚索考虑到张拉工艺等要求，实际下料长度要比设计长度多留 1.0m，即钢筋长度 $L = L_1$ 锚固 $+ L_2$ 自由段 $+ 1.0m$（张拉段）。

锚索端部垫有 2 根 20 型槽钢背靠背立起作为腰梁，槽钢为统一整体，当槽钢高度不在同一位置时，需采用钢筋搭接焊连接。为固定腰梁槽钢，且改变预应力锚索张拉受力角度，腰梁槽钢位置设置楔形钢板体。腰梁现场图见图 6。

（3）锚索注浆

为保证锚固质量，预应力锚索注浆均采用二次高压注浆方式。二次高压注浆要求预应力锚索孔内送入 2 根注浆管，注浆管均随锚索杆体插至距孔底 50～100mm，一根普通注浆管注浆后拔出，另一根为高压补浆管保留。要求高压补浆管 2/3 锚固段设置高压补浆孔，补浆孔间距 0.50m，补浆孔打好孔后采用橡胶膜封孔，以防浆液渗入。

4. 化粪池注浆加固措施

图 3 中 8-8 剖面：在化粪池与基坑连接段，采用打入式花管注浆加固，花管采用直径 48mm，壁厚 3.0mm 钢管，注浆加固横向范围为 4.00～6.00m，竖向范围应注至化粪池池底深度不小于 1.00m，注浆采用水泥浆，水灰比 0.60，注浆压力不小于 1.0MPa，注浆管水平间距为 1.50m。具体支护结构如图 8。

正式施工前，施工单位应通过现场试验最终确定注浆量、注浆有效范围、浆液配合比、注浆压力及锚管水平间距，保证注浆质量。

5. 基坑南侧原有车道处理措施

图 3 中 9-9 剖面：基坑南侧东段区域存在 2 层地下车库，车库部分车道已经进入基坑支护范围内，施工前需对原有汽车坡道进行拆除并采用素土回填后方可进行支护桩施工。素土回填应分层碾压回填，回填土压实系数不应小于 0.90，应保证在施工过程中不出现塌孔。具体支护结构如图 9。

6. 基坑降水

场地地下水埋深 7.0～9.30m，层面高程为 1507.24～1508.55m 之间。基坑底板位于水位以下，基坑开挖前需采取降水措施。地下水为阶地型潜水，主要含水层为卵石层，第三系砂岩也处于饱和状态，属于弱透水层，局部存在裂隙水。地下水与黄河水的水力联系单一，为阶地补给黄河的形式，地下水季节变化幅度为 1.5～2.0m。

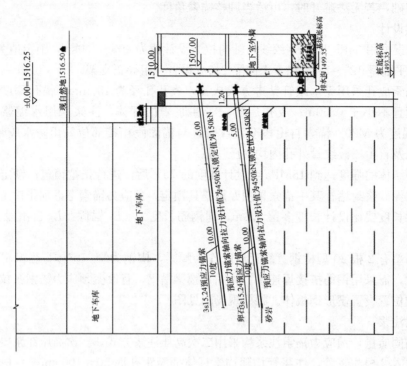

图 9　9-9 剖面支护结构剖面图

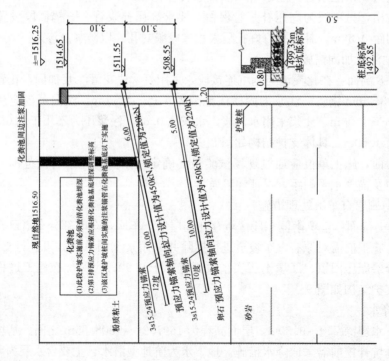

图 8　8-8 剖面基坑南面化粪池处支护结构剖面图

基坑降水采用基坑外围井点降水及基坑内侧真空井点二次降水的措施。

四、工程监测

监测对象为：基坑顶部及周围土体的水平、垂直位移、支护桩深层水平位移、锚杆内力监测；基坑顶部1.0~3.0倍基坑深度范围内的建筑物或构筑物的沉降变形。基坑监测点布置如图10，监测次数与预警值见表3和表4。

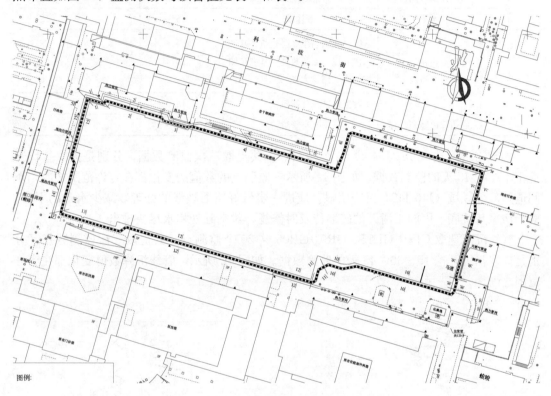

图10　基坑监测点布置图

监测频次数　　　　　　　　　　　　　　　　　　　　　　　　　　　　　　　　　表3

基坑类别	施工进程		监测项目（基坑设计深度>15m）	
			周边建筑竖向位移/深层水平位移/地下水位/周边管道	基坑顶部变形
一级	开挖深度（m）	≤5	1次/4d	1次/2d
		5~10	1次/3d	1次/1d
		>10	1次/2d	2次/1d
	底板浇筑后时间（d）	≤7	1次/2d	2次/1d
		7~14	1次/3d	1次/1d
		14~28	1次/4d	1次/1d
		>28	1次/7d	1次/3d

监测预警值　　　　　　　　　　　　　　　　　　　　　　表 4

监测项目		支护结构类别/其他	基坑类别	
			一级	
序号	监测内容		累计值（mm）	变化速率（mm/d）
1	基坑顶部水平位移	灌注桩	30	3
2	基坑顶部竖向位移	灌注桩	20	3
3	深层水平位移	灌注桩	45	2
4	周边建筑竖向位移	基坑北侧西段 2 层建筑、基坑东侧北段 3 层行政楼、基坑东侧锅炉房、门诊大楼	10	2
		除上述区域外建筑	15	2
5	周边管道竖向位移	架空管道	20	2

建筑物沉降选取 J01-J54 共 54 个监测点，共提取三次监测数据，分别是提取基坑开挖 15、30、45 天的监测数据。如图 11 所示，监测点的数值的变化都在容许范围之内。东侧道路部分区域（J40-J45）沉降明显，应进一步做好路面裂缝的处理，减少水量的下渗。锅炉房靠基坑底下因施工凿开的砖墙待及时修复，对基础处积水尽快排出。

管线沉降选取 GD01-GD15、GR01-GR05 共 20 个监测点。共提取三次监测数据，分别是提取基坑开挖 15、30、45 天的监测数据。如图 12 所示，管线沉降数值变化都在容许范围之内。

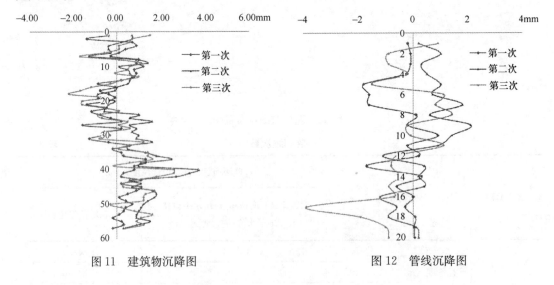

图 11　建筑物沉降图　　　　　　图 12　管线沉降图

五、点评

针对咬合桩容易出现漏点的特点，在基坑开挖至砂岩位置后，连续作业，确保当天挖出砂岩部分，及时进行检查堵漏维修，当天封堵完毕，避免漏水点过长时间渗漏造成内部砂岩或土层软化、坍塌，造成坑壁空。

为了保证基坑周边建筑结构安全，在支护桩施工过程中对施工质量严格要求，加强支护桩及预应力锚索施工质量控制，确保基坑边坡稳定。控制了桩身垂直度，也就能保证了钻孔咬合桩底部有足够厚度的咬合量。

该工程基坑周围环境复杂，但是依靠多单位联合攻关，事先对工程各个方面进行了认真的分析。在施工中坚持信息化施工。事后认真做好施工记录和各项原始记录管理，做到完工资料齐全，并及时整理归档，成孔记录和灌注记录做到一桩一表[3-4]。

参 考 文 献

[1] 朱彦鹏，王秀丽，周勇 . 支挡结构设计计算手册[M]. 北京：中国建筑工业出版社，2008.

[2] 建筑基坑支护技术规程(JGJ120—2012)[S]. 中华人民共和国住房和城乡建设部 . 2012.

[3] 基坑工程实例 1 [M]. 中国建筑工业出版社 . 2006.

[4] 龚晓南，高有潮 . 深基坑工程设计施工手册[M]. 中国建筑工业出版社 . 1998.

天水时代丽都项目基坑工程

杨校辉　朱彦鹏　师占宾　郭　楠　高登辉

（兰州理工大学、土木工程学院，兰州 730050）

一、工程简介及特点

1. 工程简介

拟建的天水时代丽都商住楼项目由 3 栋 25F 高层及 2 层地下车库组成，用地面积 2934m²，总建筑面积 22143m²，建筑面积 20327m²，地上一二层为商铺，商业建筑面积 1536m²，住宅建筑面积 18791m²，建筑面积 1816m²，框架剪力墙结构，筏板基础。基坑 ±0.000＝1151.1m，坑深－11.7m，场地整平标高约 1150.4m，实际坑深为－11m。拟建场地位于天水市秦州区南滨河东路南侧，场地东与天水三义路桥公司隔路为邻，南为天水长城电工合金材料厂家属院，西为天水市人民检察院，北为南滨河东路。基坑采用整体支护开挖，基坑安全等级为一级，平面图如图 1 所示。

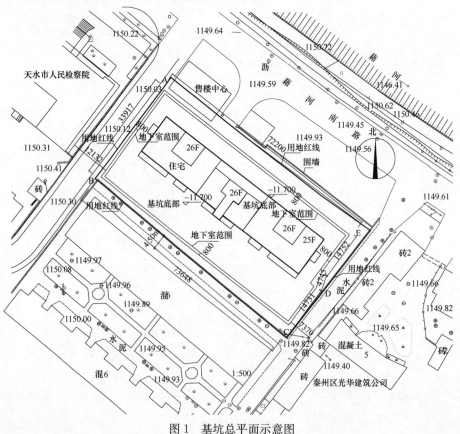

图 1　基坑总平面示意图

2. 基坑工程特点

（1）基坑周边环境条件非常复杂，地下水丰富，应采取合理、有效的基坑围护体系确保基坑安全。基坑南侧开挖下口线距6层砖混建筑最近处仅有5.2m，基坑西侧、东侧开挖下口线距离既有建筑物分别为12.1m和7.4m，西北角基坑开挖下口线距离新建售楼中心仅约1.5m，北侧距离天水市藉河约34m。

（2）在经济技术欠发达的天水地区，本工程基坑属于深大基坑，工程量较大、工期紧张。本工程工序繁多，土方开挖量约为2.8万m³，拟定工期为77天，对方案经济可行性要求很高，同时必须合理安排各工序，并采取先进的施工工艺、性能良好的专用大型设备和完善的技术保证措施，才能保质保量完成本基坑工程。

二、工程地质条件

1. 工程地质条件

根据2014年8月核工业天水工程勘察院提供的本项目《岩土工程勘察报告》（详细勘察）显示，勘察期间场地经过平整，场地标高介于1149.68～1150.4m，高差0.62m。地貌单元属藉河左岸Ⅰ级阶地。场地土层主要力学参数见表1，基坑中部东西向地质剖面图见图2（ZK1靠近天水市人民检察院一侧），场地地质条件如下。

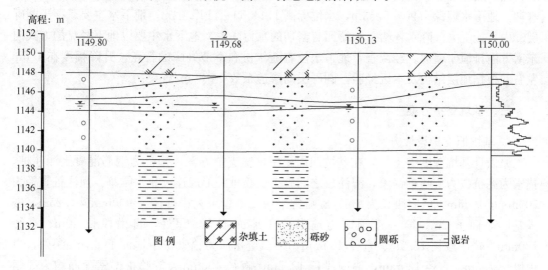

图2 典型地质剖面图

场地土层主要力学参数 表1

土层编号	土　名	平均层厚(m)	重度 γ(kN/m³)	粘聚力 c(kPa)	内摩擦角 φ(°)	界面粘结强度 τ(kPa)
①	杂填土	2.5	16	10	15	35
②	圆砾	7.5	20	0	36	180
③	强风化泥岩	10	21	26	34	160

根据勘察报告，在基坑支护设计深度范围内，场地地层分布顺序自上而下分述如下：

①杂填土层 Q_4^{ml}：松散，很湿，不均匀，分布于整个场地，场地表部大部分地面为10cm厚混凝土地面，以下为褐黄色粉质黏土，含砂、炭渣、植物根须，有机质含量高，

局部为旧建筑物基础。该层厚 1.30～2.80m，层底埋深 1.30～2.80m，层底标高 1147.04～1148.58m。

②圆砾 Q_4^{al+pl}：该层在场地内分布连续。杂色，稍密～中密，分选差，级配不良，粗颗粒呈亚圆形，骨架颗粒成分以石英砂岩和变质岩碎屑为主，骨架颗粒间砂土充填，偶含漂石。局部相变大，在场地内 1♯点的 1.80～3.50m，15♯点的 1.30～2.30m 相变为砾砂透镜体②₋₁，在场地北部、东部及西南角局部地段圆砾层②中夹有含泥圆砾透镜体②₋₂，松散～稍密，厚度 0.50～2.50m。圆砾层②厚度 4.60～8.40m，层底埋深 9.30～10.10m，层底标高 1139.81～1140.61m。

③泥岩层 N₂：该层为新近系陆源碎屑沉积物。表层 1.5m 左右呈强风化，蓝灰色、棕红色，裂隙发育，岩芯呈饼状、短柱状，敲击易碎裂，向下颜色变深，渐变为中等～微风化，裂隙渐少，岩芯强度渐高，岩芯呈长、短柱状，柱长 10～80cm。本次勘察该层未揭穿，最大控制厚度 12.6m，该层系本区的基岩，依据区域地质资料，该层厚度大于 50m。

2. 水文地质条件

勘察揭露的杂填土层①和含泥圆砾②₋₂为弱透水层，砾砂②₋₁、圆砾层②为强透水层，泥岩层③为隔水底板，场地地下水为潜水。勘察期间（2014 年 7～8 月）为地下水平水期，地下水埋深 4.90～5.53m，水位标高 1144.50～1145.04m。地下水主要赋存于圆砾层②中，接受大气降水补给，与藉河有密切的水力联系，地下水主要以地下径流的方式向东南方向排泄于藉河。经调查，地下水位有随年份和季节升降的特点，升降幅度在 1.5m 左右。根据地层结构及本区经验，圆砾层的渗透系数 $k = 80m/$昼夜。

三、基坑支护方案

1. 基坑原支护设计方案

原设计基坑深度为 10m，在基坑四周采用桩锚支护方案，排桩为钢筋混凝土灌注桩，锚索为高抗拔力旋喷桩锚索，灌注桩之间施工旋喷桩，形成连续止水帷幕。灌注桩直径为 700mm@1.25m，嵌固段长为 7m，旋喷桩采用二重管工艺，直径为 900mm@1.25m，嵌入基坑底面下 2m。第一道预应力锚索位于地面下 3m 深处，自由段长 10m、直径 120mm，锚固段长 12.5m、直径 400mm，第二道预应力锚索位于地面下 6.5m 深处，自由段长 7.5m、直径 120mm，锚固段长 12.5m、直径 400mm；旋喷桩锚索配筋均为 3 索 15.2－1860 型钢绞线，注浆采用单重管工艺，抗拔力设计值为 300kN，锁定值为 150kN。典型设计断面见图 3。基坑内测布置 12 口 17m 深降水井。

从安全稳定方面看，此支护方案有一定的优越性；但从经济效益、施工工艺和速率等方面看，此方案不尽合理。根据西北地区深大复杂基坑实践经验：（1）开挖较浅且环境条件允许的部位，采用不同坡率的二级放坡＋土钉挂网喷射混凝土 80 厚面层护坡，局部坡面设置泄水孔；（2）对开挖较深的坑中坑部位，采用排桩加锚杆支护体系，排桩上能放破的尽量放坡、卸荷；（3）对于无放坡空间、环境条件较为紧张的部位，采用桩锚垂直支护。在充分调研、了解该工程特点的基础上，考虑到施工工期和工程造价，对原设计方案进行合理优化，优化后基坑支护结构平面布置图如图 4 所示。

2. 基坑优化设计方案

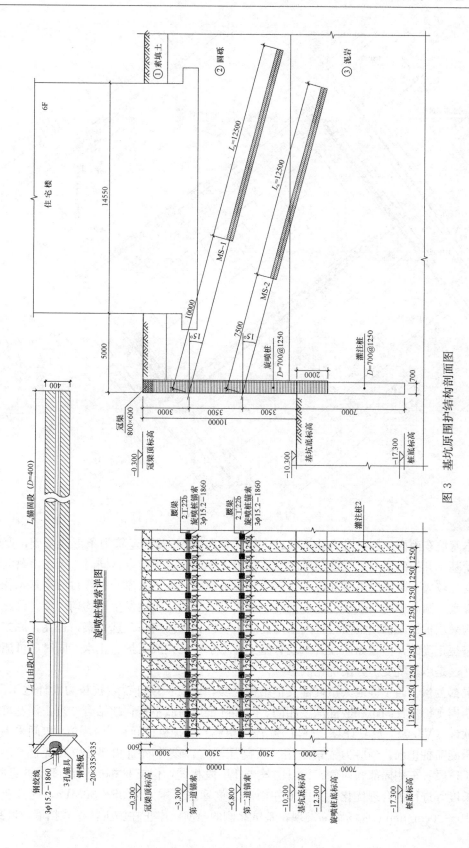

旋喷桩锚索详图

钢绞线
3φ15.2—1860
3孔锚具
钢垫板
~20×335×335

L_t自由段(D=120)

L_a锚固段 (D=400)

400

图 3　基坑周围护结构剖面图

①素填土

②圆砾

③泥岩

住宅楼

6F

14550

5000

$L_a=12500$

$L_a=12500$

MS-1

MS-2

10000

7500

15°

15°

旋喷桩
D=700@1250

灌注桩
D=700@1250

2000

700

冠梁
800×600

冠梁顶标高
−0.300

基坑底标高
−10.300

桩底标高
−17.300

3000　3500　3500　7000
10000

腰梁
2工22b
旋喷桩锚索
3φ15.2−1860

腰梁
2工22b
旋喷桩锚索
3φ15.2−1860

灌注桩2

1250 1250 1250 1250 1250 1250 1250 1250 1250 1250

600　3000　3500　3500　2000
10000　7000

冠梁顶标高
−0.300

第一道锚索
−3.300

第二道锚索
−6.800

基坑底标高
−10.300

旋喷桩底标高
−12.300

桩底标高
−17.300

291

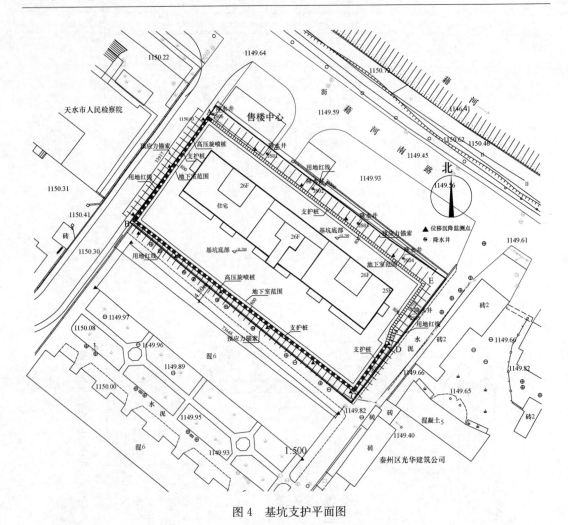

图 4　基坑支护平面图

　　本基坑东南西三侧离既有建筑较近，特别是南侧 6F 砖混建筑为条形浅基础，要保证其不受基坑开挖的影响，难度与风险是本基坑工程成败的关键点；同时，天水市藉河两岸地层变化较大，圆砾层中多加砾砂、含泥圆砾透镜体，地下水流向一般自西向东，若采用井点降水，圆砾中的细砂很可能被抽出、进而导致砖混建筑物发生不均匀沉降。因此，支护结构采用桩锚＋桩顶素喷，桩间采用高压旋喷桩止水应当是首选方案，在此，原方案总体思路是正确的，但是如何在天水现有施工技术水平上完成支护、止水，同时尽可能降低造价，这是本基坑支护方案优化的难点。

　　根据兰州、西宁等地大量桩锚支护结构经验，原支护设计锚索抗拔力设计过于保守，基坑四周支护桩桩间距和嵌固深度相同、与实际坑周荷载不符；故结合"理正深基坑结构设计软件（V7.0）"反复计算，基坑 BC 段（南侧）支护桩桩间距为 1.8m，桩间采用二重管高压旋喷桩止水，预应力锚索采用二次高压注浆，设计断面和部分详图见图 5；基坑AB、CD 段（东侧局部和西侧）设计方案与 BC 段相同，但支护桩嵌固深度、桩身配筋、锚索长度等进行了合理优化，见图 6 左图。二重管注浆压力为 25～30MPa，提升速度控制为 15～20cm/min。现场踏勘发现，基坑北侧的藉河南岸正在施工扶壁式挡墙，墙高约

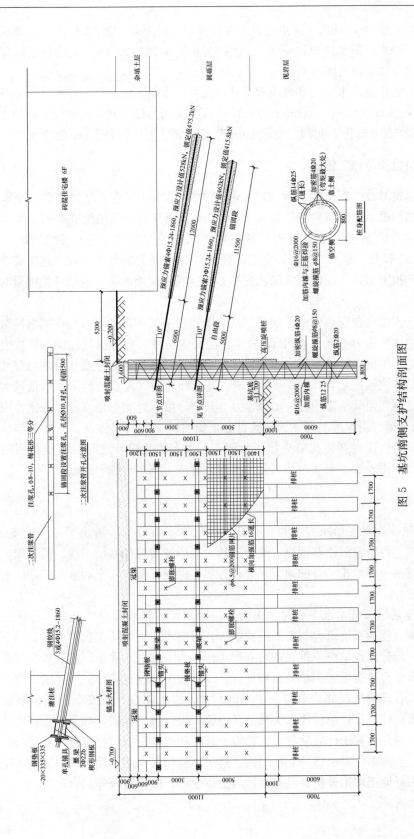

图 5 基坑南侧支护结构剖面图

10m，与坑深仅差 1m，且藉河河水已改至北岸流过，故基坑 AE、DE 段（东侧局部和北侧）采用井点降水，降水井布置见图 4，支护桩桩间距调整为 2m，支护桩嵌固深度、预应力锚索长度及锁定值见图 6 右图。

另外，为防止地表水流入基坑或雨水冲刷坡面，影响基坑土体稳定性，在基坑顶部距坑边 1.00m 处设置 300mm×300mm 排水明沟；在坑底为排净基坑内的地下裂隙水，周边设置 300mm×300mm 排水明沟，每隔 30m 设置一个深度不小于 1.0m 的集水井。

四、基坑监测与施工情况

根据《建筑基坑工程监测技术规范》GB 50497—2009 规定，基坑侧壁安全等级为一级时，支护结构最大水平位移限值为 0.25%h、最大累计沉降限值为 0.2%h，h 为基坑的开挖深度，因此该基坑水平位移和累计沉降极限值分别为 27.5mm 和 22mm。工程自2015 年 9 月 20 日开工至 12 月 10 日完工，截至 2016 年 4 月底地下一层已施工完毕，基坑变形均未达到报警值，实践证明本基坑支护方案达到了预期效果。基坑开挖前后对比图见图 7。

由于设计方案中预应力锚索采用了二次高压注浆工艺和高地下水位中锚索注浆构造措施，且施工中注浆压力不低于 6MPa，故锚索注浆体质量得到了很好保证，抗拔力满足设计要求；同时高压旋喷桩注浆压力和提升速度严格按设计执行，故高压旋喷桩整体封水效果理想。但是基坑开挖至−4m～−5m 深时，基坑西北角（A 点）地下水水量较大，会商后及时在基坑西北角马路边增补一口降水井，JS06♯降水经很好地发挥了截流作用。位于坑深−6m 处的第二道预应力锚索因钻孔打破了旋喷桩止水封闭体系，虽然大部分锚孔采用构造措施和高效速凝剂将孔口进行了封闭，但仍有优化设计之初就曾预料到的不足之处，部分锚孔水流外渗、无法封堵，采用塑料软管或 PVC 管进行导流。

五、点评

1. 将优化设计方案和原方案对比可知，优化方案不但分段给出了不同的支护方案，更重要的是在"西宁青藏铁路西格二线改建珍宝岛回迁安置楼基坑工程"的基础上，再次成功探索了封水+降水相结合的地下水处理方案，保证了基坑安全和施工工期，有效节约了支护费用。

2. 天水地区施工技术水平相对东南沿海较为落后，但地质条件也有其特殊之处，根据近年西北深大复杂基坑研究与实践经验认为，目前本地区基坑工程中尚存在以下问题亟待解决：（1）部分建设单位不重视基坑支护工作，为了省钱、省事，要么认为没必要进行基坑支护，要么直接交予施工单位自行处理；（2）施工单位良莠不齐，挂借资质严重、技术经验不足、管理混乱，部分单位为了经济利益，施工存在严重安全隐患，事故一旦发生，损失惨重；（3）设计单位要么欠缺地区经验，设计过于保守，导致严重浪费，要么设计水平有限，过分依赖于计算软件，计算模型选择和参数取值不当导致计算值与实测值差异较大；（4）监测单位对土体、支护结构、周边环境相互作用的动态信息化施工把握不够到位，不能很好地把理论分析、经验估计与土体变形、破坏过程等结合起来。

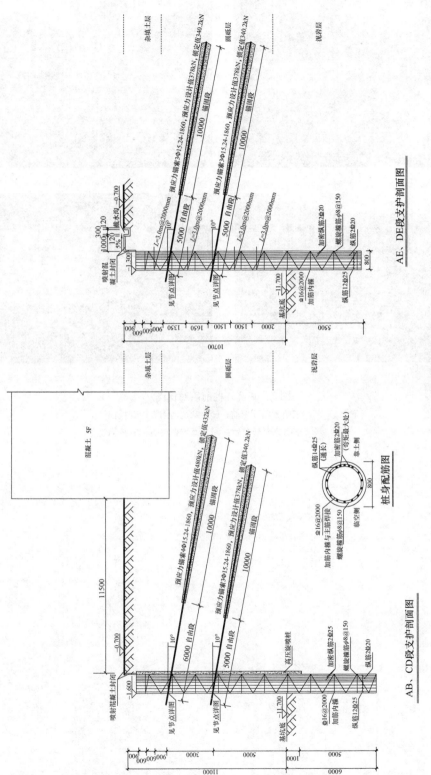

图 6　基坑东西西北侧支护结构剖面图

AE、DE段支护剖面图

AB、CD段支护剖面图

桩身配筋图

图 7　基坑开挖前后对比图
（*a*）基坑东南方向开挖前；（*b*）基坑西南方向开挖前；
（*c*）基坑东南方向开挖后；（*d*）基坑西南方向开挖后。

张掖地下商业街基坑工程

周 勇　王一鸣　朱彦鹏　王振正

（兰州理工大学　土木工程学院，兰州　730050）

一、工程简介及特点

张掖市高台县拟建地下商业街东西向直线型布置，长约为291m、宽为18m。商业街两侧均为二层砖混结构的商铺，商铺为浅基础，基础埋深约—3.1m，商铺室外踏步距基坑边线为2.2m，在基坑开挖支护全过程中商铺正常营业。商业街西南角有一栋5层建筑，为地下1层，基础埋深约—4.25m。基坑开挖深度为6.2m，由于环境条件紧张，基坑开挖过程的安全稳定对周边既有建筑物、地下管线以及商业人流的安全有重要影响，故该工程中基坑的安全等级定为一级，总平面图见图1。本工程主要特点：（1）场地岩土工程地质条件与水文地质条件复杂。地坪约1m以下依次分布着粉砂、细砂、中砂、砾砂、细砂。且地下水埋深2.6～3.10m左右。场地地基土中的粉质黏土下部存在有饱和粉、细、中砂层，于基坑支护非常不利。（2）基坑地处繁华商业区，开挖支护过程中人流量大；（3）基坑开挖支护过程中商铺正常营业，基坑边线紧贴着商铺室外踏步，因此本工程对位移变形控制要求非常严格。（4）基坑平面为长291m，宽仅为18m的长矩形，基坑时空效应明显。综合以上四点，虽然基坑开挖深度较浅，但该工程在河西地区非常具有代表性，即场地地层从上至下基本上是各种砂层，而且地下水水位埋深很浅，场地内存在大量饱和土，同时地下水的水平向渗透远小于竖向渗透，给基坑降水带来很大难度。而降水的效果直接关系基坑支护的成败，这从另一方面又加大了基坑支护的难度。

二、工程地质条件及水文地质条件

1. 工程地质条件

根据本场地《岩土工程勘察报告》，基坑开挖深度内自上而下主要由杂填土层、粉质黏土层、粉砂层、细砂层、中砂层、砾砂层构成。各层土分布特征及工程形状分述如下：

① 填土层，层厚0.70～1.50m，浅黄色～浅黑色，稍湿，松散。可见混凝土、石块、砾石、砖块等；

② 粉质黏土层，层厚2.30～4.60m，浅黄色，稍密，湿～饱和，干强度中等，中等韧性，无光泽，土质较均匀；

③ 粉砂层，层厚1.70～3.70m，青灰色～浅黄，松散，饱和。矿物成分以暗色矿物为主，单粒结构，砂质纯净；

④ 细砂层，层厚为0.40～3.30m，青灰色，松散～稍密，饱和。矿物成分以碎岩屑、石英、长石等为主，砂质纯净；

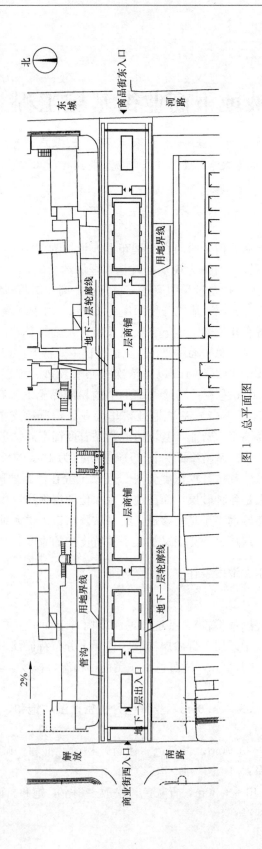

图 1 总平面图

⑤ 中砂层，层厚为 8.50～16.70m，青灰色，松散～稍密，饱和。下部中密，矿物成分以碎岩屑、石英、长石等为主，级配均匀，砂质纯净。含小砾石，最大约 25mm；

⑥ 砾砂层，层厚为 0.80～1.60m，层顶埋深 20.80～22.20m，青灰色，稍密～中密，饱和。骨架颗粒成分为火成岩、变质岩，含砾石及颗粒，粒径最大达 40mm，填隙杂砂，呈次圆。工程地质剖面图见图 2，基坑支护设计土体参数见表 1。

2. 水文地质条件

岩土工程勘察期间（2013 年 6 月）有地下水存在，地下水水位埋深 2.60～3.10m，其高程为 1342.80～1342.90m，为潜水类型，主要含水层为砂土层，地下水补给由大气降水流入补给及高阶地地下径流流入补给。主要以泉水溢出、蒸发蒸腾和地下侧向流出的方式排泄水位随季节变化、升降幅度 1.0～2.50m 左右。

基坑支护结构设计土层参数 表 1

岩土名称	土层厚度(m)	重度 γ(kN/m³)	粘聚力 c(kPa)	内摩擦角 φ(°)	界面粘结强度 τ(kPa)
①杂填土	0.70～1.50	17.0	8.00	15.00	30.0
②粉质黏土	2.30～4.60	17.8	16.5	30.00	40.0
③粉砂	1.70～3.70	17.0	0	18	50
④细砂	0.40～3.30	18	0	20	55
⑤中砂	8.50～16.70	19	0	20	80
⑥砾砂	0.80～1.60	22	0	25	210

三、基坑支护设计

1. 基坑支护方案的确定

目前西北地区常用的基坑支护形式有土钉墙、复合土钉墙（土钉＋预应力锚杆）、排桩预应力锚杆支护等，针对本工程，开挖深度虽只有 6.2m，但是周边建筑环境较为复杂，南北两侧 2 层砖混商铺边界线距离建筑红线仅 2.2m，东西两侧道路车流量较大，加之场地地质条件较差、地下水丰富，本工程对位移变形有严格要求。考虑到排桩预应力锚杆对基坑变形控制作用明显，因此支护形式采用排桩预应力锚杆进行支护（局部为悬臂桩支护），基坑支护平面布置图见图 3。

2. 基坑支护设计

基坑西南角的 5 层建筑边界线距建筑红线仅 2.4m，基础埋深约 －4.25m，基坑支护无放坡空间，还需保护好五层既有建筑，因此，采用悬臂桩支护形式，如图 4 所示。剩余部位结合现场条件及安全经济性要求，上部采用放坡土钉墙，卸除部分土体荷载，有效减小主动土压力，缩短桩长，降低支护造价；下部采用在桩身最大弯矩处局部加密配筋的桩锚联合支护结构，如图 5 所示。排桩采用冲击成孔混凝土灌注桩，桩径 800mm，桩间距 1600mm，桩身混凝土强度 C30，保护层厚度 50mm。桩顶设冠梁，冠梁尺寸为 800mm×

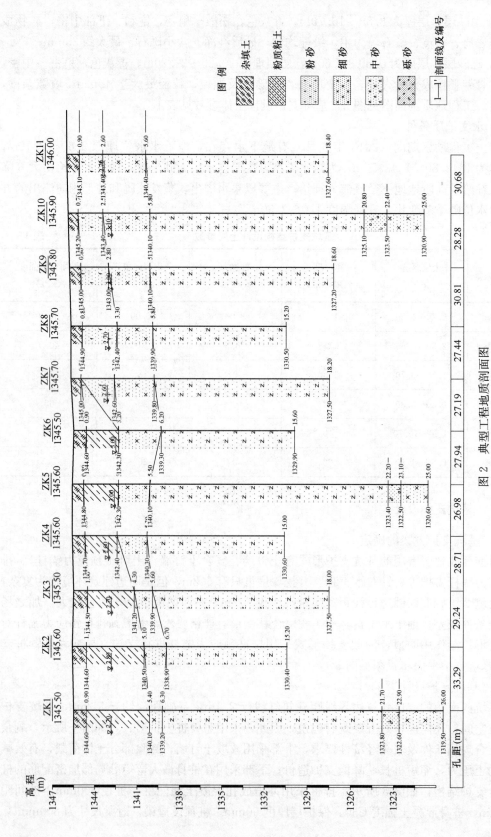

图 2　典型工程地质剖面图

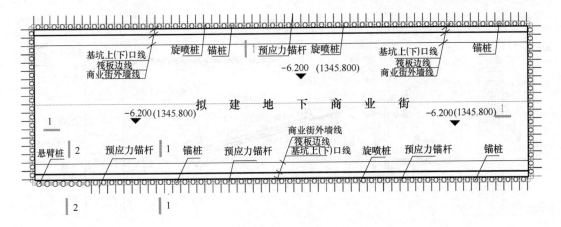

图 3　基坑支护平面布置图

600mm，以加强基坑整体性。在距基坑顶 2.5m 深处，打入一 12m 长 HRB400 级 Φ28 螺纹钢，有效锚固段长度为 8m，锚杆注浆体直径 150mm，M20 级水泥浆灌浆，预应力张拉值 150kN，锁定值 110kN。

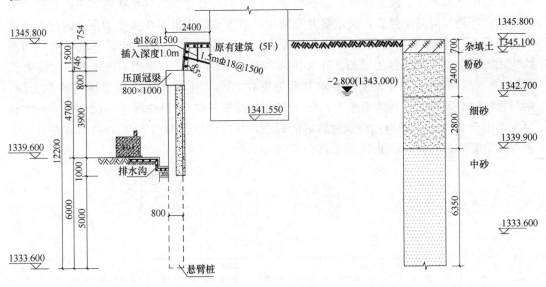

图 4　悬臂桩支护剖面

3. 基坑降水设计

基坑开挖深度 6.2m，地下水位深 2.8m，因此，施工中必须考虑地下水的影响。管井降水具有工艺简单，成本低，降水速度快，阻水效果好等优点，本基坑开挖深度内均为砂层，降水时应有效将粉细砂层中水抽出，同时保证抽水时不将粉细砂大量抽出，以免引起基坑四周建筑物下沉。同时考虑到场地地下水水平向渗透小于竖向渗透的特点，坑壁可能会不时有水渗出，根据西北地区大量支挡结构设计与工程实践研究，决定采用管井群降低地下水位，旋喷咬合桩作为止水帷幕防止侧壁水渗入基坑，最后坑内明排作为预防预案的降水方案。

考虑到基坑范围内土层基本是各类砂土层，地下水在土体内的水平向渗透远小于竖向

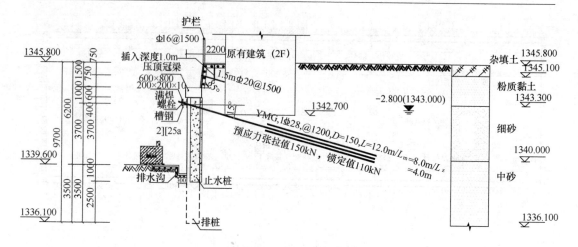

图 5　桩锚支护剖面图

渗透，即基坑底部砂土内的水位即使暂时降下去，水平向同层砂土内水仍会慢慢补充，如果按通常的降水深度（约为坑底 0.5m 以上），反映到实际的降水工程中，出现的情况便是泵抽出的水并不多，断断续续总能抽出来一些，但坑底总保持有水状态。考虑到这种情况并结合当地实际降水经验，决定将井点降水井群形成的降水漏斗深度加深。因此在基坑周边布设 54 口降水井（见图 6），成孔直径 600mm，井管直径 350mm，基坑降水井间距约为 12m，使基坑形成封闭状态。降水井深 25m，井管的前 9m 采用不透水管，过滤管长度取 12.5m，即两节井管长度，要求其孔隙率在 30% 以上，包网采用金属网或尼龙网，网与管壁间必须垫肋，高度不小于 6mm，卵石层滤管外包 70 目滤网各一层、井管外滤料厚度不小于 200mm，滤料用磨圆度较好的砾石，从井底填至井口下 2.0~2.5m 左右，要求对井管管底进行密封，见剖面图 7。

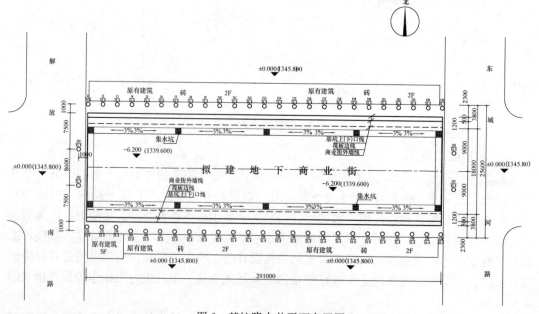

图 6　基坑降水井平面布置图

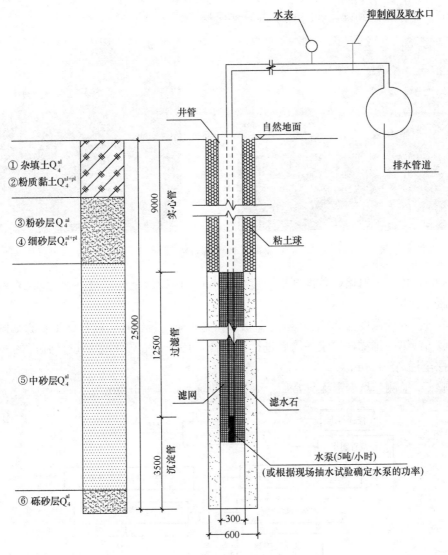

图 7　降水管井结构图

　　基坑开挖后，根据坑内积水情况，在基坑坑底四周设置 500mm（长）×500mm（宽）×800mm（深）大小集水坑，间距为 20～30m 不等，采用砖砌、M10 水泥砂浆抹面。同时，顺基坑坡底四周设置 300mm（宽）×300mm（深）大小排水明沟，砖砌、M10 水泥砂浆抹面，沟底坡度取 0.1％；沟内充填 30～50mm 干净卵石形成盲沟，将基坑渗水引入集水坑内，由集水坑抽至沉砂池排出。

　　4. 施工工况

　　实际基坑开挖支护情况如下：

　　步骤 1：布置降水井，降水井位测量及布设→钻井→换浆→下放滤水管→填下砾料→洗井→下放潜水泵→设置排水管线→联动抽水。当排水管线安装完毕后，由排水管线向外排出；降水施工完毕联动抽水 7 天后（可根据现场情况做调整），可进行土方开挖。

　　步骤 2：施工排桩，旋挖钻成孔→放置钢筋笼（见图 8）→浇筑混凝土（桩顶标高为

－1.5m），待排桩达到设计强度的 80％后开挖基坑。

图 8　放置钢筋笼

步骤 3：施工土钉墙，首次开挖深度为 1.5m，按设计角度削坡→设置土钉→挂网→喷射混凝土面层。

步骤 4：开挖深度为 3.5m（超挖 1.0m），施工第一排锚杆。锚杆施工步骤如图 9。

步骤 5：第一排锚杆注浆一周后进行预张拉，待杆锚固强度达到设计强度的 80％后，继续开挖至标高－5.0m。

步骤 6：监测基坑变形无异常后，开挖至基坑底，即－6.2m。

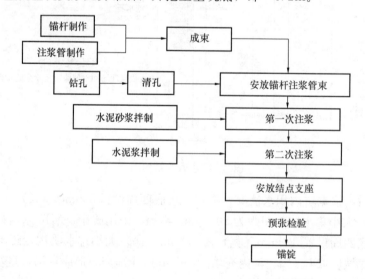

图 9　锚杆施工顺序示意图

四、基坑周围环境监测

本工程依据《建筑基坑支护技术规程》布置基坑水平位移监测点 20 个，建筑物沉降变形监测点 22 个，同时对基坑进行水平位移监测及周边建筑物进行沉降变形监测，监测平面布置见图 10。在基坑开挖支护前考虑到基坑紧邻既有建筑，建筑在基坑开挖支护过程中要求正常运营，因此对基坑顶部位移变形控制要求非常严格。而且基坑平面呈狭长矩形，因此时空效应非常明显，故在技术交底时要求施工方采取分段跳仓开挖支护的技术措施，以 25m 为一个支护段，每相邻两支护段之间间隔 25m。以期减少开挖支护过程中基坑及紧邻建筑的沉降变形。同时考虑到降水可能会导致地面沉降，因此对井点降水提出严格要求，首先减小降水井过滤段填料的直径以防止降水过程中带走细砂，其次每天监测降水井抽水的含沙量。通过这两个途径来防止由降水引起过大的地面沉降。

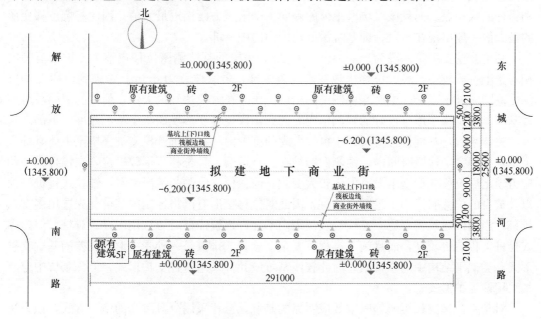

图 10 基坑监测平面布置图

监测结果分析如下：

1．基坑东西侧

基坑东西两侧的东城河路和解放南路虽然人流量、车流量很大，但排桩＋预应力锚杆的支护措施对位移控制效果明显，而且整体支护面较窄，监测全程道路未见出现裂缝等情况，说明支护设计与降水方案合理。

2．基坑南北侧

基坑开挖支护的第一段为土钉墙，深度为 1.50m。在开挖支护过程中未观测到明显的位移变形。考虑到该段开挖深度较小，有一定的坡度，而且在该段中部设置了一排水平间距 1.50m 的土钉，加之周边紧邻建筑基础处于该段底部以下，因此该段土体侧向主动土压力很小。施工采取的分段跳仓开挖支护措施又在一定程度上抑制了基坑的时空效应，故而没有发生明显的位移变形。

基坑开挖支护的第二段为 −1.5m～−3.5m，为使锚杆钻孔设备有一定的操作空间，该段的超挖深度为 1.0m。基坑开挖至 3.5m 左右时，北侧坑顶 6♯～16♯点和南侧坑顶 26♯～40♯测点向坑内位移约 5～8mm，地面出现裂缝，其中以 10♯、12♯、30♯、32♯ 和 40♯测点位移多在 6～9mm，且随着基坑开挖有进一步增大趋势，分析认为主要原因是锚杆未施加预应力，加之基坑空间开挖效应。故立即停止基坑下挖，迅速组织预应力锚杆施工，预应力锁定后，基坑位移基本稳定，局部边角甚至出现了回缩。由于西南侧采用悬臂排桩支护，故基坑位移随着挖深增加而增大，最大值约11mm，围墙局部出现裂缝，但是从沉降监测结果来看，由于该五层楼房基础较深，41♯测点沉降最大约 1.8mm。

基坑开挖支护第三段为－3.5m～－5.0m，该段在开挖支护及支护完成主体基础施工过程中从监测数据来看是基坑侧壁位移变形最大的支护段，位移变形达到13mm。考虑到该段在基坑深度范围内处于中下部位，远离排桩在支护范围内的两个支点，即桩的嵌固端和锚杆的锚拉点。而且该段坑壁土体的侧向主动土压力已接近最大值，因此基坑位移变形的最大值一般出现在该段，即基坑深度范围内的中下部。

基坑开挖支护第四段为－5.0m～－6.2m，该段的基坑侧壁位移在整个支护面范围内相对于上一段较小，最大位移出现在南北侧中部，最大位移为8mm。考虑到该段在基坑深度范围内处于底部，虽然基坑侧壁的主动土压力在该段达到最大值，但桩的嵌固段对该段基坑侧壁位移变形有很好的限制作用，因此该段位移变形反而小于基坑深度中下部。

整体来看，基坑位移变形处于可控合理的范围内，在基坑开挖支护完毕至主体基础完工基坑回填完毕这段时间内，两侧商铺均在正常运营，且位移变形较稳定，在锚杆施加预应力锁定后位移变形基本没有发生较大变化。但从位移监测的情况来看，锚拉式排桩桩顶以及桩身的位移明显小于悬臂式排桩，因此对位移变形有严格控制的基坑优先选用多支点排桩，当周围建筑物有地下室或红线范围内不允许设置锚杆时可选用内撑式排桩。但内撑式排桩工程造价较高，而且施工过程较复杂。悬臂式排桩是一种受力形式较差的基坑支护形式，类似于结构中的悬臂梁，因此较浅基坑应允许采用这种支护形式，但深基坑中应严禁采用该支护形式。

对于平面呈狭长矩形等时空效应明显的基坑，推荐采用分段跳仓的施工方式，该方法在一定程度上能有效抑制基坑长边的时空效应。但采用该方法会在一定程度上延长施工工期。

五、点评

1. 实践证明本支护设计满足了安全经济性要求。采用上部放坡＋下部桩锚的优化支护方案，上部放坡可减小主动土压力，缩短桩长，有效地缩短了施工工期、节约了大量资金，下部锚拉式排桩可以很好的控制基坑侧壁的位移。周边建筑环境复杂、安全等级较高的基坑可以考虑排桩加预应力锚索（锚杆）这种支护形式。但该支护形式施工工期较长，工程造价偏高。

2. 本工程的难点重点在于地层分布特点以及降水，基坑支护范围内基本都是各种粒径的砂层，而且②层粉砂和③层细砂均处于松散状态，如何在开挖支护过程中有效保持桩间砂不流失很重要，事实证明在砂土地区将旋喷桩作为止水帷幕是可行的。在本地区粉细砂层的降水较为困难，须严格控制抽水含砂率；本工程降水井间距、井深及井数等均根据规范公式和经验设计，其适用性在西北地区的大量工程中已多次实践，但降水井间距、井深及井数等定量关系有待进一步研究。

四、土钉支护或上部土钉、下部桩锚支护

兰州名城广场基坑工程

张恩祥[1,2]　刘冠荣[3]　龙　照[1,2]　孙万胜[1,2]

（1. 甘肃中建市政工程勘察设计研究院，兰州 730000；2. 中国市政工程西北设计研究院
有限公司，兰州 730000；3. 上海大名城企业股份有限公司，上海 201103）

一、工程简介及特点

兰州名城广场项目位于雁滩黄河大桥以南，南滨河路以东，天水路北端，连霍高速公路收费站以西。项目总用地面积约 52520.9m²，建设用地面积约 51361.0m²，拟建建筑物主要包括一栋 61 层超高层酒店办公楼，塔楼高度 250.5m；一栋 47 层超高层办公楼，塔楼高度 193.4m；两栋 39 层 LOFT 办公楼，塔楼高度 189.4m；3～5 层商业及附属用房等高度 18～25.55m；建筑正负零标高 1515.5m，地下三层整体车库，基底标高 1498.7m；项目建成后将成为兰州市新的城市地标。

基坑开挖面积约 51675m²，周长约 1237m；现状场地中部存在一高约 4m 的陡坎，南侧基坑开挖深度 15.8m，北侧基坑开挖深度 11.8m。

该基坑工程具有以下特点：

1. 基坑开挖面积大，为兰州市区同类工程之最。

2. 基坑紧邻黄河，场地下部主要含水层为卵石层，与黄河河水间存在水力联系。

3. 基坑南侧地库轮廓线至用地红线距离仅 5.0m，用地红线外即为市政道路和人行道，地下管线密布；基坑北侧地库轮廓线至雁滩黄河大桥桥墩净距仅 8m；东侧地库轮廓线 5m 外即为高速路出口路堤，高度 3～15m；周边环境对基坑开挖变形控制要求较高。

二、工程简介及特点

1. 工程地质条件

场地现状地面标高一般介于 1510.03～1514.55m 之间，呈西南高、东北低。场地原始地貌为黄河河漫滩，后经黄河南北两岸修筑河堤，整治河道，人为改造成了适宜城市发展的建设用地。根据现场钻探揭露，场地地层较为简单，自上而下主要为素填土、杂填土、粉细砂、卵石、强风化泥质砂岩、中风化泥质砂岩、粗砂岩、砾岩、砂砾岩互层岩段等，其地层岩性及分布特征如下：

①₋₁ 素填土：褐黄色，稍湿，稍密，该层以粉土为主，总体土质较均匀，局部夹有少量卵、砾石颗粒等，含少量植物根系，局部分布，一般厚度 1.5～2.2m。

①₋₂杂填土：杂色，稍湿，疏松，该层主要由煤灰，砖块、混凝土块等建筑垃圾组成，局部含少量生活垃圾，土质不均匀，工程性质差，分布范围广，一般厚度 2.3～6.2m。

②₋₁粉细砂：褐黄色，稍湿，稍密，砂质较纯净，含土量少，颗粒粒径较均匀，主要由长石、石英碎屑组成，偶含卵石、砾石颗粒，局部分布于卵石层顶面，层厚 0.6～1.1m。

②₋₂卵石：杂色，稍湿～湿，中密～密实，颗粒由花岗岩及石英岩碎屑组成，卵石颗粒一般粒径 20～100mm，最大可达 400mm 以上，约占全重的 60%，颗粒磨圆度较高，砂类土充填，级配较好，连续分布，层厚约 4.0～12.8m，场地中部分布厚度较大。

③强风化泥质砂岩：红褐色，强风化状，泥质结构，裂隙块状或中厚层状构造，泥质胶结，岩体强度较低，易于击碎，断面不规则，岩体风化裂隙较为发育，结构面结合程度较差，受外力作用时岩体沿隐裂隙破碎，遇水急剧软化崩解，该层主要分布于场地西南部分 1# 塔楼以西，最厚可达 9m，其余地段该层分布厚度较小，层厚约 1.5～4m，部分地段缺失。

④₋₁中风化泥质砂岩：红褐色，中风化状，泥质结构，厚层状构造，泥质胶结，岩石强度较高，不易击碎，有回弹，断面整齐，遇水易软化崩解，岩体风化裂隙发育轻微，结构面结合程度较好，该层在场地内分布连续，厚度大于 50m，勘探深度范围内未揭穿该层。

④₋₂粗砂岩：杂色，中风化状，泥质胶结，碎屑结构，中厚层状或块状构造，岩体成岩性较差，胶结程度较差，孔隙较为发育，岩质较软，敲击声闷，无回弹，易于击碎，断面不规则，遇水易软化崩解，该层层位不稳定，分布不连续，多呈夹层或透镜体状分布于泥质砂岩层之中。

⑤砾岩：杂色，中风化状，泥质胶结，碎屑结构，厚层状构造，该层砾岩成岩性较差，属半成岩，岩质较软，胶结程度差，易于击碎，暴露于地表后急剧风化崩解，岩体中所含砾石碎块多为石英岩，该层分布不连续，在场地西南部分布厚度较大，其余地段厚度较小，多呈透镜体状分布于泥质砂岩层中，或与其呈互层状分布。

⑥砂砾岩互层岩段：杂色，中风化状，泥质胶结，碎屑结构，层状或薄层状构造，该层由半成砾岩与泥质砂岩互层而成，其沉积成岩规律不明显，岩段内砾岩与泥质砂岩多呈透镜体状交错，岩体较完整，易于击碎，断面无光泽，暴露于地表后易软化崩解，岩体中所含砾石碎块多为石英岩，该层分布不连续，在场地西南部分布厚度较大，其余地段厚度较小。

2. 水文地质条件

场地地下水类型为孔隙型潜水，主要赋存于卵石层中，卵石层渗透系数约 60m/d；下部泥质砂岩层渗透系数为 10^{-5} 级，可视为相对隔水层。场地内地下水水位较为稳定，埋深 3.6～7.2m，对应高程 1506.9m。勘察时为黄河枯水位期，场地地下水位稳定埋深略高于邻近黄河河道内的河水位，水位值相差约 0.4m，场地地下水补给黄河水。黄河在拟建场地处流向由东北转向东南，转折角接近 90°，根据区域资料，场地内地下水流向基本由西南向东北排泄于黄河。

在汛期，河水补给地下水时，场地地下水位将有所抬升，地下水与地表水交替补排关

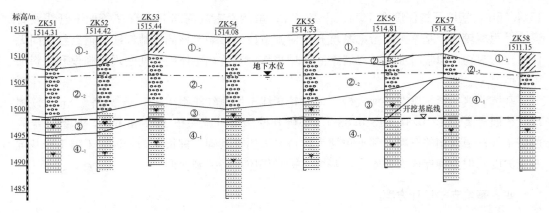

图1 典型地层剖面示意图

系密切。根据《兰州市城市环境地质综合研究报告》，场地地下水位年变幅为1.5m，由此推算场地内地下水在一个水文年内最高常水位标高为1508.4m。

三、基坑周边环境

本基坑与周边环境关系详见图2，具体为：

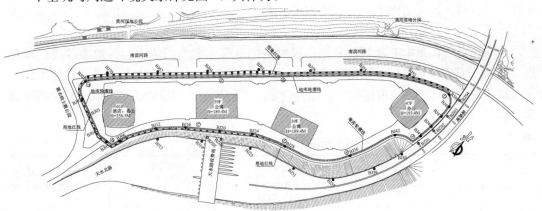

图2 基坑与周边环境关系图

基坑东侧：紧靠天水路北出口收费站，地库轮廓线至用地红线距离一般为5m，用地红线外即为3～15m高路堤。该侧南段现状地面标高为1513.91～1514.55m，北段现状地面标高为1510.12～1511.59m，基坑开挖深度可统一按南段15.8m、北段11.8考虑，基本不具备放坡条件；且，为确保坑顶路堤稳定，对基坑变形控制要求严格，是本次支护设计的重点。

基坑南侧：紧靠市政道路和霍去病主题公园，地库轮廓线至用地红线距离5m，用地红线外即为市政道路和人行道；路侧埋有多条管线及管道。该侧现状地面标高为1514.22～1514.55m，基坑开挖深度可统一按15.8m考虑，基本不具备放坡条件，且对坡顶变形控制有一定的要求。

基坑西侧：与南滨河路相邻，地库轮廓线至用地红线距离5.0m，用地红线距离南滨河路道路红线约20m；地库轮廓线至黄河河道距离约70m。该侧现状地面标高为1510.03～

1514.06m，基坑开挖深度介于11.8～15.8m；虽然沿南滨河路分布有多条地下管线及管道，但距离较远，基本可不考虑基坑开挖对其造成的影响。该侧用地红线与道路红线间无任何建构筑物，拟临时征地，二者中间区域将作为基坑和主体施工期间现场临设和材料加工用地。

基坑北侧：紧靠雁滩黄河大桥，地库轮廓线至用地红线距离5m，距离桥墩8m。该侧现状地面标高为1510.31～1510.88m，基坑开挖深度可统一按11.8m考虑，具备一定的放坡条件；根据相关资料，邻近黄河大桥桥墩采用桩基础，桩长40m，远大于本工程基坑开挖深度，但为确保该大桥安全，基坑支护时仍应严格控制变形。

四、基坑支护设计方案

1. 设计原则及设计计算参数

本基坑工程侧壁安全等级统一按一级考虑。地面附加超载取值如下：车流量较大、振动影响大的南侧坑顶和东侧路堤坡顶考虑地面超载40kPa；北侧变形控制要求严格，且可能施工期间材料车辆通行频繁，坡顶亦按地面超载60kPa考虑；西侧坡顶为临设、材料运输通道及加工场地，按地面超载80kPa考虑。此外，设计计算时，对坑顶相邻黄河大桥桥墩、支护结构变形控制要求较严格的北侧以及相邻路堤高度较大的东侧北段，侧向岩土压力予以修正，采用修正主动土压力 E'_a（0.5（$E_0 + E_a$））；其余三侧均采用主动土压力 E_a。

经对比分析，对本工程基坑开挖形成影响的地层主要为：填土层、粉细砂层、卵石层、强风化泥质砂岩层和中风化泥质砂岩层。根据勘察报告建议，并结合兰州地区类似地层基坑支护设计计算参数取值经验，综合确定本工程基坑支护设计计算采取的相关指标如表1。

各地基土层岩土设计参数表　　　　　　表1

名　称	天然重度 γ kN/m³	压缩模量 变形模量 E_s/E_0 MPa	剪切强度		土体与锚固体极限摩阻力标准值 kPa
			c kPa	ϕ 度	
杂填土	16	4	12	24	30
素填土	17	5	15	27	40
细砂层	19	10	0	30	100
卵石层	20	50	0	45	150
强风化泥质砂岩	23	80	45	27	120
中风化泥质砂岩	24	110	90	30	180

2. 基坑支护结构

南侧AB段：基坑设计开挖深度15.8m，上部（桩顶标高1510.5m以上）利用已有市政道路路肩挡土墙；下部（1510.5m以下）采用桩锚支护体系，桩径1m，桩间距2.6m，桩长18.5m，嵌固深度6.7m，桩顶设1.2×0.8m冠梁，桩身设两道预应力锚索，桩间土采用60mm厚内置钢筋网的喷射混凝土面层防护，具体如图3所示。

东侧：（1）BC段基坑设计开挖深度15.8m，上部4m（桩顶标高1510.5m以上）按

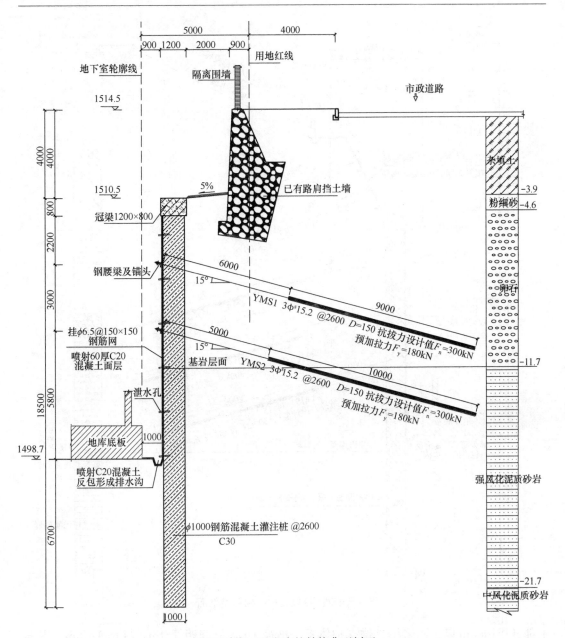

图 3　南侧 AB 段支护结构典型剖面

1：0.5坡率放坡后，采用土钉墙支护；下部（1510.5m 以下）采用桩锚支护体系，桩径1m，桩间距 2.6m，桩长 18.5m，嵌固深度 6.7m，桩顶设 1.2m×0.8m 冠梁，桩身设两道预应力锚索，桩间土采用 60mm 厚内置钢筋网的喷射混凝土面层防护。（2）CD 段基坑设计开挖深度 15.8m，上部 4m（桩顶标高 1510.5m 以上）按 1：0.5 坡率放坡后，采用土钉墙支护；下部（1510.5m 以下）采用桩锚支护体系，桩径 1m，桩间距 2.2m，桩长18.5m，嵌固深度 6.7m，桩顶设 1.2m×0.8m 冠梁，桩身设三道预应力锚索，桩间土采用 60mm 厚内置钢筋网的喷射混凝土面层防护，具体如图 4 所示。（3）DEF 段基坑设计开挖深度 11.8m，上部高速路堤（桩顶标高 1510.5m 以上）边坡坡率 1：1.5，维持现状；

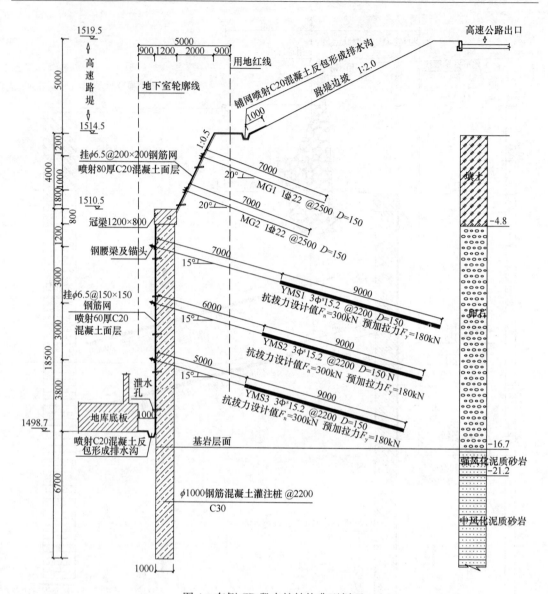

图4　东侧CD段支护结构典型剖面

下部（1510.5m以下）采用桩锚支护体系，桩径1m，桩间距2.4m，桩长17.5m，嵌固深度5.7m，桩顶设1.2m×0.8m冠梁，桩身设两道预应力锚索，桩间土采用60mm厚内置钢筋网的喷射混凝土面层防护，具体如图5所示。

北侧FG段：基坑设计开挖深度11.8m，采用桩锚支护体系，桩径1m，桩间距2.6m，桩长17.5m，嵌固深度5.7m，桩顶设1.2m×0.8m冠梁，桩身设两道预应力锚索，桩间土采用60mm厚内置钢筋网的喷射混凝土面层防护，具体如图6所示。

西侧：（1）HA段基坑设计深度15.8m，采用复合土钉墙支护，共设10道土钉（锚杆），基岩层顶面以上按1∶0.4坡率、以下基岩按1∶0.2坡率开挖，基岩层顶面设1.5m宽平台并设截水沟，具体如图7所示。（2）GH段基坑设计深度11.8m，采用复合土钉墙支护，共设7道土钉（锚杆），基岩层顶面以上按1∶0.4坡率、以下基岩按1∶0.2坡率

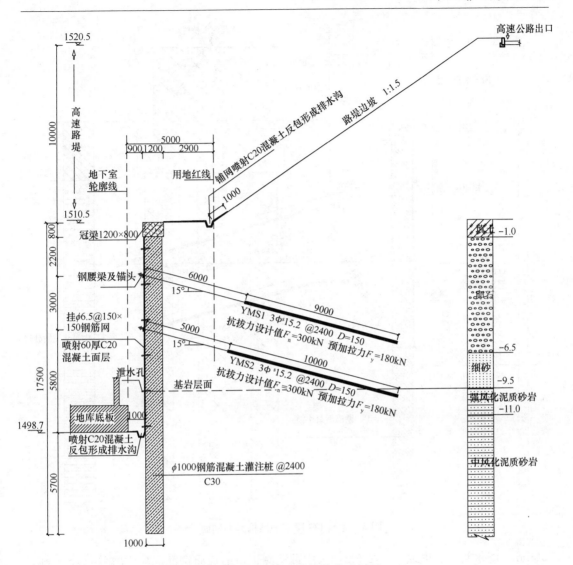

图5　东侧 DE 段支护结构典型剖面

开挖，基岩层顶面设 1.5m 宽平台并设截水沟，具体如图 8 所示。

五、降水方案

根据兰州地区类似地层基坑降水经验，本基坑工程降水采用坑外管井降水，结合坑内明沟和集水坑明排的降水方式。同时，基坑靠南滨河路一侧通过于基岩层顶面设置平台，于平台上设置截水沟，收集降水井未能疏干的地下水，引入坑内集水坑统一排出；另外三侧降水井未能疏干的地下水，通过于卵石层底面与基岩层顶面设置的泄水孔，导入坑内排水明沟统一排出。

在基坑四周坑边上缘呈环形布置布设 81 口降水井（降水井平面布置图详见图 9 所示），井深根据地面高程及基岩层面变化，分 10m、12.5m、15m、17.5m 和 20m 五种，井间距约为 16m。管井位置应尽量距离基坑边坡上缘远些，南、东、北三侧最小距离不小于 3m，西侧最小距离 7m。管井井管直径 400mm；成孔采用机械成孔，成孔直径

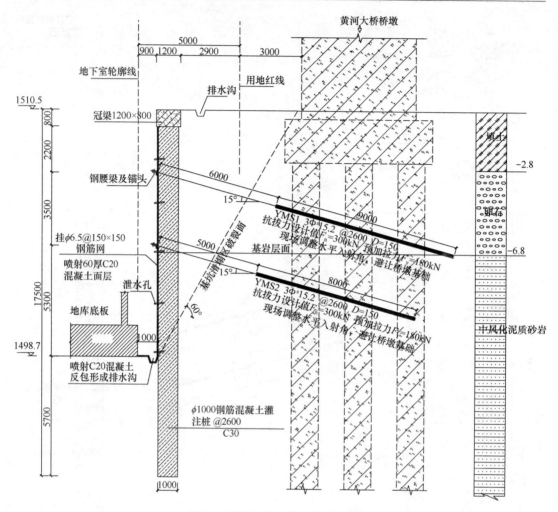

图 6　北侧 FG 段支护结构典型剖面

800mm。滤水管总长度取 5～12.5m，采用带钢圈护口的优质钢筋混凝土滤管（2.5m 长/每节）焊接而成，要求其孔隙率在 30% 以上。要求卵石层中滤水管外包双层 10 目尼龙网滤网，双层滤网外再螺旋形缠绕 12 号铁丝保护（间距 5cm）；砂岩层中滤水管外包双层 80 目尼龙网滤网，双层滤网外再螺旋形缠绕 12 号铁丝保护（间距 5cm）。沉砂管长 2.5m，下端用中心开孔 $\varphi10mm$ 的 10mm 厚钢板焊接封底。井管安放时应在管身接口处焊接 A6mm 钢筋船型找中器，确保井管垂直、居中安放；井管与孔壁间填充滤料规格：卵石层底面以上段直径 5～8mm、以下砂岩层段直径 1～3mm。井管安装后必须洗井，保持滤网通畅；洗井采用空压机-水泵相结合的方法，反复进行，平均单井洗井达 12h，直到满足洗井后抽出水中含砂量＜5/万。抽降方法：本基坑面积较大，为缩短前期降水时间，降水井开始联动降水后，可于坑内设置多处明排抽水点；可根据现场具体实际情况，前期采用大功率水泵、置于卵石层底面，抽除卵石层来水；后期改换小功率水泵、置于沉砂管内抽水，以保证不间断抽水为原则。

　　基坑土方开挖过程中，应于基坑坑底四周设置简易排水明沟及集水坑；排水明沟的底面应比挖土面低 0.3～0.4m；集水坑底面应比排水明沟底面低 0.5m 以上，并随基坑的挖

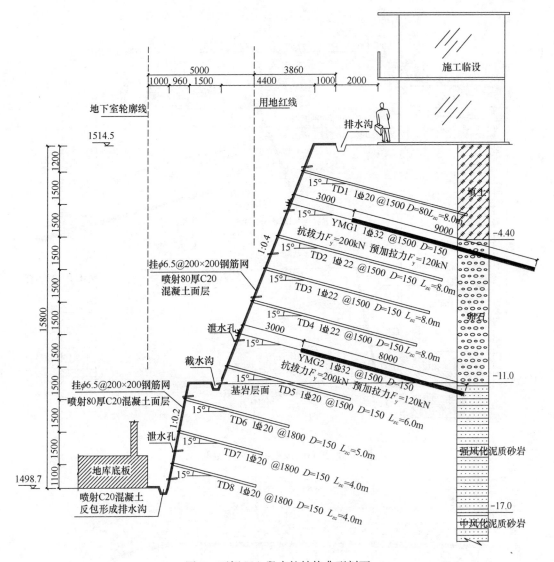

图 7　西侧 HA 段支护结构典型剖面

深而加深，以保持水流畅通。基坑开挖到底后，顺基坑坑底四周边缘设置 300mm×
300mm 排水明沟，沟底坡度取 2%，由每段排水明沟中心点坡向相邻的两个集水坑；集
水坑间距约 20m 左右，井深 0.8m，尺寸 700mm×700mm。坑内设简易滤水笼，用
A6mm 钢筋现场加工，外包双层 10 目滤网。

按照上述降水方案实施，该基坑工程从 2015 年 5 月土方开挖至 2015 年 12 月基底完
全封闭，基本实现了坑内干作业的目标。

六、基坑监测结果

本基坑工程位于兰州市城关区天水路北出口，人车流量大，周边环境较复杂，整个施
工过程中建立了较完善的监测系统，监测点平面布置详见图 2。

本工程从 2015 年 2 月开始现场施工，因兰州市受"蓝天工程"冬防影响，不允许土

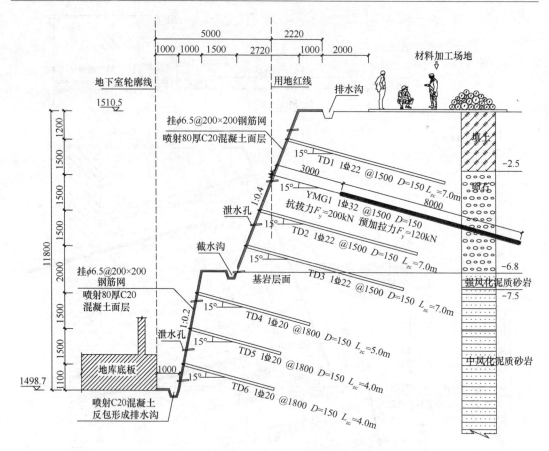

图 8　西侧 GH 段支护结构典型剖面

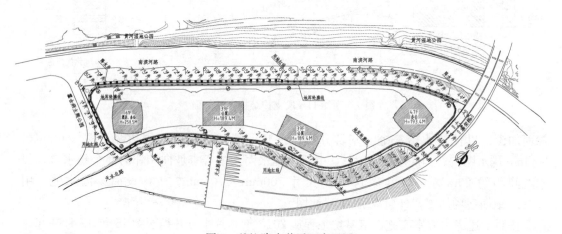

图 9　基坑降水井平面布置图

方开挖及外运，为保障工期，现场先进行了支护桩施工；至 2015 年 4 月底，支护桩全部施工完成。2015 年 5 月，现场开始大面积开挖至 1510.5m，并同步实施基坑上部土钉墙支护及桩顶冠梁浇筑，同时开始进行监测。因基坑周长较大、开挖深度不一，且采用了多种支护形式，现场施工按照分段开挖、分段支护的方式，故各段基坑施工进度并不统一，这点可以从基坑各侧的位移～时间曲线中看出。至 2015 年 8 月中旬，除西侧局部和南侧出土口位置外，基坑其余部分均已开挖至设计基底标高，并开始浇筑垫层和施工抗浮锚杆；此时，整个基坑的各项监测指标均已趋于稳定，且均满足规范要求。

具体监测结果如下：

(1) 基坑坑顶水平位移监测结果如图 10～图 13 所示，从图中可以看出，随着开挖深度的增大，坑顶水平位移逐渐增大，其变化与开挖工况紧密相关；东侧累计水平位移量 7.0～26.5mm，南侧累计水平位移量 5.8～15.2mm，西侧累计水平位移量 10.6～28.5mm，北侧累计水平位移量 12.2～23.1mm。

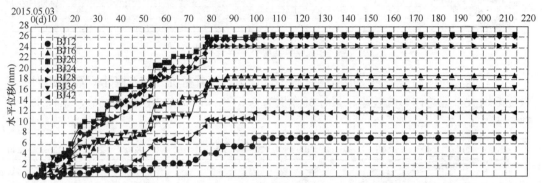

图 10　东侧坑顶水平位移曲线

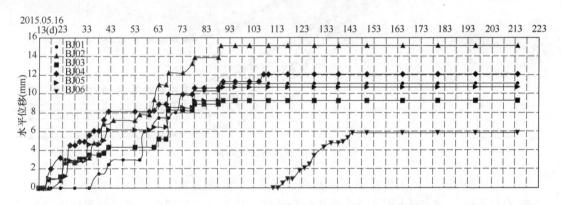

图 11　南侧坑顶水平位移曲线

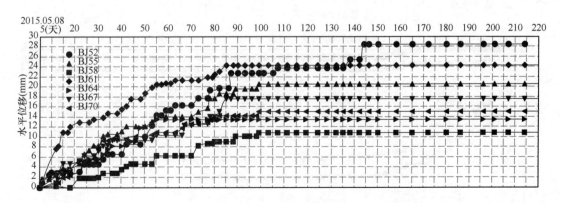

图 12　西侧坑顶水平位移曲线

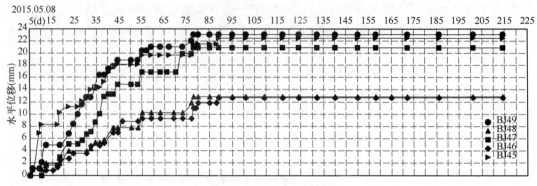

图 13　北侧坑顶水平位移曲线

（2）基坑东侧高速路面变形监测：施工过程中，随着基坑开挖及降水，高速路面变形量逐渐增大，但总体影响较小；累计沉降量为 3.5～6.9mm（如图 14 所示），累计水平位移量为 2.6～7.7mm。

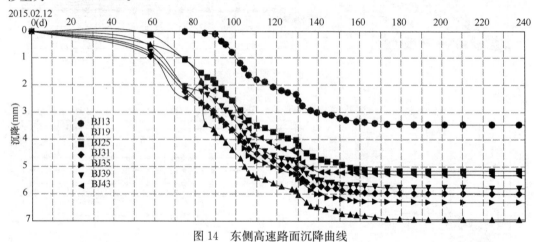

图 14　东侧高速路面沉降曲线

（3）北侧邻近黄河大桥桥墩沉降监测：如图 15 监测点 BZ01～BZ04 所示，基坑开挖及降水对北侧邻近黄河大桥几乎未产生任何影响，整个施工过程中，其桥墩累计沉降量仅为 0.2～0.4mm。

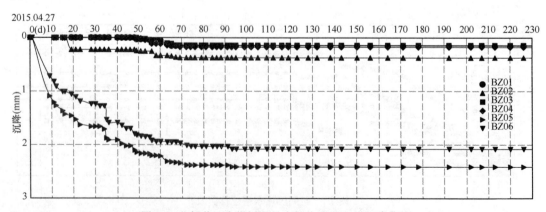

图 15　北侧黄河大桥桥墩及东侧收费站立柱沉降曲线

东侧邻近高速收费站钢结构顶棚立柱沉降监测：如图 15 监测点 BZ05～BZ06 所示，基坑开挖及降水对其影响较小，整个施工过程中，其立柱累计沉降量仅为 2.1～2.4mm。

七、施工现场照片

施工现场过程照片详见图 16～图 19。

图 16　现场施工照片（基坑东北角）

图 17　现场施工照片（全景）

图 18　现场施工照片（黄河大桥及高速路堤处）

图 19　现场施工照片（基坑南侧）

八、结论

本基坑根据周边环境和开挖深度的不同，分段采用了上部土钉＋下部桩锚、桩锚、复合土钉墙三种支护型式，在保障基坑安全的同时，节约了工程造价，提高了施工的便利性，保护了周边环境，取得了较为满意的结果，并得出以下结论：

1. 桩锚、复合土钉墙及二者结合，是兰州地区应用最广、适用性最强的基坑支护结构型式，根据基坑深度及周边环境的差异，选用上述支护型式，在合理设计和确保施工质量的前提下，可保证基坑及周边环境的安全。

2. 坑外管井＋坑内明沟和集水坑明排，是兰州地区最常见的基坑降水方法；该方法在与本基坑工程类似的开挖深度不大、下部基岩胶结相对较好的条件下，是有效适用的；当基坑开挖深度较大、下部基岩风化严重、具有弱透水性时，宜采用坑外管井与坑壁斜向、坑底竖向简易轻型井点相结合的联合降水方法。

3. 兰州市第三系风化基岩剪切强度参数及锚固体的极限粘结强度参数受水影响变化幅度较大,根据现场试验及工程验证,与本工程场地类似的强风化泥质砂岩按 $c=45\mathrm{kPa}$、$\varphi=27°$、$\tau=120\mathrm{kPa}$ 取值,中风化泥质砂岩按 $c=90\mathrm{kPa}$、$\varphi=30°$、$\tau=180\mathrm{kPa}$ 取值进行基坑支护设计是安全可靠的。

4. 基坑监测结果验证了本工程支护和降水设计所采取的各种技术措施的合理性;可供类似地层基坑工程参考。

兰州某棚户区改造和保障房建设项目
深基坑工程

任永忠[1]　周　勇[1,2]　王正振[1,2]
(1. 兰州工业学院 土木工程学院，兰州　730050；
2. 兰州理工大学 甘肃省土木工程防灾减灾重点实验室，兰州　730050；
3. 兰州理工大学 西部土木工程防灾减灾教育部工程研究中心，兰州　730050)

一、工程简介及特点

1. 工程简介

工程场地位于兰州市七里河区华林坪，项目与西园街道办事处所在地相邻，香巴沟不稳定斜坡位于兰州市七里河区人民政府驻地东南部，相距 3.0km。经论证整个华林坪区域属于城市边缘地带的 IV 级阶地(也称"坪")，土壤地质结构为湿陷性黄土，丘壑交融，地势高差十分明显。工程场地东临华林路(S170#路)，西接 B278#规划路(现为铁路家属路)，南侧紧靠华林清真寺及周边居民集聚区，与北部周边居民集聚区有一条 4m 宽道路相隔。小区总用地面积为 17000m²。建设基地内地势标高在 1549.80~1576.80m 之间，总体高差为 27m，西南角占地约 4500m²，落差近 25m 的大坑，东北为高起的台地，根据华林路现状，场地平整后西高东低走向，总体坡度控制在 2‰~3‰范围内。

2. 基坑工程概况及特点

基坑支护平面呈"L"型，即东北侧和东南侧需要考虑支护，西北侧和西南侧由于沟壑的存在，需要填方至所需地面标高，这与其他基坑工程有很大的区别，即基坑支护呈非封闭状态，同时由于地形起伏变化使得基坑开挖深度为 14.9~18.9m 不等，基坑开挖深度大。经勘查，场地内黄土状粉土层厚为 22.6~27.5m，即整个支护系统均处于该土层，桩身的嵌固性能较难以保证。由于现场邻近道路和居民集聚区的存在，基坑开挖过程的安全稳定对周边既有建筑物、道路和地下管线的安全有重要影响，依据《建筑基坑支护技术规程》JGJ 120—2012[1] 和《湿陷性黄土地区建筑基坑工程安全技术规程》JGJ 167—2009[2]，该深基坑支护结构安全等级确定为一级。基坑与周边建筑物的关系见图 1。由图 1 可看出，基坑支护边线距华林路 10.0m，基坑北侧距居民集聚区也仅 10.0m，同时居民集聚区建筑物较多，在东北侧有一栋居民楼(18F)，为此该两侧为基坑支护的重点。

二、场地工程地质及水文地质条件

1. 场地构造及地形地貌

勘察场地位于兰州市城关区华林坪，主要为华林坪居住地。地貌单元划属黄河南岸 IV

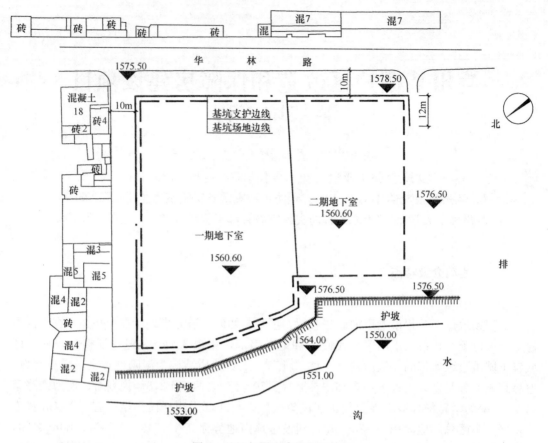

图 1　基坑与周边建筑物的关系

级阶地。场地内地势低缓总体向北倾斜，坡度 10°～15°。场地分布有宽 400～800m 不等的冲洪积台地，地形多呈台阶状，台面相对平坦，大部分台地地段受人工改造为居住地，人为改造作用明显，原始地貌形态不明显。勘察区地处中川隐伏基底隆起带和皋兰褶皱带的结合部位，区内地质构造不发育。本区新构造运动较为强烈，以垂直升降运动为主，具有明显的继承性、差异性特点，并形成Ⅰ～Ⅷ级阶地，各阶地高差十分显著，一般级差 5～75m。这种多阶地的存在及阶地高低悬殊变化，是区域性升降运动剧烈而频繁的体现。据区域地质资料及勘探结果，场地内部及外围无第四系活动断裂，故整个场地结构特征较简单且相对稳定。

2. 工程地质条件

据钻孔揭示，并结合试验资料，在钻探深度内，自上而下依次为①层杂填土，②层黄土状粉土、③卵石组成。其各层的岩土特征分别描述如下：

① 杂填土（Q_4^{ml}）：场地表层大部分布，杂色，主要由粉土、建筑垃圾为主，松散，稍湿。层厚 0.5～3.0m，层面标高 1574.13～1578.18m。

② 黄土状粉土（Q_3^{al+pl}）：钻孔内均有揭露。浅黄色，土质均匀，结构疏松，具大孔隙，垂直节理发育。摇震反应迅速，无光泽，切面粗糙，干强度低，韧性低，稍湿，稍密。层厚 22.6～27.5m，层面标高 1571.33～1576.73m。

③ 卵石（Q_3^{al+pl}）：钻孔内均有揭露。青灰色。颗粒一般粒径 2～8cm，最大粒径 20cm，粒径大于 2cm 的颗粒占总质量的 60.0%～65.0%，颗粒磨圆度较好，呈次圆状，接触式排列，级配一般。颗粒成分以砂岩、灰岩、花岗岩为主，颗粒间充填中粗砂，填充程度一般。中密～密实。层厚 6.0～11.3m，勘察未揭穿，层面埋深 25.4～28.0m，层面标高 1548.17～1550.98m。

3. 水文地质条件

勘察区场地内未发现有地下水。即基坑支护不考虑地下水的影响，仅考虑雨水对基坑表面的冲刷影响。

场地地层主要物理力学参数如表 1 所示。

场地地层主要物理力学参数表 表 1

名 称	层厚/m	天然重度 γ/kN/m³	黏聚力 c/kPa	内摩擦角 φ/°	锚固体摩阻力 /kPa
①杂填土	0.5～3.0	15.0	5.0	15.0	20
②黄土状粉土	22.6～27.5	15.0	18.0	23.0	50
③卵石	6.0～11.3	23.0	0.0	35.0	180

三、支护结构设计

1. 基坑支护设计的基本原则

本基坑工程支护设计使用年限为一年；基坑支护设计首先必须保证开挖过程的稳定以及对周围既有建筑物的基础、通信光缆、天然气管道以及地下给排水管线的保护，还需保证主体地下结构的施工空间，同时要考虑支护结构的总体造价经济合理；本工程采用"动态设计、信息化施工"的技术原则。基坑的设计与整个施工过程紧密结合，根据现场实际情况进行动态调整，以满足现场情况。在施工过程中与监测相结合，根据监测数据进行反馈分析，达到信息化施工的目的；支护设计按稳定性验算及变形控制为控制目标；土方遵循分层、分段开挖，密切与支护配合的原则，严禁超挖、多挖，在上级支护体系未形成前不得开挖下层土体；为保证基坑的安全使用，在基坑未回填之前，不得破坏支护结构，不得在基坑顶上施加额外荷载，坑顶堆载距离基坑开挖上口线不得小于 3.0m，堆载荷载不得超过 10kPa。

2. 基坑支护总体设计思路

本工程位于兰州市七里河区华林坪，整个华林坪上区域属于城市边缘地带的Ⅳ级阶地，土壤地质结构为湿陷性黄土，地势高差明显，总体地面高差为 27m。基坑东南侧及东北侧依地势变化，开挖深度为 14.9～18.9m。基坑东南侧距离基坑边 10m 处有一条供社区人员及车辆通行的华林路，东北侧距离基坑边 10m 处有一条 4m 宽的人行通道，在人行通道的周围均是由居民自建的居民房，基坑开挖对居民房的安全性有较大的影响，在基坑东侧角有一栋居民楼（18F）。在此复杂的周边环境条件下来实施深基坑的开挖，这给设计和施工都带来了较大的难度和挑战，同时提出了更高的要求。在综合考虑基坑工程的开挖深度、面积、地质条件、施工条件以及场地周边环境等因素的影响下，拟采用上部为土钉墙，下部为排桩预应力锚索的支护方案，此支护方案对周边环境影响较小，同时施工速度较快，适合在西北地区基坑工程中应用。图2为基坑支护结构设计平面图。

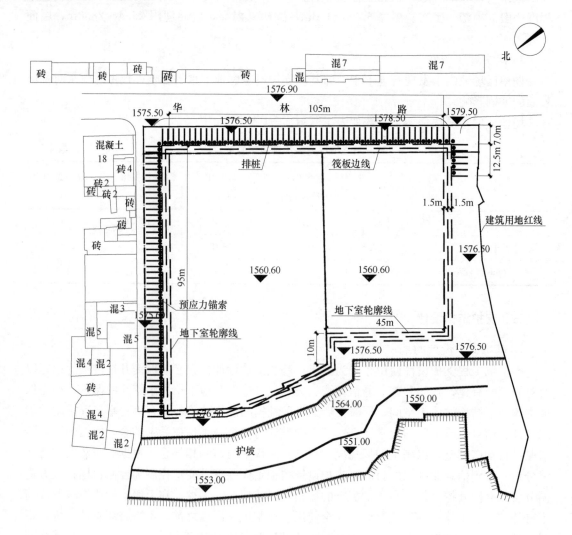

图2　基坑支护结构设计平面图

3. 基坑支护结构设计

本基坑支护的重点部位有两处：一是基坑东北侧居民区位置；二是东南侧华林路位置。在基坑东北侧居民区位置，由于现场存在一定的放坡距离，同时考虑居民区地下管网的影响，在0～3.5m范围内采用土钉墙支护，3.5m～基坑底面采用排桩预应力锚索支护。在东南侧华林路位置处，场地内存在一土坎，其高度为2.1m，此土坎与基坑开挖线约5.0m，经计算此土坎对基坑的影响较小，因此保留此土坎，仅对土坎进行喷射混凝土面层处理，不考虑结构支护，从土坎底面起3.5m范围内采用土钉墙支护，3.5m～基坑底面采用排桩预应力锚索支护，与基坑的东北居民区一侧支护类似。

土钉的竖向间距为1.2m，水平间距为1.5m，采用钢筋直径为20mm，其钻孔直径为

120mm，喷射水泥砂浆强度为 M20，土钉水平倾角取 15°土钉的长度依据计算确定。锚索水平间距为 2.0m，第一排锚索距冠梁的顶面距离依地形变化而变化，其他位置处锚索竖向间距为 2.5m，钻孔直径为 150mm，锚索等级为 3×7×15.2－1860 级钢绞线，基坑开挖后挂钢筋网片喷射混凝土面层保护桩间土，钢筋网片规格为 Φ8@200×200，喷射厚度为 80mm，锚索的自由段和锚固段依据计算确定，锚索水平倾角均取 15°。为了增加基坑的整体稳定性，在桩顶处设置冠梁，冠梁截面尺寸为 1200mm×600mm，排桩水平间距为 2.0m，桩径为 1000mm，桩身嵌固段长度经计算确定，桩身和冠梁的混凝土强度等级均为 C35。具体的支护立面图详见图 3 和图 4，冠梁和桩身配筋详图见图 5 和图 6。在锚索设计过程中，锚索所施加预应力对基坑的稳定性具有很大的影响，依据《建筑基坑支护技术规程》JGJ 120—2012 中第 4.7.7 条款规定锚杆的锁定值宜取锚杆轴向拉力标准值的（0.75～0.9）倍。经《理正深基坑结构设计软件》计算锚索轴向拉力标准值，最后计算可得各个锚索的预应力值。

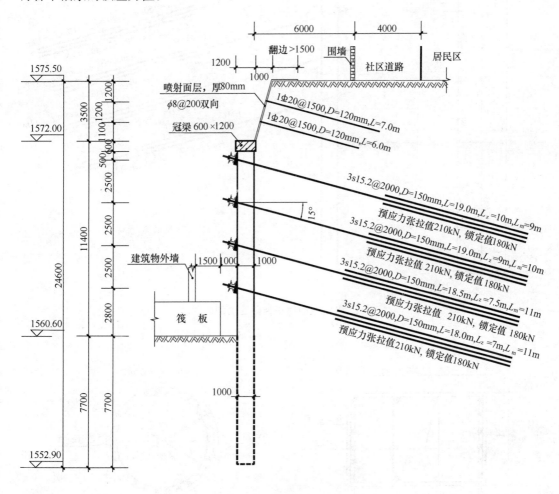

图 3　基坑东北侧居民区支护剖面图

325

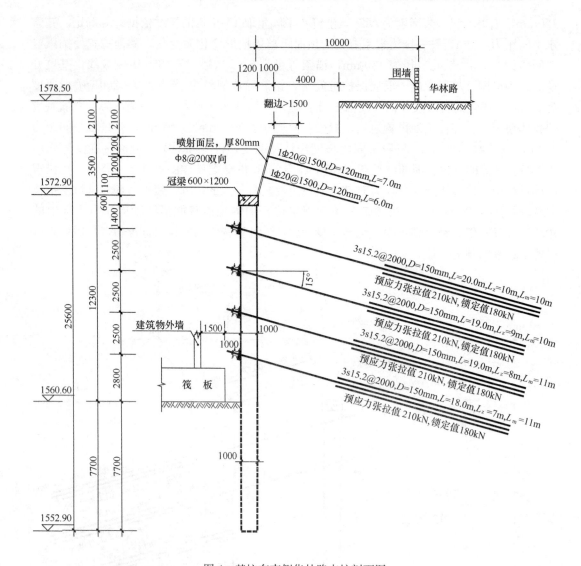

图 4 基坑东南侧华林路支护剖面图

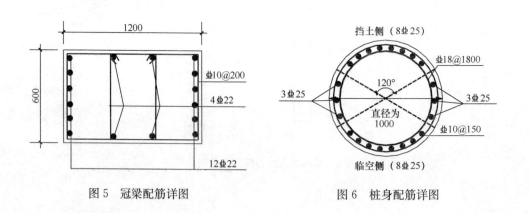

图 5 冠梁配筋详图   图 6 桩身配筋详图

图 7　整个基坑支护全貌图　　　　　　　图 8　基坑华林路一侧支护图

四、基坑监测方案及监测结果分析

基坑的安全监测在设计和施工过程有着重要的作用，基坑工程的设计计算虽能大致描述正常施工条件下支护结构以及相邻周边环境的变形规律和受力范围，但必须在基坑工程期间开展严密的现场监测，才能保证基坑及周边环境的安全，保证支护工程的顺利进行。同时基坑工程的监测为信息化施工、基坑周边环境中的建筑、各种设施的保护及优化设计等提供了可靠的依据，因此基坑的安全监测不容忽视。依据基坑平面形状和基坑周边环境的复杂性及《建筑基坑工程监测技术规范》GB 50497—2009[3]，基坑关键施工阶段见表2，具体的监测点布置详见图 9。

基坑关键施工阶段　　　　　　　　　　　　　　　　　　　表 2

日　期	关键施工阶段
2015 年 10 月 11 日	基坑开挖、喷锚
2015 年 10 月 17 日	基坑开挖喷锚，排桩施工
2015 年 11 月 2 日	排桩以下基坑开挖，喷锚
2015 年 11 月 8 日	基坑北侧第一排锚索施工，东侧两排锚索施工完成
2015 年 11 月 16 日	基坑北侧第二排锚索施工、基坑开挖深度 8m，东侧第三排锚索施工、基坑开挖深度 11m。所有锚索均未张拉锁定
2015 年 11 月 19 日	基坑北侧第二排锚索施工、基坑开挖深度 8m，东侧第三排锚索施工、基坑开挖深度 11m。基坑东侧锚索开始张拉锁定
2015 年 11 月 25 日	基坑北侧以西基坑开挖至 12m，第一排锚索张拉锁定，第二排锚索待锁定；东侧开挖深度 11m，第一、二排锚索张拉锁定完成，第三排锚索待张拉
2015 年 12 月 1 日	基坑北侧以西基坑开挖至 12m，第一、二排锚索张拉锁定完成；东侧开挖深度 14m，第一、二排锚索张拉锁定完成，第三排锚索张拉。基坑东北角土方开挖
2015 年 12 月 15 日	基坑支护施工完成

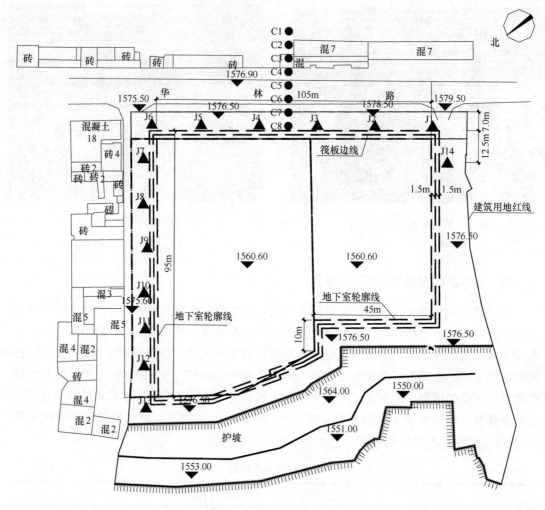

图 9　基坑监测点布置图

　　依据《湿陷性黄土地区建筑基坑工程安全技术规程》JGJ 167—2009[2]和《建筑基坑工程监测技术规范》GB 50497—2009[3]规定，当基坑侧壁安全等级为一级时，支护结构安全使用最大水平位移限值为 0.0025h，最大竖向位移限值为 0.0015h，此处 h 为基坑的开挖深度，本基坑工程开挖深度为 14.9～18.9m，此处水平限值按 18.9m 来计算，该支护结构桩顶最大水平位移限值为 47.25mm，最大竖向位移限值为 28.35mm。本基坑工程从 2015 年 10 月 13 日～2015 年 12 月 15 日为期 63 天对基坑支护结构进行了水平及竖向位移进行了监测，同时在基坑周边设置了 8 个沉降监测点对其进行了监测。图 10 为基坑支护桩水平位移监测曲线，图 11 为基坑支护桩的竖向位移监测曲线。从图中看出，随着基坑工程施工工序的进行，其支护桩的水平位移和竖向位移均逐渐增大，其水平位移的最大值为 32mm，竖向位移的最大值为 24mm，但均未超过规范规定的报警值。图 12 为基坑监测点沉降曲线图。从图中可得，监测点沉降值变化率较小，最大沉降量值为 21mm，与支护桩的竖向位移累计值接近，由规范[3]可知，基坑周边沉降位移的报警值为 35mm，即基坑周边沉降点累计位移均为超过报警值。说明此基坑支护方案是可行安全的。

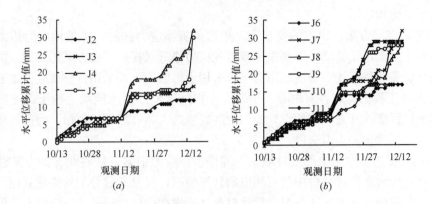

图 10　基坑支护桩水平位移监测曲线

（*a*）基坑东南（华林路）；（*b*）基坑东北（居民区）

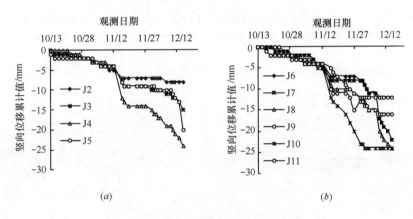

图 11　基坑支护桩竖向位移监测曲线

（*a*）基坑东南（华林路）；（*b*）基坑东北（居民区）

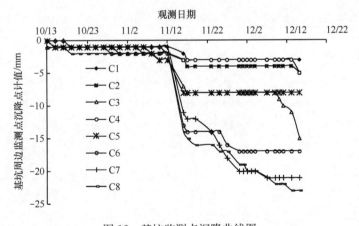

图 12　基坑监测点沉降曲线图

五、点评

通过兰州市七里河区香巴沟棚户区改造和保障房建设项目深基坑支护设计与分析，可以得到以下结论和启示：

1. 本基坑支护方案在甲方的要求下，通过排桩预应力锚杆、排桩预应力锚索、全为排桩支护及上部采用土钉墙、下部采用排桩预应力锚索（杆）等多方案的对比，同时考虑此工程场地土质的特殊性，最后确定为上部采用土钉墙，下部采用排桩预应力锚索支护。

2. 此基坑工程的特殊性有两点：一是在支护结构范围内土质均为粉土，支护桩的嵌固性能较难以保证，针对以往的设计经验为嵌固段进入卵石层即不适用。为此需要经过详尽的计算与分析确定嵌固段长度。

3. 本基坑支护方案为上部土钉墙、下部排桩预应力锚索，针对此支护方案没有统一的计算模型，同时在设计软件中没有相应的计算模型，只有通过分析软件建立相应的计算模型进行受力分析，通过本工程为以后针对此计算模型的建立提供了一定的参考价值。

参 考 文 献

[1] 中华人民共和国行业标准. 建筑基坑支护技术规程(JGJ 120—2012)[S]. 北京：中国建筑工业出版社，2012.

[2] 中华人民共和国行业标准. 湿陷性黄土地区建筑基坑工程安全技术规程(JGJ 167—2009)[S]. 北京：中国建筑工业出版社，2009.

[3] 中华人民共和国国家标准. 建筑基坑工程监测技术规范(GB 50497—2009)[S]. 北京：中国计划出版社，2009.

兰州伊真置业广场基坑工程

李元勋[1,2]　朱彦鹏[1,2]　叶帅华[1,2]

(1. 兰州理工大学 甘肃省土木工程防灾减灾重点实验室，兰州　730050；

2. 兰州理工大学 西部土木工程防灾减灾教育部工程研究中心，兰州　730050)

一、工程概况

兰州伊真置业广场基坑位于兰州市城关区，甘南路南侧，甘肃省供销社西侧。建设场地范围内分为 1♯、2♯ 两个基坑进行支护，具体位置关系详见图 1。1♯ 基坑设计开挖深度为 15.8m，总支护长度约为 297m。2♯ 基坑设计开挖深度为 6.0m，总支护长度约为 116m。由于建设场地条件的限制，1♯、2♯ 基坑不能同时施工，先对 1♯ 基坑施工，2♯ 基坑场地用作现场材料加工区、工人宿舍区、项目部办公区等，待 1♯ 基坑主体结构地下室施工完成后，再开始 2♯ 基坑的施工。因此，文章以 1♯ 基坑为背景，对其整个施工过程进行陈述总结。

二、基坑周边环境

建设场地地处兰州市南关什字繁华地段，不规整，基坑周边环境复杂，具体如下所述：

(1) 1♯ 基坑（以下简称基坑）北侧紧邻甘南路，基坑上口距离甘南路边缘约 2m（即为人行道），人行道以下 2~3.5m 处埋有大量市政管道、管线。甘南路为城市主干道，行人多，车流量大；

(2) 基坑东侧为原有 5m 宽进出入小区道路，且距离基坑上口边约 6m 处为 9 层框架结构住宅楼，该住宅楼无地下室，基础型式为桩基础；

(3) 基坑南侧 GH 支护段（分段如图 1 所示）距离基坑上口边约 4.5m 处为 9 层框架结构住宅楼，该住宅楼无地下室，基础型式为桩基础。且 4.5m 宽度范围内为原有进出入小区道路，道路下埋有管线。FG 支护段距离基坑上口边约 12m 处为 9 层框架结构住宅楼，该住宅楼无地下室，基础型式为桩基础。FG 段中间部位存在原有化粪池，该化粪池仍在使用，且渗漏现象严重。DE 支护段距离基坑上口边约 4.2~5.4m 处为 9 层框架结构住宅楼，该住宅楼无地下室，基础型式为桩基础；

(4) 基坑西侧 CD 支护段距离基坑上口边约 5m 处为 3 层砖混结构办公楼，基础型式为条形基础。AB 支护段紧邻 8 层框架结构住宅楼，该住宅楼无地下室，基础型式为筏板基础，支护结构紧贴筏板边缘，筏板埋深 4m。

三、本基坑工程特点

本基坑深度为 15.8m，为超深基坑。建设场地不规整，基坑周边环境复杂，环境保护

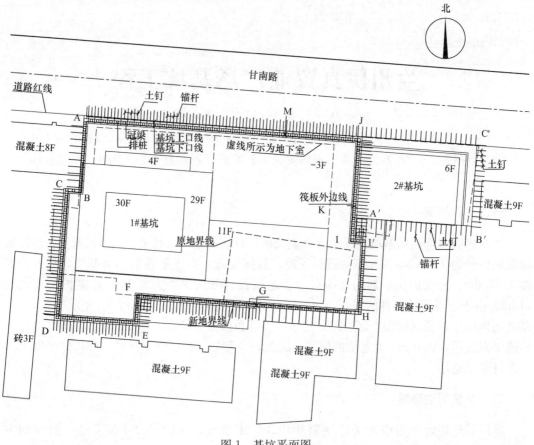

图 1　基坑平面图

要求高，主要特点如下：

（1）基坑北侧紧邻甘南路，甘南路车流量大，且管道、管线杂多。对于基坑支护结构的要求很高，必须严格控制坡体位移及支护结构的变形。开挖过程中，一旦发生滑塌，后果不堪设想；

（2）基坑西侧支护结构紧贴原有 8 层住宅楼筏板边，该住宅楼处于正常使用状态。因此，如何保证基坑开挖过程中住宅楼的继续正常使用是该基坑工程项目的重中之重；

（3）基坑南侧 FG 支护段存在原有化粪池，该化粪池渗漏现象严重，易使桩间土体流失而导致地表、建筑物及构筑物沉降破坏，加大了基坑施工的难度；

（4）建设场地内强风化砂岩普遍分布，厚度为 1.9～4.1m。强风化砂岩层与卵石层界面处存在地下水，且地下水较丰富。强风化砂岩遇水、暴露在空气中易风化，极易引起基坑的滑塌。因此，地下水及强风砂岩的处理是本基坑工程的难点。

四、场地岩土工程条件

根据《兰州伊真置业有限公司伊真置业广场主楼和附楼岩土工程勘察报告》及现场踏勘，拟建场地整体地形较为平坦，勘察期间场地地面高程最大值 1520.75m，最小值 1519.37m，地面相对高差 1.38m。从地貌单元上看，场地所处地貌类型为黄河南岸 II 级阶地。根据勘探揭露，基坑开挖深度范围内土层主要由杂填土、粉土、卵石、第三系褐红色砂岩等组成。

1. 地质条件

基坑支护深度范围内，土层自上而下分布如下：

① 层杂填土：杂色，主要成分为碎砖块、炉渣、卵石和粉土等，该层下部分局部粉土含量较大，含细沙，湿～很湿，松散，为现代人工回填。厚度为 1.50～4.00m。

② 层粉土：黄褐色，土质不均匀，含细沙，摇震反应迅速，无光泽，强度低，韧性差，很湿，稍密。冲洪积成因，场区局部分布，厚度为 0.60～1.80m。

③ 层卵石：杂灰色，一般粒径 80～120mm，最大可见大于 200mm 的漂石，颗粒直接接触，孔隙中细砂充填，主要成分为变质岩、石英岩和少量砂岩等，磨圆度较好，呈亚圆形，分选性较差，中密，冲洪积成因。厚度为 5.70～9.50m。

③ -1 层中砂：灰黄色，质较纯，主要矿物成分为石英、长石，可见云母碎片，含少量黏性土，饱和，稍密，冲洪积成因。厚度为 0.4～0.7m。

④ 层强风化砂岩：褐红色，为第三系地层，厚层状构造，细粒结构，泥钙质胶结，强风化，岩芯呈砂状。厚度为 1.90～4.10m。

⑤ 层中风化砂岩：褐红色，为第三系地层，厚层状构造，细粒结构，泥钙质胶结，中风化，岩芯呈短柱状。揭露厚度为 0.3～18.60m。该层厚度巨大，未穿透。

2. 水文条件

根据区域水文地质资料，本场地内地下水类型为潜水，由大气降水和黄河水渗流补给，主要含水层为粉土层及卵石层，勘察期间水流流向由西南向东北，在下游排入黄河。受补给源的影响，水位随季节而变化，根据经验估计地下水变化幅度在 0.5～1.0m 之间。

3. 岩土体设计参数

综合地勘报告及现场踏勘情况选取岩土体设计参数，如表 1 所示，表中土层厚度取值为平均值，不同支护段有所差异。

土体物理参数　　　　　　　　　　　表 1

土层序号	土层名称	土层厚度 (m)	重度 γ (kN/m³)	粘聚力 c (kPa)	内摩擦角 φ (°)	界面粘结强度 τ (kPa)
①	杂填土	3.0	16.0	10.0	20.0	20.0
②	粉土	1.0	17.8	12.4	27.3	40.0
③	卵石	8.0	20.0	0	40.0	200.0
④	中砂	0.55	18.0	0	30.0	70.0
⑤	强风化砂岩	2.4	20.0	30.0	28.0	160.0
⑥	中风化砂岩	>10.0	21.9	33.0	32.0	180.0

五、基坑支护方案

1. 基坑安全等级

依据《建筑基坑支护技术规程》JGJ 120—2012，本基坑安全等级取为一级，基坑侧壁重要性系数取 1.1。

2. 支护结构

四、土钉支护或上部土钉、下部桩锚支护

针对本基坑工程所具有的特点，以"安全可靠，经济合理"为原则，对该基坑分段采用"土钉墙＋排桩预应力锚杆"复合支护结构型式进行支护。

不同支护段，作用于基坑上部的荷载不同、管道管线分布杂乱，因此，基坑上部一定深度范围内采用土钉墙进行支护，下部统一采用排桩预应力锚杆进行支护，各支护段土钉墙高度及锚杆排数见表2，支护结构典型剖面如图2、图3所示，基坑支护照片如图4所示。

（1）土钉墙采用 HPB300 级双向 $\Phi 6@250 \times 250$ 钢筋网片，面层喷射混凝土厚度为100mm，混凝土强度等级为 C25。竖向间距 1.5m 布设水平向通长加强筋（HRB335 级）2 根，直径为 16mm。土钉选取 HRB335 级钢筋，孔径 130mm，横竖向间距均为1500mm，呈梅花形布置，采用 M20 级水泥浆注浆。土钉直径及长度见相应剖面图。

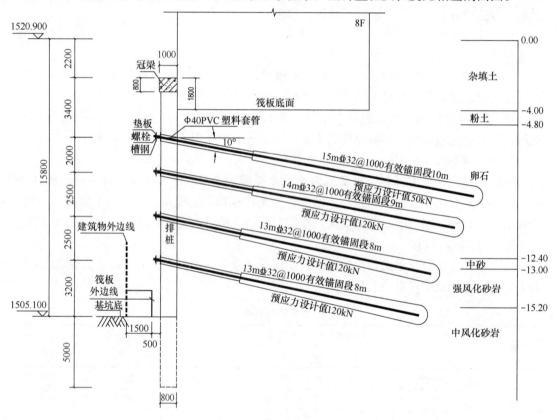

图 2　AB 支护段剖面图

支护结构参数　　　　　　　　　　　　　　　　　　　　　　　　　　　　表2

支护段	土钉墙高度（m）	锚杆排数	桩长（m）	排桩嵌固端深度（m）
AB	—	4	18.6	5.0
BC	2.2	—	18.6	5.0
CD、DE、EF、FG、MA	2.2	4	18.6	5.0
GH、HI′、I′I	—	4	20.5	5.0
IK	3.2	4	17.6	5.0
KJ	6.0	3	14.8	5.0
JM	3.2	3	17.6	5.0

（2）冠梁截面尺寸为 1000mm×800mm（GH 支护段为 800mm×800mm），纵筋为 HRB335 级 8Φ25＋4Φ16，箍筋为 HPB300 级 Φ10@200，混凝土采用 C30 级。

（3）排桩桩径 800mm（GH 支护段为 600mm），混凝土强度等级 C30，保护层厚度 50mm，纵筋采用 HRB335 级钢筋，箍筋采用 HPB300 级钢筋，桩身长度见表 2。为了防止桩间土体的流失，采用钢筋网片＋喷射混凝土进行封堵，钢筋等级及混凝土强度等级与土钉墙中所选取的一致。

（4）锚杆材料选用 HRB400 级钢筋，锚具为 200mm×200mm×15mm 钢垫板与高强螺栓。锚孔孔径为 150mm，注浆采用 M20 级水泥浆。按照《锚杆喷射混凝土支护技术规范》GB 50086—2001 对锚杆张拉及锁定，预张拉力为设计预应力值的 1.05～1.10 倍，锚杆预应力值、位置、直径、长度等详见相应剖面图。

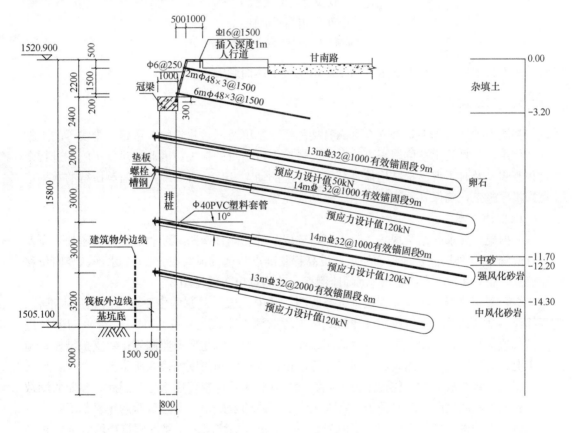

图 3　MA 支护段剖面图

3. 降水措施

借鉴兰州地区降水成功的工程实例，结合该场地水文、工程地质条件，并针对本工程水位降低深度较大的特点，选用机械管井井点降水及基坑内明沟排水方案。降水井沿主楼基坑周围布置，共计 15 个井点，井点间距不大于 20m，降水井平均深度 18.6m，采用潜水泵抽排。明沟可根据地层选择自然沟或 V 字沟，距离坡脚 0.3m 左右，坡度 0.1%～0.5%，明排井直径 0.5m，深 1m，下置钢制滤水器，采用离心泵或潜水泵抽排。

另外，基坑顶部设置截水沟，坡面以上区域雨水经截水沟疏排，堑顶土体夯实，必要

图 4　基坑支护照片
(a) 基坑开挖过程；(b) 基坑开挖完成

时设灰土封闭层，防止地表水及雨水渗入基坑土体而影响稳定性。

六、基坑监测

基坑支护结构体系是否安全可靠直接关系到基坑及周边建筑物、道路、管线等的正常安全使用，一旦发生基坑坍塌事故，将会造成不可估量的损失。因此，对基坑施工进行全过程监测，及时了解支护结构体系及周围环境的动态变化是必要的，用监测所得的数据信息来指导施工，确保基坑工程安全、顺利地完成。

1. 监测方案

根据规范要求并结合现场实际情况，选取基坑北侧甘南路道牙边电线杆基座处一点及基坑南侧 30m 外居民楼前地面一点埋设高程基准点。基坑顶共布置 21 个水平、竖向位移监测点，布置 12 个周边建筑物沉降监测点，监测点位布置见图 5。

综合采用仪器监测及巡视检查进行监测。其中，仪器监测的主要项目有利用水准仪、经纬仪、全站仪并且严格按照《建筑基坑工程监测技术规范》GB 50497—2009 对基坑进行基坑顶水平位移监测、垂直位移监测、周围建（构）筑物变形监测等；对支护结构、施工工况、周边环境、监测设施等同步进行巡视检查。监测频度如表 3 所示。

基坑工程事故的发生往往是由于人们对基坑监测的重视程度不足，因此，参照监测数据，做出正确的判断、及时预警，将大大降低事故的发生率。本基坑监测预警如下：

（1）支护桩顶部水平位移预警值为 20～30mm（基坑周边无邻近建筑物取大值，否则取小值），当变化速率为 2mm/d 或连续 3 天的变化值大于 1.4mm 时预警。

（2）支护桩顶部竖向位移预警值为 15mm，当变化速率为 2mm/d 或连续 3 天的变化值大于 0.7mm 时预警。

（3）当基坑底部或周围土体出现可能导致剪切破坏的迹象或其他可能影响支护结构安全的征兆（如流砂、管涌、隆起、陷落等）时预警。

（4）建筑物的不均匀沉降量（差异沉降）已大于现行《建筑地基基础设计规范》GB 50007—2011 所规定的允许沉降差（45mm），或建筑物的倾斜速率已连续三日大于 $0.0001H/d$（H 为建筑物承重结构高度）时预警。

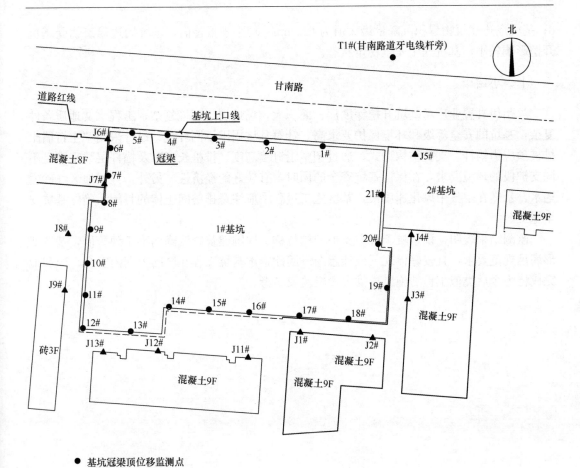

图 5　基坑监测点位布置平面图

基坑监测频度

表 3

基坑等级	施工进度		监测频度
一级	开挖深度	≤5m	1 次/1d~1 次/2d
		5~10m	1 次/1d
		>10	2 次/1d
	底板浇筑后时间	≤7d	1 次/1d~2 次/1d
		7~14d	1 次/1d~1 次/3d
		14~28d	1 次/1d~1 次/5d
		>28d	1 次/3d~1 次/7d

2. 监测结果

整理分析监测数据,结果表明:该工程基坑顶部各监测点累积总位移量较小,竖向位移最大为 9mm、变化速率最大为 1mm/d;水平位移最大为 6mm、变化速率最大为 1mm/

d；基坑周边建筑物累积沉降量最大值为 6.1mm，均小于报警值，基坑周边建筑物受基坑开挖影响较小，基坑处于安全稳定状态。

七、小结

兰州伊真置业广场基坑开挖深度深、面积大，场地周边环境复杂，工程水文地质条件复杂，基坑的安全等级和环境保护要求高。针对基坑周围不同环境，设计采用"土钉墙＋排桩预应力锚杆"支护结构型式，通过调整土钉墙高度、排桩长度以及锚杆层数来满足不同支护段的环境要求，在保证基坑安全的同时，有较好的经济性。另外，兰州地区红砂岩遇水、暴露在空气中风化速度快，基坑施工过程中应注意排桩间土体的封闭，确保基坑安全施工。

监测结果表明，该基坑工程中支护结构位移、周围建筑物沉降均小于预警值，基坑变形满足规范要求，且较好体现了设计意图。因此，本基坑工程在合同工期内安全、顺利地完成将为今后类似工程的施工提供宝贵经验及参考。

张掖电厂员工公寓楼基坑工程

周 勇 徐 峰

（兰州理工大学 土木工程学院，兰州 730050）

一、工程简介及特点

1. 工程简介

拟建场地位于甘肃省张掖市张电嘉苑院内，西二环路东侧，南华大路北侧。拟建物为两栋 27 层高层公寓楼，高层公寓楼均设计有地下室，施工时将进行基坑开挖，基坑深度 10.90m（局部 10.2m），基坑东侧为农田，农田地面较拟建场地地坪低 2m，基坑南侧为 1 层活动中心，基坑西侧有两栋住宅楼且住宅楼和基坑之间有一条 4m 宽的道路，该道路为张电嘉苑院内基坑场地的主要通道，且该条道路离基坑较近，基坑平面布置如图 1 所示。

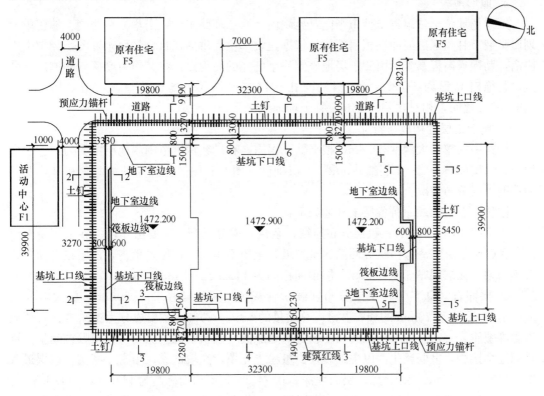

图 1 基坑围护平面图

2. 该基坑的主要特点

1）基坑周边建筑环境复杂：基坑西侧有两栋住宅楼且住宅楼和基坑之间有一条 4m

宽的道路，该道路为张电嘉苑院内基坑场地的主要通道，且该条道路离基坑较近，基坑南侧预留出堆放材料场地。基坑放坡空间较小；

2）地质条件差：素填土和卵石层中夹杂细砂层，在开挖支护的过程中极易流失。此外开挖范围的泥岩层遇水后软化，强度不稳定；

3）地下水较丰富：场地地下水主要赋存于下部卵石层中，接受大气降水及侧向径流的补给，流向东北，勘察期间地下水水位埋深 5.3～5.8m，相应水位高程 1476.47～1477.06m。卵石层富含地下水，水量较大，降水成功与否直接决定着基坑支护的成败。

二、工程地质条件

根据《张电嘉苑公寓楼岩土工程勘察报告》，该次勘察共布置勘探点 12 个，控制性钻孔 6 个（包括 2 个波速测试孔）孔深 19.8～20.8m，一般性钻孔 6 个，孔深 14.5～15.3m，勘探点间距为 16.0～18.0m。

1. 气象及水文

张掖市气候类型属内陆干旱性气候区，据张掖市气象局资料：年平均降雨量 103.0mm，年平均蒸发量 1400mm，平均气温 7.6℃，极端最高气温 35℃，极端最低气温 −20℃；最大冻结深度 1.23m；全年少风；场地内无地表水。

2. 地形地貌

拟建场地位于甘肃省张掖市张电嘉苑院内，西二环路东侧，南华大路北侧。地貌单元划属张掖市甘州区黑河冲洪积扇部位，依据建设单位提供的建筑物平面布置图，经与甲方协商，勘探点高程及坐标引测于场地南侧一个已知的高程点，将其作为勘探点的测量基准点，其绝对高程为 1483.10m。据勘探孔孔口测量结果，场地孔口高程在 1482.24～1483.00m 之间，相对高差 0.76m，整个场地地势开阔、平坦。

3. 场地地层的构成与特征

勘察中揭露最大深度 20.8m，根据钻孔揭露，在勘察深度范围内地层主要为：①层杂填土；②层卵石；②−1 层细砂；②−2 层细砂。图 2 和图 3 分别为基坑南侧和基坑西侧的典型土层分布情况。

按从上至下的顺序将各层土分述如下：

① 层杂填土（Q_4^{ml}）：该层分布连续，杂色，成分复杂，主要由碎石、砂土、粉土组成，含碎砖块、煤渣、白灰等回填建筑垃圾，土质不均匀，稍湿，稍密，该层在平面上分布不均匀。该层层厚 3.0～3.9m，层顶面标高为 1482.24～1483.00m。

② 层卵石（Q_4^{al+pl}）：该层分布连续，青灰色，一般粒径 20～50mm，最大粒径为 80mm，粒径大于 20mm 的颗粒含量占总质量的 55%～75%，主要成分为花岗岩、石英质砂岩等硬质岩石，级配不良，磨圆度较好，呈亚圆—圆状，偶见漂石，骨架颗粒间呈交错排列连续接触，呈弱风化，以中细砂及少量粉土充填，充填饱满，中密—密实。该层最大勘察层厚为 17.1m（未揭穿），层面埋深 3.0～4.1m，层顶面标高为 1478.42～1479.35m。

②−1 层细砂（Q_4^{al+pl}）：该层分布不连续，分布于卵石层上部，黄褐色～青灰色，砂质较均匀，偶见少量粉土薄层，主要矿物成分为石英、长石等，含黑云母碎片，稍密，稍湿。该层层厚为 0.2m，层面埋深 3.9m，层顶面标高为 1479.10m。

②−2 层细砂（Q_4^{al+pl}）：该层分布于卵石层中，仅部分分布不连续。黄褐色～青灰

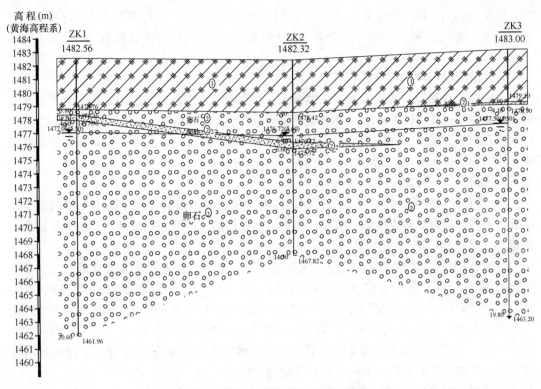

图 2　基坑南侧工程地质剖面图

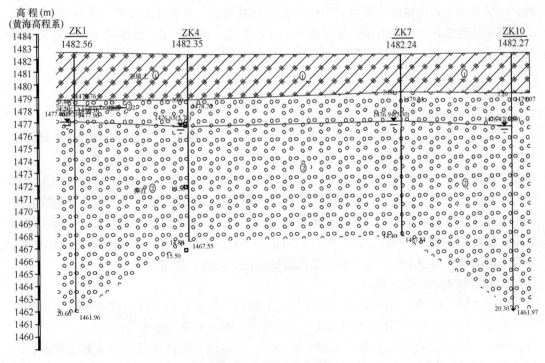

图 3　基坑西侧侧工程地质剖面图

色，砂质较均匀，偶见少量粉土薄层，主要矿物成分为石英、长石等，含黑云母碎片，稍密，稍湿。该层层厚为 0.4～0.5m，层面埋深 4.2～7.6m，层顶面标高为 1474.75～1478.36m。

4. 场地地下水特征

场地地下水属第四系松散岩类孔隙潜水，主要赋存于下部卵石层中，接受大气降水及侧向径流的补给，流向东北，勘察期间地下水水位埋深 5.3～5.8m，相应水位高程 1476.47～1477.06m。根据区域水文地质资料，卵石层的渗透系数 40～50m/d，单井涌水量 1000～3000m³/d，地下水水位年变幅 0.5～1.5m。

5. 地基岩土的物理力学性质及评价

1）不良地质作用。据区域地质资料及勘察结果，场地内部及外围附近无第四系活动断裂，勘察区内未见黄土溶洞、滑坡、崩塌、地面塌陷、不稳定斜坡及地裂缝等不良地质现象。

2）场地土的腐蚀性评价。勘察中在本场地采取土样 3 件进行易溶盐分析，其主要离子含量如下：SO_4^{2-} 为 256.20～375.20mg/kg；Cl^- 为 332.50～356.20mg/kg；HCO_3^- 为 412.30～475.60mg/kg，Mg^{2+} 为 54.20～67.20mg/kg，矿化度 1192～14624mg/kg，pH 值为 8.23～8.42，含水率为 0.8%～4.0%。根据《岩土工程勘察规范》GB 50021—2001（2009 版），在环境类型为Ⅲ类地下水以上的强透水土层中，场地土对混凝土结构具有微腐蚀性，对钢筋混凝土结构中的钢筋具有微腐蚀性。

3）地基土湿陷性评价。勘察未见湿陷性黄土，因此可不考虑场地土的湿陷性。

4）地基土的综合分析与评价。根据勘探钻孔揭露结合地区经验，综合评价该建筑场地：①层杂填土：埋藏浅，堆填时间短，属于欠固结土，力学性质较差，厚度变化较大，不可做拟建建筑物基础持力层；②层卵石：分布连续，层位稳定，厚度较大，工程力学性能好，承载力较高，是拟建建筑物良好的浅基础持力层。

三、基坑围护方案

1. 支护方案选择

该基坑总体来说建筑环境复杂，基坑南侧存在既有建筑物，且施工时欲在建筑物和基坑之间堆放施工材料等，放坡空间较小，东侧紧邻用地红线，且基坑场地和农田有 2m 的高差，基坑西侧有两栋住宅楼且住宅楼和基坑之间有一条 4m 宽的道路，该道路为张电嘉苑院内基坑场地的主要通道，施工时若往施工车辆需从该条道路通过。基坑在开挖支护过程中不允许有较大变形，其变形应在可控范围内，考虑到基坑深度大，复合土钉墙[1]对基坑变形控制作用明显，因此，此三侧均采用复合土钉墙进行支护。基坑北侧场地较空旷，具有一定的放坡尺寸，因此支护形式采用坡率法进行放坡并喷锚支护。

2. 设计依据和设计参数

依据文献［1］和《张电嘉苑公寓楼岩土工程勘察报告》和《湿陷性黄土地区建筑基坑工程安全技术规程》JGJ 167—2009[2]，该基坑工程的安全等级定为二级。

整个基坑开挖深度为 10.9m（局部 10.2m），在基坑开挖深度范围内主要土层有：①层杂填土和②层卵石，局部有薄细砂层，土层分布均匀，依据《张电嘉苑公寓楼岩土工程勘察报告》和张掖地区的土质特点并结合以往工程经验，确定土体参数选取见表 1。

场地土层主要力学参数					表1
地层名称	f_{ak} (kPa)	E_0 (E_s) (MPa)	γ (kN/m³)	c (kPa)	φ (°)
①层杂填土	30	4	15	5	12
②层卵石	550	40	20	0	40

3. 支护设计

典型支护剖面：

基坑 2-2 剖面南侧部分要预留出堆放材料空间，因此采用 1：0.2 的坡度，共设置三道预应力锚杆和四道土钉，且预应力锚杆设置在基坑中上部时对基坑的变形控制较好[3]，能够较充分发挥预应力锚杆的作用，因此将预应力锚杆布置在第一道、第二道和第四道位置，其余位置布置花钢管土钉，如图 4 所示。

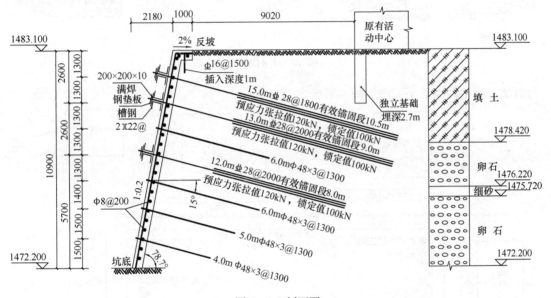

图 4　2-2 剖面图

基坑 6-6 剖面深 10.9m，距基坑西侧道路较近，因此采用 1：0.14 的坡度，共设置三道预应力锚杆和四道钢筋土钉及花钢管土钉，因该侧放坡较陡，因此基坑倾覆的潜在危险较大，故将预应力锚杆分散布置，因该侧顶部为素填土，下部为卵石层，故将钢筋土钉布置在基坑上部，将花钢管土钉布置在基坑下部，如图 5 所示。

四、基坑降水、排水设计

拟建场地地下水为孔隙潜水类型，卵石层为主要含水层，该层最大勘察层厚为 17.1m（未揭穿），取卵石层厚度为 30m，采用管井降水，本基坑水位降低至地下 -12.5m，需管井降水井 22 口，降水井深度确定为 20.0m，管径为 350mm。

基坑场地内富含的地下水量较大且地下水位埋置较浅，基坑东侧为农田，基坑西侧为现有道路，基坑南侧为施工材料堆放地，此三次在基坑顶部外围均没有布置降水井的空间，因此将该基坑的降水井布置在基坑内侧，降水井待施工到主体重度满足抗浮要求时进

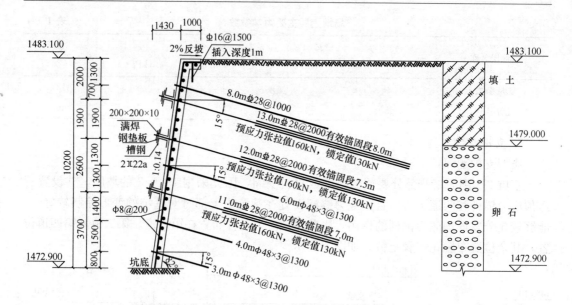

图5 6-6剖面图

行封堵。降水井布置平面图如图6所示。

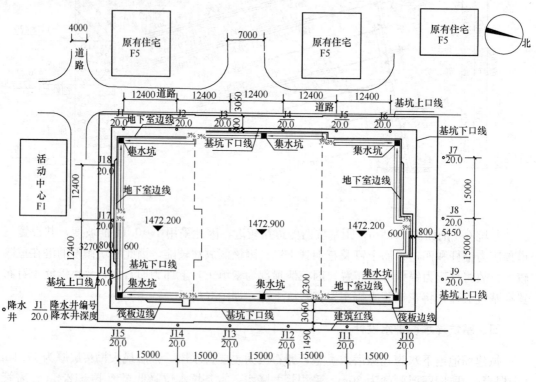

图6 基坑降水井平面布置图

对于地表明水、施工用水采用明沟排水＋集水坑相结合的排水、止水处理措施，如下：

1. 坑内明排降水

采用明沟集水排水法。基坑开挖后，根据坑内积水情况，在基坑坑底四周设置 500mm（长）×500mm（宽）×800mm（深）大小集水坑，一般间距 30～50m，采用砖砌、M10 水泥砂浆抹面。同时，顺基坑坡底四周设置 300mm（宽）×300mm（深）大小排水明沟，具体做法见施工图，沟底坡度取 3‰；沟内充填 30～50mm 干净卵石形成盲沟，将基坑渗水引入集水坑内，由集水坑抽至沉砂池排出。

2. 基坑顶部防水、排水

基坑顶部设置截水沟，300mm（宽）×300mm（深）、砖砌、M10 水泥砂浆抹面；坡面以上区域地表水经截水沟疏排，具体排水方向和排水坡度视现场实际情况而定，防止地表水渗入基坑边坡土体而影响其稳定性。沿基坑坡顶周边设置排水管，合理位置设置三级沉砂池，抽水采用潜水泵，通过排水管使地下水进入沉砂池，经三级过滤沉淀后排入市政管网，以保证基坑工作面内无水作业。

五、基坑监测情况

在施工过程中，依照中国家标准《建筑基坑工程监测技术规范》GB 50497—2009[4] 进行了较为细致的观测，基坑监测平面布置图如图 7 所示，具体观测结果如下：

1）基坑南侧 2-2 剖面支护段：在第一二工况时并未观测到基坑坑顶有位移产生，但是随着开挖深度的增加，基坑南侧距基坑 3m 的距离产生一条裂缝，裂缝仅在基坑中部混凝土墩周边 5m 范围内，裂缝宽度约在 2～3mm 之间，在随后的持续观测中，直至基坑开挖至坑底，硬化地面的水平裂缝并无明显增大的现象；

2）基坑西侧 6-6 剖面支护段：该段为本次基坑支护中最陡最深的地段，该支护段邻近道路，距住宅楼较近，是重点进行监测的地段。在基坑开挖支护过程中，紧邻坑边 2m 的位置产生了竖向的沉降裂缝与水平的剪切裂缝，裂缝宽度在 3mm 左右，中部裂缝宽度较大，道路靠基坑一侧有 2mm 左右沉降，但在后期的持续观察中，道路沉降无明显增大现象；

3）根据施工过程中反馈的情况，基坑其余位置没有出现明显的裂缝和沉降。

经后期分析，竖向沉降裂缝我们认为是降水井在降水的过程中引起的局部不均匀沉降所引起的，基坑南侧水平裂缝出现在现有混凝土墩接触面，而基坑西侧的中部正好处于基坑的中部且深度较大，一般来说基坑的最大位移一般发生在基坑中部。我们认为观测结果是可靠的，同时这也进一步说明了基坑的时空效应[5]。

六、点评

1. 从基坑监测的结果来看，采用复合土钉进行基坑支护能够起到很好的控制基坑变形的作用，和桩锚支护结构相比，对于有适当放坡空间的深基坑，采用该种支护形式进行基坑支护在取得良好的控制基坑边形的同时，也能节约施工工期，减小造价；

2. 管井降水具有工艺简单，成本低，降水速度快，阻水效果好等优点，本基坑采用管井降水方案有效提高了基坑稳定性、改善了基坑土体的力学性质以及有效控制泥沙、管涌和鼓底现象的发生；

3. 从现场施工人员反馈的基坑降水情况来看，将降水井布置在基坑内侧能够有效的起到控制地下水位的作用。但在进行降水井封堵时，应充分考虑主体结构的抗浮能力，不

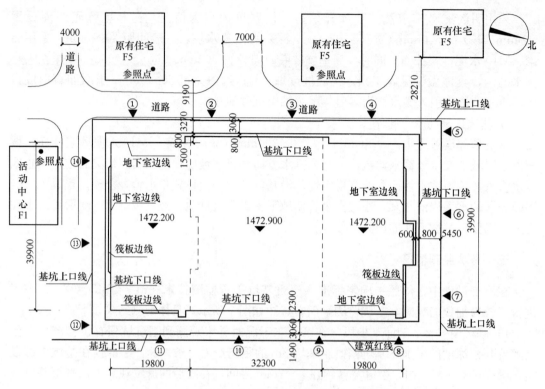

图 7　监测点平面布置图

能过早的对降水井进行封堵；

4. 基坑工程具有很明显的地域性，即使坑深、周边建筑环境等条件都相同的两个基坑，但可能因为地处南方和地处北方地质地层的差异而选择截然不同的两种支护形式，因此基坑设计一定要按具体问题具体分析，切不可生搬硬套。

参 考 文 献

［1］　中华人民共和国住房和城乡建设部．JGJ 120—2012 建筑基坑支护技术规程［S］．北京：中国建筑工业出版社，2012.

［2］　中华人民共和国住房和城乡建设部．JGJ 167—2009 湿陷性黄土地区建筑基坑工程安全技术规程［S］．北京：中国建筑工业出版社，2009.

［3］　周勇，张磊．深基坑土钉加预应力锚杆支护结构设计参数的灵敏度分析［J］．岩土工程学报，2014，36（增 2）：106-112.

［4］　中华人民共和国住房和城乡建设部．GB 50497—2009 建筑基坑工程监测技术规范［S］．北京：中国计划出版社，2009.

［5］　何煜，王渊辉，王磊．管井降水在城市基础工程建设中的应用探讨［J］．平顶山工学院学报，2005，14（2）：10-12.

五、联合支护

北京顺义区某基坑支护工程

李凌峰　马永琪　吕　岱

（中航勘察设计研究院有限公司，北京　100098）

一、工程简介

1. 基坑及周边环境

基坑工程位于北京市顺义区火沙路北侧。基坑深度约 5.9～12.9m，基坑各区域深度及与周边环境关系如下图 1。

结合周边场地环境及建设方要求，该基坑支护工程需满足条件如下：

1）基坑西侧紧邻施工主干道，需对此区域基坑支护进行加强处理。

2）G1♯楼、G2♯楼、G4♯楼需先行施工，地下车库与 G1♯楼、G4♯楼相邻区域基坑支护需满足 G1♯楼（6 层）封顶、G4♯楼施工至结构 7 层的要求。

2. 场地水文和地质条件

待建场地地层参数见表 1。

场地土层参数表 表1

地层编号	岩性名称	土层厚度/m	密度（g/cm³）	c/kPa	ϕ/°
①	杂填土	0.4～4.8	1.8	0	10
①₋₁	粘质粉土素填土		1.95	10	12
②	粉质黏土	0.7～8.6	1.98	21.7	33.4
②₋₁	黏土		1.86	42.1	8.4
②₋₂	粉质黏土		1.95	29.8	15
③	黏土	1.3～14.9	1.85	43.2	8.1
③₋₁	粘质粉土		2.00	22.7	33.5
③₋₂	粉质黏土		2.00	40.2	18.4
③₋₃	粉砂		1.90	0	20
③₋₄	重粉质黏土		1.95	45	12.6
④	细砂	11.57～15.5	2.00	0	25

典型地质剖面如图 2。

场地含两层地下水，其中第一层地下水类型为潜水，主要含水层为中砂④层，稳定水

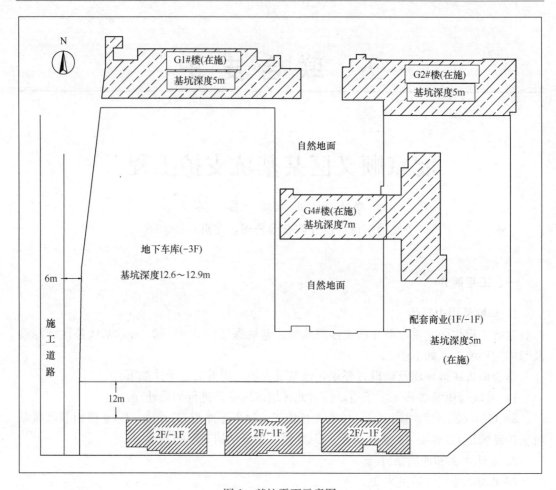

图 1　基坑平面示意图

位深度 13.6～15.6m；第二层地下水类型为层间水，主要含水层为中砂⑥层，稳定水位深度为 22.8～23.8m。基坑底在地下水位以上，不需要进行降水。

二、基坑支护设计

本工程采用的支护形式有五种，一、护坡桩＋锚杆（1-1 剖面、2-2 剖面）；二、土钉墙（4-4 剖面）；三、微型桩复合土钉墙（3-3 剖面）。各支护型式具体区域如图 3。

下面对基坑中具有代表性区域进行详细说明。

1. 地下车库基坑西侧（4-4 剖面）

基坑深度为 12.6～12.9m，采用复合土钉墙＋暗柱支护。基坑土体按 1：0.4 放坡。采用 6 道土钉＋2 道锚杆，土钉墙面层间距 1.5m 设置暗柱，并需保证暗柱钢筋笼插入槽底土体不小于 500mm。支护具体参数及暗柱配筋见图 4。

2. 地下车库基坑北侧（1-1 剖面）

此区域基坑长 60m，深 6.65m，由于 G1#楼先行施工，支护需满足承受六层楼荷载要求。G1#楼为天然地基，楼座结构距离车库结构 3m。考虑场地限制及荷载要求，采用护坡桩＋1 道锚杆支护型式，锚杆布置为三桩两锚。支护剖面如图 5，护坡桩及锚杆参数

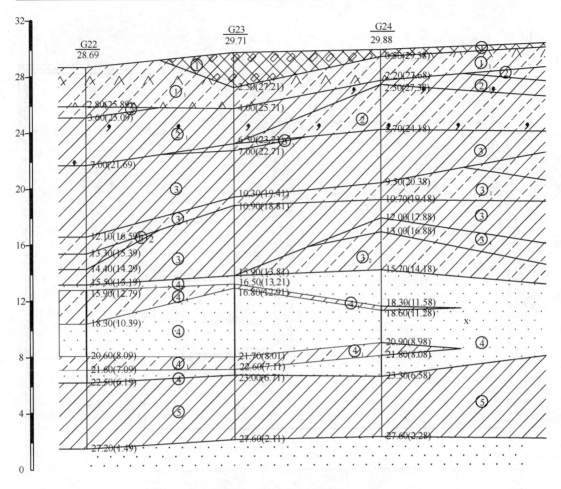

图 2 典型地质剖面图

见表2。

护坡桩及锚杆参数表　　　　　　　　　　　　　　　　表2

护坡桩参数表

桩顶标高	桩　径	桩　长	桩间距	桩嵌固深度	桩混凝土等级
24.24m	800mm	12.0m	1.6m	5.35m	C25
钢筋笼长	桩主筋	箍筋	加强箍筋	混凝土保护层	数量
12.0m	17C20	6.5@200	C14@2000	50mm	40
冠梁高度	冠梁宽度	冠梁主筋	冠梁箍筋	冠梁混凝土等级	冠梁混凝土保护层
600mm	900mm	8C20	6.5@200	C25	30mm

锚杆参数表

锚杆位置	杆体	自由段长度	锚固段长度	拉力设计值	拉力锁定值	工字钢腰梁
−2.5m	3d15.2	6.0m	16.0m	420kN	330kN	两根25♯b
锚具	承压板（普通热轧碳素钢板）		水泥浆（P.O 42.5水泥）			钢绞线
YM15-2	280mm×250mm×20mm		水灰比0.5～0.55			低松弛型

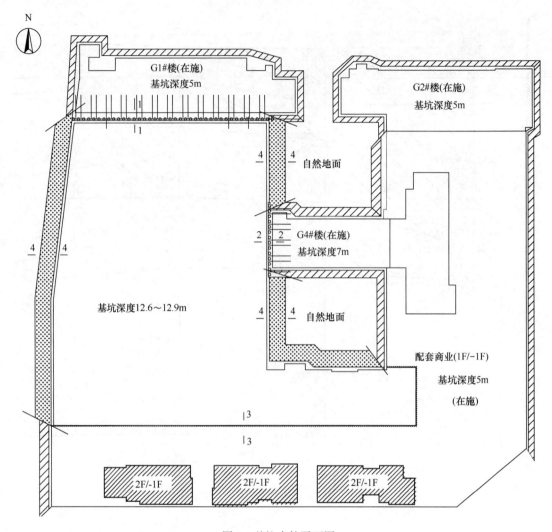

图 3　基坑支护平面图

3. 地下车库基坑东侧与 G4♯楼相邻处（2-2 剖面）

基坑长度 20m，深度 6m，G4♯楼结构与地库结构距离 1.4m。G4♯楼主体结构与地下车库基坑开挖同时施工。地下车库基坑回填前，此区域支护需能满足 G4♯楼结构施工至 7 层。G4♯楼为筏板基础，并采用 CFG 桩进行地基处理。采用护坡桩＋1 道锚杆支护型式，锚杆按三桩两锚布置。支护剖面如图 6，护坡桩及锚杆具体参数见表 3。

护坡桩参数表　　　　　　　　　　　　　　　表 3

桩顶标高	桩径	桩长	桩间距	桩嵌固深度	桩混凝土等级
23.49m	800mm	9.0m	1.6m	3.1m	C25
钢筋笼长	桩主筋	箍筋	加强箍筋	混凝土保护层	数量
9.0m	15C20	6.5@200	C14@2000	50mm	14
冠梁高度	冠梁宽度	冠梁主筋	冠梁箍筋	冠梁混凝土等级	冠梁混凝土保护层
600mm	900mm	8C20	6.5@200	C25	30mm

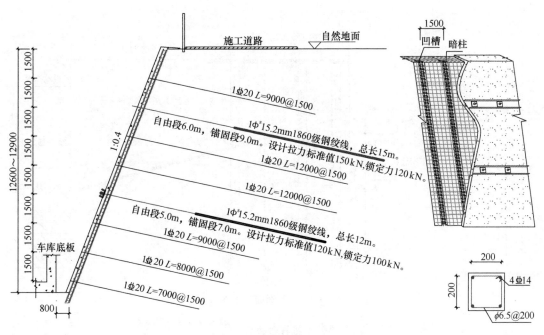

图4 4-4剖面支护图

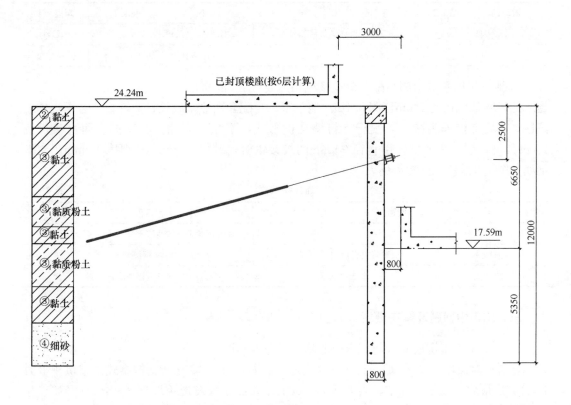

图5 1-1剖面支护图

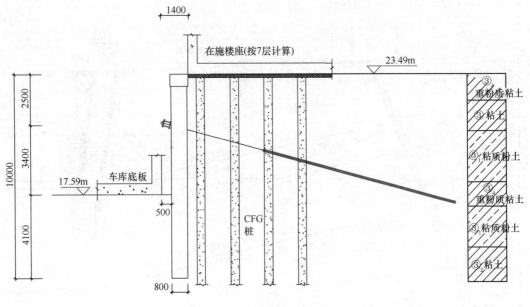

图6　2-2剖面支护图

锚杆参数表

锚杆位置	杆体	自由段长度	锚固段长度	拉力设计值	拉力锁定值	工字钢腰梁
−2.5m	3d15.2	6.0m	16.0m	380kN	300kN	两根25b
锚具		承压板（普通热轧碳素钢板）		水泥浆（P.O 42.5水泥）		钢绞线
YM15-2		280mm×250mm×20mm		水灰比 0.5～0.55		低松弛型

4. 地下车库基坑南侧与配套商业基坑相邻处（3-3剖面）

此区域基坑长度140m，深8.1m。地下车库与配套商业基础设计为降板。考虑支护经济性，基坑支护采用微型桩复合土钉墙支护形式，不预留肥槽。在支护表面直接设置15cm厚度垫层。微型桩采用直径90mm的焊接钢管，壁厚3.2mm，间距600mm。支护剖面如图7，锚杆具体参数见表4。

锚杆参数表　　　　　　　　　　　　　　　　　　　表4

锚杆位置	杆体	水平间距	自由段长度	锚固段长度	拉力设计值	拉力锁定值	腰　梁
−3.0m	1d15.2	1.5	5.0m	7.0m	120kN	90kN	一根18b 槽钢
锚具		水泥浆（P.O 42.5水泥）			钢绞线		
YM15-2		水灰比 0.5			1860级低松弛型钢绞线		

三、施工中问题及解决措施

1. 地下车库基坑南侧（与配套商业基坑相邻处）西段变形

基坑相对深度8.1m，原设计采用微型桩＋锚杆＋土钉墙复合支护型式。基坑于3月14日完成最后一步土方开挖，当天下午7点工作人员巡视发现距坡顶2～3m处开始产生微小裂缝，截止至第二天上午7点裂缝宽度发展至20～60mm，贯通长度约30m。

原因分析：

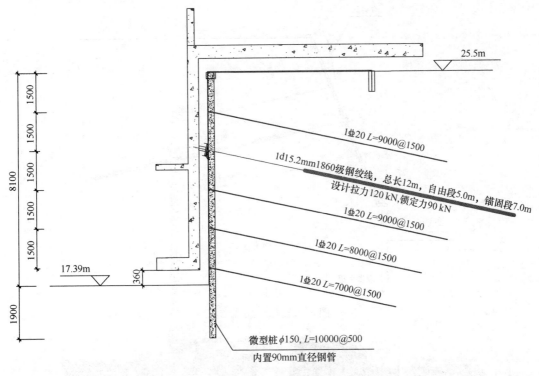

图 7　3-3剖面支护图

1）土方开挖野蛮施工，第 3 道土钉刚完成，注浆体强度还没有达到设计强度，土方即一步开挖到槽底，超过 3.0m，是正常要求的两倍深度，造成第 4 道土钉需要搭设平台才能施工；

2）边坡土层含水量过高，呈软塑状态，自稳能力差，开挖后未能及时进行支护；

3）边坡上半部支护施工时，曾出现土层塌落、松动；

4）坡顶未进行硬化处理，坡顶积水下渗。

处理措施：

1）马上对坡脚进行填土反压，阻止边坡变形继续发展；

2）加强坡顶变形监测；

3）对已形成滑塌体区域按实际滑裂面的坡度修整边坡，采取土钉墙支护，下部稳定部分仍采用微型桩＋土钉墙支护不变。

具体处理方案如图 8。

经后期变形监测表明，边坡达到稳定状态。

2．地下车库基坑南侧（与配套商业基坑相邻处）东段变形

在西段变形开裂时，此段没有明显位移和裂缝，仅增加地表锚拉筋作为预防措施，背筋长 6m，采用 2 根直径 14mm 钢筋，一端与微型桩钢管相连，另一端与钢管锚相连，钢管锚嵌入地下 1.5m。但在 2 个月后此段地表同样发生了开裂，裂缝宽度小于 5mm。

原因分析：

1）总包单位在坡顶堆放钢筋、模板产生附加荷载；

2）坡顶未进行硬化处理，坡顶积水下渗；

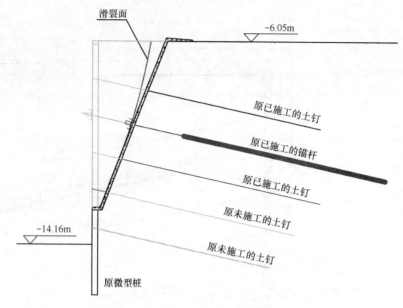

图 8　裂缝处理示意图

图 9　现场处理图

3) 钢管锚没有起到作用。

处理措施：

1) 马上清除坡顶堆载物；

2) 加强坡顶变形监测；

3) 锚拉筋延长到配套商业筏板基础，并与筏板预留钢筋连接；

4) 硬化坡顶，做好排水措施。

处理后坡顶未再产生裂缝，坡顶位移保持在允许范围内，边坡保持稳定，并经历了雨季的考验，处理措施达到了设计预期效果。

3. G4#楼西侧护坡桩加固处理

G4#楼与车库搭接部分存在降板，高度为 5.9m，G4#楼结构距车库结构约 1.4m，原设计时甲方要求确保 G4#楼施工到地上 5 层，支护结构采用了桩锚支护；

图10　现场处理图

当车库基坑开挖到槽底后，甲方要求保证 G4♯楼施工封顶（地上 7 层）。原设计方案已不能保证边坡安全，需要进行加固。

加固措施：

考虑到 G4 楼已采用了 CFG 桩复合地基，再补加锚杆的加固效果并不明显，且施工难度很大，因此借用 G4 的筏板作为固定体，采用锚拉措施，将桩顶冠梁与筏板相连，锚拉钢筋水平间距 1.5m，钢筋两端分别固定于护坡桩冠梁和 G4♯楼底板中，固定采用化学植筋方法。具体处理见图 11。

G4♯楼加盖过程中，对护坡桩顶进行监测及日常巡视，未发现异常，基坑保持稳定。

四、基坑变形监测

本基坑共设置坡顶（桩顶）水平位移、坡顶（桩顶）竖向沉降监测点共 44 个。其中 37♯、38♯、42♯、43♯、44♯监测点分别增设锚杆拉力监测及深层水平位移监测项，监测点具体位置如图 12。

1. 地下车库基坑西侧（临近施工道路处）变形监测

基坑深度 12.6～12.9m，采用复合土钉墙＋暗柱支护型式。长度约 120m，共设置 4 个监测点（20、21、22、23）。基坑于 2015 年 12 月 30 日开始进行开挖，开挖及相应土钉、锚杆施工分 8 步进行，于 2016 年 4 月 30 日开挖至槽底。基坑开挖伊始即对边坡进行水平位移及沉降监测，监测结果见图 13、图 14。基坑开挖过程中基坑坡顶水平位移及沉降随开挖深度增加而逐渐增大，开挖至基槽底后，基坑逐渐趋于稳定，水平位移最大值为 13.31mm，沉降最大值为 11.05mm，分别小于设计预警值 25mm 和 30mm。

综合以上监测数据，可以判断暗柱＋复合土钉墙支护结构稳定，满足临近道路安全使用要求，达到预期设计。暗柱的设置大大增加了护坡面层的刚度，增加了边坡的稳定性，并减少了支护的成本。

2. 地下车库护坡桩变形监测

地下车库护坡桩分为与 G1♯楼相邻处、与 G4♯楼相邻处两区域，基坑深度分别为 6.65m、5.9m，各设置一道锚杆。其中与 G1♯楼相邻护坡桩桩顶设置 3 个水平位移和沉降监测点（42、43、44），与 G4♯楼相邻护坡桩桩顶设置 2 个水平位移和沉降监测点（37、38）。基坑于 4 月 13 至 5 月 20 日完成第一步土方开挖，5 月 30 日至 6 月 10 日进行

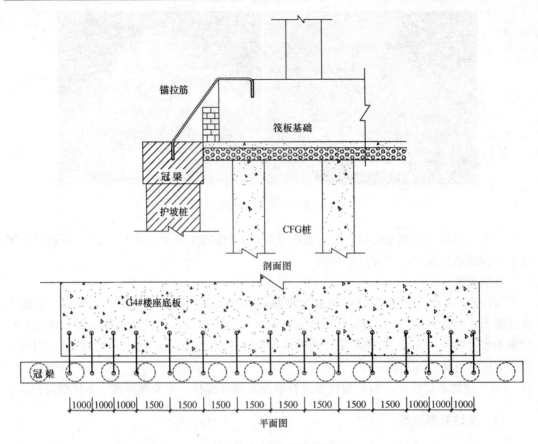

图 11　加固处理示意图

第一步锚杆施工，之后进行第二步土方开挖，并于 6 月 20 日开挖至槽底，7 月 1 日基坑顶建筑结构（G1♯楼、G4♯楼）完成预期施工，期间监测结果见图 15、图 16。

根据以上曲线图分析，基坑水平位移及沉降随基坑的第一步土方开挖而逐渐增加。在锚杆施加预应力后，水平位移及沉降都有所回弹。而后由于土方继续开挖以及受坡顶结构荷载逐渐增加影响，水平位移及沉降继续增大。基坑开挖至基底后增加幅度逐渐变小，并在结构荷载稳定后，水平位移及沉降趋于稳定。其中与 G1♯楼相邻护坡桩水平位移和沉降最大值分别为 2.96mm、1.44mm，远小于设计预警值 20mm、20mm。与 G4♯楼相邻护坡桩水平位移和沉降最大值分别为 6.34mm、0.25mm，小于设计预警值 20mm、20mm。

综合以上监测数据，证明桩锚支护结构稳定，并可保证临近边坡一定高度建筑物的安全，达到了预期设计要求。

五、点评

1. 锚拉结构可有效的防止坡顶位移，提高边坡稳定性。当采用锚拉结构时，锚固端宜固定在刚性较大结构上。

2. 复合土钉墙中增加暗柱支护方式，大大的提高了坡面的刚度及整体性，对基坑边坡的安全性有明显作用，并且降低了支护成本。较深基坑在放坡空间允许情况下，应首先

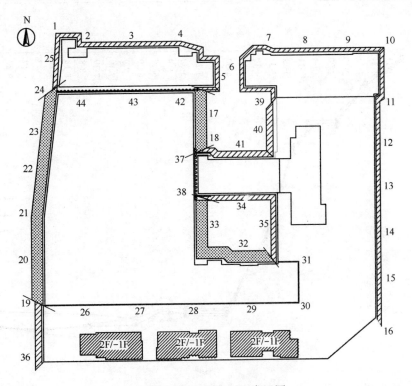

图 12　基坑监测点平面布置图

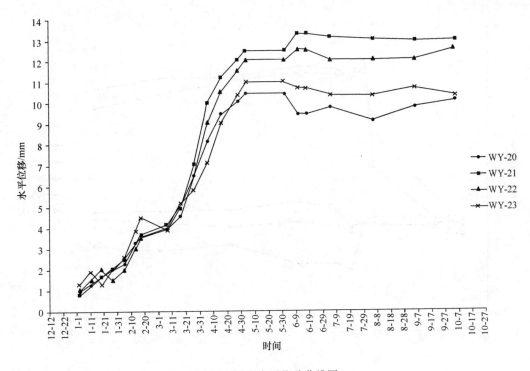

图 13　坡顶水平位移曲线图

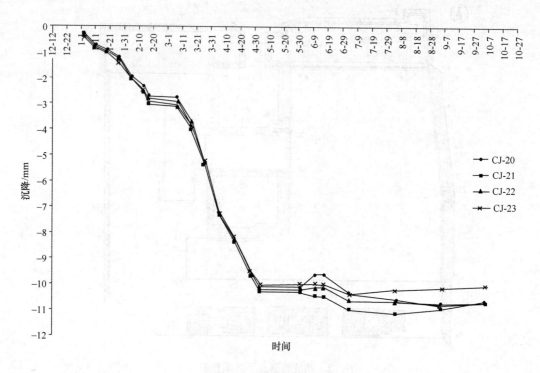

图 14　坡顶沉降曲线图

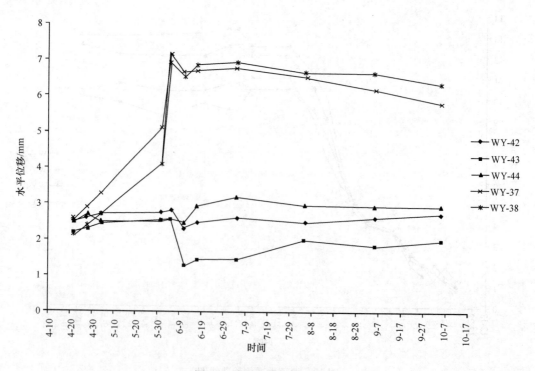

图 15　坡顶水平位移曲线图

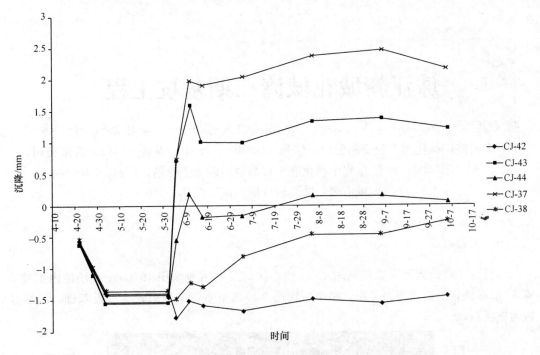

图 16　坡顶沉降曲线图

考虑应用暗柱支护方式。

　　3. 地下土层性质差异性较大，在土方开挖过程中，如遇与勘察报告不符且不利于支护土层，如涉及区域较小应及时支护，如区域较大应及时与设计人员沟通，采取针对性措施。

　　4. 土方开挖时应严格控制每步开挖深度，严禁超挖现象发生。

参 考 文 献

［1］ 李俊才，岳颖峰，茅奇辉等 . 软土基坑支护中的锚拉桩结构设计［J］. 岩土力学，2008，29(9)：2551-2555.

［2］ 龚晓南 . 深基坑工程设计施工手册 . 北京：中国建筑工业出版社，1998.

［3］ 余志成，施文华 . 深基坑支护设计与施工 . 北京：中国建筑工业出版社，1997.

珠江新城花城湾二期基坑工程

张文超[1,3]　蔡　辉[2]　薛　炜[1,3]　古伟斌[1,3]　彭卫平[4]　李振浩[2]　于　方[1,3]
(1. 中科院广州化灌工程有限公司，广州　510650；2. 中海发展（广州）有限公司，
广州　510600；3. 广东省中科化灌工程与材料院士工作站，广州　510650；
4. 广州市城市规划勘测设计研究院，广州　510060)

一、工程概况

项目位于广州天河区珠江新城 CBD 核心区，二期用地面积 16700m²，场地内拟建 5 栋 32 层塔楼，沿地块周边分布，整个地块设 3 层地下室。基础形式为筏板基础，局部区域为桩筏基础。

图1　基坑所处场地全貌（卫星图）

整个基坑开挖面积约 15000m²，开挖边线周长约 530m。相对标高±0.000 相当于广州城建高程＋8.500m，场地内及北、东、南三侧地面相对标高−1.000～＋0.100m，平均标高−0.550m，西侧与本项目一期（已建两层地下室）毗邻。二期地下室结构筏板面相对标高−13.400m，底板厚 650mm，垫层厚 100mm，基坑大开挖深度平均约 13.55m，西侧已建一期项目地下室底板垫层底标高−11.800m，基坑开挖深度约 2.35m。坑内电梯井、集水井等坑中坑距离基坑边较远，对基坑支护计算深度没有影响。

二、周边环境概况

（1）基坑东侧环境

360

场地东邻猎德大道下穿花城大道隧道，在猎德大道与本项目之间有一拟建地下人行隧道，本项目地下室边线与拟建隧道边线仅相距几十 cm，拟建隧道在本项目开工前已施工完成一侧的部分支护桩（φ1000@1100）。本项目地下室距离猎德大道隧道最近距离约20m，距离猎德大道辅道的人行道约12m。

猎德大道辅道下具有南北走向的电力、通信、污水管、雨水管等管线设施，距离地下室边线最近的管线约13m。

（2）基坑南侧环境

场地南侧为废弃的市政道路兴民路，兴民路南侧为猎德西区综合发展项目在建基坑，两个项目地下室距离约30m。兴民路所有管线在基坑施工前全部迁移或者架空。

（3）基坑西侧环境

场地西侧为本项目已完工且投入使用的一期工程，一期共6栋塔楼，2层地下室。二期工程完成后，负一层、负二层地下室与一期地下室连通。

（4）基坑北侧环境

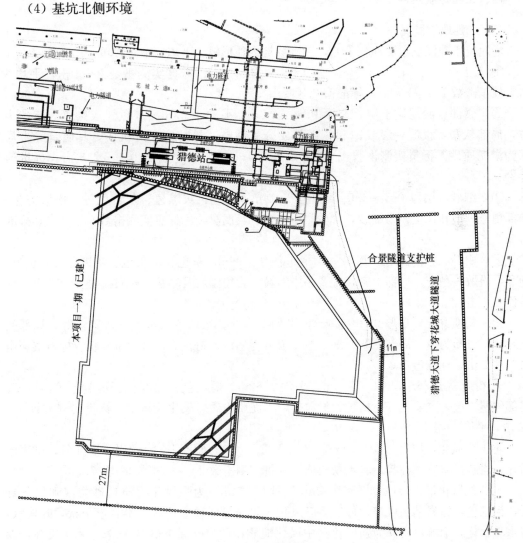

图2　基坑周边环境

场地北侧为花城大道，地下室距离人行道最近处约5m。花城大道路面下为已建成通车的地铁五号线猎德站，猎德站原基坑支护桩与本项目地下室结构距离最近处仅1.7m，猎德站基础板面标高－17.457，低于本项目基坑设计标高3.307m。

场地东北处为地铁站的风亭，风亭支护桩紧贴本项目地下室边线。

三、工程特点

1. 基坑开挖面积大、深度大，属于深大基坑。

2. 基坑北侧地下室结构紧邻地铁车站及地铁车站的风亭结构，原地铁支护桩与地下室最近处仅1.7m，风亭原支护桩紧贴本项目地下室；基坑东侧临近猎德大道隧道，且周边存在各种管线，基坑周边环境条件复杂，对环境保护要求很高。

3. 基坑南侧与另一项目在建基坑均采用桩锚支护的方式，锚索施工定位难度高。

四、工程地质条件

（1）工程地质概况

场地位于珠江三角洲冲积平原，勘察场地内地形较为平坦，地貌较单一。

① 人工填土层，层厚1.70～4.40m，平均3.19m；标贯实测击数2～4击，平均3击，校正击数1.9～3.8击，标准值2.3击。

②-1 淤泥、淤泥质土层，层厚0.6～3.3m，平均1.33m。灰色、灰黑色，流塑为主，局部软塑，很湿～湿或饱和，主要成分为粘粒、粉粒，含有机质，具腐臭味，局部为淤泥质砂。标贯实测击数1～3击，平均1.6击，校正击数0.9～2.8击，标准值1.2击。

②-2 细砂，层厚0.5～4.5m，平均2.14m。灰色、灰黑色、灰黄色等，松散为主，局部稍密，饱和，主要为细砂，含少量中粗砂，具腐臭味。标贯实测击数5～12击，标准值5.2击。

②-3 中砂、粗砂，层厚0.5～6.1m，平均2.99m。灰色、深灰色、灰黑色、灰黄色，饱和，松散～稍密，局部中密，主要为中粗粒，含粉细粒及粘粒。标贯实测4～16击，标准值5.1击。

②-4 粉质黏土，层厚0.3～5.0m，平均2.39m。灰白色、黄色、灰黄色等，局部间夹红色，可塑为主，局部硬塑，湿，主要成分为粘粒、粉粒等，含少量砂粒。标贯实测击数5～22击，标准值7.3击。

③ 粉质黏土，层厚0.5～3.5m，平均1.62m。褐红色、棕红色、褐黄色等，可塑，局部硬塑，湿，主要成分为粘粒、粉粒等，为泥质粉砂岩风化残积土。标贯实测击数5～22击，平均14击。

④-1 全风化，层厚0.5～0.8m，平均0.6m。为全风化泥质粉砂岩，褐红色，母岩已风化，岩芯呈坚硬土柱状，遇水易软化。标贯实测击数30～45击，平均37.7击。

④-2 强风化带，层厚0.7～10.3m，平均4.24m。为强风化泥质粉砂岩或强风化砾岩，褐红色，原岩结构可辨，母岩多已风化，岩芯呈坚硬土柱状，半岩半土状，碎块状，遇水易软化，崩解，局部为强风化夹中风化泥质粉砂岩。标贯试验13次，4次反弹，参加统计9次，实测击数51～150击，平均63.2击，标准值34.6击。

④-3 中风化带，层厚 0.8～14.8m，平均 5.57m。为中风化泥质粉砂岩或中风化砾岩，局部为中风化夹强风化泥质粉砂岩或中、微风化泥质粉砂岩互层。

中风化泥质粉砂岩：褐红色，岩质较硬，岩芯呈柱状，块状，碎块状。

中风化砾岩：褐红色，间夹灰绿色，岩质较硬，岩芯呈柱状，块状、碎块状。

④-4 微风化带，厚度 7.2～25.08m，平均 16.77m。为微风化泥质粉砂岩或微风化砾岩，局部为微风化泥质粉砂岩与微风化砾岩互层。

微风化泥质粉砂岩：褐红色，岩质硬，微粒结构，层状构造，岩芯呈长柱状，短柱状，少量呈块状。

微风化砾岩：褐红色，夹灰绿色，岩质硬，岩芯呈长柱状，短柱状，少量呈块状。

（2）水文地质概况

场地地下水主要为孔隙潜水，中砂、粗砂为主要含水层，赋水性中等，主要靠大气降水及珠江侧向补给，排泄条件主要靠大气蒸发。

场地基岩裂隙水主要为风化岩裂隙水，属于承压水，承压水头不明，裂隙水受第四系孔隙水垂直补给和河水侧向补给。

勘察期间测得地下水位埋深 1.5～5m，平均 4.13m，标高 3.370～6.840m，平均 4.1m，由于勘察工期短，不能测出地下水位的变化幅度和最高水位。

（3）基坑支护设计参数取值

基坑支护设计参数取值　　　　　　　　　　　　　　　表 1

岩土层名称	状态	重度（kN/m³）	粘聚力（kPa）	内摩擦角（度）	岩土体与锚固体极限摩阻力标准值（kPa）
①人工填土	松散	18.0	10	12	15
②-1 淤泥、淤泥质土	流塑	17.0	6	7	12
②-2 细砂	松散	18.5	0	22	20
②-3 中砂、粗砂	松散	19.0	0	25	40
②-4 粉质黏土	可塑	18.5	22	18	40
③粉质黏土	硬塑	19.0	25	22	60
④-1 全风化岩	全风化	21.0	35	28	80
④-2 强风化岩	强风化	21.0	55	30	110
④-3 中风化岩	中风化	22.0	160	32	220
④-4 微风化岩	微风化	24.0	450	35	350

五、基坑支护设计方案

（1）基坑止水帷幕的设计

基坑周边环境复杂，基坑开挖范围内存在砂层、淤泥质土层，只能进行止水设计形成封闭的止水帷幕。根据广州地区经验，采用双排直径 550mm 搅拌桩比较经济合理。本基坑周边大部分区域均可进行搅拌桩的施工，在新旧结构交接处、没有搅拌桩施工空间处，采用直径600mm单管旋喷进行止水。

（2）基坑支护结构设计

本基坑重要性等级一级，按照临时支护设计，使用期限1年。根据临近地块的施工经验，本着技术可行、经济合理、施工方便的原则，结合基坑周边不同环境条件和要求，分别采取以下方案。

基坑东侧：本段基坑具有一定的施工空间，且拟建人行隧道已经施工的支护桩可在基坑开挖阶段起到一定的支护作用；地下室边线距离猎德大道人行道约12m；综合考虑采用放坡土钉墙的支护形式。

基坑南侧：本段基坑南侧与猎德西区综合发展项目在建基坑相隔30m。综合考虑南侧的环境、技术和经济合理，本段基坑采用支护桩＋三排预应力锚索的方案，第一排锚索一桩一锚，第二、三排锚索两桩一锚，基坑转角部位采用混凝土支撑。

基坑西侧：本段基坑为本项目一二期地下室交接处，由于一期为两层地下室，二期为三层地下室，一、二期地下室的负1层和负2层在二期完成后连通形成整体，该段基坑开挖深度实际仅2.35m，且基底位于中风化岩层，采用无支护垂直开挖的方案。

基坑北侧临近地铁猎德站处：本段基坑与地铁车站原支护桩距离在5m以内的转角处，新增一排灌注桩，采用水平支撑支护，支撑的一端设于一期楼板面；基坑与地铁车站原支护桩距离大于5m的，采用双排桩悬臂支护。本段基坑支护需防范地铁车站在基坑开挖期间，主体结构受不平衡土压力作用而发生变形的风险。

基坑北侧临近地铁风亭处：本段局部区域地下室侧墙紧贴风亭原支护桩，没有支护的施工空间，其余区域仅能勉强施工一条直径0.8～1.2m的灌注桩。采用连梁将风亭原支护桩相连，在基坑与风亭之间有施工空间的局部区域再增加灌注桩，形成双排桩结构。在

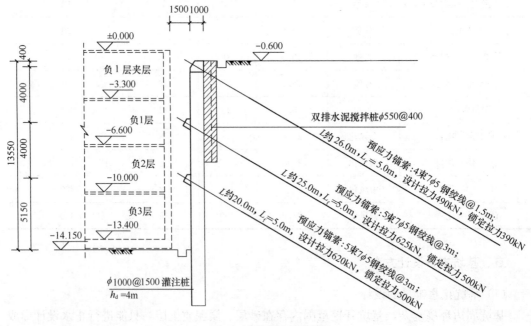

图3 桩锚支护剖面图

施工过程中,监测发现风亭结构变形速率增大。经分析,由于风亭原支护桩相对于本项目基坑为吊脚状态,桩底位于基坑开挖面以上,导致后排桩抗拔力不足,在后排桩桩身内钻孔后放入预应力锚索,采用锚索的预应力增加后排桩的抗拔承载力;被利用的前排桩吊脚的,也采用同样的方式,增加稳定性。

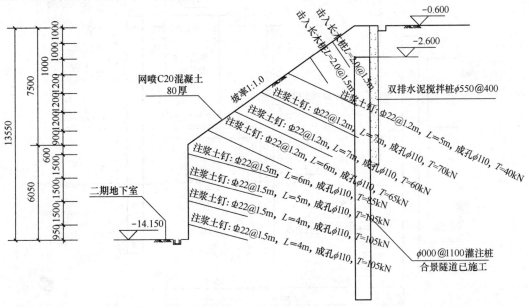

图4 复合土钉墙支护剖面图

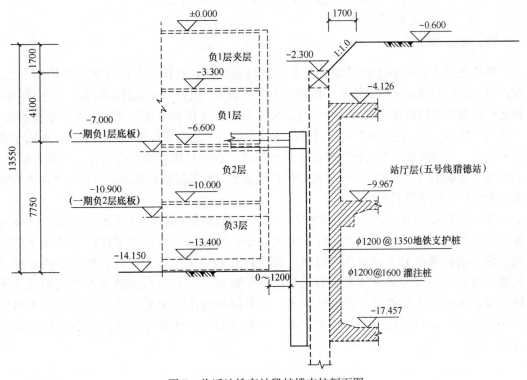

图5 临近地铁车站段桩撑支护剖面图

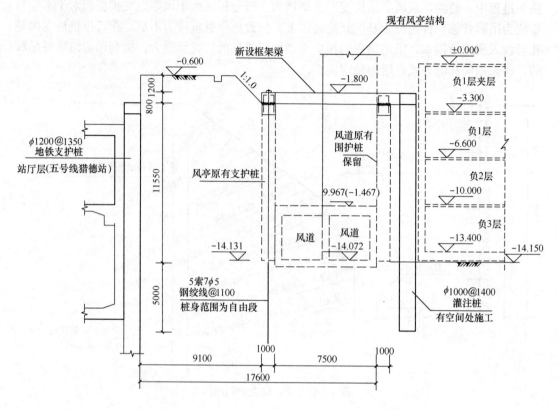

图 6　临近地铁风亭段利用原有结构支护剖面图

六、施工过程

基坑北侧临近风亭处利用原风亭支护桩形成双排桩结构,在该段基坑开挖约 4.5m 时,第三方监测发现风亭结构水平位移速率突然增大,连续三天超过报警值。由于风亭结构底标高高于本项目基坑开挖设计标高,风亭原支护桩相对本基坑开挖面处于吊脚状态,当基坑开挖至 4.5m 左右时,由于后排桩抗拉承载力不足,前排桩稳定性不足,故而变形速率突变。为解决风亭原支护桩桩长不足的问题,在前后排桩桩身内钻孔,并放入锚索,利用锚索施加预应力,对后排桩可提高抗拔承载力,对前排桩可增加稳定性。预应力锚索施工完成后,基坑顺利开挖。

基坑南侧临近废弃的兴民路支护段,由于南侧猎德西区综合发展项目基坑已经完成了锚索的施工,兴民路下方,锚索密集分布,与本基坑项目锚索存在交叉冲突的问题。施工前仔细研究了猎德西区综合发展项目北侧锚索的施工资料,将猎德西区综合发展项目已经完成的锚索按实际情况布置于平面图中,并适当调整本段基坑南侧锚索的角度,通过施工措施避开锚索的冲突。从实际的施工效果看,虽然两个基坑锚索的间距都很密,但通过施工时的精准定位,所有锚索均一次施工完成,没有出现交叉冲突的问题。

图 7　基坑工程即将完成时全景

七、基坑监测结果

基坑北侧临近地铁车站及地铁车站风亭处，基坑开挖对地铁结构有影响的区域由第三方监测。监测内容包括风亭结构、地铁原支护结构、地铁车站结构、地铁隧道管片的水平位移及沉降，其中风亭结构、地铁原支护结构上共布置 10 个测点，车站结构及区间隧道管片共布置 17 个监测断面。

地铁原支护结构累计最大水平位移为 B001 点 2.69mm，风亭结构在增加预应力锚索

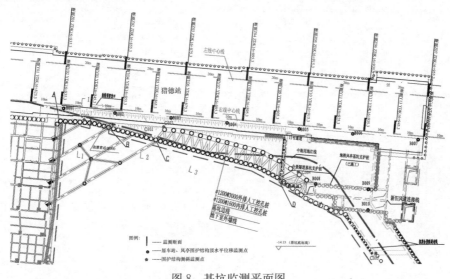

图 8　基坑监测平面图

后，累计最大水平位移为 B010 点 2.39mm，地铁车站及区间隧道累计最大沉降值 3.51mm，累计最大横向位移 3.45mm。在基坑施工过程中，临近地铁及附属设施均未出现显著变形或突变。

八、点评

城市地下空间的开发促使深基坑工程的规模和深度不断加大，同时，在建筑设施密集区域的深基坑工程也越来越多，如何在保护好基坑周边建筑设施的同时也能充分利用周边已有的设施为基坑支护服务，为基坑工程的研究提出了新的课题。

本案例的最大特点在于，基坑北侧临近地铁风亭处，在风亭原支护桩紧贴本项目地下室的情况下，充分利用已有的风亭支护桩和风亭结构，在风亭原支护桩吊脚的情况下，采取了桩内锚拉增加稳定性的方式，不仅未对原结构产生不利影响，而且取得了较好的经济效益。

本项目临近地铁及风亭处的施工过程，充分说明监测在基坑工程中的重要作用，监测数据的准确性和及时性对基坑工程信息化施工起到举足轻重的作用。

本基坑采用了桩锚、桩撑、复合土钉墙、双排桩、无支护垂直开挖等支护形式，针对基坑周边不同环境采取不同的支护形式，充分说明了基坑工程的灵活性。基坑南侧通过技术、经济、施工、工期等方面因素综合分析，采用桩锚支护的形式，通过施工措施解决了锚索交叉、冲突的问题，说明设计过程中充分考虑施工可行是至关重要的。

厦门天地阳光广场基坑工程

黄清和[1] 黄建南[2]

(1. 建材福州地质工程勘察院，福州 350001)

(2. 厦门市建设与管理局，厦门 361004)

一、工程简介及特点

厦门天地阳光广场位于厦门市台湾街东侧，江头小学西侧，明发豪庭北侧，在建的嘉英豪园大厦南侧。由主楼1、主楼2、裙楼及3层纯地下室组成，主楼1、主楼2及裙楼均设三层地下室并与纯地下室相连通，采用天然地基片筏基础，基坑开挖面积14000m²。场地原地貌属残丘坡地，地面高程6.66～9.40m。本工程±0.00相当于黄海高程8.26m。三层地下室底板面标高分别为−6.0m、−9.6m、−13.5m，基坑底标高−15.5m，基坑开挖深度11.0～16.1m。

综合考虑工期、造价、周边环境等因素，基坑不同位置分别采用双排桩、排桩结合锚索、排桩结合内支撑等形式支护，基坑开挖实践证明，这种复合支护有效的支护了基坑，方便施工，造价相对较低。

二、工程地质条件

1. 地基土特征

场地地基土分7个工程地质层，自上而下依次为：

(1) 素填土：厚度0.3～5.7m，回填时间约5年，松散～稍密。

(2) 粉质黏土：厚度1.2～4.5m，可塑～硬塑。

(3) 残积砂质黏性土：厚度2.8～28.5m，可塑～硬塑。属特殊性土，具泡水易软化、崩解、强度降低的特点。

(4) 全风化花岗岩：厚度0.8～18.8m，岩石结构已完全破坏，与上覆残积土呈渐变关系，也具有泡水易软化、崩解、强度降低的特点。

(5) 砂砾状强风化花岗岩：厚度0.3～23.8m，岩体极破碎，属极软岩。

(6) 碎块状强风化岩：厚度0.3～19.9m，岩体破碎，属软岩～较软岩。

(7) 中风化花岗岩：厚度3.1～8.9m，属较硬岩。

典型剖面见天地阳光广场1-1′工程地质剖面图（图1）。

基坑开挖范围揭露的地层为素填土、粉质黏土及残积砂质黏性土。岩土层设计参数见表1。

2. 地下水特征

场地内地下水主要为赋存和运移于素填土中的孔隙水，其次为赋存和运移于粉质黏土、

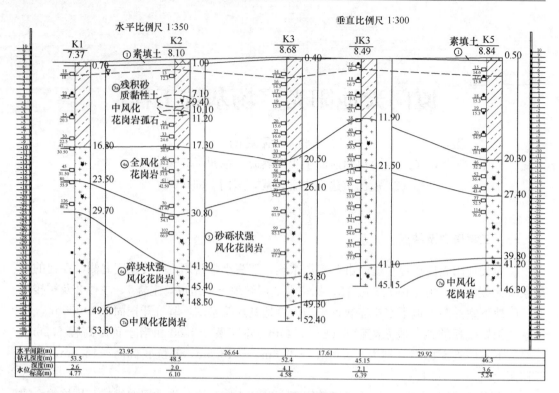

图1 工程地质剖面图

岩土设计参数一览表 表1

岩土名称	含水量	重度	渗透系数	快剪		固块		三轴		现场直接剪切	
				粘聚力	内摩擦角	粘聚力	内摩擦角	粘聚力	内摩擦角	粘聚力	内摩擦角
	%	kN/m³	cm/s	kPa	度	kPa	度	kPa	度	kPa	度
素填土	25.4	18.0	5×10^{-4}	12.0	13.0						
粉质粘土	27.4	18.8	$7.\times10^{-6}$	34.1	14.4	34.8	17.6	35.7	8.8		
残积砂质粘性土	28.3	18.1	$5.\times10^{-5}$	30.2	20.8	30.9	21.2	28.3	10.4	31.7	20.7
全风化花岗岩	32.9	20.0	$1.\times10^{-4}$	35.0	28.0						
砂砾状强风化花岗岩		22.0	8×10^{-4}	38.0	30.0						
碎块状强风化花岗岩		24.0									
中风化花岗岩		25.0									

残积砂质黏性土、全风化花岗岩、砂砾状强风化花岗岩中的孔隙、网状裂隙水及赋存和运移于碎块状强风化花岗岩、中风化花岗岩中的基岩裂隙水；地下水类型总体属潜水，破碎带中的基岩裂隙水具承压性质，属弱承压水。地下水主要接受大气降水的下渗补给及相邻含水层的侧向补给，由东北向西南方向渗流排泄。

场地地下水位埋深　　1.2～4.1m，高程4.57～6.97m

基坑开挖涌水量　　$Q=1.366K(2H-S)S/\lg(1+R/r_0)=612m^3/d$

三、基坑周边环境情况

基坑周边环境较为复杂，西侧紧邻台湾街非机动车道，路面下分布有给水管、电缆、燃气管线、雨水管、污水管等，埋深均≤2.5m；东侧约17m为江头小学，基坑与江头小学之间有一条水泥路，路面下有燃气管道，埋深≤1.5m；南侧紧邻明发豪庭地下室外墙，明发豪庭地上17层，地下2层，地下室底板标高−7.1m，预应力管桩基础；北侧紧邻为在建嘉英豪园基坑，嘉英豪园地上15层，地下1层，地下室底板标高−4.500m，预应力管桩基础；场地东、南两侧红线位置均采用砖砌围墙与周边道路隔离。

四、基坑围护平面图

基坑开挖深度11.0~16.1m，基坑四周均无放坡空间，综合考虑工期、造价、周边环境因素，基坑不同位置分别采用双排桩、排桩结合锚索、排桩结合内支撑支护，基坑平面布置见图2。

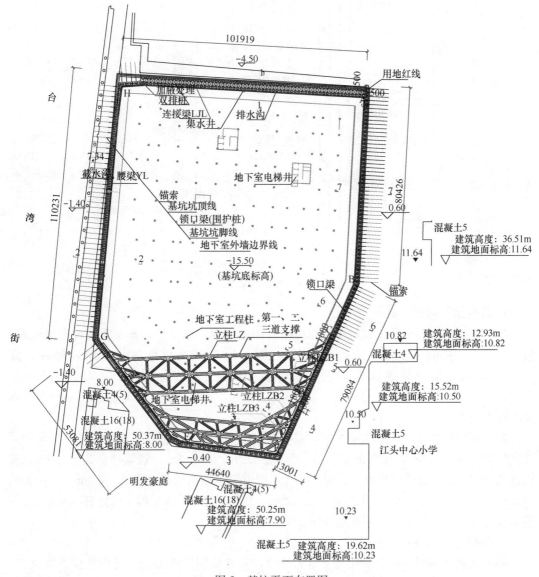

图2　基坑平面布置图

五、基坑围护典型剖面图

1. 双排桩支护

基坑北侧紧邻嘉英豪园，嘉英豪园地上 15 层，地下 1 层，预应力管桩基础，地下室底板标高−4.5m，正在施工地下室底板。基坑北侧支护从−4.5m 起，采用双排桩支护，桩基采用冲孔灌注桩，排距 2.0m，桩径 1.0m，桩间距 1.5m，冠梁宽 1.2m，高 0.8m，冠梁顶标高−4.5m，桩底标高−27.5m，前后排联系梁高 0.8m，宽 0.8m，冠梁顶至坑底深度 11.0m，详见 1-1 剖面图（图 3）。

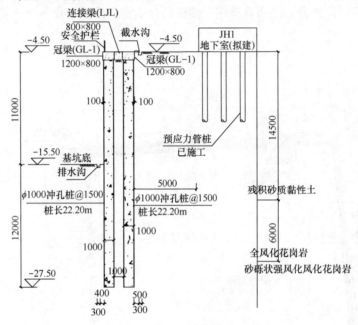

图 3   1-1 剖面图

2. 排桩结合锚索支护

基坑东侧为江头小学，基坑采用排桩结合四道锚索方案支护，排桩采用冲孔灌注桩，桩径 1.0m，桩间距 1.6m，冠梁宽 1.2m，高 0.8m，冠梁顶标高−0.4m，桩底标高−21.0m，冠梁顶至坑底深度 15.1m；四道锚索端头标高分别为−2.4m、−5.4m、−8.4m、−11.9m，锚索长分别为 30m、30m、29m、26m，锚索端头锁定在 500×500 钢筋混凝土腰梁上。

基坑西侧紧邻台湾街非机动车道，基坑采用排桩结合四道锚索方案支护。排桩采用冲孔灌注桩，桩径 1.0m，桩间距 1.5m，冠梁宽 1.2m，高 0.8m，冠梁顶标高−1.4m，桩底标高−23.5m，冠梁顶至坑底深度 14.1m；四道锚索端头标高分别为−3.9m、−6.4m、−9.4m、−12.4m，锚索长分别为 28m、28m、26m、25m，锚索端头锁定在 500×500 钢筋混凝土腰梁上。详见 2-2 剖面图（图 4）。

3. 排桩结合内支撑支护

基坑南侧紧邻明发豪庭两层地下室的外墙，基坑采用排桩结合三道内支撑方案支护。排桩采用冲孔灌注桩，桩径 1.0m，桩间距 1.4m，冠梁宽 1.2m，高 0.8m，冠梁顶标高

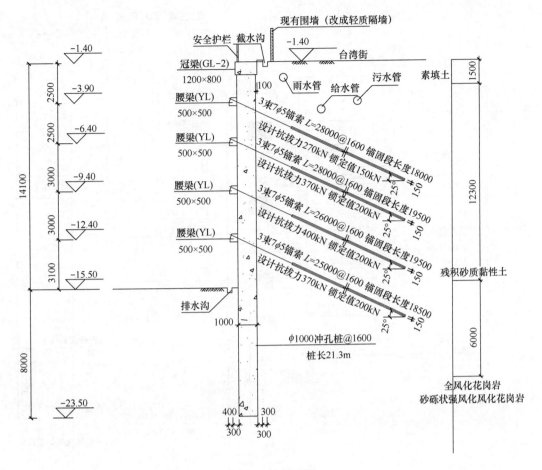

图4　2-2剖面图

−0.4m，桩底标高−23.5m，冠梁顶至坑底深度15.1m，冠梁顶至地表的高差砌240厚砖胎模；三道内支撑轴线标高分别为−3.4m、−7.4m、−11.4m，内支撑采用900×1100的钢筋混凝土梁、结合480×480格构柱支撑，内支撑梁撑在1300×900围檩上。详见3-3剖面图（图5）。

六、简要实测资料

在基坑周边进行了地表水平位移、地表垂直位移、深层水平位移监测，监测成果见表2。监测成果反映，除基坑北侧双排桩支护最大水平位移达25mm，超过坑深的2‰外，排桩结合锚索、排桩结合内支撑支护的水平位移均不超过坑深的2‰；垂直位移最大值仅10mm，均不超过坑深的2‰；深层水平位移最大值位于北侧双排桩支护位置，达25.4mm，超过坑深的2‰；排桩结合锚索、排桩结合内支撑支护的均不超过坑深的2‰。

排桩结合锚索支护的锚索应力最大值从上到下依次为第一道139kN，第二道153kN，第三道219kN，第四道192kN，均小于设计值。

排桩结合内支撑支护的支撑轴力最大值从上到下依次为第一道856kN，第二道1430kN，第三道2869kN，均小于设计值。

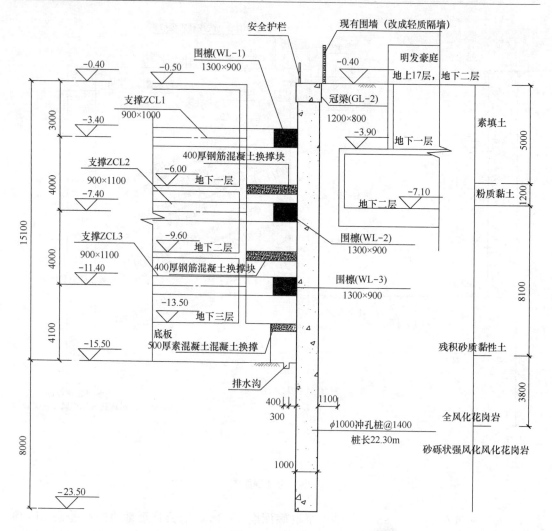

图5 3-3 剖面图

变形监测成果表　　　　　　　　　　　表2

基坑位置	支护形式	冠梁顶至坑底深度（m）	水平位移（mm）	垂直位移（mm）	深层水平位移最大值（mm）
北侧	双排桩	11.0	12.0～25.0	4.0～10.0	20.9～25.4
东侧	排桩结合锚索	15.1	5.0～13.0	2.0～6.0	16.4～19.4
西侧	排桩结合锚索	14.1	16.0～23.0	6.0～10.0	21.2～23.0
南侧	排桩结合内支撑	15.1	4.0～6.0	4.0～6.0	15.0～20.4

七、点评

本工程基坑综合考虑工期、造价、周边环境等因素针对性的分别采用双排桩、排桩结合锚索、排桩结合内支撑等复合支护，基坑开挖实践证明，这种复合支护是成功的，有效的支护了基坑，方便施工，造价相对较低。

监测成果表明，双排桩支护的变形相对较大，排桩结合锚索支护次之，排桩结合内支撑支护变形最小，也最均匀。

参 考 文 献

[1]　中华人民共和国行业标准. 建筑基坑支护技术规程(JGJ 120—99). 北京：中国建筑工业出版社，1999.
[2]　中华人民共和国行业标准. 建筑桩基技术规范(JGJ 94—2008). 北京：中国建筑工业出版社，2008.
[3]　中华人民共和国国家标准. 混凝土结构设计规范(BG 50010—2010). 北京：中国建筑工业出版社，2008.

长沙运达中央广场加深开挖基坑工程

马 郧 郭 运 刘佑祥 朱 佳 倪 欣 易丽丽

（中南勘察设计院（湖北）有限责任公司，武汉　430223）

一、工程简介及特点

拟建运达中央广场项目建（构）筑物为住宅/酒店/商业区，占地 66621m²，原设计为满铺两层地下室。在基坑开挖至设计标高−9.200m 后，业主要求将场地南区商业区地下室未施工部分变更为三层地下室。

拟加深开挖地下室区域平面大致呈长方形，基坑周长约为 614m，开挖面积 19706m²。原基坑底标高是−9.200m，采用桩锚支护结构，支护桩间高压摆喷止水帷幕，基坑已经开挖到约−9.200m 标高处一年半时间。建筑结构将该部分改为三层地下室后，基坑深度加大，地下室基坑底标高加深为−14.000m，主楼部分基坑底标高加深到−15.500m。加深开挖区域平面图如图 1 所示，临近的 4#、5# 楼建筑结构已封顶，地下室已施工完毕。

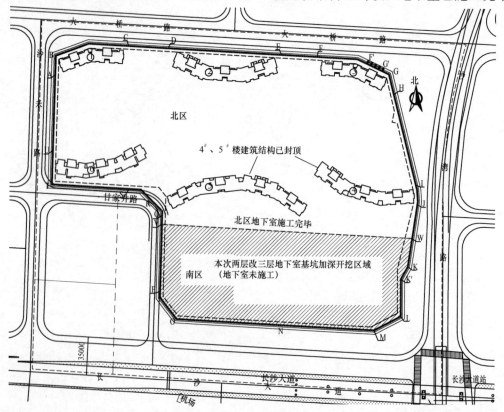

图 1　基坑平面位置示意图

图1中阴影区域已开挖至−9.200m，支护剖面图如图2所示，需要在原有基坑基础上进行二次加深开挖，因此必须采用相应的支护加固措施。

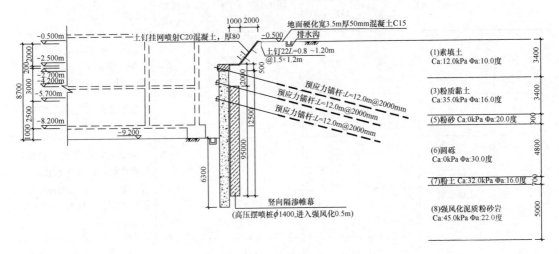

图2　基坑南区原设计两层地下室部位支护剖面图

二、工程地质及水文地质条件

1. 场地岩土工程地质条件

场地原为居民生活区的房屋，施工前已被推填为平地，地形较为平坦，钻孔孔口标高介于33.300～34.300m之间，地表相对高差1.000m。场地原始地貌为奎塘河流域Ⅱ级阶地，属奎塘河流域侵蚀堆积阶地地貌。

典型工程地质剖面图如图3所示，场地各土层主要物理力学参数如表1所示。

场地土层主要力学参数　　　　　　　　　　　表1

层序	土名	层底深度(m)	重度γ(kN/m³)	c(kPa)	φ(°)	岩石自然抗压强度 f_{rk}(MPa)	说明
①	素填土	0.40～6.10	16.0	12	10	—	褐黄色、灰褐色，稍湿～湿，结构松散，以黏性土为主
②	淤泥	0.50～5.80	18.5	8	5	—	灰褐色、灰黑色，软塑～流塑
③	粉质黏土	0.00～5.60	19.5	18	40	—	黄褐色、褐灰色夹灰白色，可塑～硬塑
④	粉土	2.30～6.10	19.5	16	35	—	黄褐色、褐灰色、棕褐色，稍密，湿～稍湿，摇振反应中等
⑤	粉砂	3.20～8.10	19.5	0	20	—	灰色，黄褐色，松散～稍密，湿，含少量砾石

续表

层序	土 名	层底深度 （m）	重度 γ （kN/m³）	c（kPa）	ϕ（°）	岩石自然 抗压强度 f_{rk}（MPa）	说 明
⑥	圆砾	2.70～9.20	21.0	0	30	—	黄褐色、灰白色，稍密～ 中密状态，湿～饱和，呈 圆～亚圆状
⑦	粉土	7.00～14.20	19.5	17	45	—	红褐色夹灰白色，稍密～ 中密，湿～稍湿
⑧	强风化泥 质粉砂岩	7.50～15.70	22.0	—	—	0.6	紫红色，局部夹灰白色， 粉砂质结构，块状构造，节 理裂隙发育，岩石为极软岩， 岩体破碎，岩体基本质量等 级为Ⅴ级
⑨	中风化泥 质粉砂岩	—	22.0	—	—	2.5	紫红色，局部夹灰白色， 粉砂质结构，块状构造，节 理裂隙较发育，岩石为极软 岩，岩体较破碎，岩体基本 质量等级为Ⅴ级

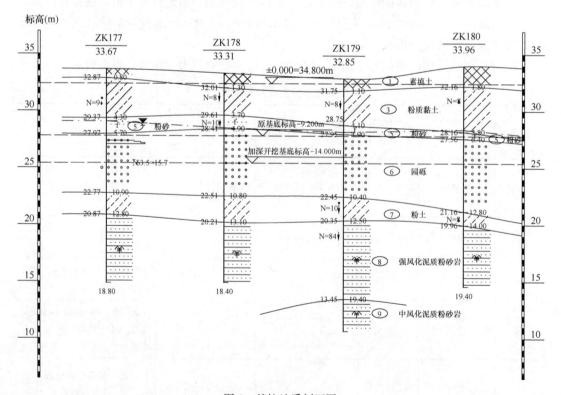

图 3 基坑地质剖面图

2. 水文地质条件

地下水类型主要为上层滞水和潜水。上层滞水赋存于素填土①和淤泥②中，其水量很小，地下水补给来源主要为大气降水和生活污水补给，水位受季节性影响较大，初见水位埋深为 1.50～4.60m，初见水位标高为 29.65～32.87m；潜水赋存于粉砂⑤和圆砾⑥中，具弱承压性，其水量较丰富。地下水补给来源主要为大气降水和奎塘河补给。地下水初见水位埋深为 3.60～8.90m，初见水位标高为 24.20～28.98m，地下水混合稳定水位埋深在 3.0～7.0m 之间，稳定水位标高为 25.27～30.08m。

根据长沙地区粉砂、圆砾注水试验经验，建议拟建场地粉砂⑤渗透系数 $K_1 = 3.5m/d$、圆砾⑥渗透系数 $K_2 = 21.5m/d$。

三、基坑围护方案

1. 基坑工程特点分析

结合工程图纸及勘察资料分析，本基坑主要有以下一些特点：

(1) 两层地下室改为三层地下室，基坑开挖后设计深度加深。运达中央广场项目（地下三层）原建筑结构是按照两层地下室设计的，原基坑底标高是 $-9.2m$，采用桩锚支护结构，基坑已经开挖到约 $-9.2m$ 标高处一年半时间。现在建筑结构将该部分改为三层地下室，现在的基坑开挖深度为 12.5～15.0m，必须采用相应的支护加固措施。其中加深开挖北侧是两层和三层地下室交接处，两层地下室底标高为 $-9.2m$，三层地下室开挖底标高为 $-14.0m$，相对于原基坑，拟开挖基坑加深深度为 4.8m。

(2) 原有支护结构超期使用。原基坑施工完毕后放置时间较长（1 年半），已超出原基坑 1 年的设计使用年限。

(3) 基坑支护加固施工困难。原基坑已开挖至 $-9.2m$，在基坑内施工工作面较小，另外，基坑开挖深度范围内岩土层力学性质一般，局部分布有软弱土层，在既有支护桩边进行土方开挖及施工，对坑壁的稳定性有一定影响。

(4) 基坑加深开挖支护设计无成熟计算方法。目前国内一般工程计算软件无法实现对该复合式支护结构的整体稳定性分析。

2. 基坑支护方案

(1) 基坑支护总体设计方案

结合本工程的岩土工程条件、原基坑支护情况以及开挖情况等因素，本基坑比较可行的支护方案为①人工挖孔桩加预应力锚杆（索）、②半逆作法。半逆作法受力明确，整体稳定性好，但是基坑开挖要配合地下室结构施工，工序复杂，结构梁占用空间，挖土不方便，工期较长。场地内为主要力学性能相对较好的黏性土、砂、砾石层，能为锚杆提供足够的锚固力，区域内均不影响锚杆施工。故采用桩锚支护结构，方便施工，工期快。

经综合比选决定对该基坑工程东侧、西侧、南侧采用人工挖孔桩＋预应力锚杆，采用钢筋混凝土连梁与原有的桩锚支护结构形成一个整体支护体系。北侧采用高压旋喷桩＋土钉墙形成复合土钉墙支护方式。基坑支护平面布置如图 4 所示。

(2) 基坑周边围护结构设计

原基坑设计顶设置 1∶1 放坡卸载，坡高 2m 平台宽 1m，平台靠近基坑内侧支护桩采

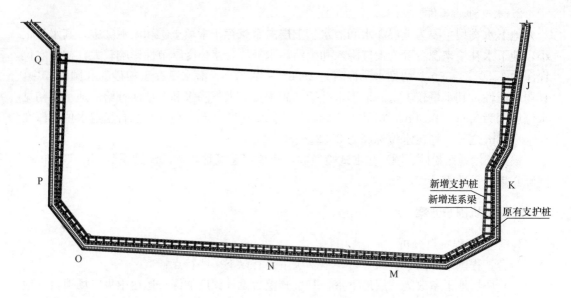

图 4　基坑支护平面布置图

用人工挖孔桩，桩径 ϕ1000mm，桩长 8.0～12.0m，桩中心距 s＝2000mm，根据原计算书计算成果，支护桩主筋选用 28 根 ϕ22mmHRB400 级钢筋，在－2.700m、－4.200m、－5.700m 深度分别设置一排预应力锚杆。

要求加深开挖后，在沿基坑西、南、东三侧原支护体系前，增加一排人工挖孔桩，并通过连系梁与原支护结构连接为一个整体结构。新增支护桩桩径 ϕ1000mm，桩长 11.0m，桩中心距 s＝2000mm，主筋选用 22 根 ϕ25mmHRB400 级钢筋，在－8.200m、－10.400m 深度各增设一排预应力锚杆；为增加支护桩的整体刚度，支护桩顶设置 1200×800mm 钢筋混凝土冠梁。典型支护结构剖面图如图 5 所示。

基坑北侧已开挖至－9.2m，须加深开挖 4.8m，深浅坑交接部位采用高压旋喷桩＋土钉墙形成复合土钉墙的支护型式。竖向采用高压旋喷桩止水挡土，桩直径 800@600，桩长 L＝4.5m，斜向打设三排直径 100mm，长度 6～9m 的土钉，土钉与高压旋喷桩形成复合土钉墙的支护结构。基坑北侧支护结构剖面图如图 6 所示。

（3）新增支护结构与原有支护结构连接

在原有支护桩桩身设置尺寸为 800mm×800mm 腰梁，腰梁标高同新增前排支护桩冠梁。前后排桩之间设置 800mm×700mm 钢筋混凝土连系梁，前后两个支护体系形成整体结构。连接点的大样如图 7 所示。

（4）加深开挖支护设计计算

在计算模型的处理上，采用理正软件计算，将原桩锚支护结构作为一个独立的受力体系计算，将新设置的桩锚支护结构也作为一个独立的受力体系计算，将桩顶以上的土层作为超载考虑。分别计算新旧支护体系的稳定性。

简化模型处理：把新旧支护体系简化成一个整体的桩撑支护体系，把原有的锚杆刚度取为"10 MN/m"，新设置的锚杆锚索刚度取为"15 MN/m"，计算得到新旧支护桩交界处受力大小，根据这个力来设计锚索的长度和钢绞线的根数。

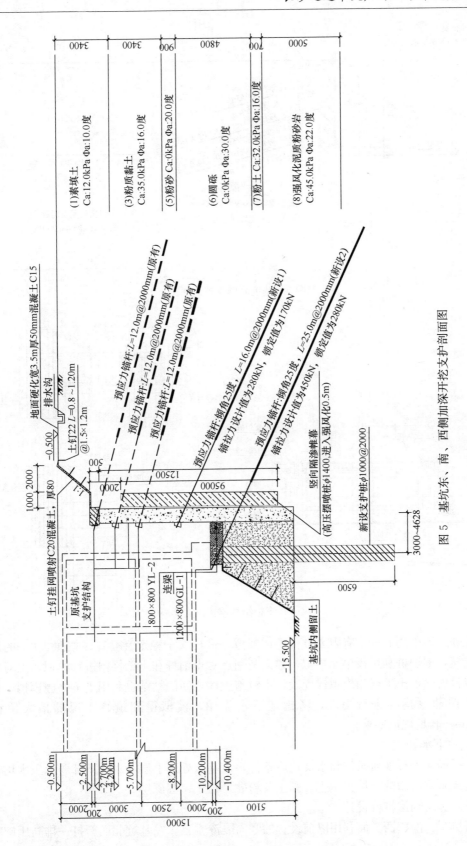

图 5 基坑东、南、西侧加深开挖支护剖面图

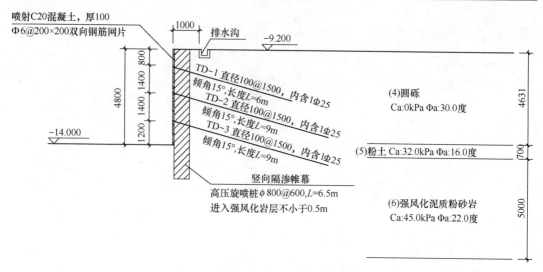

图 6　基坑北侧支护剖面图

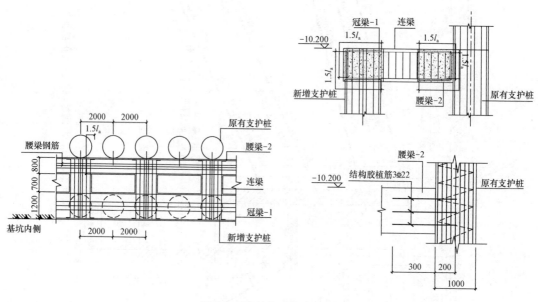

图 7　支护结构连接点大样

此外，还采用 plaxis 有限元软件整体模拟，进行安全稳定性验算，按照 1:1 的尺寸进行建模，围护桩利用板单元模拟，锚索利用点对点锚杆和土工格栅进行模拟，点对点锚杆模拟自由段，土工格栅模拟锚固段，土钉与土体之间的粘结也利用土工格栅模拟，具体参数依照勘察指标进行提取。考虑地下水作用，模拟得到最终工况的最大位移为 29.5mm。满足规范要求。

3. 地下水处理

根据场区工程地质条件和水文地质条件，该基坑处理上层滞水和下部弱承压水均很重要。组成基坑坑壁的土层为填土、黏土及粉砂、粉土、圆砾层。

（1）竖向隔渗帷幕设计

基坑东、南、西三面利用以前设置的竖向隔渗帷幕。在基坑北面新打一排高压旋喷桩作为隔渗帷幕，桩径 800mm，间距 550mm，长度为 4.5m，进入强风化岩层不少于 0.5m，采用 42.5 级水泥，注浆 28 天试块强度要求 q_u 不小于 1.2MPa。新打高压旋喷桩与原灌注桩外侧止水帷幕搭接封死。

由于本基坑已开挖至 -9.20m，并放置一年多，基底砾石层、粉土层接受降水补给，富含地下水，因其四周设置隔水帷幕，水量来源有限，可采用集水井、排水沟进行明排处理。

（2）地表水处理

对基坑北侧放坡段坡顶设置截水沟，以截地表水流入基坑。基坑底部内也沿坑底四周设置一条排水沟，截面尺寸 300mm×300mm，采用混凝土浇筑，并布置一定数量的集水井，以抽排坑内之水。

四、基坑监测情况

基坑已经开挖到约 -9.2m 标高处一年半时间，桩顶冠梁累计水平位移 0~9mm，累计沉降 0~9mm，施工现场如图 8 所示。

该部分建筑结构改为三层地下室，基坑深度加大，地下室基坑底标高为 -14.000m。基坑加深开挖后现场情况如图 9 所示，在实际施工过程中基坑侧壁监测点的测斜数据分析可知各个监测点的水平位移实测值均小于 24mm，位移的速率控制在 0.4mm/d 的范围内，基坑开挖到底后基坑的最大侧向位移为 26mm，位于地表下 5~7m 的位置处，沉降实测最大值为 23mm。

图 8　开挖至 -9.200m 施工现场情况　　图 9　加深开挖至 -14.000m 后施工现场情况

五、项目点评

当建筑结构方案变更，相应的基坑需要加深开挖。开挖深度增大导致原围护结构的嵌固深度不足，围护体的底部支座约束作用受到明显削弱。此外，加深开挖后原支护结构所受主动土压力增大，原围护结构内力发生重分布，结构的承载能力和抗变形能力已不能满足实际要求，需要对原围护结构桩体增设支点，以控制原围护桩体受力水平低于其承载能力且变形低于允许变形的情况。在原围护桩的前侧新设一排围护桩，并增设若干排锚杆，以增加围护体的嵌固深度，提高围护结构承载能力。实践证明，这种新旧支护体系结合的结构达到了设计要求，充分利用了原有围护结构，取得了良好的经济效益，为以后类似的工程设计计算提供了有益的参考。

兰州某住宅楼地下车库基坑工程

叶帅华[1,2]　王正振[1,2]　周　勇[1,2]

（1. 兰州理工大学　甘肃省土木工程防灾减灾重点实验室，甘肃 兰州 730050；
2. 兰州理工大学　西部土木工程防灾减灾教育部工程研究中心，甘肃 兰州 730050）

一、工程简介及特点

该基坑工程位于兰州市安宁区第三汽车运输公司第七车队院内，形状不规则，场地北高南低，东高西低。基坑周边存在 1# 和 2# 在建高层、8 层居民住宅楼、3 层办公楼以及邻近施工场地的施工便道。地形变化及基坑周围环境不同导致基坑开挖深度不等，分别为4.1m，4.5m，5.5m，13.8m 和 14.8m。基坑与周围建筑物的关系详见图 1。该基坑目前已全部施工完毕，施工顺利，支护效果达到预期。

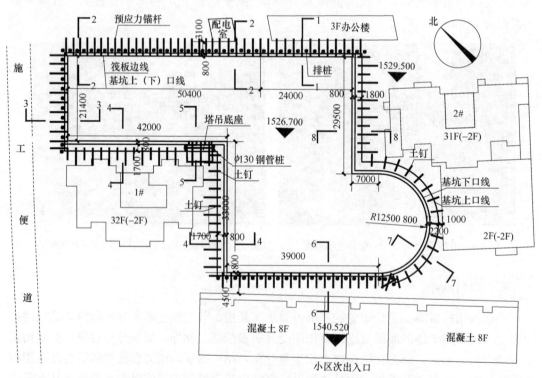

图 1　基坑与周围建筑物关系图

该基坑工程具有以下特点：

1. 基坑周围环境复杂：基坑四周均紧邻既有建筑物且建筑物基础形式多样，北侧存在邻近施工场地的施工便道，经常有混凝土泵车行驶，地表荷载较大。西侧塔吊基础与地下车库筏板边线距离仅为 0.8m，几乎无施工作业空间；8 层居民住宅楼和 3 层办公楼均为条形基础，而 1♯和 2♯在建高层为桩筏基础；

2. 基坑深度变化大：基坑开挖深度从 4.1m 到 14.8m 不等，同一个基坑出现 5 种不同的基坑深度，该情况在基坑工程中实属罕见；

3. 地质条件较差：基坑开挖深度内均为杂填土和湿陷性黄土，且局部地段存在中细砂，在基坑开挖过程中可能出现流沙现象；

4. 地下水丰富：场地所处地貌单元为黄河北岸Ⅱ级阶地后缘，卵石层富含地下水，水量较大，降水成功与否直接决定基坑支护的成败；

5. 支护结构多样：根据基坑深度和周围环境，分别采用了排桩预应力锚索、钢管桩锚杆、复合土钉和土钉墙四种支护结构，几乎涵盖了目前甘肃地区常用的所有基坑支护结构。

二、场地工程地质及水文地质条件

1. 场地地形地貌

该基坑工程位于兰州市安宁区规划 T51-2♯路北侧，规划支路西侧，所处地貌单元为黄河北岸Ⅱ级阶地后缘。地表绝对高程 1513.35～1514.05m，相对高差 0.7m，场地较平坦。

2. 场地地层岩性

基坑开挖影响范围内地层主要由第四系全新统杂填土、黄土状粉土、中细砂、卵石和第三系砂岩构成。自上而下分述如下：

① 杂填土（Q4ml）：黄褐色，干～稍湿，松散。上部为建筑及生活垃圾，含碎石、粉煤灰、炉渣、砖块、混凝土块等，下部以粉土为主，可见碎石、植物根系。层厚 0.50～4.90m。

② 黄土状粉土（Q4al＋pl）：浅黄色～黄褐色，稍湿～湿，稍密，土质较均匀，含少量中细砂。下部夹有红褐色黏土层，摇振反应中等，无光泽，干强度低，韧性低。层厚 8.90～13.40m。

③ 中细砂（Q4al＋pl）：杂色，结构松散，主要由石英、长石及黑色矿物组成，稍密，湿。层厚 0.20～1.50m，层顶埋深 11.00～13.80m，局部分布。

④ 卵石（Q4al＋pl）：青灰色，湿～很湿，中密～密实，粒径一般为 2～10cm，少量粒径超过 20cm 以上，多呈浑圆状，磨圆度较好，骨架颗粒间粗砂充填，大于 2mm 骨架颗粒含量约占全重的 60.0%～70.0%，母岩主要成分为大理岩、花岗岩、花岗闪长岩、石英岩、变质砂岩等。层厚 4.70～9.60m，层顶埋深为 11.50～14.50m。

④-1 中砂岩（Q4al＋pl）：卵石层中夹层，杂色，结构松散。主要由石英、长石及黑色矿物组成。稍密，湿。层厚 0.20～0.30m，层顶标高 17.50～17.80m。

⑤ 强风化砂岩（N）：橘红色，湿。提取岩芯多呈碎块状，岩质较均匀，致密，手可掰开，遇水易软化。层厚 1.10～2.30m，层顶埋深 21.00～24.50m。

⑥ 中风化砂岩（N）：橘红色，稍湿～干燥，提取岩芯呈柱状，细、中粒结构，矿物成分主要为长石、石英，钙泥质胶结，厚层状构造，质地坚硬。层顶埋深 23.20～25.80m。

岩土参数如表1所示：

场地土层主要力学参数 表1

土层序号	岩土名称	重度 γ (kN/m³)	粘聚力 c (kPa)	内摩擦角 φ (°)	界面粘结强度 (kPa)
①	杂填土	17.0	10.0	15.0	10
②	粉土	15.5	15.0	20.0	40
③	中砂	20.0	3.0	25.0	80
④	卵石	23.0	0.0	40.0	160
⑤	强风化岩	24.0	35	38.0	160
⑥	中风化岩	25.0	30	40.0	180

3. 场地地下水特征

场地地下水类型属第四系松散岩类孔隙潜水，地下水位埋深 12.70～14.30m。主要含水层为卵石层，含水层厚度约 8.20～10.20m，含水层富水性好，单井涌水量 400m³/d。卵石层渗透系数 $k=50$m/d。地下水自西南流向东北，接受大气降水及高阶地地下水补给。受季节性变化影响，地下水位年变化幅度 0.50～1.00m。

三、基坑支护设计方案

1. 支护方案分析与选型

基坑周边环境复杂，东南西三侧均紧邻既有建筑，北侧局部地段有邻近施工场地的施工便道。结合地质地层条件，针对现场周边实际情况，分别采用排桩预应力锚索、钢管桩锚杆、复合土钉和土钉墙四种支护结构对该基坑进行支护，具体见图1。

下面对不同支护段进行分析：

（1）1-1 段基坑深度 14.8m，距基坑边缘 3.2m 处存在基础形式为条形基础的三层办公楼；6-6 段基坑深度 13.8m，距离基坑边缘 4.5m 处存在同样为条形基础的 8 层居民住宅楼。该两段基坑深度较大，且原有建筑物基础类型较差，距离基坑边缘较近，采用排桩预应力锚索支护结构；

（2）2-2 段基坑深度 14.8m；3-3 段基坑深度 14.8m，距离基坑边缘 8.0m 位置处有一条邻近施工场地的施工便道，常有混凝土泵车行驶，地表荷载大，该两段采用排桩预应力锚索支护结构；

（3）4-4 段基坑边缘存在在建 1♯高层（已完成地下两层的施工，但尚未进行回填），1♯高层东北、东南两侧均需开挖，1♯高层基础为桩筏基础，但桩长较短，桩底与基坑底标高基本相同，故 4-4 段需支护深度为 5.7m。虽然该段基坑深度较浅，且存在一定的放坡空间，但由于 1♯高层两侧均需开挖，且开挖长度较大，故采用复合土钉（土钉＋锚杆）的支护结构；

（4）5-5 段在 4-4 段中部拐角处，为本基坑工程的难点，坑边存在在建建筑物的施工塔吊，塔吊为桩筏基础，但桩长较短，塔吊基础东北、东南两侧均需开挖，开挖过程中存在较大的倾覆风险，塔吊基础边缘距拟建地下车库外剪力墙的距离仅为 0.8m，该 0.8m

包含支护结构所占尺寸以及施工平台尺寸，必须采用垂直的所需空间小的支护结构，故采用钢管桩预应力锚杆支护结构；

（5）7-7 段和 8-8 段基坑邻近 2♯ 在建高层（施工进度与 1♯ 高层同步），2♯ 楼主楼和附属地下室的筏板标高不一，故 7-7 段和 8-8 段基坑深度不同，分别为 5.5m 和 4.5m，由于基坑坑深较浅、周围建筑均为单侧开挖，且有充足的放坡尺寸，故选用土钉墙作为该段支护结构。

2. 支护设计

典型支护结构剖面：

1-1 剖面：1-1 剖面段采用排桩预应力锚索支护结构。支护桩采用 C30 混凝土，桩身采用 18 根 B20 纵向钢筋，箍筋采用 A10 钢筋，钢筋保护层厚度为 50mm，喷射混凝土厚度 80mm，喷射混凝土强度等级 C20。锚索材料选用 1×7 钢绞线，锚索孔孔径 150mm，灌浆采用 M20 级水泥浆[1]。具体见图 2、图 3，排桩和锚索现场图片见图 4、图 5。

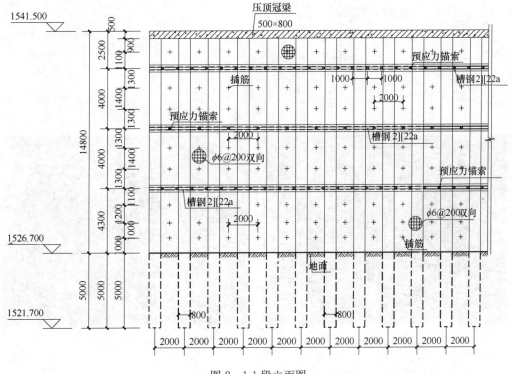

图 2　1-1 段立面图

4-4 剖面：4-4 剖面段采用复合土钉支护结构（土钉＋锚杆）。该支护结构应用普遍，设计和施工均较成熟。具体见图 6，图 7。

5-5 剖面：5-5 剖面段采用钢管桩预应力锚杆支护结构。该支护结构在甘肃地区应用较少。钢管桩桩径 130mm，桩间距 500mm，嵌固长度 2000mm；锚杆采用 C28 钢筋。如图 8、图 9 所示。

7-7 剖面：7-7 剖面段采用土钉墙支护结构。具体见图 10、图 11。

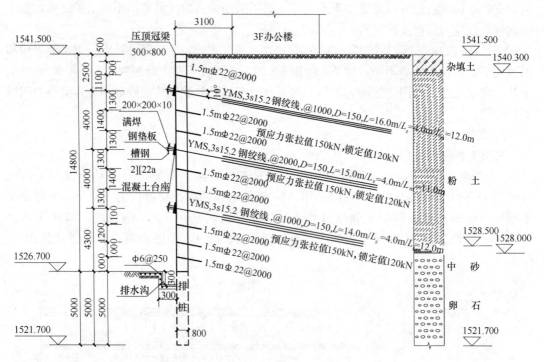

图 3 1-1 段剖面图

图 4 支护桩图片

图 5 锚索图片

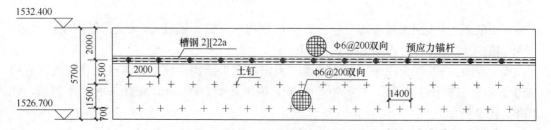

图 6 4-4 段立面图

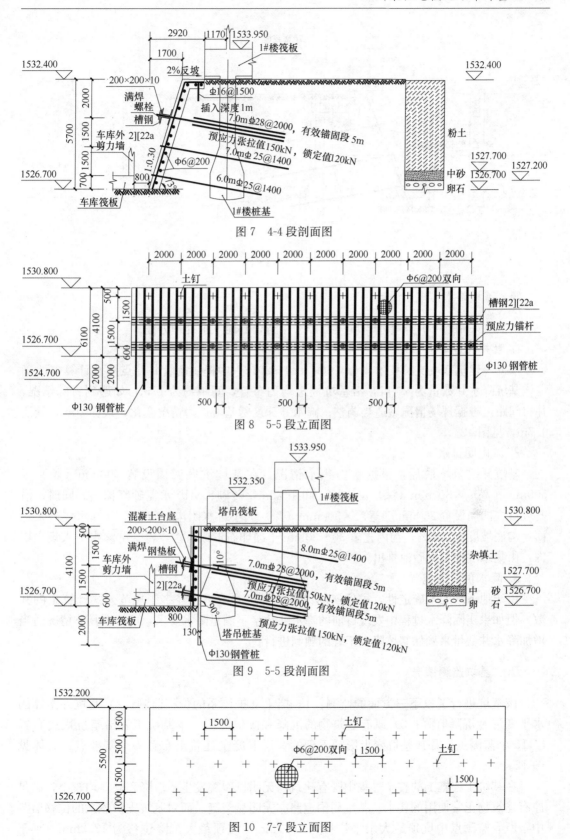

图 7 4-4 段剖面图

图 8 5-5 段立面图

图 9 5-5 段剖面图

图 10 7-7 段立面图

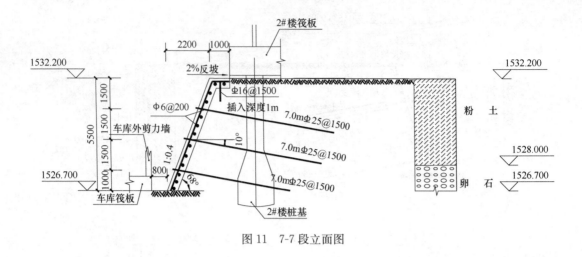

图11　7-7段立面图

四、基坑降水、排水设计

本基坑采用管井井点降水与坑内明排水相结合的地下水处理方法。

1. 管井井点降水

依据《建筑基坑支护技术规程》JGJ 120—2012[2]中提供的管井井点降水计算方法确定该基坑降水井数量为 20 口，沿基坑周边均匀布置，间距约为 17m，如遇到特殊情况，井口间距可根据现场情况做适当调整；降水井深度随基坑周边情况变化，最深 20m，最浅 9.7m，见图 12。

2. 坑内明排水

基坑开挖至坑底后，根据坑内积水情况，在基坑坑底四周设置 500mm（长）×500mm（宽）×800mm（深）集水坑，间距 25m，砖砌、M10 水泥砂浆抹面。同时，沿基坑坑底四周设置 300mm（宽）×300mm（深）大小排水明沟，砖砌、M10 水泥砂浆抹面，沟底坡度取 0.5%；沟内充填 30～50mm 干净卵石形成盲沟，将基坑渗水引入集水坑内，由集水坑抽至沉砂池排出。

3. 降水预防措施

由于地下水的不确定性，虽然实际设置的降水井数量已经多于规范公式计算出的井数，但如果实际降水过程中发现目前的降水井数量不满足降水要求，可根据具体情况适当增加降水井数量来确保基坑降水工程的顺利进行。

五、基坑监测情况

该基坑进行了以下三方面的监测：1）挡土支护体系的位移监测；2）基坑外土体的水平变形和沉降监测；3）既有建筑物的沉降和倾斜监测。本基坑工程沿基坑周边布置了 15 个监测点，并在基坑变形影响不到的 9 层混凝土建筑上布置一个基准点，具体见图 12。

在基坑工程施工的整个过程中既有建筑物无明显裂缝发生，沉降和倾斜均较小，满足原有建筑物正常使用的要求。基坑周围道路亦无明显裂缝。而对基坑支护体系的位移监测中，所有监测点中坑顶最大水平位移为 16.7mm，坡顶最大沉降位移为 12.3mm，小于

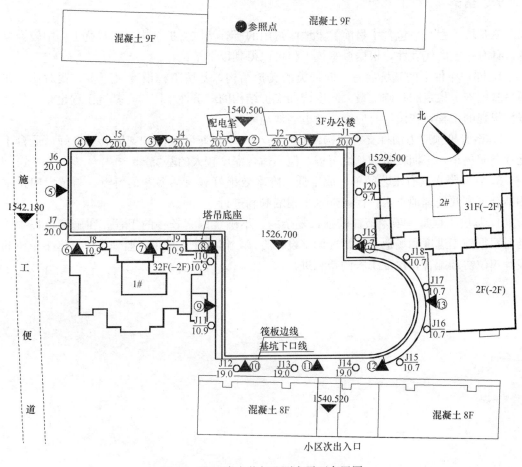

图 12　基坑降水井与监测点平面布置图

《建筑基坑工程监测技术规范》[4] GB 50497—2009 中要求的基坑支护结构顶部水平位移报警值和顶部竖向位移报警值，整个基坑施工过程处于安全稳定的状态。二者的变化曲线如图 13。

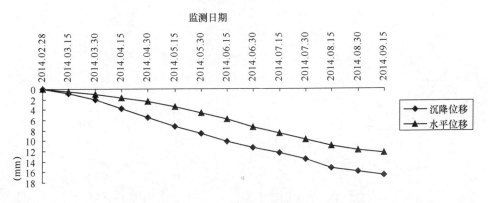

图 13　坑顶最大水平位移与沉降位移变化曲线

六、结论

该基坑工程几乎包含了目前甘肃地区常用的所有基坑支护结构，在基坑工程中较为罕见，具有一定的代表性，根据该基坑工程可以得到以下结论：

1. 同一条件下的基坑会有不同种类的支护结构，基坑工程设计时应多方案对比，在满足基坑安全稳定的基础上最大限度增加支护结构的经济性。同样，基坑工程也是一件地域性很强的工程，在设计时应充分考虑当地经验。

2. 钢管桩预应力锚杆支护结构占地空间小，施工速度较快，支护效果良好，适合于处理空间狭小、工期较紧的基坑工程，但不适合深度较大的基坑。

3. 管井降水具有工艺简单、成本低、降水效果好和灵活多变的特点，与坑内明排水相结合可有效处理地下水，保证降水工程的顺利进行。

4. 基坑工程是一项隐蔽性较强、复杂的、不确定因素较多的工程，在施工过程中应随时根据施工进度和场地实际情况调整设计方案，作到业主单位、监理单位、施工单位和设计单位协调配合，保证工程的顺利进行。

西宁青藏铁路西格二线改建珍宝岛
回迁安置楼基坑工程

杨校辉[1]　郭　楠[1]　朱彦鹏[1]　黄雪峰[1,2]

（1. 兰州理工大学　土木工程学院，兰州　730050；

2. 解放军后勤工程学院　建筑工程系，重庆　401311）

一、工程简介及特点

1. 工程简介

青藏铁路西格二线祁连路道口改建工程珍宝岛回迁安置楼基坑工程位于西宁市城北区，南侧为滨河路，北侧为祁连路，东侧为北川河，平面位置见图 1。拟建项目包括 32 层安置楼和其东侧的 2 层地下停车场、北侧 1 层地下停车场；总占地面积约 3558m²，主楼室外地面至屋面总高度约为 96.85m，基底面积为 1707.46m²，地下车库（主楼东侧地下两层）面积为 1295.19m²。住宅楼结构类型拟采用框架剪力墙结构，基础形式为筏板基

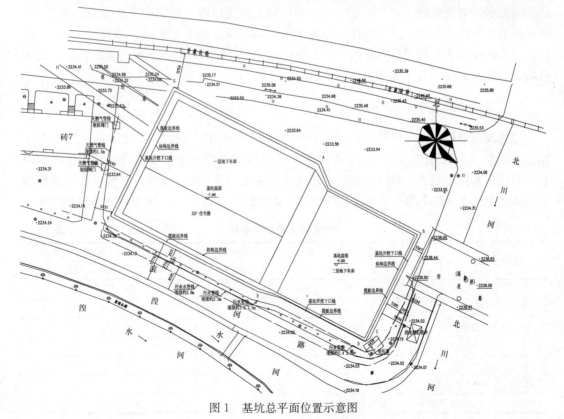

图 1　基坑总平面位置示意图

础，±0.00 高程 2234.20m、与自然地面基本一致，住宅楼和 1 层地下车库基础埋深约
－7.6m，2 层地下车库基础埋深约－9.2m。

2. 工程特点

与西宁火车站综合改造工程总体项目基坑群工程相比，单就本基坑深度与面积而言，
并无特别突出之处，但是从图 1 可以看出本基坑周边环境异常复杂，场地工程地质与水文
地质条件极为特殊，在本地区未见先例，基坑安全等级定为一级。

（1）基坑周边环境条件：①基坑南侧与东侧紧邻湟水河和北川河，基坑开挖下口线距
南侧河边 13.78m、距东侧河边 16.2m；②基坑东侧和南侧为西宁市城北区地下污水管网
汇集处，东侧路面下设有正在使用的排水道虹吸井，距基坑开挖下口线约 11.69m，东北
角有祁连路改造新建桥墩（距基坑开挖下口线 3.37m，待地下车库建成后连通），多条污
水管线经祁连路高架桥下与排水道虹吸井相连，南侧已探明地下污水管线有 3 条，埋深约
1.9～3m，最近的管线距基坑开挖下口线 3.52m；③基坑西侧开挖下口线距待保护 7 层砖
混楼最近处 16.48m，路面下埋深约 1.5m 有正在使用的天然气管线，最近处距基坑开挖
下口线约 6.23m；④基坑北侧最近处（西北角）距青藏铁路西宁至格尔木专线高架
12.16m。合理处理好基坑周边环境关系，确保坑周管线、建（构）筑物安全是本基坑支
护设计的重点与难点。

（2）基坑工程地质与水文地质条件：基坑开挖深度范围内第②层卵石为主要地下水含
水层，渗透性大，不利于支护桩、预应力锚杆的施工；基坑侧壁及基底的第三系强风化泥
岩层，夹块状或薄层状石膏，局部夹砂岩薄层，节理裂隙发育，遇水极易软化、崩解，且
含有裂隙水，对基坑的支护与稳定极为不利；如上所述，距离西宁市 2 条干流如此之近，
稳定地下水位埋深较浅，抗浮水位标高为 2232.8m，场区地下水渗透系数高达 80.2m/d。
如何在经济技术水平相对落后的西宁地区设计出安全、经济可行的支护与止水方案，是本
基坑支护设计的核心与关键。

二、工程地质条件

拟建场地属湟水河Ⅰ级阶地，地形经改造，相对平坦，海拔高程 2233.4～2234.5m，
拟建场地东、南侧河道已改造。根据 2014 年 5 月青海九〇六工程勘察设计院提供的本项
目《岩土工程勘察报告》（详细勘察），场地土层主要力学参数见表 1，基坑中部东西向地
质剖面图见图 2（ZK7 靠近西侧 7 层砖混楼，ZK12 靠近北川河），场地地质条件如表 1。

场地土层主要力学参数　　　　　　　　　　　　　　　　表 1

土层编号	土　名	平均层厚 (m)	重度 γ (kN/m³)	粘聚力 c (kPa)	内摩擦角 φ (°)	锚固体摩阻力 τ (kPa)
①	杂填土	3.3	18	10	15	25
②	卵石	2.5	21	1	38	200
③₋₁	强风化泥岩	14	19.5	24	30	160
③₋₂	强风化石膏岩	2	20	32	31	150
④₋₁	中风化泥岩	4	22	35	34	300
④₋₂	中风化石膏岩	2.5	22	40	35	300
⑤	微风化泥岩	未揭穿	24	82	38	—

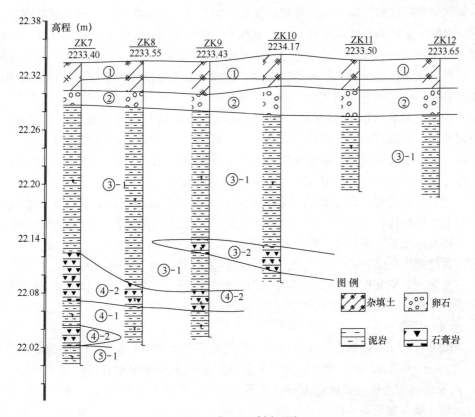

图2 典型地质剖面图

1. 地基土岩性特征

根据勘探揭露在勘探深度范围内自上而下依次为杂填土（Q_4^{ml}）、卵石（Q_4^{al+pl}）、泥岩（E）和石膏岩（E），其岩性特征如下：

①杂填土（Q_4^{ml}）：褐灰色、浅灰色，稍湿，饱和，松散，成分以粉土及建筑垃圾为主，ZK6钻孔底部成分以卵砾石为主。该层厚约2.7～5.3m。

②卵石（Q_4^{al+pl}）：青灰、灰白色、褐黄色，饱和，稍密。见漂石，粒径大于20mm的含量约占55～70%，2～20mm的含量约占15～20%，余为中粗砂及少量细砂。砾卵石成分以石英岩、花岗岩为主，磨圆中等，散粒结构，无层理，分选性差。埋深2.7～5.3m，层厚1.4～3.2m。

③古近纪强风化层（E）：青灰色、褐红色，以泥岩、石膏岩为主，夹块状或薄层状石膏，局部夹砂岩薄层。具水平层理。据岩性特征分为③-1强风化泥岩和③-2强风化石膏岩。

③-1强风化泥岩层（E）：褐红色，夹块状或薄层状石膏及石膏岩，局部夹砂岩。软塑—可塑—坚硬。地层产状平缓，近水平状，结构面结合一般。具水平层理，节理裂隙发育，多呈闭合状，沿裂隙面发育有薄层状石膏晶体。岩体完整程度破碎，岩芯多呈碎石状及短柱状，遇水极易软化，长时间暴露在空气中易崩解。岩体基本质量等级Ⅴ级，属极软岩。埋深4.7～24.2m，层厚1.1～19.8m（局部未揭穿）。

③-2强风化石膏岩（E）：青灰色、灰白色，分布连续，埋深、厚度较小。节理裂隙

发育，岩体完整程度较破碎，岩芯多呈碎块状、短柱状，吸水率极大，遇水极易膨胀，失水后完全崩解。岩体基本质量等级Ⅳ级，属软岩。埋深17.0～22.5m，层厚1.1～2.9m。

④古近纪中风化层（E）：青灰色、灰白色，以石膏岩为主，夹褐红色、青灰色泥岩薄层，石膏岩泥岩呈互层状，软硬相互。泥岩较软，石膏岩较硬。依据岩性特征分为④-1中风化泥岩和④-2中风化石膏岩。

④-1中风化泥岩（E）：褐红色、夹大量块状或薄层状石膏及石膏岩。具水平层理，节理裂隙发育，沿裂隙面发育有层状石膏晶体，岩体完整程度属较完整，岩芯多呈短柱状状及柱状，遇水后极易软化，暴露在空气中失水后极易崩解。岩体基本质量等级Ⅳ级，属软岩。埋深25.6～32.2m，层厚2.6～7.4m（局部未揭穿）。

④-2中风化石膏岩（E）：以青灰色、灰白色，节理裂隙较发育，岩体完整程度属较完整，岩芯多呈短柱状及柱状，岩石较致密坚硬，岩性脆锤击即碎，吸水率较大，失水易崩解。岩体基本质量等级Ⅳ级，属软岩。埋深21.0～32.0m，层厚1.5～5.3m。

⑤古近纪微风化层（E）：青灰色、灰白色，以石膏岩为主，夹褐红色、青灰色泥岩薄层，石膏岩泥岩呈互层状，软硬相互。泥岩较软，石膏岩较硬。岩体基本质量等级Ⅳ级，属软岩。埋深31.2～33.5m层厚2.2～6.5m（局部未揭穿）。

2. 水文地质条件

场地赋存有第四系松散岩类孔隙潜水，稳定地下水位埋深1.8～3.1m，稳定地下水位标高为2231.24～2231.8m，含水层主要为全新统杂填土及冲积卵石层，含水层厚2.9～4.0m，隔水底板为古近纪强风化泥岩，地下水以地下径流形式排泄于下游地区，最终排泄于湟水河，动态变化季节性明显，年水位变幅0.5～1.0m左右，水量比较丰富。场区卵石层地下水渗透系数k不小于80.2m/d。古近纪渐新世泥岩及石膏岩中局部赋存有节理裂隙和构造裂隙水，水量较小，因其构造裂隙分布不均，连通性差，无统一水面，该层水具承压性，本工程可不考虑该层水的影响。

三、基坑支护方案

1. 基坑支护设计难点与总体思路

经过近年在西北地区多个深大复杂基坑群工程的实践，逐步形成了具有本地区特色的深基坑支护设计方案。当基坑周边环境允许放坡、深度不大于12m、地下水位较低且经济性要求较高时，首选土钉墙支护；当基坑周边环境允许、深度大于12m、对位移控制要求较严、地下水位较高时，优先选用复合土钉墙；当大型复杂深基坑周边环境狭小、位移要求严格、锚杆设计长度或桩径选择受限、地质情况复杂时，选择桩锚支护或上部土钉下部桩锚联合支护较合理。

对于本基坑而言，周边环境放坡条件有限，东南西侧地下管线复杂，若将天然气、污水管线打破、河水倒灌入基坑，或西侧7层砖混建筑（条形浅基础）因基坑开挖产生不均匀沉降，均很可能导致重大安全生产事故，故基坑四周宜优先采用桩锚支护，但限于经济性要求较高，多次论证后基坑北侧改用土钉墙或复合土钉墙进行支护。关于基坑地下水问题，这是本基坑支护能否成功的核心，如前所述，本基坑地处西宁2条干流交汇处，地下水丰富程度可想而知，采用井点降水不但难以达到预期效果，难以避免河岸地基土层中形成管涌的风险；西侧既有7层建筑为条形浅基础，且考虑西宁当地本区域地下径流一般为由西北流向东南，降水很容易导致建筑物发生不均匀沉降事故，故基坑四周宜优先采用坑周封堵、坑内明排的地下水处理方案，同前，限于经济性要求，多次论证后基坑北侧改用井点降水进行截流，其余三侧采用高压旋喷桩进行封堵，这种封堵与疏降结合的处理方案给设计和施工带来了较大的难度和挑战。基坑支护与降水、监测平面图见图3。

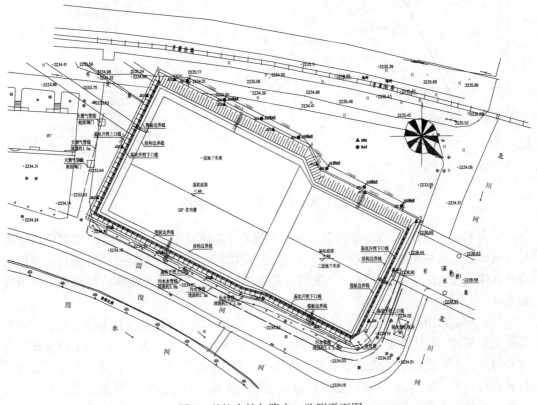

图3　基坑支护与降水、监测平面图

2. 基坑支护结构与降水设计

（1）基坑北侧环境条件稍好，宜优先采用放坡土钉墙，但考虑基坑施工区域布置，故基坑 AB 段采用复合土钉墙进行支护，见剖面图4左图，既节约造价又可为料场、钢筋加工区安全提供保障；AG 段坑深相对较浅，但距离青藏铁路西宁至格尔木专线高架桥较近，且作为出土马道一侧，故采用土钉墙支护。土钉钢筋为 1 根 Φ18 水平间距 1.5m，竖向间距如图所示，孔内注 M20 水泥砂浆，注浆体直径为 110mm。土钉墙挂 φ6.5@250mm×250mm 钢筋网，横纵各 1 根 Φ14@1.5m×1.5m 通长加强筋，喷射 80mm 厚混凝土面层，混凝土强度等级为 C20。根据现场开挖情况，在卵石层中部和底部的混凝土面板上预留泄水孔，预应力锚杆长为 12m@2.5m，钢筋为 1 根 Φ25，自由段长 5m、锚固段长 7m，施加预应力为 150kN。

根据《建筑基坑支护技术规程》JGJ 120—2012 和地区经验，基坑北侧布置 7 口深度为 12m 的降水井，降水井间距约 15m，见剖面图4右图。管井成孔采用机械成孔，井管的前 3m 采用不透水管，井管安装后必须洗井，保持滤网通畅；过滤器长度取 6m，要求其孔隙率在 30% 以上，包网采用金属网或尼龙网，网与管壁间必须垫肋，高度不小于

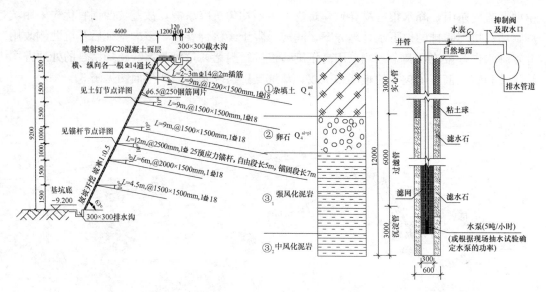

图 4 基坑复合土钉墙支护剖面图

6mm，卵石层滤管外包 70 目滤网各一层、井管外滤料厚度不小于 200mm，滤料用磨圆度较好的砾石，从井底填至井口下 3m 左右，上部用黏土封好，井管管底进行密封。可根据现场具体实际情况，为加速降水，先期可采用连续抽水，视降水效果后期可采用间断性抽水。

（2）基坑东南西三侧环境条件如图 1 所示，东侧北段有祁连路改造新建桥墩、南段有排水倒虹吸井，坑边路面下污水管线埋深不一、情况复杂，长度大于 6m 的土钉或预应力锚杆施工均有可能打破管线或排水倒虹吸井，故会商决定上部采用土钉墙下部采用悬臂支护桩进行支护，BD 段支护结构见剖面图 5 左图；若基坑开挖过程中桩顶位移较大，可在坑边路面施工爬梁，与桩顶冠梁连接限制位移发展。基坑南侧、西侧结合实际污水管线和

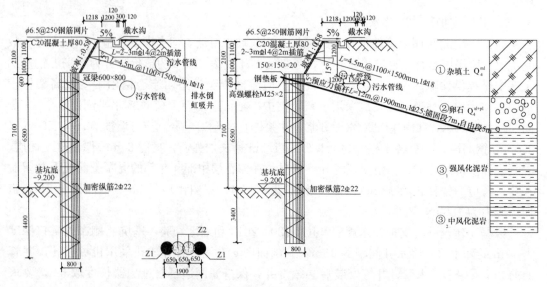

图 5 基坑 BD 段、DE 段支护结构剖面图

天然气管线埋深，基坑在开挖支护过程中不允许有较大变形，其变形应该在可控范围内，考虑到基坑深度较大、整体开挖面积大，预应力锚杆对基坑变形控制作用明显，故桩顶设置土钉墙且坡率尽可能大，土钉墙下部采用桩锚支护确保管线下部土体稳定，DE 段支护结构见剖面图 5 右图，EG 段除桩长变化外、其余同 DE 段。支护桩直径为 0.8m，桩间距为 1.9m，桩身配筋为 12Φ22，桩身内部靠土侧纵向通长设置 2 根 Φ22 加密筋，桩身混凝土强度为 C30。预应力锚杆长为 12m@1.9m，钢筋为 1 根 Φ25，自由段长 5m、锚固段长 7m，施加预应力为 150kN；锚杆设置于桩顶冠梁中，DE 段基坑支护结构立面图见图 6。

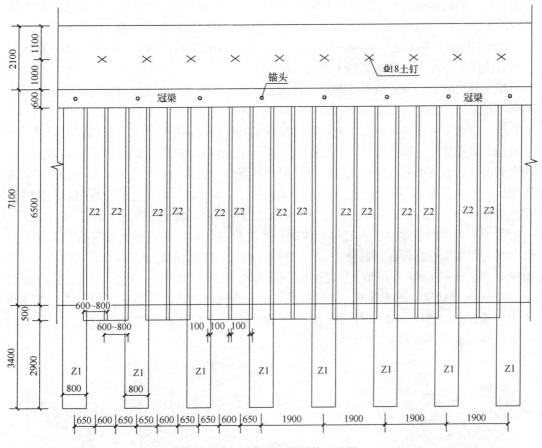

图 6　基坑 DE 段支护结构立面图

桩间采用直径为 600 的旋喷桩止水，旋喷桩进入基坑底以下 1.5m。旋喷桩在钻孔灌注桩桩芯混凝土达到设计强度 70% 以后、冠梁施工前进行施工，喷浆采用三重管法。根据西宁地区类似地层深基坑实践经验，在采取了封水或降水措施后，基坑开挖至强风化岩层后仍有部分地下水顺桩间土或基坑坡面流入基坑，受地下水影响，强风化岩强度骤减或坡面产生冲蚀、剥落，甚至会形成贯通的流水通道，这种现象对基坑坑壁稳定性产生极大的不利影响，同时会导致基坑内积水、坑底岩层软化。故在出水孔位置应植入塑料软管或 PVC 管导流，管周用高效速凝剂封好，形成轻型井点，顺管流出的地下水合理排入集水坑。

因此，基坑开挖完成后，根据坑内积水情况，在基坑坑底四周设置 500mm（长）×

500mm（宽）×800mm（深）大小集水坑，一般间距 20～30m，采用砖砌、M10 水泥砂浆抹面。同时，顺基坑坡底四周设置 300mm（宽）×300mm（深）大小排水明沟，砖砌、M10 水泥砂浆抹面，沟底坡度取 1‰；沟内充填 30～50mm 干净卵石形成盲沟，将基坑渗水引入集水坑内，由集水坑抽至沉砂池排出，确保干坑作业。

四、基坑监测与施工情况

根据《建筑基坑工程监测技术规范》GB 50497—2009 规定，当基坑侧壁安全等级为一级时，支护结构最大水平位移限值为 0.0025h，h 为基坑的开挖深度，因此该基坑东侧开挖－9.2m 深处位移限值为 23mm，西侧开挖－7.6m 深处位移限值为 19mm。工程自 2014 年 5 月 15 日开工至 7 月 18 日完工，截止 2014 年底基坑回填，基坑变形均未达到报警值，说明本基坑支护方案达到了预期效果。

但是基坑施工期间正值西宁雨季，且基坑南侧 EF 段施工土钉墙的土钉时，打破了一根未发现的污水管线，故工期延误约 10 天。另外，基坑南侧 EF 段开挖至－2.5～－3m 左右时，由于杂填土相对松散，坡顶坑边出现了断续裂缝，特别是当土钉墙未喷射混凝土面板前，局部坡面土体开裂，坡顶监测点 JC04～JC06 区域裂缝宽度和数量发展迅速，但均未到 1cm；沿开裂缝及时注入含速凝剂的水泥浆后，坡体杂填土稳定，坡顶裂缝基本未再增大。基坑东侧 BC 段开挖至－7.5～－9m 左右时，桩顶冠梁靠土侧出现明显裂缝，监测点 JC09～JC10 区域裂缝高达 1.8cm，采用地锚控制后，桩顶位移基本没有超过 2cm。

由于三重管施工过程中注浆压力和提升速度控制严格，基坑开挖证实除个别漏水点外，其封水效果整体较好，避免了设计初期部分专家坚持采用地下连续墙封水可能产生的浪费；基坑开挖至卵石层底时（约－5.5m）封水效果见图 7 左图，开挖至坑底时（－9.2m)封水效果见图 7 右图。值得一提的是，在这种地下水丰富、水位较高的场地施工土钉或预应力锚杆（索）时，通过不断探索，发明的构造措施避免了跑浆、漏浆问题，可确保达到设计锚固体抗拔力。

图 7　基坑开挖过程和开挖到底后封水效果图

五、点评

1. 在如此复杂的周围环境和工程地质与水文条件下，综合采用土钉墙、复合土钉墙、上部土钉墙下部悬臂桩、上部土钉墙下部桩锚支护方案，东南西三侧止水＋北侧降水的封降水方案，有效地保证了基坑开挖的变形与稳定，是一次全新实践与探索。

2. 首次在本地区引入三重管高压旋喷工法并获得成功，避免了采用地下连续墙或素混凝土桩封水方案的浪费，杂填土、卵石层及强风化岩层中设计参数与施工经验、类似地下水丰富、水位较高的场地土钉或预应力锚杆（索）注浆施工的构造发明措施有待进一步大力推广。

3. 基坑工程具有明显的区域性和经验型，在经济技术条件相对落后的西北地区，基坑支护设计应根据安全经济性要求，因地制宜地采取多种支护结构型式，有效降低基坑支护造价。

张掖七一文化商业综合体基坑工程

周 勇[1,2] 王正振[1,2] 叶师华[1,2]

(1. 兰州理工大学 甘肃省土木工程防灾减灾重点实验室，甘肃 兰州 730050；
2. 兰州理工大学 西部土木工程防灾减灾教育部工程研究中心，甘肃 兰州 730050)

一、工程简介及特点

拟建张掖七一文化商业综合体位于张掖市甘州区县府街与南城巷交叉处，大佛寺广场南侧，甘泉综合批发部北侧，拟建综合体占地面积为 4980m²，地面建筑 4 层，地下 2 层。该基坑深度 10.0m，形状较规则，周长约 260m，支护面积约 30000m²。基坑与周围建筑物的关系详见图 1。该基坑开挖起始于 2014 年 4 月，目前已完成包括上部结构在内的所有施工。

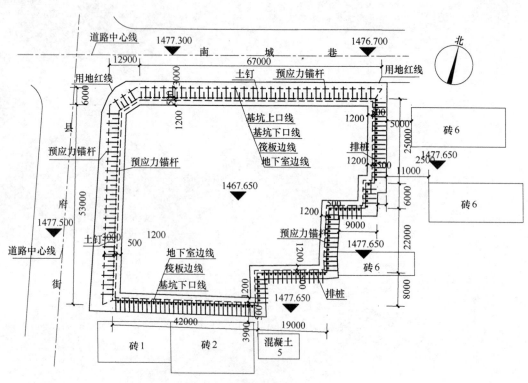

图 1 基坑与周围建筑物关系图

该基坑具有以下特点：

1. 地下水丰富：张掖市甘州区地下水资源丰富，地表向下开挖一米左右即可见到地下水，且含水层厚度大，渗透系数高，该地区降水问题成为基坑支护的难点。本工程勘探期间地下水位埋深 0.7~1.5m，且施工期为该地区雨季，地下水埋深更浅；实际施工中虽增加了降水井数量，但坑壁和坑底仍有渗水和大量积水出现，如图 2。

图 2　基坑渗水和积水现场图

2. 基坑周边环境复杂：基坑东南两侧均紧邻既有建筑物，建筑物与基坑开挖边缘最近 3.65m，且基础形式均为浅基础，易受基坑开挖影响；西北两侧紧邻南城巷和县府街，均为张掖市交通干道，车流量大，荷载变化大。

3. 基坑面积大：基坑深度 10m，周长约 260m，支护面积约 30000m²，且采用整体大开挖施工方案，导致基坑开挖、暴露时间较长，支护结构设计时应考虑时空效应。

4. 两种支护形式结合：根据基坑周边环境，采用排桩预应力锚杆和复合土钉两种支护结构对该基坑进行支护。

二、场地工程地质及水文地质条件

1. 场地地下地貌

施工场地在大地构造上属祁连地槽褶皱系的走廊过渡带，张掖中新生代凹陷区。中生代以前，历次许多重大构造运动在本区已形成了基本的构造框架，本区明显进入了以强烈的差异性断块运动为主的构造运动发展时期，一系列 NWW、NW 的大断裂以及沿断裂产生的断块分异，将本区进一步分割成张掖盆地沉降区和祁连山断块隆升区，盆地与山体之间均以逆冲断裂接触。但施工场地地处张掖盆地腹部地带，地质结构稳定，无断裂及其他构造分布，整个场地稳定性较好。

施工场地地处张掖盆地腹部的黑河冲洪积细土平原区，场地内地形平坦，地貌类型单一。总体地势由东向西缓倾斜，海拔 1476.37~1476.92m，地形坡降 6‰~14‰。

2. 地层及岩性特征

施工场地内地基土在基坑施工影响深度范围内自上而下分为 2 层，其岩性特征分述如下：

① 杂填土（Q4ml）：杂色，稍湿，松散，由砖头、卵石、水泥板及生活垃圾等组成，含有少量粉土及植物根系。该层在场地内均有分布，层厚 0.5~2.1m，平均厚度 0.88m，层顶高程 1476.37~1476.92m。

② 卵石（Q4al+pl）：青灰色，稍湿~湿，中密~密实，卵石含量占 50%~65%，砾

石含量占 20%～25%，充填物为中粗砂，卵石一般粒径 20～90mm，最大 95～120mm，砾石一般粒径 2～20mm，砾卵石磨圆度较好，呈扁平状～圆状，成分以花岗岩、石英岩为主，中粗砂成分以长石、石英为主，6.0～6.5m 以下卵石粒径 20～60mm，最大 75～90mm，砾石一般粒径 2～20mm。该层在场地内均有分布，埋藏深度 0.5～2.1m，揭露层厚 10.1～14.6m（未揭穿），平均厚度 12.26m，层顶高程为 1474.82～1476.02m。

3. 场地地下水特征

根据《甘肃省张掖市区域水文地质调查报告》及《张掖市七一文化商业综合体岩土工程勘察报告》，施工场地地下水属第四系松散岩类孔隙潜水，地下水主要赋存于卵石层中，地下水补给来源主要为大气降水及侧向径流补给，由南西向北东方向径流。侧向流出及人工开采是地下水的主要排泄方式。

施工场地勘察期间地下水位埋深 0.7～1.5m，据地下水动态观测资料，地下水位年变幅 1.0～2.0m。根据水质分析结果，地下水矿化度 6609mg/l，pH 值为 7.81，水化学类型为 SO_4^{2-}-Cl^--Na^+ 型。其中卵石层渗透系数 $k=50$m/d。

三、基坑支护设计方案

1. 支护方案分析与选型

该基坑周边环境复杂：东南两侧存在多幢建筑物，建筑物基础形式均为浅基础，其中一幢 6 层砖混结构建筑物与基坑开挖边缘距离仅为 3.65m，基坑开挖对其影响大，为保证原有建筑在基坑施工过程的安全性，东南两侧采用排桩预应力锚杆支护结构；基坑西侧为县府街，北侧为南城巷，均为张掖市交通干道，但基坑开挖边缘与两条道路之间均具有一定的放坡空间，该两侧采用复合土钉支护结构（预应力锚杆＋土钉），见图 1。

2. 设计依据和设计参数

依据《建筑深基坑支护技术规程》JGJ 120—2012[1]，该基坑工程安全等级定为一级。

根据基坑现场平面图和《张掖市七一文化商业综合体岩土工程勘察报告》，该基坑开挖及支护涉及的土层为：①杂填土，②卵石；本次基坑支护结构设计土体参数选取见表 1。

场地土层主要力学参数 表 1

土层序号	岩土名称	重度 γ (kN/m³)	粘聚力 c (kPa)	内摩擦角 (°)	界面粘结强度 (kPa)
①	杂填土	15.0	8.0	15.0	30.0
②	卵 石	20.0	/	38.0	200.0

3. 支护设计

典型支护结构剖面：

（1）东南两侧剖面：该两侧采用排桩预应力锚杆支护结构。支护桩桩径 800mm，桩间距 1600mm，桩身混凝土强度 C30，保护层厚度 50mm，纵筋采用 16 根 B22 钢筋，箍筋采用 A10 钢筋；锚杆选用 C32 钢筋，锚杆灌浆采用 M20 级水泥浆，并采用二次注浆来提高锚杆承载力；表面挂 A6.0@200mm×200mm 钢筋网片，并设置通长加强筋，喷射80mm 厚混凝土面层，喷射混凝土强度等级 C20。由于卵石层中传统土钉成孔困难，利用

48×3规格的花钢管代替传统土钉，见图3~图5。

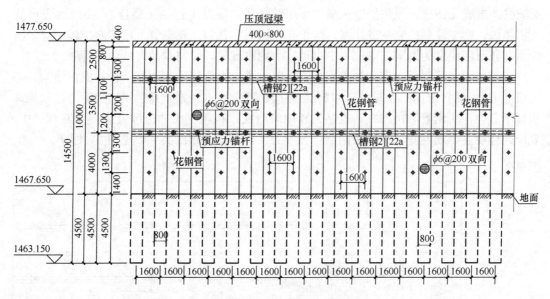

图3 东南两侧立面图

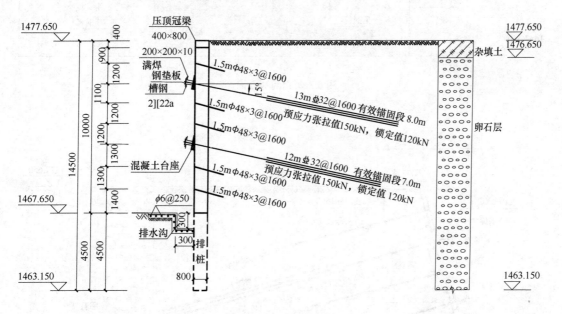

图4 东南两侧剖面图

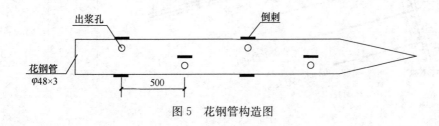

图5 花钢管构造图

施工过程中：纵向钢筋的连接应采用焊接，最小搭接长度为双面焊 5d 和单面焊 10d；支护桩冲击成孔钻进，泥浆护壁；施工采用跳仓法，混凝土达到初凝且 48 小时后方可施工相邻桩；施工注意控制钻进速度，防止孔内坍塌和孔斜。花钢管土钉打入过程中应以减少原有卵石层稳定为原则，如施工中出现打入困难现象，应与设计人员协商解决。

（2）西北两侧剖面：该两侧采用复合土钉（预应力锚杆＋花钢管土钉）支护结构。基坑坡度 73°；锚杆选用 C32 钢筋，锚杆灌浆采用 M20 级水泥浆，并采用二次劈裂注浆提高锚杆承载力；花钢管利用 48×3 规格钢管加工而成，利用气动冲击锤直接打入卵石层中；表面同样设置钢筋网片，其作法同排桩预应力锚杆结构中作法类似，见图 6、图 7。

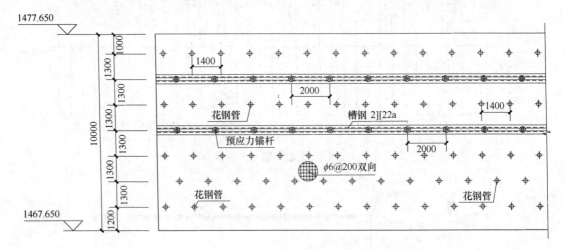

图 6　西北两侧立面图

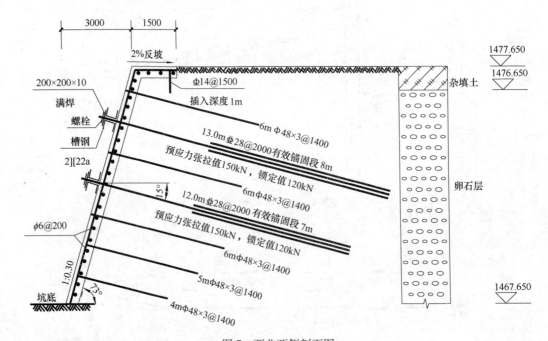

图 7　西北两侧剖面图

四、基坑降水、排水设计

张掖市甘州区内黑河发育，地下水资源丰富，场地地下水位埋深0.7～1.5m，且含水层（卵石层）厚度大，渗透系数大，降水成为该地区基坑支护工程的重点难点，降水成功与否决定着整个基坑支护工程的成败。

管井井点群井降水具有施工方便快捷，成井质量易控制，降水直观，水位易控制，降水效果明显，管网铺设简单，造价低廉，灵活多变等特点，适合该基坑实际情况。排桩预应力锚杆支护结构和复合土钉支护结构防水防渗效果均较差，可利用坑内明排法对渗入基坑内部水体进行收集处理。故本基坑采用管井井点群井降水与坑内明排水相结合的地下水处理方法，见图8。

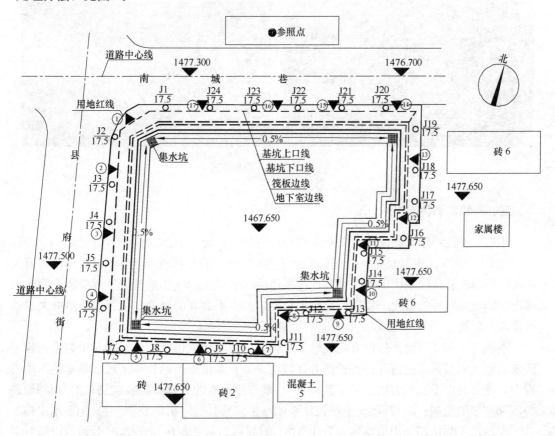

图8　基坑降水井与监测点平面布置图

1. 管井井点群井降水

依据《建筑基坑支护技术规程》JGJ 120—2012[1]中提供的管井井点群井降水计算方法确定该基坑降水井数量为24口，沿基坑周边均匀布置，间距11m，降水井深度17.5m；如遇特殊情况，井口间距及位置可根据现场情况做细微调整。

2. 坑内明排水

基坑开挖至坑底后，在基坑坑底四周设置500mm（长）×500mm（宽）×800mm（深）集水坑，间距25m，砖砌M10水泥砂浆抹面。同时，沿基坑坑底四周设置300mm

（宽）×300mm（深）大小排水明沟，砖砌、M10 水泥砂浆抹面，沟底坡度取 0.5%；沟内充填 30～50mm 干净卵石形成盲沟，将基坑渗水引入集水坑内，由集水坑抽至沉砂池排出。

　　实际施工过程中，施工单位按照设计图纸对 24 口降水井施工完毕之后，降水效果并未达到预期，研究发现，施工阶段正值雨季，地下水含量较勘察期间略有增加，设计人员根据施工时期实际情况，对降水井数量进行调整，在基坑内部增设 3 口降水井，之后降水效果达到预期，效果良好。增设降水井现场图片如图 9。

图 9　增设降水井现场图片

五、基坑监测情况

　　基坑工程监测作为确保基坑工程顺利进行的保障措施，《建筑基坑工程监测技术规范》GB 50497—2009 已明确规定：开挖深度大于等于 5m 或开挖深度小于 5m 但现场地质情况和周围环境较复杂的基坑工程以及其他需要监测的基坑工程应实施基坑工程监测。而施工前现状调查虽然可为后续工作提供充足的依据，减少不必要的麻烦，但目前依然被大多数设计人员忽略。

　　本基坑工程开工前，建设方在设计人员建议下对基坑周边既有建筑物及道路进行施工前现状调查，对其破损情况进行拍照并详细记录。在基坑支护结构施工过程和基坑回填过程中，主要对以下 4 个方面进行了监测：1）既有建筑物的沉降和倾斜监测；2）相邻道路的沉降和裂缝监测；3）基坑支护结构体系的水平位移和竖向沉降监测；4）地下水水位。

　　本基坑工程沿基坑周边均匀布置了 17 个监测点，并在基坑变形影响不到的南城巷对面建筑物上布置一个基准点，具体见图 8，监测频率严格按照规范要求执行。

　　监测结果：

　　在整个基坑开挖及回填过程中，建筑物中既有裂纹未发生明显扩展，整个建筑物沉降量和倾斜量均符合《工程测量规范》GB 50026—2007[2] 及《建筑变形测量规范》JGJ 8—2007[3] 的有关规定。周边南城巷和县府街两条主要街道均未出现明显裂纹。

　　根据《建筑基坑工程监测技术规范》GB 50497—2009[4] 表 8.0.4 规定，该基坑支护结构顶部水平位移报警值为 25mm，控制值为 30mm（0.003H），变化速率为 2～3mm；支护结构顶部竖向位移报警值为 20mm，控制值为 20mm（0.002H），变化速率为 2～

3mm。该基坑监测结果显示：监测点 11 处的水平位移和竖向沉降最大，最大水平位移为 9.6mm，最大竖向位移为 6.8mm，二者的变化曲线如图 10 和图 11，均符合规范要求。从图可见，整个位移发展过程近乎直线变化，说明位移增长速度平稳，这也说明整个支护结构都是处于弹性变形阶段，安全稳定。

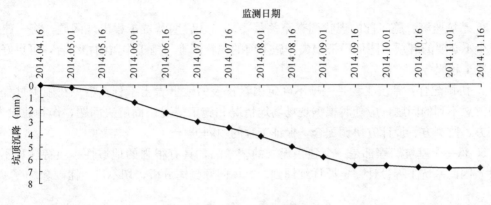

图 10　坑顶最大沉降变化曲线

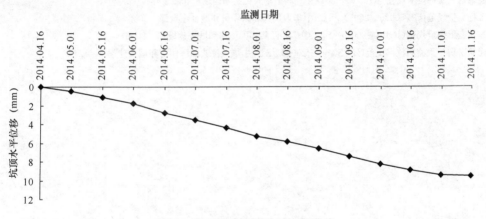

图 11　坑顶最大水平位移变化曲线

对地下水位监测结果显示：地下水一直控制在设计标高以下，降水效果良好。

六、结论

该基坑支护工程位于甘肃省张掖市甘州区，采用排桩预应力锚杆和复合土钉两种支护结构。该基坑施工前强调既有建筑物和道路的现状调查，为后期监测工作提供基础；降水过程中出现降水效果未达到预期的问题，通过增设降水井来解决问题；为解决卵石层中传统土钉成孔困难的问题，利用花钢管土钉代替传统土钉。整个工程建设方、施工方、监测方、设计方配合默契，支护效果良好，具有一定代表性，可以得出以下结论：

1. 结构选型：在黄土高原地区，目前常用的有土钉墙、复合土钉墙（预应力锚杆＋土钉）、排桩预应力锚杆等基坑支护结构，其中土钉墙较适合于 8.0m 左右的基坑，对限制基坑变形作用不明显；复合土钉墙适合于 12.0m 左右的深基坑，具有一定的控制变形效果；排桩预应力锚杆适合于 15.0m 左右的深基坑，尤其是当基坑周边既有建筑物较多，对基坑变形控制较严格时，采用排桩预应力锚杆支护结构更为合适。

2. 基坑降水：基坑支护工程成败与否，降水是关键；众多基坑事故都是由于地下水处理不当造成的。管井井点群井降水具有工艺简单、成本低、降水效果好和灵活多变等特点，其与坑内明排水相结合的地下水处理方法是目前黄土高原地区处理地下水效果较好的方法。

3. 基坑监测：施工前的现状调查至关重要，一旦后期基坑工程出现问题，将为建设方减少不必要的麻烦，降低经济损失。施工前的现状调查与施工中监测相结合，可更好地为基坑工程服务。

4. 协调配合：基坑工程是一项不确定因素较多的地下岩土工程，难免在施工过程中出现意想不到的问题，应随时根据现场场地情况和施工情况协商解决问题，作到建设方、施工方、监测方、设计方协调配合，保证工程的顺利进行。

5. 每一个基坑工程都是一个独一无二的艺术品，具有很强的地域性、独特性和不确定性，因此基坑工程设计一定要详细周到，具体问题具体分析，切不可生搬硬套。

参 考 文 献

［1］ 建筑基坑支护技术规程(JGJ 120—2012)［S］. 中华人民共和国住房和城乡建设部. 2012
［2］ 工程测量规范(GB 50026—2007) ［S］. 中华人民共和国住房和城乡建设部. 2008
［3］ 建筑变形测量规范(JGJ 8—2007) ［S］. 中华人民共和国住房和城乡建设部. 2008
［4］ 建筑基坑工程监测技术规范(GB 50497—2009) ［S］. 中华人民共和国住房和城乡建设部. 2009

江门某工业园基坑支护工程

陈志平

（广州杰赛通信规划设计院，广州　510310）

黄学龙

（广州市第一建筑工程有限公司，广州　510060）

一、工程简介

信义环保特种玻璃（江门）有限公司二期生产线项目位于江门市信义玻璃工业园，该地下室为地下 1～2 层，考虑承台底板垫层的开挖，基坑开挖深度为 6.26 和 11.66m，基坑形状较规则，基坑长约 100m，宽约 51m，周长约 330m。本基坑支护设计的主要难点有：

（1）基坑规模虽然不大，但基坑深浅不一，设计时需根据工业的具体用途考虑多种情况；

（2）基坑开挖范围内淤泥层的普遍厚度都在 25m 左右，最高的可达 34m，对基坑的位移控制设计要求较高；

（3）基坑底部以下存在松散的粉砂层，粉砂层直接与中风化岩接触，常规止水方式存在较大的风险，对基坑止水设计要求较高；

（4）基坑为工业用途，深度开挖不一，开挖形状不规则，可能无住宅地下室结构的楼板，对基坑设计的总体把握要求较高。

上述这些重点和难点给本基坑支护设计的方案选型和支护结构具体设计带来难度，如何实现基坑支护结构的安全可靠性、经济合理性、施工方便性和工期可控性带来了较大的影响，同时使得基坑支护设计的后期服务工作量也会增大。

二、场地工程地质条件

拟建场地原为耕地，场地总体地势较为平整。地貌上属于珠江三角洲冲淤积平原区，地面标高在 2.80～3.60m 之间。

经钻孔揭示，本场地地层由第四系人工填土、第四系海陆交互相冲淤积层、风化残积土层及第三系泥质粉砂岩等组成。与基坑开挖有关的土层为：

（1）素填土：褐黄色、褐红色，主要为人工堆填的黏性土组成，稍湿，松散状。

（2）淤泥：深灰色，饱和，流塑状，主要由粘粒、粉粒和有机质组成，局部夹中细砂，有腐臭味。

（3）粉砂层：灰色、灰黄色等色，饱和，松散状～稍密状，分选性较好，含粘粒及中砂。

（4）风化岩层：为全风化泥质粉砂岩，强风化泥质粉砂岩，中风化粉泥质粉砂岩，微风化泥质粉砂岩。

场区内地下水主要为人工填土层中潜水、砂土层中承压孔隙水和基岩中裂隙水。地下水主要通过大气降水渗透补给，排泄方式为蒸发，地下水受季节气候影响较小，总体而言水量较为丰富。

基坑场地代表性的地质剖面图见图 1。

各地层的主要性质如下表 1 所示。

场地土层主要性质参数 表 1

岩土层名称	状态	土层厚（m）	标贯值 N（击）	重度 γ（kN/m³）	c（kPa）	ϕ（°）
①素填土	未经～稍经压实	2.0～3.8	5～7	17.5	17.3	9.6
②淤泥	流塑	20.1～33.9	1	16.4	4.4	7
③粉砂	松散	0.8～9.9	/	18.5	0	26
④强风化泥灰岩	呈半岩半土	3.6～6.8	/	20.3	60	30

三、基坑周边环境情况

信义（江门）环保特种玻璃生产线及附属工程（二期）基坑的四周环境见图 2，主要特点如下。

基坑东、南、北侧均为空地且较为开阔均为空地，基坑西侧地下室边线 16m 处为 13m 宽道路，基坑施工时道路可以占用，基坑施工完成后再重新修复。离道路 2～3m 处为工业生产厂房，鉴于基坑右半部分开挖深度较深，且西侧又有道路和生产车间，因此基坑右半部分深基坑这一块需加强支护。经探明基坑四周无任何管线，总体而言四周环境相对宽松。

上述对场地环境的介绍可见，场地周边环境相当简单，但需对西侧的厂房作为主要的保护对象，避免基坑开挖时位移过大导致地面下陷和厂房结构开裂。同时场地地层为深厚的淤泥层，淤泥层普遍厚度都在 25m 以上，勘察报告显示淤泥均为流塑状态，力学性质极差，淤泥层下为 5～7m 的松散粉砂层，地下水十分丰富，这些状况对基坑开挖支护非常不利，作用在支护结构上的土压力和水压力都比较大，常规的支护方式和止水方法很难保证基坑的正常开挖。上述种种工程特点都直接制约着基坑支护方案的比选和优化。

四、基坑支护结构的选型分析

在深厚淤泥中进行基坑支护结构的选型，特别是深基坑支护结构的选型的问题一直是个重难点的问题。基坑支护设计不能单单只注重于经济性，还需关注其施工的可行性以及是否会对周边已有建筑物、地下管线和道路带来破坏性。近年来，许多类似的基坑在实施过程中发生或多或少的事故，究其原因基坑选型占有绝对的比例。因此，需要根据场地地层状态特点、基坑形状和深度要求、周边的实际情况，确定基坑支护的具体方案。综合以上分析，一个优化的基坑支护设计方案因满足支护结构体系的安全性、设计方案的经济性、施工方案的可行性以及周边环境的安全性。

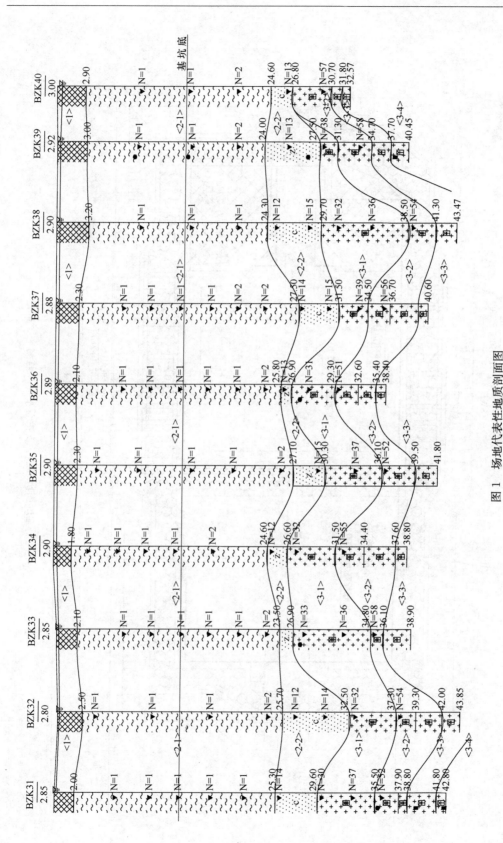

图 1　场地代表性地质剖面图

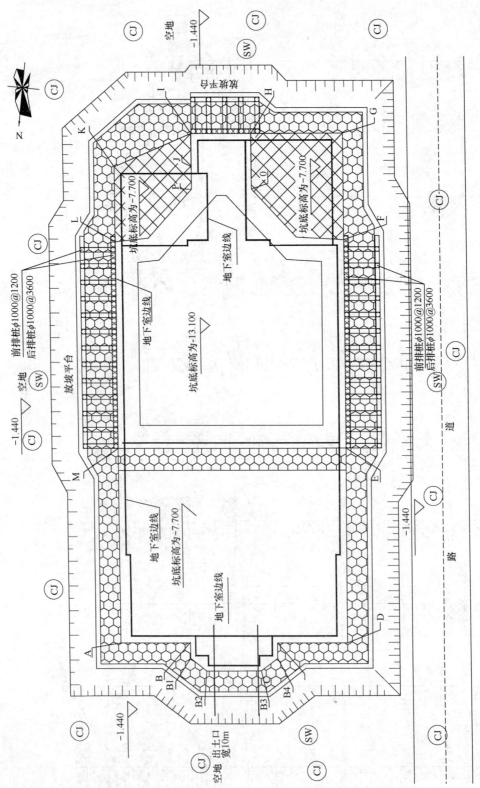

前排桩φ1000@1200

后排桩φ1000@3600

空地

-1.440

CJ

SW

放坡平台

空地

-1.440

CJ

CJ

CJ

空地

-1.440

CJ

M

L

K

N

Z

CJ

CJ

空地

-1.440

CJ

空地
出土口
宽10m

CJ

CJ

SW

A

B

B1

B2

B3

B4

C

D

E

地下室边线

坑底标高为-7.700

地下室边线

坑底标高为-7.700

地下室边线

坑底标高为-13.100

地下室边线

坑底标高为-7.700

坑底标高为-7.700

P

J

I

H

G

F

前排桩φ1000@1200

后排桩φ1000@3600

路

道

CJ

CJ

SW

CJ

CJ

CJ

SW

图 2　基坑周边环境、支护总平面和监测平面布置图

414

　　基坑支护结构选型应当综合考虑场地地层结构、基坑形状及开挖深度，周边环境特点、施工机械、经济指标和施工工期等诸多因素[1]，鉴于诸多因素的考虑得出了适合本基坑的可选支护方案主要有：

　　1) 放坡开挖＋木桩＋重力式挡墙（内插 150 微型钢管桩）＋被动区加固方案

　　2) 重力式挡墙（内插 150 微型钢管桩）＋被动区加固方案

　　3) 放坡开挖＋木桩＋双排桩＋重力式挡墙＋被动区加固方案

　　受厂房结构用途不同的影响，基坑开挖深度不一，基坑北半段开挖深度为 6.260m，基坑南半段主要开挖深度为 11.660m，但是基坑南侧两端开挖深度为 6.260m（见图 2），南北两端分界处高差为 5.4m。因此需设计人员应根据不同的开挖深度选择合理的支护方案。下面分别对基坑支护的各边各段的处理分析和优化设计进行介绍：

　　(1) 基坑北半段开挖深度为 6.26m，场地四周均为空地，场地十分开阔且无任何管线。所以最终确定该段的基坑支护采用放坡开挖＋木桩＋重力式挡墙（内插 150 微型钢管桩）＋被动区加固的支护形式，鉴于场地周边开阔这个有利的条件，基坑顶部按 1∶2.0 放坡，坡高 2.5m。坡面表面挂网喷混凝土。为了加强坡面的稳定，坡面设置两排木桩，木桩长 5m 按间距 1500mm 垂直于坡面击入土内。坡底采用重力式挡墙支护形式，重力式挡墙宽度为 4.60m。挡墙前端和后端各采用一排大直径搅拌桩 ϕ850@750，大直径搅拌桩内插 150 微型钢管桩，桩长 15.0m。大直径搅拌桩进入强风化不小于 1.5m，总长度为 33.0m。两排大直径搅拌桩之间采用普通搅拌桩加固，搅拌桩直径为 550mm 间距 450mm，桩长为 13.3m。基坑底部进行被动区加固，加固宽度为 5.05m，高度为 5.0m。支护结构见剖面图 3。

　　(2) 基坑南半段基坑开挖深度为 11.660m，基坑开挖深度较深，且基坑西侧有工业厂房需要保护。由于场地内淤泥深厚且处于流塑状态，常规的锚拉式和支撑式风险性较高，造价大，工期长。结合场地的实际情况，经多次讨论研究，确定该边的基坑支护放坡开挖＋木桩＋双排桩＋重力式挡墙＋被动区加固的支护形式。基坑顶部按 1∶2.0 放坡，坡高 2.5m。坡面表面挂网喷混凝土。为了加强坡面的稳定，坡面设置两排木桩，木桩长 5m 按间距 1500mm 垂直于坡面击入土内。坡底采用双排桩＋重力式挡墙联合支护形式，双排桩桩径为 1000mm 的旋挖桩，前排桩桩距为 1200mm，后排桩桩距为 3600mm，桩长 31.0m。桩顶冠梁尺寸为 1000×600。双排桩之间采用大直径搅拌桩和普通搅拌桩加固，最前面为 1 排大直径搅拌桩，搅拌桩直径为 850mm 间距 750mm，桩长为 31.0m 与双排桩桩长相同。后面为 12 排普通搅拌桩，搅拌桩直径为 550mm 间距 450mm，桩长为 13.7m。桩顶采用 300mm 厚的混凝土板进行整体连接。双排桩间用搅拌桩进行桩间土处理实现桩间防止淤泥及砂土体的流出和止水及加固要求；基坑底部进行被动区加固，加固宽度为 5.05m，高度为 5.0m。联合支护结构详见剖面图 4。

　　(3) 由于基坑南北两部分开挖深度不同，在两部分之间存在 5.4m 的高差，需要对其进行支护。综合考虑了厂房的使用功能要求，确定该交界处采用重力式挡墙（内插 150 微型钢管桩）＋ 被动区加固的支护形式。重力式挡墙宽度为 4.60m。挡墙前端和后端各采用一排大直径搅拌桩 ϕ850@750，大直径搅拌桩内插 150 微型钢管桩，桩长 12.0m。大直径搅拌桩进入强风化不小于 1.5m，总长度为 28.0m。两排大直径搅拌桩之间采用普通搅拌桩加固，搅拌桩直径为 550mm 间距 450mm，桩长为 12.4m。基坑底部进行被动区加

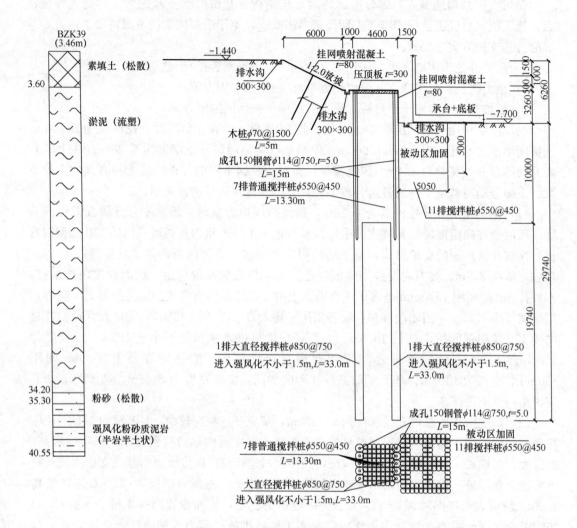

图 3　基坑北半段支护结构典型剖面图

固，加固宽度为 5.05m，高度为 5.0m。支护结构详见剖面图 5。

（4）为了提高基坑底土的强度，增强被动土压力以及基坑整体空间效应。除了在支护结构外围设置 5.05m 的被动区加固外，在基坑底进行格栅式满堂加固，加固深度为 5.0m。搅拌桩排距为 3000mm×3000mm，搅拌桩施工时应避开已有的桩位，具体位置详见图 2。

（5）由于软土的渗透系数较小，固结速率慢，如果施工速率过快，将造成局部较大的塑性区，使基坑围护变形急剧增加。因此施工时应严格的控制基坑开挖速度，基坑开挖后在开挖面进行开槽将基坑分为多段，一方面有利于地下水和积水的排除，另一方面有利于淤泥进行晾晒和风干。待淤泥达到一定强度后再开挖下一层土，避免因淤泥过软导致机械下陷进去。

这样基坑支护的总平面图见图 2。

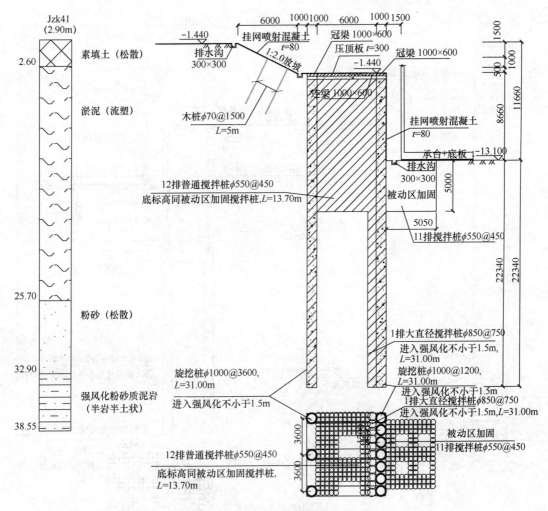

图 4　基坑南半段支护结构典型剖面图

五、基坑施工情况介绍

鉴于基坑施工的复杂性，基坑施工的主要过程如下：

施工准备测量放线→场地平整及临时设施施工→搅拌桩施工（支护结构、被动区）→灌注桩施工→坑顶排水系统及护栏施工→基坑土方第一层开挖→桩顶冠梁和压顶板施工→土方开挖至坑底→坑底排水系统施工。

基坑主要支护形式施工流程：

搅拌桩施工流程：桩机（安装、调试）就位→预搅下沉→制备水泥浆→提升喷浆搅拌→重复搅拌下沉和喷浆提升→移位，重复以上步骤，进行下一根桩的施工→清洗。

双排桩施工流程：桩位复核、旋挖桩机就位→制备泥浆→旋挖成孔→清渣→钢筋笼制安→安放导管→浇灌混凝土→冠梁、连梁施工。

现场基坑开挖情况见图 6。

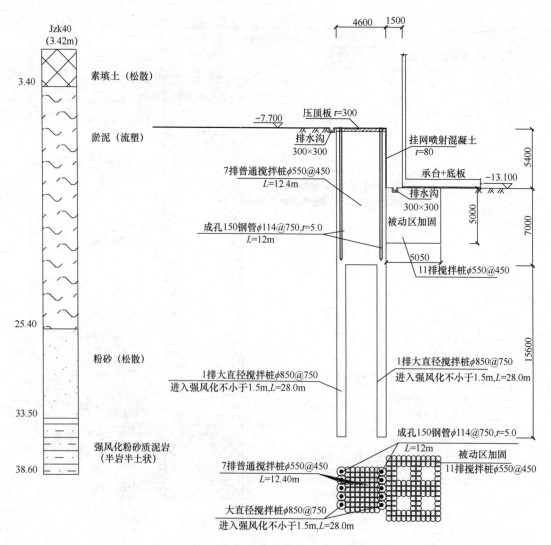

图 5　基坑交界处支护结构典型剖面图

图 6　基坑施工现场图

六、基坑监测要点及实测资料

由于岩土性质的复杂多变及计算模型的局限性。很多情况下会出现计算结果与实测数据存在较大差异的情况。通过计算过程来模拟基坑支护结构和周围土体的变化情况显然是不现实的，施工过程中一旦出现异常，其产生的破坏影响是不堪设想的[2]。因此，为了保证基坑施工的顺利进行需要对施工过程进行全程动态监测。通过监测可以及时地掌握基坑支护结构的变化情况及其基坑开挖对周边环境产生的影响，避免造成事故的发生。为此根据《建筑基坑工程监测技术规范》GB 50497—2009[3]，本基坑设置了如下几个监测项目：（1）基坑支护结构的水平位移和竖向侧移的监测；（2）坑外水位变化监测；（3）周边建筑物及道路地面的沉降和变形监测。具体布置见图2。

按照基坑所设置的监测项目，对基坑开挖过程中进行跟踪监测，基坑开挖至基坑底测得的基坑最大变形值见表2。

基坑实测最大变形值　　　　　　　　　　　　　　　　　　表2

开挖深度	监测项目	基坑顶部水平位移	基坑顶部沉降	周边道路、建筑物沉降
6.26m	变形值（mm）	8.93	−8.54	−10.86
11.66m		38.85	−20.29	−35.59

七、结论

1. 本基坑地质条件极差，淤泥深厚。基坑侧壁进行被动区加固，坑内采用格栅式满堂加固能够有效地提高土体的抗压强度和土体的侧向抗力，减少土体压缩以及围护结构向坑内的位移，减少基坑开挖对环境的不利影响。

2. 对于软弱土层较厚的基坑，常规的锚拉式和支挡式支护形式很难适用，其风险很高。综合对比双排桩而言，这两种支护形式其工程造价及工期远远大于双排桩。

3. 基坑开挖深度不深，淤泥深厚的基坑。采用重力式挡墙支护形式时，搅拌桩无须全部穿过软弱土层和砂层进入稳定的岩层，只需将重力式挡土墙两侧各伸出两个"腿"下来，进入稳定的岩层即可。一方面满足了防止重力式挡土墙出现倾覆破坏和滑移破坏，另一方面可以有效地节约造价。

参 考 文 献

[1] 《建筑基坑支护技术规程》JGJ 120—2012[S]. 北京：中国建筑工业出版社，2012.

[2] 刘国彬，王卫东. 基坑工程手册(第二版)[M]. 北京：中国建筑工业出版社，2009.

[3] 《建筑基坑工程监测技术规范》GB 50497—2009[S]. 北京：中国计划出版社，2009.